电弧焊实用技术手册

高忠民 主编

金盾出版社

内 容 提 要

本书是一本简明、实用、操作性强的电弧焊技术手册,作者按照焊接与切割的国家和行业的最新标准,重点介绍了电弧焊基本知识、焊接材料、焊接设备、常用金属的焊条电弧焊焊接方法、焊接应力和焊接变形、焊接缺陷和焊接质量检查、劳动安全保护等内容。并对工艺流程、操作要领及注意事项作了具体介绍。同时还介绍了碳弧气刨、二氧化碳气体保护焊、钨极氩弧焊、熔化极惰性气体保护焊、埋弧焊、等离子弧焊与等离子弧切割等新的、成熟的电弧焊工艺,并收集了大量资料,可以满足电弧焊作业的常规需要。

图书在版编目(CIP)数据

电弧焊实用技术手册/高忠民主编 . -- 北京:金盾出版社,2011.12
ISBN 978-7-5082-7189-7

Ⅰ.①电… Ⅱ.①高… Ⅲ.①电弧焊—技术手册 Ⅳ.①TG444-62

中国版本图书馆 CIP 数据核字(2011)第 198609 号

金盾出版社出版、总发行
北京太平路 5 号(地铁万寿路站往南)
邮政编码:100036 电话:68214039 83219215
传真:68276683 网址:www.jdcbs.cn
封面印刷:北京凌奇印刷有限责任公司
正文印刷:北京军迪印刷有限责任公司
装订:兴浩装订厂
各地新华书店经销
开本:787×1092 1/16 印张:22 字数:544 千字
2011 年 12 月第 1 版第 1 次印刷
印数:1~8 000 册 定价:56.00 元

前　言

　　焊接是一种先进和高生产率的金属加工工艺,其重要性和优越性日益突出。随着国民经济的发展,焊接技术成为机械制造行业、建筑行业及其他行业的关键技术之一。大多数工业产品如建筑产品及能源、石油、化工、航空、航天、船舶、海洋工程等行业产品都离不开焊接技术。焊接结构用钢已占钢产量的 45% 以上。焊接作业不论在工程量方面、质量要求方面,还是在技术先进性方面,都起到越来越重要的作用。我国的现代焊接科学技术,随着经济的发展,技术进步极为迅速。

　　在焊接生产中,电弧焊是最为主要的焊接技术。电弧焊一方面面临着新技术、新工艺、新设备和新材料应用,另一方面面临着技术人才匮乏的严峻问题。编写本书的目的是为读者提供系统的技术资料,引导读者正确选择和使用电弧焊的焊接方法和焊接设备,了解和掌握现代先进的电弧焊技术。

　　本手册依据《国家职业标准—焊工》和国家经贸委《特种作业人员安全技术培训考核管理办法》的规定和要求编写,重点介绍了电弧焊基本知识、焊接材料、焊接设备、常用金属的焊条电弧焊焊接方法、焊接应力和焊接变形、焊接缺陷和焊接质量检查、劳动安全保护等内容。并对工艺流程、操作要领及注意事项作了具体介绍。同时还介绍了碳弧气刨、二氧化碳气体保护焊、钨极氩弧焊、熔化极惰性气体保护焊、埋弧焊、等离子弧焊与等离子弧切割等新的、成熟的电弧焊工艺。

　　本手册简明实用、信息量大、方便查找,读者一书在手,可以满足电弧焊作业的常规需要。

　　本书册由高忠民主编,参加编写的还有刘雪涛、赵佳、陈小思、吴玲、刘硕、高文君等。限于编者水平,难免存在不足和错误,敬请读者批评指正。

作　者

目 录

第一章　电弧焊基本知识

第一节　金属材料基本知识

一、金属材料的物理、化学和力学性能

1. 金属材料的物理、化学性能

金属材料的物理、化学性能主要是指金属材料的密度、熔点、导热性、导电性、热膨胀性、导磁性、耐腐蚀性等。

(1)密度

物质单位体积所具有的质量称为密度,用符号 ρ 表示。一般密度小于 $5\times10^3\,kg/m^3$ 的金属称为轻金属,反之称为重金属。利用密度的概念可以解决计算毛坯的质量、鉴别金属材料等一系列实际问题。

(2)熔点

纯金属和合金由固态转变为液态时的熔化温度称为熔点。纯金属有固定的熔点,合金的熔点取决于它的成分。例如,钢是铁碳合金,碳含量不同,熔点也不同。熔点对金属和合金的冶炼、铸造和焊接等都是很重要的参数。

(3)导电性

金属材料传导电流的能力称为导电性。衡量金属材料导电性的指标是电阻率 ρ,电阻率越小,金属的电阻越小,导电性越好。金属中银的导电性最好,其次是铜和铝。

(4)导热性

金属材料传导热量的性能称为导热性。导热性的大小通常用热导率来衡量,热导率符号是 λ,热导率越大,金属的导热性越好。金属中银的导热性最好,其次是铜和铝。

(5)热膨胀性

金属材料随着温度的变化而膨胀、收缩的特性称为热膨胀性。一般来说,金属受热时膨胀而体积增大,冷却时收缩而体积缩小。衡量热膨胀性的指标一般是线膨胀系数,线膨胀系数是指金属温度每升高 $1℃$ 所增加的长度与原来长度的比值。金属的线膨胀系数不是一个固定的数值,随着温度的增高,其数值也相应增大。在焊接过程中,被焊工件由于受热不均匀而产生不均匀的热膨胀,就会导致焊件产生变形和焊接应力。

(6)磁性

金属材料在磁场中受到磁化的性能称为磁性。根据金属材料在磁场中受到磁化程度的不同,可分为铁磁材料(如铁、钴等)、顺磁材料(如锰、铬等)和抗磁性材料(如铜、锌等)三类。工程上应用较多的是铁磁材料。

(7)抗氧化性

金属材料在高温时抵抗氧化性气氛的腐蚀作用的能力称为抗氧化性。一般用于热力设备中的高温部件等。

(8)耐腐蚀性

金属材料抵抗各种介质(大气、酸、碱、盐等)侵蚀的能力称为耐腐蚀性。一般用于化工、热力设备等。

常用金属材料的物理性能指标见表 1-1。

表 1-1　常用金属材料的物理性能指标

金属名称	符号	密度 $\rho(20℃)$ (kg/m^3)	熔点(℃)	热导率 λ $[W \cdot (m \cdot K)^{-1}]$	热胀系数 $\alpha_1(0 \sim$ $100℃)(10^{-6} \cdot ℃^{-1})$	电阻率 $\rho(0℃)$ $(10^{-6} \cdot \Omega \cdot cm)$
银	Ag	10.49×10^3	960.8	418.6	19.7	1.5
铜	Cu	8.96×10^3	1083	393.5	17	1.67~1.68(20℃)
铝	Al	2.7×10^3	660	221.9	23.6	2.655
镁	Mg	1.74×10^3	650	153.7	24.3	4.47
钨	W	19.3×10^3	3380	166.2	4.6(20℃)	5.1
镍	Ni	4.5×10^3	1453	92.1	13.4	6.84
铁	Fe	7.87×10^3	1538	75.4	11.76	9.7
锡	Sn	7.3×10^3	231.9	62.8	2.3	11.5
铬	Cr	7.19×10^3	1903	67	6.2	12.9
钛	Ti	4.508×10^3	1677	15.1	8.2	42.1~47.8
锰	Mn	7.43×10^3	1244	4.98(-192℃)	37	185(20℃)

2. 金属材料的力学性能

力学性能是指金属在外力作用时表现出来的性能,金属材料常用的力学性能指标主要有:强度、塑性、冲击韧性和硬度等。

(1)强度

强度是指材料在外力作用下抵抗变形和断裂的能力,强度越高,抵抗变形和断裂的能力越强。衡量强度的常用指标为屈服点和抗拉强度。

①屈服点。钢材在拉伸过程中当载荷达到一定值时,载荷不变,仍继续发生明显的塑性变形的现象,称为屈服现象。材料产生屈服现象时的应力,称为屈服点,用 $R_{eL}(\sigma_s)$(括号内代号为旧的符号,下同)来表示。有些金属材料(如高碳钢、铸钢等)没有明显的屈服现象或无屈服现象,测定 $R_{eL}(\sigma_s)$ 很困难,在此情况下,规定以工件基准长度方向产生 0.2% 塑性变形时的应力定义为材料的屈服点,用 $\sigma_{0.2}$ 表示。材料的屈服点是机械设计的主要依据之一,是评定金属材料质量的重要指标。

②抗拉强度。钢材在拉伸时,材料在拉断前所承受的最大应力称为抗拉强度,用 $R_m(\sigma_b)$ 表示。它也是衡量金属材料强度的重要指标。金属材料在使用中所承受的工作应力不能超过材料的抗拉强度,否则会产生断裂,甚至造成严重事故。

强度的单位用 Pa、MPa 表示,也可以用 N/m^2 表示。它们的换算关系是:

$$1MPa = 1 \times 10^6 Pa = 1 \times 10^6 N/m^2$$

(2)塑性

塑性是指金属材料在外力作用下产生塑性变形的能力。塑性越高,材料产生塑性变形的能力越强。塑性指标主要有伸长率、断面收缩率和冷弯角等。

①断后伸长率。金属材料受拉力作用被破断以后,在标距内总伸长长度同原来标距长度相比的百分数叫做断后伸长率(或延伸率),以 A(δ)表示。

$$A(\delta)=\frac{l_1-l_0}{l_0}\times100\%$$

式中　l_0——试样的原标距长度,mm;

　　　l_1——试样拉断后标距部分的长度,mm。

当试样原来的长度与其直径之比为 5 或 10 时,伸长率分别以 δ_5 和 δ_{10} 表示。

②断面收缩率。金属受外力作用被拉断以后,其横截面面积的缩小量与原来横截面面积相比的百分数,称为断面收缩率,以 $Z(\Psi)$ 表示。

$$Z(\Psi)=\frac{F_0-F}{F}\times100\%$$

式中　F——试样拉断后,拉断处横截面面积,mm^2;

　　　F_0——试样标距部分原始的横截面面积,mm^2。

A(δ)和 $Z(\Psi)$ 的值越大,表示金属材料的塑性越好。伸长率和断面收缩率可以通过拉伸试验来获得。

③冷弯角。在船舶、锅炉、压力容器等工业部门,由于有大量的弯曲和冲压等冷变形加工,因此常用弯曲试验来衡量材料在室温时的塑性。试验时将长条形工件按规定的弯曲半径进行弯曲,在受拉面出现裂纹时,工件与原始平面的夹角叫做冷弯角,用 α 表示。弯曲试验通常在室温下进行,因而又称为冷弯试验。冷弯角越大,说明材料的塑性越好。冷弯试验是焊接接头常用的试验方法,它不仅可以考核焊接接头的塑性,还可以发现受拉面的缺陷。

(3)冲击韧度

在冲击载荷下,金属材料抵抗破坏的能力叫做冲击韧度。冲击韧度值指试样冲断后缺口处单位面积所消耗的功,用符号 α_k 表示。

$$\alpha_k=\frac{A_k}{F}(\mathrm{J/cm}^2)$$

式中　A_k——冲断试样所消耗的功,J;

　　　F——试样断口处的横截面面积,cm^2。

α_k 值越大,材料的韧性越好,在受到冲击时不容易断裂;反之,脆性越大。材料的冲击韧度与温度有关,温度越低,冲击韧度值越小。

(4)硬度

金属材料抵抗表面变形的能力称为硬度。硬度是衡量金属材料软硬的一个指标,根据测量方法不同,硬度指标可分为布氏硬度(HB)、洛氏硬度(HR)和维氏硬度(HV)。生产中常用布氏硬度和洛氏硬度,维氏硬度试验用来测定显微组织的硬度。

①布氏硬度试验。它是将直径 10mm 的淬硬钢球,在重力 P 的作用下,压入试样表面,根据压坑的面积可测得布氏硬度值。

布氏硬度值用符号 HB 表示,数值是压坑单位面积上所承受的平均压力。但布氏硬度不能测定硬度高于 HB450 的材料,否则钢球本身就会发生变形而影响准确度。不能测定太薄或太小的材料,也不宜测定表面要求严格的成品。

②洛氏硬度试验。它是以 120°的金刚石圆锥体或 ϕ1.59mm 的淬火钢球作为压头,在一定重力 P 的作用下,将压头压入被测工件表面,以压入深度(永久变形)测定材料的硬度大小。

压入越深,硬度越低;反之,硬度越高。洛氏硬度试验时加在压头上的载荷有三种:588N、980N、1470N。试验机上用 A、B、C 三种标尺分别代表三种载荷值,测得的硬度值相应的用 HRA、HRB、HRC 表示。一般常用的是 HRC,用来测量硬金属、淬火回火处理钢等的硬度。洛氏硬度可以测定最硬的金属,也可以测定成品及薄的工件。

二、合金元素在钢中的作用

(1)碳(C)

碳是钢的主要强化元素之一。随着钢的碳含量的增加,钢的强度、硬度、淬硬倾向、低温脆化倾向增加,塑性、韧性和抗腐蚀性能降低。碳含量对钢的焊接性影响极大。一般说,随着碳含量的增加,焊缝金属和焊接热影响区产生焊接裂纹的倾向增加,焊接性变差。当碳含量高于 0.25% 时,焊接性即已开始变差。

(2)锰(Mn)

锰是强化元素之一,能溶于铁素体中,起固溶强化作用,提高钢的强度和硬度。锰又是一种良好的脱氧和脱硫剂。焊接时经常利用锰来进行脱氧和脱硫。锰在钢中的含量小于 2% 时,可以使钢的强度明显提高,并能提高钢在低温下的冲击韧性。

锰有增加晶粒长大的倾向,因此锰会增大钢对淬火过热的敏感性。

(3)硅(Si)

当硅含量小于 1% 时,对钢有强化作用。硅是强脱氧剂,可提高钢在高温下的抗氧化性。焊接时硅易形成高熔点夹杂物残留在焊缝中。

(4)钼(Mo)

钼能提高钢的强度、硬度,能细化晶粒,也能防止回火脆化的现象产生。钼能提高高温强度、蠕变强度和持久强度。含钼量小于 0.6% 时,可提高钢的塑性并减小产生焊接裂纹的可能性。钼能提高冲击韧性,同时还能提高钢的抗氢腐蚀性能。

(5)铬(Cr)

铬可以提高钢的抗氧化性和耐腐蚀性。含铬的钢具有回火脆性,在焊接时易产生裂缝,因此含铬量高的钢可焊性变差。

(6)钒(V)

钒能提高钢的强度,可以细化晶粒,降低晶粒长大倾向。钒能提高淬硬性,并有时效硬化作用,同时也具有回火脆性。

(7)钛(Ti)

钛是强烈的脱氧剂。在含钛的低合金钢中,含钛量为 0.08%~0.15%。钛可以提高钢的强度,细化晶粒,提高韧性,改善硫的偏析程度。钛含量小于 0.2% 时,可降低产生焊接裂纹和过热倾向,有利于改善钢的焊接性。

(8)铌(Nb)

铌能与碳形成碳化物,与铁等元素形成金属间的化合物,呈弥漫状态分布,强化铁素体,细化晶粒。在含锰的钢中加入铌可降低冷脆倾向。

三、钢中的有害杂质和有害气体

(1)钢中的有害杂质

①硫(S)。硫是钢中的主要的有害杂质之一。硫几乎不溶于钢,与铁化合生成硫化铁。硫化铁又与铁形成低熔点共晶物,其熔点仅为 988℃。在铸锭及焊缝金属凝固时,这些低熔点

共晶物残留在枝晶之间最后凝固,产生的收缩应力容易使其处于液态时拉开而形成裂纹。

当钢中硫的含量较高时,即使铸锭在凝固时未产生裂纹,当在锻造及轧钢热加工中,低熔点物质熔化,也会沿晶界开裂形成裂纹。这种现象称为钢的热脆性。

对于焊接,钢中的硫是非常有害的。当焊接材料本身含硫量高或母材含硫量高时,都会使焊缝金属含硫量偏高,使焊缝金属在凝固时容易产生焊接热裂纹。含硫量高的钢材在焊接时,除焊缝金属产生热裂纹外,因硫化物受热熔化,在焊接热影响区也容易产生液化裂纹。

②磷(P)。磷是钢中的另一种有害杂质。钢中的磷可以溶解在铁素体内形成固溶体,使其强度和硬度提高。但磷原子溶于铁素体晶格以后使晶格产生很大的畸变,导致冲击韧性大大降低使材料变脆。但这种不利影响只在低温下才出现,而高温下并不产生,因此,不妨碍热加工。这种现象称为钢的冷脆性。

磷使钢的焊接性恶化,使焊缝金属和焊接热影响区易出现裂纹。

(2)钢中的有害气体

①氧(O)。钢中超出溶解度的氧以夹杂物的形式存在,降低钢的强度、塑性、韧性,使钢的脆性转变温度明显提高,降低钢材的疲劳强度和冷加工性能。

②氢(H)。氢使钢产生白点,引起氢脆现象,严重降低钢的韧性。焊接时焊缝金属所吸收的氢当含量较高时易产生冷裂纹。

③氮(N)。氮在铁素体中的溶解度很低,当钢中没有与氮可化合生成氮化物的元素如铝、钛、锆时,大部分氮与铁形成又硬又脆的氮化铁,大大降低钢材的疲劳强度和冷加工性能。

上述氧、氢、氮这些气体在钢中都是有害的。其中一部分有害气体是从炼钢的原材料带入的,另一部分是焊接时从空气中吸收的。

四、碳素钢的分类及牌号表示方法

1. 碳素钢的分类

碳素钢简称碳钢,是指碳的质量分数小于 2.11% 的铁碳合金。碳素钢中除含有铁、碳元素以外,还有少量的硅、锰、硫、磷等元素。碳素钢常用的分类方法有以下几种:

(1)按化学成分分类

①低碳钢。碳的质量分数<0.25%。

②中碳钢。碳的质量分数=0.25%~0.60%。

③高碳钢。碳的质量分数>0.60%。

(2)按钢的质量分类

根据 GB/T 222—2006 的规定,按钢中有害杂质硫(S)、磷(P)的含量可分为 A、B、C、D、E 五个等级。例如:

①优质钢。S 的质量分数<0.035%,P 的质量分数<0.035%。

②高级优质钢。S 的质量分数<0.030%,P 的质量分数<0.030%,符号为 A。

③特级优质钢。S 的质量分数<0.020%,P 的质量分数<0.025%,符号为 E。

(3)按冶炼方法分类

根据冶炼时的脱氧方法可分为沸腾钢(F)、半镇静钢(b)、镇静钢(Z)和特殊镇静钢(TZ)。

(4)按金相组织分类

按钢在室温下的组织,可分为奥氏体钢、铁素体钢、马氏体钢、珠光体钢、贝氏体钢等。

(5)按用途分类

①结构钢。主要用于制造各种机械零件和工程结构件等,其碳的质量分数一般都小于 0.70%。

②工具钢。主要用于制造各种刀具、模具和量具等,其碳的质量分数一般都大于 0.70%。

③特殊用途钢。如不锈钢、耐热钢、耐酸钢、磁钢等。

2. 碳素结构钢牌号的表示方法

根据《碳素结构钢》(GB/T 700—2006)、《钢铁产品牌号表示方法》(GB/T 221—2008)等规定,碳素结构钢牌号的表示方法如下:

(1)通用碳素结构钢

采用代表屈服点的字母"Q"、屈服点的数值(单位为 MPa)和质量等级、脱氧方法等符号表示(表示镇静钢的符号"Z"和表示特殊镇静钢的符号"TZ"可以省略),按顺序组成牌号。例如 Q235AF 中,"Q"表示屈服点的字母,"235"表示钢屈服点的数值为 235MPa;"A、B、C、D"分别为质量等级;"F"表示沸腾钢。通用碳素结构钢的牌号、化学成分、力学性能和用途见表 1-2。

表 1-2　通用碳素结构钢的牌号、化学成分、力学性能和用途

牌号	等级	化学成分(%)					脱氧方法	拉伸实验			相当 GB 700—79 牌号	应用举例
		$w(C)$	$w(Mn)$	$w(Si)$	$w(S)$	$w(P)$		σ_s(MPa)	σ_b(MPa)	δ_5(%)		
				不大于								
Q195	—	0.06~0.12	0.25~0.50	0.30	0.050	0.045	F、b、Z	(195)	315~390	33	A1、B1	用于制作钉子、铆钉、垫块及轻负荷的冲压件
Q215	A	0.09~0.15	0.25~0.55	0.30	0.050	0.045	F、b、Z	215	335~410	31	A2	用于制作钉子、铆钉、垫块及轻负荷的冲压件
	B				0.045						B2	
Q235	A	0.14~0.22	0.30~0.65	0.30	0.050	0.045	F、b、Z	235	375~460	26	A3	用于制作小轴、拉杆、连杆、螺栓、螺母、法兰等不太重要的零件
	B	0.12~0.20	0.30~0.70		0.045						C3	
	C	≤0.18	0.35~0.80	0.30	0.040	0.040	Z				—	
	D	≤0.17			0.035	0.035	TZ					
Q255	A	0.18~0.28	0.40~0.70	0.30	0.050	0.045	Z	255	410~510	24	A4	用于制作拉杆、连杆、转轴、心轴、齿轮和键等
	B				0.045						C4	
Q275	—	0.28~0.38	0.50~0.80	0.35	0.050	0.045	Z	275	490~610	20	C5	

(2)优质碳素结构钢

优质碳素结构钢中含有的有害元素及非金属夹杂物比普通碳素结构钢少,所以一般用来制造重要的机械零件,使用前一般都要经过热处理来改善力学性能。

优质碳素结构钢牌号通常由五部分组成:

第一部分:以二位阿拉伯数字表示平均碳含量(以万分之几计);

第二部分(必要时):较高含锰量的优质碳素结构钢,加锰元素符号 Mn;

第三部分(必要时):钢材冶金质量,即高级优质钢、特级优质钢分别以 A、E 表示,优质钢不用字母表示;

第四部分(必要时):脱氧方式表示符号,即沸腾钢、半镇静钢、镇静钢分别以"F"、"b"、"Z"表示,但镇静钢表示符号通常可以省略;

第五部分(必要时):产品用途、特性或工艺方法表示符号。

优质碳素弹簧钢的牌号表示方法与优质碳素结构钢相同。举例说明见表1-3。

表1-3　部分优质碳素结构钢牌号及其说明

序号	产品名称	第一部分	第二部分	第三部分	第四部分	第五部分	牌号示例
1	优质碳素结构钢	碳含量： 0.05%～0.11%	锰含量： 0.25%～0.50%	优质钢	沸腾钢	—	08F
2	优质碳素结构钢	碳含量： 0.47%～0.55%	锰含量： 0.50%～0.80%	高级优质钢	镇静钢	—	50A
3	优质碳素结构钢	碳含量： 0.48%～0.56%	锰含量： 0.70%～1.00%	特级优质钢	镇静钢	—	50MnE
4	保证淬透性用钢	碳含量： 0.42%～0.50%	锰含量： 0.50%～0.85%	高级优质钢	镇静钢	保证淬透性钢表示符号"H"	45AH
5	优质碳素弹簧钢	碳含量： 0.62%～0.70%	锰含量： 0.90%～1.20%	优质钢	镇静钢	—	65Mn

较高含锰量的优质碳素结构钢,在表示碳的质量分数的平均值的阿拉伯数字后加锰元素符号。例如,碳的质量分数的平均值为0.47%～0.55%,锰的质量分数为0.70%～1.00%的钢,其牌号表示为"50Mn"。优质碳素结构钢的牌号、化学成分和力学性能见表1-4。

表1-4　优质碳素结构钢的牌号、化学成分和力学性能

牌号	化学成分(%)			力学性能					HBS	
				σ_s(MPa)	σ_b(MPa)	δ_5(%)	Ψ(%)	α_k(J/cm²)	热轧钢	退火钢
	$w(C)$	$w(Si)$	$w(Mn)$	不小于					不大于	
08F	0.05～0.11	≤0.03	0.25～0.50	175	295	35	60	—	131	—
08	0.05～0.12	0.17～0.35	0.35～0.65	195	325	33	60	—	131	—
10F	0.07～0.14	≤0.07	0.25～0.50	185	315	33	55	—	137	—
10	0.07～0.14	0.17～0.37	0.35～0.65	205	335	31	55	—	137	—
15F	0.12～0.19	≤0.07	0.25～0.50	205	355	29	55	—	143	—
15	0.12～0.19	0.17～0.37	0.35～0.65	225	375	27	55	—	143	—
20	0.17～0.24	0.17～0.37	0.35～0.65	245	410	25	55	—	156	—
25	0.22～0.30	0.17～0.37	0.50～0.80	275	450	23	50	88.3	170	—
30	0.27～0.35	0.17～0.37	0.50～0.80	295	490	21	50	78.5	179	—
35	0.32～0.40	0.17～0.37	0.50～0.80	315	530	20	45	68.7	197	—
40	0.37～0.45	0.17～0.37	0.50～0.80	335	570	19	45	58.8	217	187
45	0.42～0.50	0.17～0.37	0.50～0.80	355	600	16	40	49	229	197
50	0.47～0.55	0.17～0.37	0.50～0.80	375	630	14	40	39.2	241	207
55	0.52～0.60	0.17～0.37	0.50～0.80	380	645	13	35	—	255	217
60	0.57～0.65	0.17～0.37	0.50～0.80	400	675	12	35	—	255	229
65	0.62～0.70	0.17～0.37	0.50～0.80	410	695	10	30	—	255	229

续表 1-4

牌号	化学成分(%)			力学性能					HBS	
				σ_s(MPa)	σ_b(MPa)	δ_5(%)	Ψ(%)	α_k(J/cm²)	热轧钢	退火钢
	w(C)	w(Si)	w(Mn)	不小于					不大于	
70	0.67~0.75	0.17~0.37	0.50~0.80	420	715	9	30	—	269	229
75	0.72~0.80	0.17~0.37	0.50~0.80	880	1080	7	30	—	285	241
80	0.77~0.85	0.17~0.37	0.50~0.80	930	1080	6	30	—	285	241
85	0.82~0.90	0.17~0.37	0.50~0.80	980	1130	6	30	—	302	255
15Mn	0.12~0.19	0.17~0.37	0.70~1.00	245	410	26	55		163	
20Mn	0.17~0.24	0.17~0.37	0.70~1.00	275	450	24	50		197	—
25Mn	0.22~0.30	0.17~0.37	0.70~1.00	295	490	22	50	88.3	207	—
30Mn	0.27~0.35	0.17~0.37	0.70~1.00	315	540	20	45	78.5	217	187
35Mn	0.32~0.40	0.17~0.37	0.70~1.00	335	560	18	45	68.7	229	197
40Mn	0.37~0.45	0.17~0.37	0.70~1.00	355	590	17	45	58.8	229	207
45Mn	0.42~0.50	0.17~0.37	0.70~1.00	375	620	15	40	49	241	217
50Mn	0.47~0.55	0.17~0.37	0.70~1.00	390	645	13	40	39.2	255	217
60Mn	0.57~0.65	0.17~0.37	0.70~1.00	410	695	11	35	—	269	229
65Mn	0.62~0.70	0.17~0.37	0.90~1.20	430	735	9	30	—	285	229
70Mn	0.67~0.75	0.17~0.37	0.90~1.20	450	785	8	30	—	285	229

(3)专用优质碳素结构钢

专用优质碳素结构钢采用阿拉伯数字(以万分之几计的碳的质量分数的平均值)和代表产品用途的符号等表示,焊接用钢牌号表示为"H",压力容器用钢牌号表示为"R",桥梁用钢表示为"q",锅炉用钢表示为"g",焊接气瓶用钢表示为"HP"。例如"20g"表示碳的质量分数的平均值为 0.20%的锅炉钢,"20R"表示碳的质量分数的平均值为 0.20%的压力容器用钢。

五、合金钢的分类及牌号表示方法

1. 合金钢的分类

合金钢是在碳钢的基础上,为了获得特定的性能(如高强度、耐热、耐腐蚀、耐低温等),有目的地加入一种或多种合金元素,加入的合金元素主要有硅(Si)、锰(Mn)、铬(Cr)、镍(Ni)、钨(w)钼(Mo)、钒(V)、钛(Ti)、铝(Al)及稀土等。合金钢的分类方法很多,主要有:

(1)按合金元素总量分类

①低合金钢。合金元素的质量分数的总和<5%;

②中合金钢。合金元素的质量分数的总和=5%~10%;

③高合金钢。合金元素的质量分数的总和>10%。

(2)按主要特性性能或使用特性分类

可分为工程结构用钢、机械工程用钢、不锈钢、耐蚀钢、和耐热钢、工具钢、轴承钢、特殊物理性能钢(如磁钢、高电阻钢等)等。

(3)按其主要质量等级分类

可分为 A、B、C、D、E 级,其中 A 代表高级优质合金钢,E 代表特殊优质合金钢。

2. 合金结构钢的牌号表示方法

(1)合金结构钢的牌号

根据《钢铁产品牌号表示方法》(GB/T 221—2008)的规定,合金结构钢牌号通常由四部分组成:

第一部分:以二位阿拉伯数字表示平均碳含量(以万分之几计);

第二部分:合金元素含量,以化学元素符号及阿拉伯数字表示。具体表示方法为:平均含量小于 1.50％时,牌号中仅标明元素,一般不标明含量;平均含量为 1.50％～2.49％、2.50％～3.49％、3.50％～4.49％、4.50％～5.49％……时,在合金元素后相应写成 2、3、4、5……(化学元素符号的排列顺序推荐按含量值递减排列。如果两个或多个元素的含量相等时,相应符号位置按英文字母的顺序排列);

第三部分:钢材冶金质量,即高级优质钢、特级优质钢分别以 A、E 表示,优质钢不用字母表示;

第四部分(必要时):产品用途、特性或工艺方法表示符号。

合金弹簧钢的表示方法与合金结构钢相同。举例说明见表 1-5。

表 1-5 部分合金结构钢牌号及其说明

序号	产品名称	第一部分	第二部分	第三部分	第四部分	牌号示例
1	合金结构钢	碳含量:0.22％～0.29％	铬含量 1.50％～1.80％、钼含量 0.25％～0.35％、钒含量 0.15％～0.30％	高级优质钢	—	25Cr2MoVA
2	锅炉和压力容器用钢	碳含量:≤0.22％	锰含量 1.20％～1.60％、钼含量 0.45％～0.65％、铌含量 0.025％～0.050％	特级优质钢	锅炉和压力容器用钢	18MnMoNbER
3	优质弹簧钢	碳含量:0.56％～0.64％	硅含量 1.60％～2.00％、锰含量 0.70％～1.00％	优质钢	—	60Si2Mn

(2)合金结构钢质量等级

分别在牌号尾部加符号"A、B、C、D、E"表示。例如,高级优质合金结构钢"30CrMnSiA"。特级优质合金结构钢"30CrMnSiE"。

(3)专用合金结构钢的牌号

在专用合金结构钢牌号头部(或尾部)加代表产品用途的符号表示。例如,"16MnR,"为碳的质量分数的平均值为 0.16％,锰的质量分数的平均值为小于 1.5％的压力容器用钢板;"H08A"为碳的质量分数的平均值为 0.08％的高级优质焊接用钢。

(4)低合金高强度结构钢的牌号

根据《低合金高强度结构钢》GB/T 1591—2008 的规定,低合金高强度结构钢牌号由代表屈服点的汉语拼音字母 Q、屈服强度数值、质量等级符号（A、B、C、D、E）三个部分按顺序排列。例如，"Q345A"钢，其中：Q——钢材屈服点的"屈"字汉语拼音的首位字母；345——屈服点的数值为 345MPa；A——质量等级为 A 级。常用低合金高强度结构钢的化学成分和力学性能分别见表 1-6 和表 1-7。

表 1-6　常用低合金高强度结构钢的化学成分

牌号	质量等级	化学成分（%）										
		$w(C)$ ≤	$w(Mn)$	$w(Si)$ ≤	$w(P)$ ≤	$w(S)$ ≤	$w(V)$	$w(Nb)$	$w(Ti)$	$w(Al)$ ≥	$w(Cr)$ ≤	$w(Ni)$ ≤
Q295	A	0.16	0.80~1.50	0.55	0.045	0.045	0.02~0.15	0.015~0.060	0.02~0.20	—	—	—
	B	0.16	0.80~1.50	0.55	0.040	0.040	0.02~0.15	0.015~0.060	0.02~0.20	—	—	—
Q345	A	0.20	1.00~1.60	0.55	0.045	0.045	0.02~0.15	0.015~0.060	0.02~0.20	—	—	—
	B	0.20	1.00~1.60	0.55	0.040	0.040	0.02~0.15	0.015~0.060	0.02~0.20	—	—	—
	C	0.20	1.00~1.60	0.55	0.035	0.035	0.02~0.15	0.015~0.060	0.02~0.20	0.015	—	—
	D	0.18	1.00~1.60	0.55	0.030	0.030	0.02~0.15	0.015~0.060	0.02~0.20	0.015	—	—
	E	0.18	1.00~1.60	0.55	0.025	0.025	0.02~0.15	0.015~0.060	0.02~0.20	0.015	—	—
Q390	A	0.20	1.00~1.60	0.55	0.045	0.045	0.02~0.20	0.015~0.060	0.02~0.20	—	0.30	0.70
	B	0.20	1.00~1.60	0.55	0.040	0.040	0.02~0.20	0.015~0.060	0.02~0.20	—	0.30	0.70
	C	0.20	1.00~1.60	0.55	0.035	0.035	0.02~0.20	0.015~0.060	0.02~0.20	0.015	0.30	0.70
	D	0.20	1.00~1.60	0.55	0.030	0.030	0.02~0.20	0.015~0.060	0.02~0.20	0.015	0.30	0.70
	E	0.20	1.00~1.60	0.55	0.025	0.025	0.02~0.20	0.015~0.060	0.02~0.20	0.015	0.30	0.70
Q420	A	0.20	1.00~1.70	0.55	0.045	0.045	0.02~0.20	0.015~0.060	0.02~0.20	—	0.40	0.70
	B	0.20	1.00~1.70	0.55	0.040	0.040	0.02~0.20	0.015~0.060	0.02~0.20	—	0.40	0.70
	C	0.20	1.00~1.70	0.55	0.035	0.035	0.02~0.20	0.015~0.060	0.02~0.20	0.015	0.40	0.70
	D	0.20	1.00~1.70	0.55	0.030	0.030	0.02~0.20	0.015~0.060	0.02~0.20	0.015	0.40	0.70
	E	0.20	1.00~1.70	0.55	0.025	0.025	0.02~0.20	0.015~0.060	0.02~0.20	0.015	0.40	0.70
Q460	C	0.20	1.00~1.70	0.55	0.035	0.035	0.02~0.20	0.015~0.060	0.02~0.20	0.015	0.70	0.70
	D	0.20	1.00~1.70	0.55	0.030	0.030	0.02~0.20	0.015~0.060	0.02~0.20	0.015	0.70	0.70
	E	0.20	1.00~1.70	0.55	0.025	0.025	0.02~0.20	0.015~0.060	0.02~0.20	0.015	0.70	0.70

表 1-7　常用低合金高强度结构钢的力学性能

牌号	质量等级	屈服点 σ_s（MPa）				抗拉强度 σ_b（MPa）	伸长率 δ_5（%）	冲击吸收功 A_{kv}（纵向）（J）				180°弯曲实验 d=弯心直径；α=试样厚度（直径）	
		厚度（直径，边长）（mm）						+20℃	0℃	−20℃	−40℃	钢材厚度（直径，边长）（mm）	
		≤16	>16~35	>35~50	>50~100							≤16	>16~100
		不小于						不小于					
Q295	A	295	275	255	235	390~570	23	34				$d=2a$	$d=3a$
	B	295	275	255	235	390~570	23					$d=2a$	$d=3a$

续表 1-7

牌号	质量等级	屈服点 σ_s(MPa)				抗拉强度 σ_b (MPa)	伸长率 δ_5(%)	冲击吸收功 A_{kv}(纵向)(J)				180°弯曲实验 d＝弯心直径; α＝试样厚度 (直径)	
		厚度(直径,边长)(mm)						+20℃	0℃	−20℃	−40℃	钢材厚度(直径,边长)(mm)	
		≤16	>16～35	>35～50	>50～100			不小于				≤16	>16～100
		不小于											
Q345	A	345	325	295	275	470～630	21					$d=2a$	$d=3a$
	B	345	325	295	275	470～630	21	34				$d=2a$	$d=3a$
	C	345	325	295	275	470～630	22		34			$d=2a$	$d=3a$
	D	345	325	295	275	470～630	22			34		$d=2a$	$d=3a$
	E	345	325	295	275	470～630	22				27	$d=2a$	$d=3a$
Q390	A	370	370	350	330	490～650	19					$d=2a$	$d=3a$
	B	370	370	350	330	490～650	19	34				$d=2a$	$d=3a$
	C	370	370	350	330	490～650	20		34			$d=2a$	$d=3a$
	D	370	370	350	330	490～650	20			34		$d=2a$	$d=3a$
	E	370	370	350	330	490～650	20				27	$d=2a$	$d=3a$
Q420	A	420	400	380	360	520～680	18					$d=2a$	$d=3a$
	B	420	400	380	360	520～680	18	34				$d=2a$	$d=3a$
	C	420	400	380	360	520～680	19		34			$d=2a$	$d=3a$
	D	420	400	380	360	520～680	19			34		$d=2a$	$d=3a$
	E	420	400	380	360	520～680	19				27	$d=2a$	$d=3a$
Q460	C	460	440	420	400	550～720	17		34			$d=2a$	$d=3a$
	D	460	440	420	400	550～720	17			34		$d=2a$	$d=3a$
	E	460	440	420	400	550～720	17				27	$d=2a$	$d=3a$

六、不锈钢的分类及牌号表示方法

1. 不锈钢的分类

不锈钢有两种分类法。一种是按合金元素的特点,划分为铬不锈钢(以铬作为主要合金元素)和铬镍不锈钢(以铬和镍作为主要合金元素)。另一种是按正火状态下钢的组织状态,划分为马氏体不锈钢、铁素体不锈钢、奥氏体不锈钢和奥氏体—铁素体型不锈钢等。

(1)马氏体不锈钢

这类钢的铬质量分数较高(13%～17%),碳的质量分数也较高(0.1%～1.1%)。属于此类钢的有 10Cr13(1Cr13)[①]、20Cr13(2Cr13)、30Cr13(3Cr13)等,其中以 20Cr13(2Cr13)应用最广。此类钢具有淬硬性。多用于制造力学性能要求较高、耐腐蚀性要求相对较低的零件,例如汽轮机叶片、医疗器械等。

(2)铁素体不锈钢

这类钢的铬的质量分数高(13%～30%),碳的质量分数较低(低于0.15%)。此类钢的耐

注:① 括号内为不锈钢旧牌号,下同。

酸能力强,有很好的抗氧化能力,强度低,塑性好,主要用于制作化工设备中的容器、管道等,广泛用于硝酸、氮肥工业中。属于此类钢的有 022Cr12(00Cr12)、10Cr17(1Cr17)、10Cr17Mo(1Cr17Mo)、008Cr27Mo(00Cr27Mo)、008Cr30Mo2(00Cr30Mo2)等,常用 10Cr17(1Cr17)。

(3)奥氏体不锈钢

奥氏体不锈钢是目前工业上应用最广的不锈钢。它以铬、镍为主要合金元素。它有更优良的耐腐蚀性;强度较低,而塑性、韧性极好;焊接性能良好。主要用作化工容器、设备和零件等。奥氏体不锈钢化学成分类型有 Cr18%-Ni9%(通常称 18-8 不锈钢)、Cr18%-Ni12%、Cr23%-Ni13%、Cr25%-Ni20%等几种。属于奥氏体不锈钢有 06Cr19Ni10(0Cr19Ni10)、022Cr19Ni10(00Cr19Ni10)、12Cr18Ni9(1Cr18Ni9)、12Cr18Ni9Ti(1Cr18Ni9Ti)、06Cr18Ni10Ti(0Cr18Ni10Ti)、06Cr18Ni11Nb(0Cr18Ni11Nb)、10Cr18Ni12(1Cr18Ni12)、06Cr18Ni12Mo2Ti(0Cr18Ni12Mo2Ti)、06Cr23Ni13(0Cr23Ni13)、06Cr25Ni20(0Cr25Ni20)等。常用的有 12Cr18Ni9Ti(1Cr18Ni9Ti)、06Cr25Ni20(0Cr25Ni20)等。

2. 不锈钢牌号的表示方法

根据《不锈钢和耐热钢及化学成分》(GB/T 20878—2007)规定,不锈钢和耐热钢牌号采用汉语拼音字母、化学元素符号及阿拉伯数字组合的方式表示,易切削不锈钢和耐热钢在牌号头部加"Y"。

碳含量:一般在牌号的头部用两位或三位阿拉伯数字表示碳含量(以千分之几或十万分之几)最佳控制值,即只规定碳含量上限,当碳含量上限≤0.10%时,碳含量以其上限的 3/4 表示;当碳含量>0.10%时,碳含量以其上限的 4/5 表示。例如碳含量上限为 0.20%时,其牌号中的碳含量以 16 表示;碳含量上限为 0.15%时,其牌号中的碳含量以 12 表示;碳含量上限为 0.08%时,其牌号中的碳含量以 06 表示;规定上下限者,用平均碳含量×100 表示。对超低碳不锈钢(即 C≤0.030%),用三位阿拉伯数字以"十万分之几"表示碳含量。例如碳含量上限为 0.030%时,其牌号的碳含量以 022 表示;碳含量上限为 0.010%时,其牌号的碳含量以 008 表示。

合金元素含量:平均合金元素含量≤1.50%时,牌号中仅标明元素,一般不标明含量;平均合金元素含量为 1.5%~2.49%、2.50%~3.49%……时,相应的表明 2、3……。专门用途的不锈钢,在牌号头部加上代表钢用途的代号。

例如:平均碳含量为 0.2%,含铬量为 13%,旧牌号为"2Cr13"的不锈钢,新牌号为"20Cr13";平均碳含量≤0.08%,含铬量为 19%,含镍量为 10%,旧牌号为"0Cr19Ni10"的铬镍不锈钢,新牌号为"06 Cr19Ni10";碳含量≤0.12%,平均含铬量为 17%,旧牌号为"Y1Cr17"的易切削铬不锈钢,新牌号为"Y10Cr17";平均碳含量为 1.10%,含铬量为 17%,旧牌号表示为"11Cr17"的高碳铬不锈钢,新牌号为"108Cr17";碳含量≤0.03%,平均含铬量为 19%,含镍量为 10%,旧牌号表示为"00Cr19Ni10"的超低碳不锈钢,新牌号为"022Cr19Ni10"。

不锈钢的力学性能见表 1-8。

表 1-8   不锈钢的力学性能(与低碳钢、16Mn 比较)

钢 号	热 处 理	力学性能			
		σ_b (MPa)	$\sigma_{0.2}$ (MPa)	δ_5 (%)	HB
10Cr13(1Cr13)	淬火 950~1000℃,油冷 回火 700~750℃,快冷(退火 800~900℃,缓冷)	≥593	≥343	≥25	≥159

续表 1-8

钢　号	热　处　理	力学性能			
		σ_b (MPa)	$\sigma_{0.2}$ (MPa)	δ_5 (%)	HB
20Cr13(2Cr13)	淬火 920～980℃,油冷 回火 600～750℃,快冷(退火 800～900℃,缓冷)	≥637	≥441	≥20	≥192
30Cr13(3Cr13)	淬火 920～980℃,油冷 回火 600～750℃,快冷(退火 800～900℃,缓冷)	≥735	≥539	≥12	≥217
10Cr17(1Cr17)	退火 780～850℃,空冷	≥451	≥206	≥22	≥183
06Cr19Ni10(0Cr18Ni9)	固溶 1010～1150℃,快冷	≥520	≥206	≥40	≤187
12Cr18Ni9(1Cr18Ni9)	固溶 1010～1150℃,快冷	≥520	≥206	≥40	≤187
12Cr18Ni9Ti(1Cr18Ni9Ti)	固溶 1030～1100℃,快冷	≥520	≥206	≥40	≤187
10Cr18Ni12(1Cr18Ni12)	固溶 1010～1150℃,快冷	≥481	≥177	≥40	≤187
06Cr23Ni13(0Cr23Ni13)	固溶 1030～1150℃,快冷	≥520	≥206	≥40	≤187
06Cr25Ni20(0Cr25Ni20)	固溶 1030～1180℃,快冷	≥520	≥206	≥40	≤187
Q235-A		375～460	≥235	≥26	
20	910℃,正火	≥41	≥245	≥25	
16Mn(Q345-A)		470～630	≥345	≥21	

七、专用钢

1. 珠光体耐热钢

珠光体耐热钢主要是以铬、钼为基础的具有高温强度和抗氧化性的低合金钢,常用于汽轮机、锅炉、电站管道等高温高压的部件上,一般最高工作温度约在 500℃～600℃之间。由于这类钢在金属组织上多属珠光体组织,所以常称珠光体耐热钢。常用的珠光体耐热钢有 15CrMo、20CrMoV、15Cr1Mo1V、$2\frac{1}{4}$Cr-1Mo、20Cr3MoWV 钢等。

2. 低温钢

低温钢主要用于各种低温装置(−40℃～−196℃)和在严寒地区的一些工程结构(如桥梁等)。低温钢必须保证在相应的低温下具有足够高的低温韧性,而对强度并无要求。这种钢大部分是一些含 Ni 的低碳低合金钢,常用的低温钢主要有 16Mn、09Mn2V、06MnNb、2.5Ni、3.5Ni、9Ni 钢等。

3. 低合金耐蚀钢

低合金耐蚀钢主要用于大气、海水和石油化工等腐蚀介质中工作的各种机械设备和结构,因此,除一般的力学性能外,还必须具有耐腐蚀性能这一特殊要求。耐大气和海水腐蚀用钢主要有 16MnCu、08MnPRe、09MnCuPTi、10NiCuP 钢等。耐石油化工中硫和硫化氢腐蚀用钢主要有 09A1VTiCu、12A1MoV、15A13MoWTi 及 Cr—Mo 钢等。

八、钢的焊接性

1. 焊接性的概念

《焊接术语》(GB/T 3375—1994)标准对焊接性给出的定义是:材料在限定的施工条件下焊接成按规定设计要求的构件,并满足预定服役要求的能力。焊接性受材料、焊接方法、构件类型及使用要求四个因素的影响。

焊接性是金属材料加工(焊接)性能之一,与工艺条件有关。在金属材料的种类及其化学成分、焊接方法、构件类型和使用要求的影响焊接性的四个因素中,材料的种类及其化学成分是主要的影响因素。评定一种钢的焊接性,直接的方法是进行焊接性实验。

2. 碳当量

把钢中的合金元素(包括碳)的含量按其作用换算成碳的相当含量。可作为评定钢材焊接性的一种参考指标称为碳当量。对于碳钢和低合金结构钢的碳当量,国际焊接学会推荐的计算公式:

$$碳当量 \ C_E = C + \frac{Mn}{6} + \frac{Cr + Mo + V}{5} + \frac{Ni + Cu}{15}$$

此公式主要适用于中高强度的非调质低合金高强度钢($\sigma_b = 500 \sim 900 MPa$)。式中,化学元素都表示该元素在钢中的质量百分数。在计算碳当量时,元素含量均取其成分范围的上限。

当 $C_E < 0.40\%$ 时,钢材的淬硬冷裂倾向不大,焊接性优良,焊接时不必预热;当 $C_E = 0.40\% \sim 0.60\%$ 时,钢材的淬硬冷裂倾向增大,焊接时需要采取预热、控制焊接参数等工艺措施;当 $C_E > 0.60\%$ 时,钢材的淬硬冷裂倾向强,属于较难焊的钢材,需要采取较高的预热温度和严格的工艺措施。

碳当量只考虑了化学成分对焊接性的影响,没有考虑焊接方法、构件类型、结构刚性、板厚、扩散氢含量和构件使用要求等因素的影响。因此,碳当量只是一个近似的焊接性间接估算方法。

3. 常用钢的焊接性(见表1-9)

表 1-9　常用钢的焊接性

种类	牌号	性能					焊接性
		σ_s(MPa) 1组、2组、3组	σ_b (MPa)	δ(%)		a_k (J/cm²)	
				δ_5	δ_{10}		
低碳钢	Q215	240、230、220	380~400	27	23		焊接性好,一般不预热
	Q235	260、250、240	420~440	25	21		
	Q255	280、270、260	500~530		17		焊接性好,厚板结构预热150℃以上
	08	200	330	33			焊接性好,一般不预热
	10	210	340	31			
	15	230	380	27			
	20	250	420	25			
	25	280	450	23		88.2	焊接性好,厚板结构预热150℃以上
	30	300	490	21		78.4	
中碳钢	35	320	530	20		68.6	焊接性较差,预热温度一般为150℃~250℃
	45	360	600	16		49	
	55	390	650	13			焊接性很差,预热温度一般为250℃~400℃

续表 1-9

种类	牌　号	性　能					焊　接　性
		σ_s(MPa) 1组、2组、3组	σ_b (MPa)	δ(%) δ_5	δ_{10}	a_k (J/cm^2)	
普通低合金钢	Q295(09MnV)	300	430	22			为 295MPa 级普低钢,弹接性好,一般情况不预热
	Q295(09Mn2)	300	440	21			
	Q295(12Mn)	300	440	21			
	Q295(09MnNb)	300	450	24			
	Q345(12MnV)	350	490	21			为 345MPa 级普低钢,焊接性好,一般情况不预热
	Q345(14MnNb)	360	490	20			
	Q345(16Mn)	350	510	21			
	Q345(16MnRE)	350	510	21			
	Q390(15MnV)	420	550	19			为 390MPa 级普低钢,焊接性较好,一般情况不预热或预热到 100℃~150℃
	Q390(15MnTi)	400	530	19			
	Q390(16MnNb)	400	530	19			
	Q420(15MnVN)	470	640	17			为 420MPa 级普低钢。焊接性较好,预热到 150℃以上施焊
	Q420(15MnVTiRE)	440	550	18			
	30Cr	690	880	11			一般不预热,只有厚度大及刚度大时要预热到 100℃~150℃
	12CrMo	270	420	24			
合金结构钢	15CrMo	300	440	22		117.6	焊接性较好,裂缝倾向较小。调整规范参数即可获得优质接头
	20CrMo	590	780	12		88.2	
	20CrMnSi	590	780	10		58.8	
	40Cr	780	980	9		58.8	焊接性较差,大多数情况下要预热。仅依靠调整规范很难获得优质接头,裂缝倾向大。用非奥氏体钢焊条且板厚大于 81mm 时,焊后一定要热处理,焊前预热到 150℃~200℃
	30Mn2	780	740	12		78.4	
	30CrMo	780	930	12		78.4	
	35CrMo	830	980	12		78.4	
	35SiMn	740	880	15		58.8	
	30CrMnSi	880	990	10		49	
	40CrSi	1030	1230	12		49	焊接性不良。裂缝倾向极大,必须严格控制焊接工艺条件,焊前预热及焊后热处理。除用奥氏体钢焊条外,均须焊后热处理,焊前预热到 200℃~450℃
	50Mn	400	650	13		39.2	
	45Mn2	740	880	10		58.8	
	50Cr	930	1080	9		49	
	35CrMnSi	1270	1620	9		49	

续表 1-9

种类	牌 号	性 能					焊 接 性
		σ_s(MPa) 1组、2组、3组	σ_b (MPa)	δ(%)		a_k (J/cm²)	
				δ_5	δ_{10}		
不锈钢	0Cr18Ni9	200	490	45			焊接性较好，但当焊接工艺选择不当时，容易出现热裂纹或在使用前发生晶间腐蚀等缺陷（属于奥氏体不锈钢）
	1Cr18Ni9	200	540	45			
	1Cr18Ni9Ti	300	540	40			
	Cr18Ni11Nb	200	540	40			
	Cr18Ni12Mo2Ti	220	540	40			
	0Cr13	350	490	24			焊接性较差，焊接时主要是裂缝倾向大，易产生脆化（属于铁素体不锈钢）
	Cr17	250	400	20			
	Cr28	300	440	20			
	Cr17Ti	300	440	20			
	1Cr13	420	590	20		88.2	焊接性较差，有强烈的淬硬倾向，焊后残余应力较大，故裂缝倾向较大（为马氏体不锈钢）
	2Cr13	440	650	16		78.4	

注：1kgf≈10N。

九、有色金属材料

1. 铝及其合金

(1)铝合金分类

根据国家标准《变形铝和铝合金牌号表示方法》(GB/T 1647—1996)，铝合金的分类如图1-1所示。

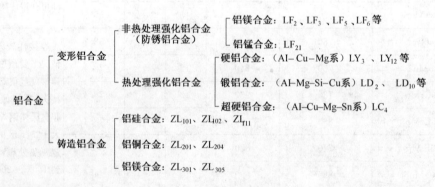

图 1-1　铝合金分类

(2)铝合金的牌号

1997年1月1日起，我国开始实施《变形铝和铝合金牌号表示方法》(GB/T 16474—1996)标准。新的牌号表示方法采用变形铝和铝合金国际牌号注册组织推荐的国际四位数字体系牌号命名方法，例如工业纯铝有1070、1060等，Al-Mn合金有3003等，Al-Mg合金有5052、5086等。1997年1月1日前，我国采用前苏联的牌号表示方法。一些老牌号的铝及铝合金化学成分与国际四位数字体系牌号不完全吻合，不能采用国际四位数字体系牌号代替，为保留国内现有的非国际四位数字体系牌号,不得不采用四位字符体系牌号命名方法,以便逐步与国际接轨。例如:老牌号LF21的化学成分与国际四位数字体系牌号3003不完全吻合,于是,四位字符体系表示的牌号为3A21。

四位数字体系和四位字符体系牌号第一个数字表示铝及铝合金的类别,其含义如下:1XXX系列工业纯铝;2XXX系列Al-Cu、Al-Cu-Mn合金,3XXX系列Al-Mn合金;4XXX系列Al-Si合金;5XXX系列Al-Mg合金;6XXX系列Al-Mg-Si合金;7XXX系列Al-Mg-Si-Cu合金;8XXX系列其他。

我国容器用铸造铝合金牌号采用ZAl+主要合金元素符号+合金元素含量数百分率表示。例如:ZAlSi7Mg1A、ZAlCu4、ZAlMg5Si等。

相同牌号的铝及铝合金,状态不同时,力学性能不同。按照GB/T 16475《变形铝和铝合金状态代号》(GB/T 16475)标准,新状态代号规定如下:O退火状态;H112热作状态;T4固溶处理后自然时效状态;T5高温成形过程冷却后人工时效状态;T6固溶处理后人工时效状态。

(3)中国新旧铝合金牌号对照表(见表1-10)

表 1-10　中国新旧铝合金牌号对照表(GB/T 3190—1996)

新牌号	旧牌号	新牌号	旧牌号	新牌号	旧牌号
1A99	原LG5	2B12	原LY9	3003	—
1A97	原LG4	2A13	原LY13	3103	—
1A95	—	2A14	原LD10	3004	
1A93	原LG3	2A16	原LY16	3005	
1A90	原LG2	2B16	曾用Ly16-1	3105	
1A85	原LG1	2A17	原LY17	4A01	原LT1
1080	—	2A20	曾用LY20	4A11	原LD11
1080A		2A21	曾用214	4A13	原LT13
1070		2A25	曾用225	4A17	原LT17
1070A	代L1	2A49	曾用149	4004	
1370	—	2A50	原LD5	4032	
1060	代L2	2B50	原LD6	4043	
1050	—	2A70	原LD7	4043A	
1050A	代L3	2B70	曾用LD7-1	4047	
1A50	原LB2	2A80	原LD8	4047A	
1350		2A90	原LD9	5A01	曾用2101、LF15
1145		2005		5A02	原LF2
1035	代L4	2011	—	5A03	原LF3
1A30	原L4-1	2014	—	5A05	原LF5
1100	代LF5-1	2014A		5B05	原LF10
1200	代L5	2214		5A06	原LF6
1235		2017		5B06	原LF14
2A01	原LY1	2017A		5A12	原LF12
2A02	原LY2	2117		5A13	原LF13
2A04	原LY4	2218		5A30	曾用2103、LF16
2A06	原LY6	2618	—	5A33	原LF33

续表 1-10

新牌号	旧牌号	新牌号	旧牌号	新牌号	旧牌号
2A10	原LY10	2219	曾用LY19、147	5A41	原LT41
2A11	原LY11	2024	—	5A43	原LF43
2B11	原LY8	2124	—	5A66	原LT66
2A12	原LY12	3A21	原LF21	5005	—
5019	—	6B02	原LD2-1	7A09	原LC9
5050	—	6A51	曾用651	7A10	原LC10
5251	—	6101	—	7A15	曾用LC15、157
5052	—	6101A	—	7A19	曾用919、LC19
5154	—	6005	—	7A31	曾用183-1
5154A	—	6005A	—	7A33	曾用LB733
5454	—	6351	—	7A52	曾用LC52、5210
5554	—	6060	—	7003	原LC12
5754	—	6061	原LD30	7005	—
5056	原LF5-1	6063	原LD31	7020	—
5356	—	6063A	—	7022	—
5456	—	6070	原LD2-2	7050	—
5082	—	6181	—	7075	—
5182	—	6082	—	7475	—
5083	原LF4	7A01	原LB1	8A06	原L6
5183	—	7A03	原LC3	8011	曾用LT98
5086	—	7A04	原LC4	8090	—
6A02	原LD2	7A05	曾用705	—	—

注:1."原"是指化学成分与新牌号等同,且都符合 GB3190—82 规定的旧牌号。

2."代"是指与新牌号的化学成分相近似,且都符合 GB3190—82 规定的旧牌号。

3."曾用"是指已经鉴定,工业生产时曾经用过的牌号,但没有收入 GB3190—82 中。

(4)纯铝、铝镁合金和铝锰合金的力学性能(见表1-11)

表 1-11　纯铝、铝镁合金和铝锰合金的力学性能

牌号	材料状态	抗拉强度 (MPa)	屈服点 (MPa)	伸长率 (%)	断面收缩率 (%)	布氏硬度 (HBS)
1035(L$_4$)	冷作硬化	140	10	12	—	32
8A06(L$_6$)	退火	90	3	30	—	25
5A02(LF$_2$)	退火	200	10	23	—	45
	冷作硬化	250	21	6	—	60
5A05(LF$_5$)	退火	270	15	23	—	70
3A21(LF$_{21}$)	退火	130	5	20	70	30
	冷作硬化	160	13	10	55	40

注:括号内的牌号为旧牌号。

2. 铜及其合金

(1) 铜及其合金的分类

根据铜及其合金的成分颜色不同,可分为紫铜、黄铜、青铜和白铜四大类。紫铜即纯铜,由于紫铜的力学性能不高,在机械结构零件中使用的都是铜合金。黄铜是铜和锌的合金,单有铜和锌组成的合金称为普通黄铜,在铜-锌合金基础上加入一种或数种其他合金元素(如硅、铝、铅、锡、锰等)的黄铜成为特殊黄铜,黄铜的导电性比紫铜差,但硬度、强度和耐腐蚀性比紫铜高,且能承受冷加工和热加工,因此广泛用来制造各种结构零件。青铜是除铜-锌、铜-镍合金以外所有铜基合金的统称,如锡青铜、铝青铜、铍青铜和硅青铜等。青铜具有高的耐磨性、良好的力学性能、铸造性能和耐腐蚀性能。白铜是铜-镍合金,单由铜和镍组成的合金称为普通白铜,如再加有锰、铁、锌、铝等元素的合金,就称为特殊白铜,如锰白铜、铁白铜、锌白铜、铝白铜等,白铜分为耐蚀结构用白铜和电工用白铜。

(2) 铜及其合金的牌号

紫铜的牌号用"T"加顺序号表示,无氧铜用"TU"加顺序号表示,脱氧铜用"TU"加脱氧剂元素符号表示;普通黄铜用"H"后面加铜含量表示,特殊黄铜用"H"加主添元素的化学元素符号,再加铜含量和主添元素的含量表示;铸造黄铜的牌号用"ZH"表示;青铜的牌号用"Q"后面加主添元素的化学元素符号,再加主添元素的含量和辅助元素的含量表示;普通白铜的牌号用"B"加镍含量表示,特殊白铜用"B"加合金元素符号再加镍含量和合金元素含量表示。

(3) 常用铜合金的化学成分和应用范围(见表1-12)

表 1-12　常用铜合金的化学成分和应用范围

材料名称		牌号	化学成分(%)									应用范围
			$w(Cu)$	$w(Zn)$	$w(Sn)$	$w(Mn)$	$w(Al)$	$w(Si)$	$w(Ni)+w(Co)$	其他	杂质≤	
黄铜	压力加工黄铜	H68	67.0~70.0	余量	—	—	—	—	—	—	0.3	弹壳、冷凝器等
		H62	60.5~63.5	余量	—	—	—	—	—	—	0.5	散热器、垫圈、弹簧等
	铸造黄铜	ZHAlFeMn66-6-3-2	64~68	余量	—	1.5~2.5	6~7	—	—	$w(Fe)$ 2~4	2.1	重载螺母、大型蜗杆配件、衬套、轴承
		ZHSi80-3	79~81	余量	—	—	—	2.5~4.5	—	—	2.8	铸造配件、齿轮等
青铜	压力加工青铜	QSn6.5-0.4	余量	—	6.0~7.0	—	—	—	—	$w(P)$ 0.3~0.4	0.1	造纸工业用铜网、弹簧和耐蚀零件
		QAl9-2	余量	—	—	1.5~2.5	8.0~10.0	—	—	—	1.7	船舶和电气设备零件
	铸造青铜	QSi3-1	余量	—	—	1.0~1.5	—	2.75~3.5	—	—	1.1	弹簧和耐蚀零件
		ZQAlFe9-4	余量	—	—	—	8~10	—	—	$w(Fe)$ 2~4	2.7	重型重要零件
白铜		B10	余量	—	0.5~1.0	—	—	—	9~11	$w(Fe)$ 0.5~1.0	0.5	
		B30	余量	—	—	—	—	—	29~33	—	—	海水和船舶电气工业用的冷凝管

(4)常用铜合金的性能(见表1-13)

表1-13　常用铜合金的性能

材料名称		牌号	材料状态或铸模	机械性能			物理性能					
				σ_b (MPa)	δ_5 (%)	硬度 (HB)	密度 (g/cm³)	线胀系数 (20℃) ($10^{-6}K^{-1}$)	导热系数 (W/m·K)	电阻率 (20℃) ($\times10^{-8}\Omega m$)	熔点 (℃)	线收缩率 (%)
黄铜		H68	软态	313.6	55	—	8.5	19.9	117.04	6.8	932	1.92
			硬态	646.8	3	150						
		H62	软态	323.4	49	56	8.43	20.6	108.68	7.1	905	1.77
			硬态	588	3	164						
		ZHSi80-3	砂模	245	10	100	8.3	17.0	41.8		900	1.7
			金属模	294	15	110						
		ZHAlFeMn 66-6-3-2	砂模	588	7	—	8.5	19.8	49.74	—	899	—
			金属模	637	7	160						
青铜	锡青铜	QSn6.5-0.4	软态	343~441	60~70	70~90	8.8	19.1	50.16	17.6	995	1.45
			硬态	686~784	7.5~12	160~200						
	铝青铜	QAl9-2	软态	441	20~40	80~100	7.6	17.0	71.06	11	1060	1.7
			硬态	588~784	4~5	160~180						
		ZQAl9-4	砂模	392	10	110	7.6	18.1	58.52	12.4	1040	2.49
			金属模	294~490	10~20	120~140						
	硅青铜	QSi3-1	软态	343~392	50~60	80	8.4	15.8	45.98	15	1025	1.6
			硬态	637~735	1~5	180						
白铜		B10	软态	—	—	—			30.93		1149	—
			硬态	—	—	—						
		B30	软态	392	23~28	60~70	8.9	16	37.20	42	1230	—
			硬态	568.4	4~9	100						

3. 钛及其合金

(1)钛及其合金的分类和牌号

钛及钛合金按生产工艺可分为变形钛合金、铸造钛合金和粉末钛合金;按性能和用途可分为结构钛合金、耐热钛合金、耐蚀钛合金和低温钛合金等。

我国现行标准按钛合金退火状态的室温平衡组织分为 α 钛合金、β 钛合金和 $\alpha+\beta$ 钛合金三类,分别用 TA、TB 和 TC 加顺序号表示。

钛及其合金具有良好的耐腐蚀性能,其耐腐蚀性优于不锈钢。钛合金最大的优点是比强度大(即强度大而质量轻),又具有良好的韧性和焊接性,在航空航天工业、医学、化学工业等领域得到广泛应用。

(2)常用钛及钛合金的化学成分(见表1-14)

表1-14　常用钛及钛合金的化学成分

合金牌号	化学成分组	主要成分(%)								
		Ti	Al	Cr	Mo	Sn	Mn	V	Fe	Cu
TA1	工业纯钛	基	—	—	—	—	—	—	—	—

续表 1-14

合金牌号	化学成分组	主要成分(%)								
		Ti	Ai	Cr	Mo	Sn	Mn	V	Fe	Cu
TA2	工业纯钛	基	—	—	—	—	—	—	—	—
TA3	工业纯钛	基	—	—	—	—	—	—	—	—
TA6	Ti-5Al	基	4.0~5.5	—	—	—	—	—	—	—
TA7	Ti-5Al-2.5Sn	基	4.0~6.0	—	—	2.0~3.0	—	—	—	—
TB2	Ti-5Mo-5V-3Cr-3Al	基	2.5~3.5	7.5~8.5	4.7~5.7	—	—	4.7~5.7	—	—
TC1	Ti-2Al-1.5Mn	基	1.0~2.5	—	—	—	0.7~2.0	—	—	—
TC2	Ti-3Al-1.5Mn	基	3.5~5.0	—	—	—	0.8~2.0	—	—	—
TC3	Ti-5Al-4V	基	4.5~6.0	—	—	—	—	3.5~4.5	—	—
TC4	Ti-6Al-4V	基	5.5~6.8	—	—	—	—	3.5~4.5	—	—
TC10	Ti-6Al-6V-2Sn-0.5Cu-0.5Fe	基	5.5~6.5	—	—	1.5~2.5	—	5.5~6.5	0.35~1.0	0.35~1.0

(3)钛及其合金力学性能(见表1-15)

表 1-15　钛及其合金力学性能

合金牌号	名义成分	热处理状态	抗拉强度(MPa)	伸长率(%)	冷弯角度(°)
TA1	工业纯钛	退火	340~490	30	130
TA2	工业纯钛	退火	440~590	25	90
TA3	工业纯钛	退火	540~690	20	80
TA6	Ti-5Al	退火	690	12	40
TA7	Ti-5Al-2.5Sn	退火	740~930	12	40
	Ti-0.2Pd	退火	420	27	
TB2	Ti-3Al-5Mo-5V-8Cr	退火	980	20	
		淬火、时效	1320	8	
TC1	Ti-2Al-1.5Mn	退火	590~730	20	60
TC2	Ti-3Al-1.5Mn	退火	690	12	50
TC3	Ti-5Al-4V	退火	880	10	30
TC4	Ti-6Al-4V	退火	900	10	30
		淬火、时效	1080	8	
TC10	Ti-6Al-6V-2Sn	退火	1060	8	25

4. 镍及其合金

(1)镍及其合金的分类

可焊的镍及镍合金可分以下几种类型:

①纯镍。主要用来制造耐腐蚀件,如机械和化工设备中的耐腐蚀件、医疗器械、食品工业用器皿和电气器件等。

②镍-铜合金。这种合金常称为蒙乃尔合金,具有优良的抗海水腐蚀性能,对含有氯离子的介质及某些酸、碱都有良好的耐腐蚀性能。含有铝、钛的镍-铜合金强度较高。

③镍-铬合金。这种合金含铬量一般在20%以下,常称为因科镍合金,具有良好的抗纯水腐蚀性能,化学工业及核电站中常用这些材料。在镍-铬合金中,加入钼、钨、铝、钛等元素又形成很多高温合金。

④镍-钼合金。这种合金一般含钼15%~30%,尚有铁、铝等少量元素,具有良好的抗腐蚀

性能和抗氧化性能。这种合金又称为哈斯特洛依合金。

(2)镍及其合金的牌号和化学成分(见表1-16)

表 1-16　镍及其合金的牌号和化学成分　　　　　　　　%

组别	牌号	主要化学成分					杂质总和
		Ni+Co	Cu	Si	Mn	其　他	
纯镍	N2	≥99.98	—	—	—	—	≤0.02
	N4	≥99.9	—	—	—	—	≤0.1
	N6	≥99.5	—	—	—	—	≤0.5
	N8	≥99.0	—	—	—	—	≤1.0
	DN(电真空镍)	≥99.35	—	0.02~0.10	—	C:0.02~0.10 Mg:0.02~0.10	≤0.35
阳极镍	NY1	≥99.7	—	—	—	—	≤0.3
	NY2	≥99.4	0.01~0.1	—	—	O:0.03~0.3 S:0.002~0.01	≤0.6
	NY3	≥99.0	—	—	—	—	≤1.0
镍锰合金	NMn3	余量	—	—	2.3~3.3	—	≤1.5
	NMn5	余量	—	—	4.6~5.4	—	≤2.0
镍铜合金	NCu40-2-1	余量	38~42	—	1.25~2.25	Fe:0.2~1.0	≤0.6
	NCu28-2.5-1.5	余量	27~29	—	1.2~1.8	Fe:2.0~3.0	≤0.6

第二节　钢的热处理基本知识

一、钢的晶体结构

1. 晶体和晶格

原子、分子或离子有规律地排列,凡具有这种特征的材料即为晶体。金属是由原子构成的晶体组织。为了研究方便,把空间晶体中的原子用假想的线段连接起来,形成构成晶体结构特征的最基本单元称为晶格。晶格用来描述晶体结构的类型和原子在金属的晶体组织内部排列的规律。

2. 同素异构转变

每种金属在不同的温度下,具有不同的晶格类型,这种晶格类型的转变称为同素异构转变。例如纯铁在910℃以下为体心立方晶格,称为 α 铁,如图 1-2a 所示;当温度升到910℃以上时,纯铁的晶体结构从体心立方晶格变为面心立方晶格,称为 γ 铁,如图 1-2b 所示;当温度再升至1390℃时,又重新转变为体心立方晶格,称为 δ 铁,一直到熔化为止。晶体与非晶体不同,晶体有固定的熔点,纯铁的熔点是 1535℃。

晶体中所有基本颗粒按共同的规律排列,这种晶体称为单晶体。由许多杂乱无章排布的单晶体组成的晶体称为多晶体。多晶体中每一个小的单晶体称为晶粒。晶粒之间的边界称为晶界。普通金属材料都是多晶体,金属的晶粒越细,其力学性能就越好。

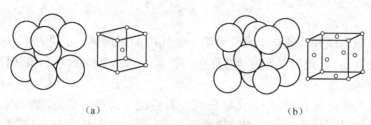

图 1-2　体心立方晶格和面心立方晶格

(a)体心立方晶格　(b)面心立方晶格

钢的各项性能指标除了与其化学成分有关外,还与钢的晶体结构有关。同样化学成分的钢材,若其晶体结构不同时,力学性能有很大的差别。钢的热处理就是根据同素异构原理发展起来的。

二、钢的常见组织

1. 合金组织、结构

两种或两种以上的元素(其中至少一种是金属元素)组成的、具有金属特性的物质,叫做合金。根据两种元素相互作用的关系以及形成晶体结构和显微组织的特点可将合金的组织分为三类。

(1)固溶体

固溶体是合金中一种物质均匀地溶解在另一种物质内,形成的单相晶体结构。根据原子在晶格上分布的形式,固溶体可分为置换固溶体和间隙固溶体。某一元素晶格上的原子部分地被另一元素的原子所取代,称为置换固溶体,如图 1-3a 所示;如果另一元素的原子挤入某元素晶格原子之间的空隙中,称为间隙固溶体,如图 1-3b 所示。两种元素的原子大小差别越大,形成固溶体后所引起的晶格扭曲程度就越大。扭曲的晶格增加了金属塑性变形的阻力,所以固溶体比纯金属硬度高、强度大。

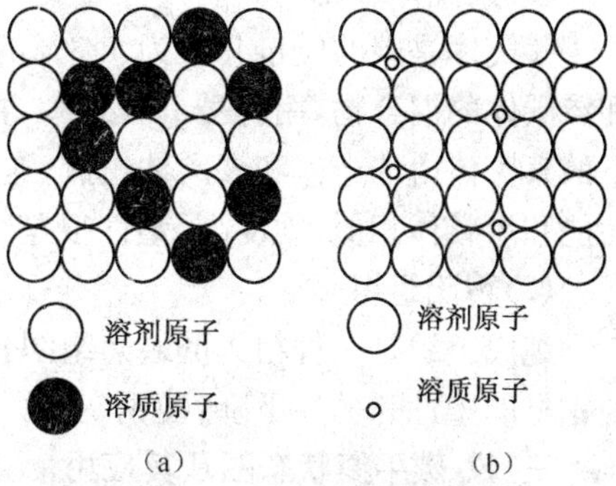

○ 溶剂原子　○ 溶剂原子

● 溶质原子　○ 溶质原子

(a)　(b)

图 1-3　固溶体示意图

(a)置换固溶体　(b)间隙固溶体

(2)化合物

合金中两种元素的原子按一定比例相结合,具有新的晶体结构,在晶格中各元素原子的相互位置是固定的,叫化合物。通常化合物具有较高的硬度,低的塑性,脆性也较大。

(3)机械混合物

合金是由两种不同的晶体结构彼此机械混合组成,称为机械混合物。机械混合物中各组成部分,仍保持自己原来的晶格。混合物的性能取决于各组成相的性能,以及它们分布的形态、数量和大小。它往往比单一的固溶体合金有更高的强度、硬度和耐磨性;塑性和压力加工性能则较差。

2. 铁碳合金的基本组织

钢主要是由铁和碳组成的合金(合金钢还含有少量其他元素),由于铁和碳的组织结构不

同,铁碳合金的基本组织有以下几种:

(1)铁素体

铁素体是少量的碳和其他合金元素固溶于 α 铁中的固溶体。α 铁为体心立方晶格,碳原子以间隙状态存在,合金元素以置换状态存在。铁素体的强度和硬度低,但塑性和韧性很好。

(2)渗碳体(Fe_3C)

渗碳体是铁和碳的化合物,分子式是 Fe_3C。其性能与铁素体相反,硬而脆,随着钢中碳含量的增加,钢中渗碳体的量也增多,钢的硬度、强度也增加,而塑性、韧性则下降。

(3)珠光体(P)

珠光体是铁素体和渗碳体的机械混合物,碳的质量分数为 0.8% 左右。珠光体的性能介于铁素体和渗碳体之间,其强度较高,硬度适中,具有一定的塑性。

(4)奥氏体(A)

奥氏体是碳和其他合金元素在 γ 铁中的固溶体。在一般钢材中,只有在高温时存在。奥氏体为面心立方晶格,奥氏体的强度和硬度不高,塑性和韧性很好。奥氏体的另一特点是没有磁性。

(5)马氏体(M)

马氏体是碳在 α 铁中的过饱和固溶体。马氏体的体积比相同质量的奥氏体的体积大,因此由奥氏体转变为马氏体时体积要膨胀,局部体积膨胀后引起的内应力往往导致零件变形、开裂。马氏体的硬度很高,马氏体中过饱和的碳越多,硬度越高。

(6)莱氏体(Ld)

莱氏体是碳的质量分数为 4.3% 的合金,是在 1 148℃ 时从液相中同时结晶出来的奥氏体和渗碳体的混合物,用符号 Ld 表示。由于奥氏体在 723℃ 时还将转变为珠光体,所以在室温下的莱氏体由珠光体和渗碳体组成,这种混合物仍叫莱氏体,用符号 Ld′ 表示。莱氏体的力学性能和渗碳体相似,硬度高,塑性很差。

(7)魏氏组织

魏氏组织是一种粗大的过热组织,碳钢过热,晶粒长大后,很容易形成。粗大的魏氏组织使钢材的塑性和韧性下降,使钢变脆。

三、铁-碳平衡状态图及其应用

1.铁-碳平衡状态图

铁-碳平衡状态图是表示在缓慢加热或冷却的条件下,铁、碳合金在不同碳含量和不同的温度时与所处的状态和所具有的显微组织之间的关系。铁-碳平衡状态图对于热加工具有重要的指导意义。尤其对于焊接,可以根据铁-碳平衡状态图来分析焊缝和热影响区的组织变化,并合理地选择焊后热处理工艺等。

图 1-4 为铁-碳平衡状态图。图中的纵坐标表示温度,横坐标表示铁、碳合金中碳的百分含量。如在横坐标左端碳含量为 0,即为纯铁;在右端碳含量为 6.67%,全部为渗碳体。状态图内的各条线都是铁、碳合金状态及内部显微组织发生转变的温度界限,这些线为组织转变线。下面着重分析铁、碳平衡状态图中主要线和点的含义。

(1)图中的线

①ACD 线为液相线,在 ACD 线以上合金呈液态。

②AHJEF 线为固相线,在 AHJEF 线以下合金呈固相。在液相线和固相线之间的区域

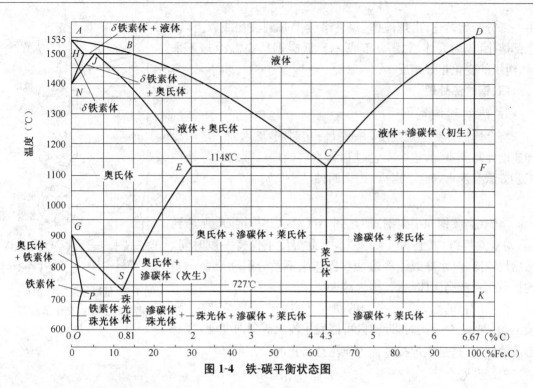

图1-4　铁-碳平衡状态图

为两相(液相和固相)共存。

③GS 线表示碳的质量分数低于 0.8% 的钢在缓慢冷却时由奥氏体开始析出铁素体的温度,加热时用 A_{c3} 表示,冷却时用 A_{r3} 表示,简称为 A_3 线。

④ES 线表示碳的质量分数高于 0.8% 的钢在缓慢冷却时由奥氏体开始析出渗碳体的温度,加热时用 A_{ccm} 表示,冷却时 A_{rcm} 表示,简称为 A_{cm} 线。

⑤PSK 水平线,727℃,为共析反应线,表示铁碳合金在缓慢冷却时由奥氏休开始析出珠光体的温度,加热时用 A_{c1} 表示,冷却时用 A_{r1} 表示,简称为 A_1 线。

⑥ECF 水平线,1148℃,为共晶反应线,表示液体缓慢冷却至该温度时发生共晶反应,生成莱氏体组织。

(2)图中的点

①E 点是区分钢和铸铁的分界点,碳的质量分数为 2.11%。E 点左边为钢,右边为铸铁。

②S 点为共析点,碳的质量分数为 0.8%。S 点成分的钢是共析钢,其组织全部为珠光体,S 点左边的钢是亚共析钢,其组织为珠光体+铁索体。S 点右边的钢是过共析钢,其组织为珠光体十渗碳体。

③C 点为共晶点,碳的质量分数为 4.3%。C 点成分的合金为共晶白口铸铁,C 点左边的铸铁为亚共晶白口铸铁,C 点右边的铸铁为过共晶白口铸铁。共晶白口铸铁组织为莱氏体,莱氏体组织在常温下是珠光体+渗碳体的机械混合物,其性能硬而脆。

2. 铁-平衡状态图的应用

现以碳的质量分数为 0.2% 的低碳钢为例,说明从室温加热过程中钢的组织变化。低碳钢室温下的组织为珠光体+铁素体,当温度上升到 $PSK(A_1)$ 线以上时,组织变为奥氏体+铁素体,温度上升到 $GS(A_3)$ 线以上时组织全部转变为奥氏体,温度上升到固相线以上,奥氏体中一部分开始熔化,出现液体;温度继续上升到液相线以上,钢全部熔化,成为液体,如图 1-5 所示。低碳钢从高温冷却下来时,组织的变化正好相反。

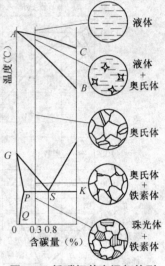

图 1-5　低碳钢从室温加热到高温时的组织变化示意图

四、钢的热处理

1. 热处理的定义

将金属加热到一定温度,并保持一定时间,然后以一定的冷却速度冷却到室温,这个工艺过程称为热处理。常用的热处理工艺方法有淬火、回火、退火、正火四种。

2. 淬火

将钢(高碳钢和中碳钢)加热到 A_1(对过共析钢)或加热到 A_3(对亚共析钢)以上 $30℃\sim70℃$,在此温度下保持一段时间,然后快速冷却(水冷或油冷),使奥氏体来不及分解和合金元素的扩散而形成马氏体组织,称为淬火。

淬火的目的是为了提高钢的硬度和耐磨性。在焊接中、高碳钢和某些低合金钢时,近缝区可能发生淬火观象而变硬,容易形成冷裂纹,这是在焊接过程中应注意防止的。

3. 回火

回火就是把经过淬火的钢加热至低于 A_1 以下的某一温度,经过充分保温后,以一定速度冷却的热处理工艺。因为淬火后钢材硬而脆,而且内应力很大,易引起裂纹,所以淬火一般不是最终热处理,钢淬火后还要进行回火才能使用。回火可以使钢在保持一定硬度的基础上提高钢的韧性。按回火温度的不同可分为:

(1)低温回火($150℃\sim250℃$)

低温回火后得到的组织是回火马氏体。其性能是具有高的硬度和耐磨性及一定的韧性,主要用于刀具、量具、拉丝模以及其他要求硬而耐磨的零件等。

(2)中温回火($350℃\sim450℃$)

中温回火后得到的组织是回火托氏体,其性能是有高弹性极限和屈服强度,同时也有较好的韧性和硬度。主要用于热锻模和弹性零件等。

(3)高温回火($500℃\sim650℃$)

高温回火后得到的组织是回火索氏体,其性能是具有良好的综合力学性能(足够的强度与高韧性相配合),并可消除内应力。某些合金钢在淬火后再进行高温回火的连续热处理工艺称为"调质"处理。调质处理广泛应用于重要零件和受力构件,如螺栓、连杆、齿轮、曲轴等零件。焊接结构由于焊后热影响区会产生淬火组织,所以也常采用焊后高温回火处理,改善组织,提高综合性能。

4. 正火

将钢加热到 A_3 或 A_{cm} 以上 $50℃\sim70℃$,保温后,在静止的空气中冷却的热处理方法称为正火。正火可以细化晶粒,提高钢的综合力学性能,所以许多碳素钢和低合金钢常用来作为最终热处理。对于焊接结构,经正火后,能改善焊接接头性能,消除粗晶组织及组织不均匀等。

5. 退火

将钢加热到 A_3，或 A_1 左右一定温度,保温后,缓慢而均匀冷却(一般随炉冷却)的热处理方法称为退火。常用的退火方法有扩散退火、完全退火、球化退火、去应力退火等。

退火可以降低钢的硬度,提高塑性,使材料便于加工,并可细化晶粒,均匀钢的组织和成分,消除残余内应力等。

焊接结构焊接以后会产生焊接残余应力,容易导致产生裂纹,因此,重要的焊接结构焊后应该进行消除应力退火处理,以消除焊接残余应力,防止产生裂纹。消除应力退火属于低温退火,加热温度在 A_1 以下,一般为 $600℃\sim650℃$,保温一段时间,然后在空气中或炉中缓慢冷却。

第三节 焊接接头

一、焊接接头的种类及主要形式

《焊接术语》(GB/T 3375—1994)标准中对焊接接头的定义为:由两个或两个零件要用焊接组合或已经焊合的接点。检验接头性能应考虑焊缝、熔合区、热影响区甚至母材等不同部位的相互影响。

《焊接术语》(GB/T 3375—1994)标准中对母材、焊缝、熔合区和热影响区所规定的定义是:

母材金属——被焊金属的统称。

焊缝——焊件经焊接后所形成的结合部分。

熔合区(熔化焊)——焊缝与母材交接的过渡区,即熔合线处微观显示的母材半熔化区。

热影响区——焊接或切割过程中,材料因受热的影响(但未熔化)而发生金相组织和力学性能变化的区域。

1. 焊接接头的种类

焊接中,由于焊件的厚度、结构及使用条件不同,其接头形式及坡口形式也不同,焊接接头形式有对接接头、T 形接头、角接接头、搭接接头、十字接头、端接接头、套管接头、卷边接头、锁底接头等。《焊接术语》(GB/T 3375—1994)对各种接头形式作了规定(见表 1-17)。

表 1-17 焊接坡口、接头、焊缝形式(GB/T 3375—1994)

序号	简 图	坡口形式	接头形式	焊缝形式
1		I 形	对接接头	对接焊缝
2		I 形	对接接头	对接焊缝
3		I 形(有间隙带垫板)	对接接头	对接焊缝
4		I 形	对接接头	对接焊缝(双面焊)
5		V 形(带钝边)	对接接头	对接焊缝

续表 1-17

序号	简 图	坡口形式	接头形式	焊缝形式
6		V 形(带垫板)	对接接头	对接焊缝
7		V 形(带钝边)	对接接头	对接焊缝 (有根部焊道)
8		X 形(带钝边)	对接接头	对接焊缝
9		V 形(带钝边)	对接接头	对接焊缝和 角焊缝的组 合焊缝
10		X 形(带钝边)	对接接头	对接焊缝
11		I 形	对接接头	角焊缝
12		单边 V 形(带钝边)	对接接头	对接焊缝
13		单边 V 形 (带钝边、厚板削薄)	对接接头	对接焊缝
14		单边 V 形(带钝边)	对接接头	对接焊缝和 角焊缝的组合焊缝
15		单边 V 形(带钝边)	对接接头	对接焊缝和 角焊缝的组合焊缝
16		单边 V 形	T 形接接	对接焊缝
17		I 形	T 形接头	角焊缝
18		K 形	T 形接头	对接焊缝

续表 1-17

序号	简 图	坡口形式	接头形式	焊缝形式
19		K 形	T 形接头	对接焊缝和角焊缝的组合焊缝
20		K 形(带钝边)	T 形接头	对接焊缝
21		单边 V 形	T 形接头	对接焊缝
22		K 形	十字接头	对接焊缝
23		I 形	十字接头	角焊缝
24		I 形	搭接接头	角焊缝
25		—	塞焊搭接接头	塞焊缝
26		—	槽焊接头	槽焊缝
27		单边 V 型(带钝边)	角接接头	对接焊缝
28	>30° <135°	—	角接接头	角焊缝

续表 1-17

序号	简　图	坡口形式	接头形式	焊缝形式
29		—	角接接头	角焊缝
30		—	角接接头	角焊缝
31	0°～30°	—	端接接头	端接焊缝
32		—	套管接头	角焊缝
33		—	斜对接接头	对接焊缝
34		—	卷边接头	对接焊缝
35		U形(带钝边)	对接接头	对接焊缝
36		双U形(带钝边)	对接接头	对接焊缝
37		J形(带钝边)	T形接头(A) 对接接头(B)	对接焊缝
38		双J形	T形接头(A) 对接接头(B)	对接焊缝
39		V形	锁底接头	对接焊缝
40		喇叭形	—	—

2. 主要接头形式

常用的接头形式主要有对接接头、T形接头、角接接头、搭接接头等。

(1)对接接头

两件表面构成大于或等于135°、小于等于180°夹角的接头为对接接头。对接接头受力状况好、应力集中较小,是比较理想的接头形式,也是采用最多的一种接头形式。

厚度不同的钢板对接的两板厚度差($\delta-\delta_1$)不超过表1-18规定时,则焊缝坡口的基本形式与尺寸按较厚钢板的尺寸数据选择。厚度不同的钢板对接的两板厚度差($\delta-\delta_1$)超过表1-18规定时,应在厚板上作出如图1-6所示的单面或双面削薄,其削薄长度$L\geqslant3(\delta-\delta_1)$。

表1-18 厚度不同的钢板对接的允许厚度差($\delta-\delta_1$)

较薄板厚度 δ_1	$\geqslant2\sim5$	$>5\sim9$	$>9\sim12$	>12
允许厚度差($\delta-\delta_1$)	1	2	3	4

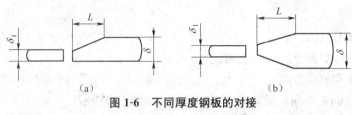

图1-6 不同厚度钢板的对接

(a)单面削薄 (b)双面削薄

(2)角接接头

两焊件端面间构成大于30°、小于135°夹角的接头为角接接头。这种接头受力状况不太好,多用于箱形构件等不重要的结构中。

(3)T形接头

一件之端面与另一件表面构成直角或近似直角的接头为T形接头。这种接头能承受各方面的力和力矩,应用较多。

(4)搭接接头

两件部分重叠构成的接头为搭接接头。这种接头的应力分布不均匀,疲劳强度较低,所以不是理想的接头形式,对于承受动载荷的接头不宜采用。但由于其焊前准备及装配工作简单,所以在焊接结构中也应用较多。

二、焊接坡口的形式和尺寸

1. 坡口的作用

坡口就是根据设计或工艺需要,在焊件的待焊部位加工并装配成一定几何形状的沟槽。坡口的主要作用是:使电弧深入坡口根部,保证根部焊透;便于清除熔渣;获得较好的焊缝成形;调节焊缝中熔化的母材和填充金属的比例。

2. 坡口的基本形式

《焊接术语》(GB/T 3375—1994)对各种坡口的基本形式作了规定(见表1-17),根据坡口的形状,坡口分成I形(不开坡口)、V形、带钝边V形(Y形)、带钝边X形(双Y形)、U形、双U形、单边V形、双单边Y形、J形、K形及其组合和带垫板等坡口形式。坡口形式很多,但常用的坡口形式主要有I形(不开坡口)、V形(Y形)、U形、X形(双V或双Y形)等四种。

(1)I形(不开坡口)

加工最方便,但只能用于薄板焊接,如焊条电弧焊时,单面焊 3mm 以下,双面焊 6mm 以下的板厚,可以采用 I 形(不开坡口)。

(2)V形(Y形)

这种坡口加工和施焊方便(不必翻转焊件),但焊后容易产生角变形。

(3)X形(双 V 或双 Y 形)

这类坡口是在 V 形坡口的基础上发展的。当焊件厚度增大时,采用 X 形代替 V 形坡口,在同样厚度下,可减少焊缝金属量约 1/2,并且可以对称施焊,焊后的残余变形较小。其缺点是焊接过程中要翻转焊件,而且在筒形焊件的内部施焊时,劳动条件变差。

(4)U形坡口

这种在焊件厚度相同的条件下,填充金属量比 V 形坡口小得多,但这种坡口的加工比较复杂。

3. 坡口的几何尺寸

《焊接术语》(GB/T 3375—1994)标准对坡口几何尺寸的定义作了如下规定:

①坡口面——待焊件上的坡口表面。

②坡口面角度和坡口角度——待加工坡口的端面与坡口面之间的夹角叫坡口面角度,符号为 β;两坡口面之间的夹角叫坡口角度,符号为 α,如图 1-7 所示。

③根部间隙——焊前在接头根部之间预留的空隙,如图 1-7 所示,其作用在于打底焊时能保证根部焊透。根部间隙又叫装配间隙,符号为 b。

④钝边——焊件开坡口时,沿焊件接头坡口根部的端面直边部分,符号为 P,如图 1-7 所示,钝边的作用是防止根部烧穿。

⑤根部半径——在 J 形、U 形坡口底部的圆角半径,符号为 R,如图 1-7 所示。其作用是增大坡口根部的空间,以便焊透根部。

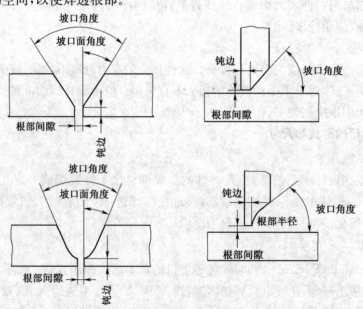

图 1-7　坡口的几何尺寸

第四节　焊接位置和焊缝形式

一、焊接位置

1. 焊缝倾角和焊缝转角

(1)焊缝倾角

如图 1-8 所示,即焊缝轴线与水平面之间的夹角。

(2)焊缝转角

如图 1-9 所示,即焊缝中心线(焊根和盖面层中心连线)和水平参照面 Y 轴的夹角。

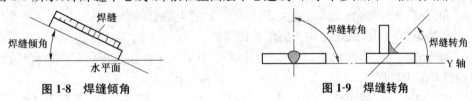

图 1-8　焊缝倾角　　　　　　　　图 1-9　焊缝转角

2. 焊缝位置

《焊接术语》(GB/T 3375—1994)对焊接位置定义是:熔焊时,焊件接缝所处的空间位置,可用焊缝倾角和焊缝转角来表示。焊接位置有平焊、立焊、横焊和仰焊位置等。

(1)平焊位置

焊缝倾角 0°、焊缝转角 90°的焊接位置,如图 1-10a 所示。

(2)横焊位置

焊缝倾角 0°、180°,焊缝转角 0°、180°的焊接位置,如图 1-10b 所示。

(3)立焊位置

焊缝倾角 90°(立向上)、270°(立向下)的焊接位置,如图 1-10c 所示。

(4)仰焊位置

对接焊缝倾角 0°、180°,转角 270°的焊接位置,如图 1-10d 所示。

此外,对于角焊位置还规定了平角焊和仰角焊另外两种焊接位置。平角焊位置:角焊缝倾角 0°、180°,转角 45°、135°的角焊位置,如图 1-10e 所示;仰角焊位置:倾角 0°、180°,转角 250°、315°的角焊位置,如图 1-10f 所示。

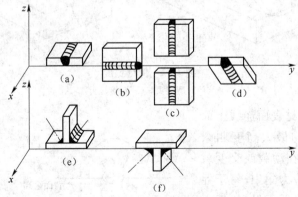

图 1-10　各种焊接位置

(a)平焊　(b)横焊　(c)立焊　(d)仰焊　(e)平角焊　(f)仰角焊

在平焊位置、横焊位置、立焊位置、仰焊位置进行的焊接分别称为平焊、横焊、立焊、仰焊。T形、十字形和角接接头处于平焊位置进行的焊接称为船形焊。在工程上常用的水平固定管的焊接,由于在管子360°的焊接中,有仰焊、立焊、平焊几种位置,所以称为全位置焊接。当焊件接缝置于倾斜位置(除平、横、立、仰焊位置以外)时进行的焊接称为倾斜焊。

二、焊缝形式及形状尺寸

1. 焊缝形式

①根据《焊接术语》(GB/T 3375—1994)的规定,按焊缝结合形式可分为对接焊缝、角焊缝、塞焊缝、槽焊缝和端接焊缝五种(见表1-17)。

a. 对接焊缝——在焊件的坡口面间或一零件的坡口面与另一零件表面间焊接的焊缝。

b. 角焊缝——沿两直交或近直交零件的交线所焊接的焊缝。

c. 端接焊缝——构成端接接头所形成的焊缝。

d. 塞焊缝——两零件相叠,其中一块开圆孔,在圆孔中焊接两板所形成的焊缝,只在孔内焊角焊缝者不为塞焊。

e. 槽焊缝——两板相叠,其中一块开长孔,在长孔中焊接两板的焊缝,只焊角焊缝者不为槽焊。

②按施焊时焊缝在空间所处位置可分为平焊缝、立焊缝、横焊缝及仰焊缝四种形式。

③按焊缝断续情况分为连续焊缝和断续焊缝两种形式。断续焊缝又分为交错式和并列式两种(图1-11),焊缝尺寸除注明焊脚K外,还注明断续焊缝中每一段焊缝的长度L和间距e,并以符号"Z"表示交错式焊缝。

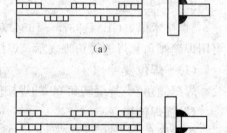

(a)

(b)

图1-11　断续角焊缝

(a)交错式　(b)并列式

2. 焊缝的形状尺寸

①焊缝宽度。焊缝表面与母材的交界处叫焊趾,焊缝表面两焊趾之间的距离叫焊缝宽度,如图1-12所示。

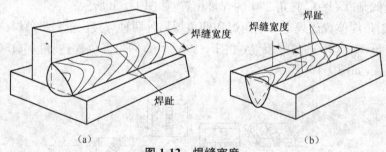

(a)　　　　　　　　　(b)

图1-12　焊缝宽度

(a)T型接头　(b)对接接头

②余高。超出母材表面连线上面的那部分焊缝金属的最大高度叫余高,如图1-13所示。在动载或交变载荷下,因焊趾处存在应力集中,易于促使脆断,所以余高不能低于母材,但也不能过高。焊条电弧焊时的余高值一

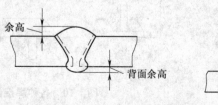
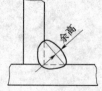

图1-13　余高

般为 0～3mm。角焊缝不应有余高,理想的角焊缝应当是凹形的。一定的余高具有防止裂纹的作用,但余高太大会造成应力集中,降低承载能力,所以认为多熔敷一些焊接金属可以提高接头的强度是不对的。

③熔深。在焊接接头横截面上,母材或前道焊缝熔化的深度叫熔深,如图 1-14 所示。

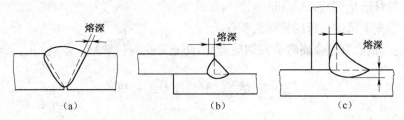

图 1-14 熔深

(a)对接接头熔深　(b)搭接接头熔深　(c)T 形接头熔深

④焊缝厚度。在焊缝横截面中,从焊缝正面到焊缝背面的距离,叫焊缝厚度,如图 1-15 所示。在设计焊缝时使用的焊缝厚度称为焊缝的计算厚度,对接焊缝焊透时,它等于焊件的厚度;角焊缝时,它等于在角焊缝横截内画出的最大直角等腰三角形中,从直角的顶点到斜边的垂线长度,习惯上也称喉厚,如图 1-15 所示。

⑤焊脚。角焊缝的横截面中,从一个直角面上的焊趾到另一个直角面表面的最小距离,叫做焊脚。在角焊缝的横截面中画出的最大等腰直角三角形中直角边的长度叫焊脚尺寸,如图 1-15 所示。

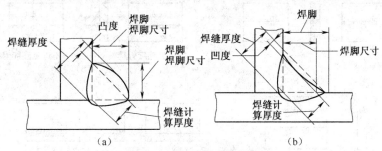

图 1-15 焊缝厚度及焊脚

(a)凸形脚焊缝　(b)凹形脚焊缝

⑥焊缝成形系数。熔焊时,在单道焊缝横截面上焊缝宽度(B)与焊缝计算厚度(H)的比值($\Psi=B/H$)叫焊缝成形系数,如图 1-16 所示。该系数值小,则表示焊缝窄而深,这样的焊缝中容易产生气孔和裂纹,所以焊缝成形系数应该保持一定的数值,例如埋弧自动焊的焊缝成形系数应大于 1.3。

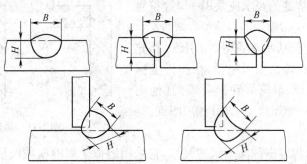

图 1-16 焊缝成形系数的计算

⑦熔合比。指熔焊时，被熔化的母材在焊道金属中所占百分比。即：

$$\gamma = \frac{F_m}{F_m + F_H} \times 100\%$$

式中　γ——熔合比（%）；

　　　F_m——母材熔化横截面积（mm^2）；

　　　F_H——填充金属熔化后的横截面积（mm^2）。

焊接高合金钢和有色金属时应控制熔合比，防止产生焊接缺陷。

第五节　焊　接　图

一、焊缝的规定画法

在技术图样中，一般按 GB/T 12212—1990 规定的焊缝符号表示焊缝。如需在图样中简易地绘制焊缝时，可用视图、剖视图或断面图表示。

在视图中，焊缝用一系列细实线段（允许徒手绘制）表示，也允许采用特粗线（2d～3d）表示，但在同一图样中，只允许采用一种画法。在剖视图或断面图上，金属的熔焊区通常应涂黑表示。焊缝的规定画法，如图 1-17 所示。必要时，可将焊缝部位放大表示，并标注有关的尺寸，如图 1-18 所示。

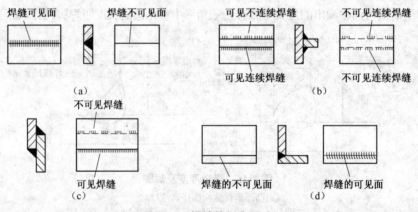

图 1-17　焊缝的规定画法

二、焊缝符号

在焊接图中一般可不必画出焊缝，只在焊缝处标注焊缝符号。有关焊缝的要求应采用《焊缝符号表示方法》（GB324—2008）规定的焊缝符号来表示。

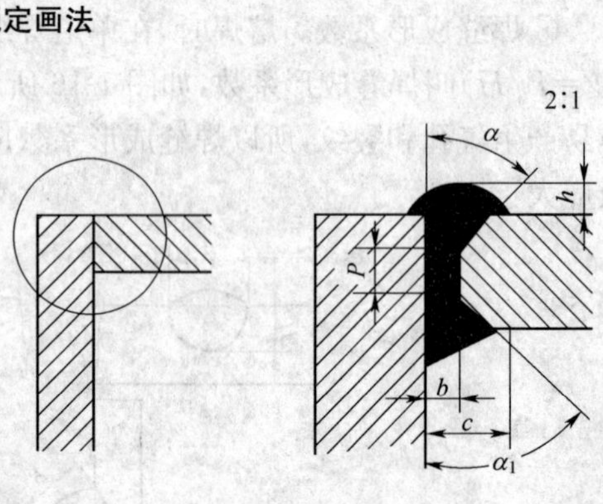

完整的焊缝符号包括基本符号、指引线、补充符号、尺寸符号及数据等。为了简化，在图样上标注焊缝符号时只采用基本符号和指引线，其他内容一般在有关文件中（如焊接工艺规程等）明确。

图 1-18　焊缝放大图

（1）基本符号

基本符号是表示焊缝横截面形状的符号，它采用近似于焊缝横截面形状的符号采表示焊缝横截面的基本特征，见表 1-19。

表 1-19 焊缝基本符号(GB324—2008)

序号	名 称	示 意 图	符 号
1	卷边焊缝(卷边完全熔化)		八
2	I 形焊缝		‖
3	V 形焊缝		V
4	单边 V 形焊缝		V
5	带钝边 V 形焊缝		Y
6	带钝边单边 V 形焊缝		Y
7	带钝边 U 形焊缝		Y
8	带钝边 J 形焊缝		Y
9	封底焊缝		⌣
10	角焊缝		◿
11	塞焊缝或槽焊缝		⊓
12	点焊缝		○
13	缝焊缝		⊖

续表 1-19

序号	名　称	示　意　图	符　号
14	陡边 V 形焊缝	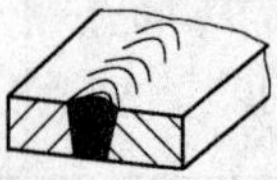	 \/
15	陡边单 V 形焊缝	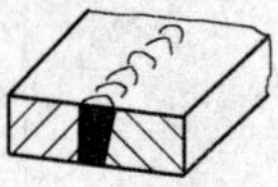	 |
16	端焊缝		|||
17	堆焊缝	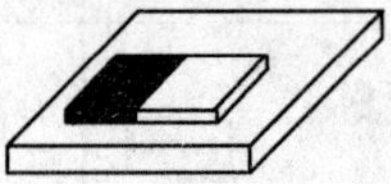	 ∩
18	平面连接(钎焊)	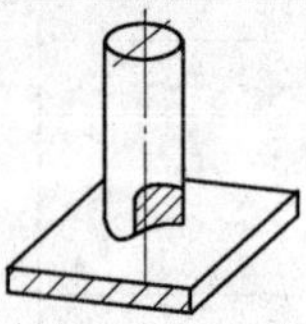 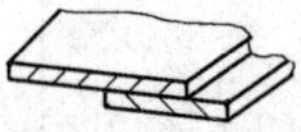	 =
19	斜面连接(钎焊)	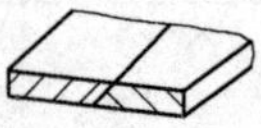	 //
20	折叠连接(钎焊)		 ⊃

(2)基本符号的组合

标注双面焊焊缝或接头时,基本符号可以组合使用(见表 1-20)。

表 1-20　基本符号的组合

序号	名　称	示　意　图	符　号
1	双面 V 形焊缝 (X 焊缝)		 X
2	双面单 V 形焊缝 (K 焊缝)	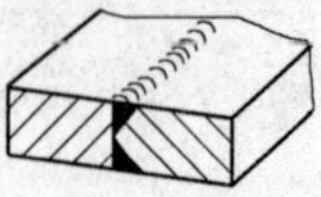	 K
3	带钝边的双面 V 形焊缝	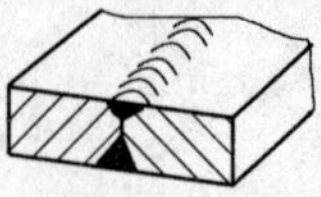	 ⋋
4	带钝边的双面单 V 形焊缝	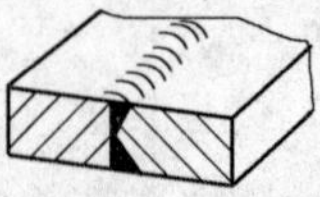	 K

续表 1-20

序号	名　称	示　意　图	符　号
5	双面 U 形焊缝		⅄

(3)补充符号

补充符号是为了补充说明有关焊缝或接头的某些特征(如表面形状、衬垫、焊缝分布、施焊地点等)而采用的符号(见表 1-21)。

表 1-21　焊缝补充符号

序号	名　称	符　号	说　明
1	平面	———	焊缝表面通常经过加工后平整
2	凹面	⌣	焊缝表面凹陷
3	凸面	⌢	焊缝表面凸起
4	圆滑过渡	⌣	焊趾处过渡圆滑
5	永久衬垫	[M]	衬垫永久保留
6	临时衬垫	[MR]	衬垫在焊接完成后拆除
7	三面焊缝	⊏	三面带有焊缝
8	周围焊缝	○	沿着工件周边施焊的焊缝 标注位置为基准线与箭头线的交点处
9	现场焊缝	◤	在现场焊接的焊缝
10	尾部	<	可以表示所需的信息

(4)指引线

指引线由箭头线和基准线(实线和虚线)两部分组成。如图 1-19 所示。基准线由两条相互平行的细实线和虚线组成,实线和虚线的位置可根据需要互换。基准线一般与图样的底边平行;必要时,也可与图样的底边垂直。箭头线用细实线绘制,箭头直接指向接头侧为"接头的箭头侧",与之相对的则为"接头的非箭头侧",见图 1-20 所示。

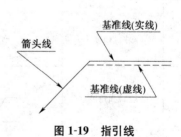

图 1-19　指引线

(5)基本符号与基准线的相对位置

基本符号在实线侧时,表示焊缝在箭头侧,如图 1-21a 所示;基本符号在虚线侧时,表示焊缝在非箭头侧,如图 1-21b 所示;对称焊缝允许省略虚线,如图 1-21c 所示;在明确焊缝分布位置的情况下,有些双面焊缝也可以省略虚线。

(6)尺寸及标注

必要时,可以在焊缝符号中标注尺寸。焊缝尺寸符号参见表 1-22。

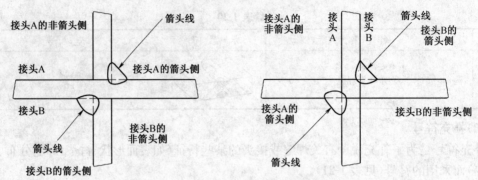

图 1-20　接头的"箭头侧"和"非箭头侧"实例

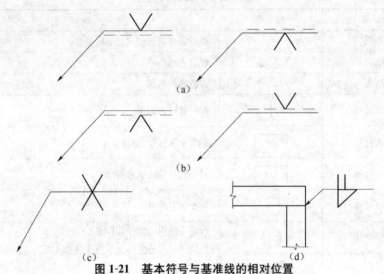

图 1-21　基本符号与基准线的相对位置

(a)焊缝在接头的箭头侧　(b)焊缝在接头的非箭头侧　(c)对称焊缝　(d)双面焊缝

表 1-22　焊缝尺寸符号

符号	名　称	示　意　图	符号	名　称	示　意　图
δ	工件厚度		R	根部半径	
α	坡口角度		H	坡口深度	
β	坡口面角度		S	焊缝有效厚度	
b	根部间隙		c	焊缝宽度	
p	钝边		K	焊脚尺寸	

续表 1-22

符号	名 称	示 意 图	符号	名 称	示 意 图
d	点焊:熔核直径 塞焊:孔径		e	焊缝间距	
n	焊缝段数		N	相同焊缝数量	
l	焊缝长度		h	余高	

尺寸的标注规则见图 1-22。横向尺寸标注在基本符号的左侧;纵向尺寸标注在基本符号的右侧;坡口角度、坡口面角度、根部间隙标注在基本符号的上侧或下侧;相同焊缝数量标注在尾部;当尺寸较多不易分辨时,可在尺寸数据前标注相应的尺寸符号。当箭头线方向改变时,上述规则不变。

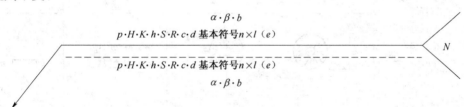

图 1-22 焊缝尺寸的标注方法

(7)关于尺寸的其他规定

①确定焊缝位置的尺寸不在焊缝符号中标注,应将其标注在图样上。

②在基本符号的右侧无任何尺寸标注又无其他说明时,意味着焊缝在工件的整个长度方向上是连续的。

③在基本符号的左侧无任何尺寸标注又无其他说明时,意味着对接焊缝应完全焊透。

④塞焊缝、槽焊缝带有斜边时,应标注其底部的尺寸。

焊缝尺寸标注的实例见表 1-23。

表 1-23 尺寸标注的实例

序号	名 称	示 意 图	尺 寸 符 号	标注方法
1	对接焊缝		S:焊缝有效厚度	
2	连续 角焊缝		K:焊脚尺寸	

续表 1-23

序号	名　称	示　意　图	尺　寸　符　号	标注方法
3	断续角焊缝	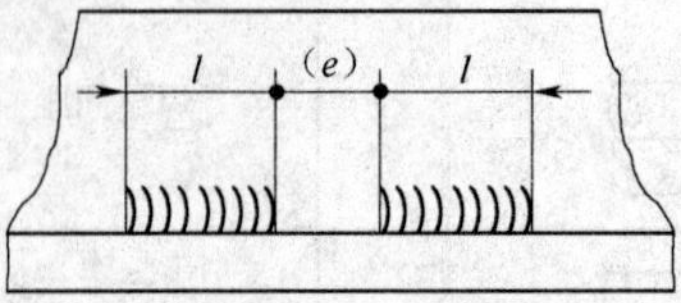	l:焊缝长度; e:间距; n:焊缝段数; K:焊脚尺寸	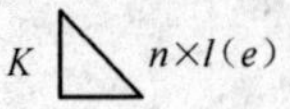 $K \quad n \times l(e)$
4	交错断续角焊缝	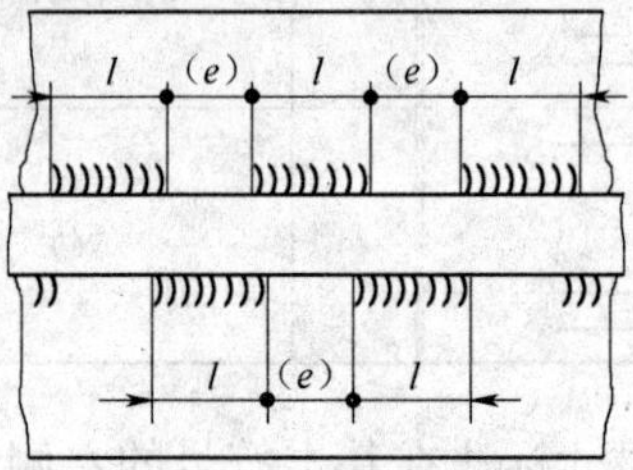	l:焊缝长度; e:间距; n:焊缝段数; K:焊脚尺寸	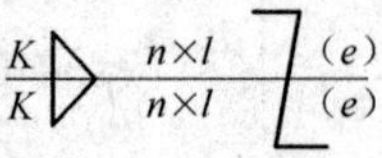 $K \quad n \times l \quad (e)$ $K \quad n \times l \quad (e)$
5	塞焊缝或槽焊缝	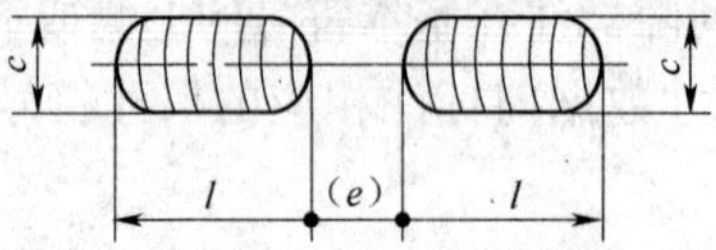	l:焊缝度; e:间距; n:焊缝段数; c:槽宽	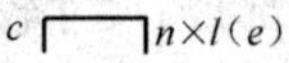 $c \quad n \times l(e)$
5	塞焊缝或槽焊缝	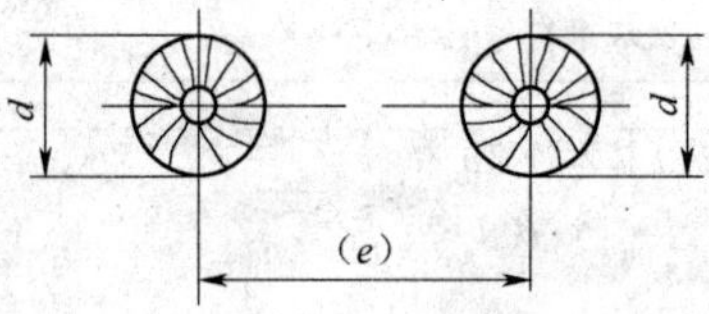	e:间距; n:焊缝段数; d:孔径	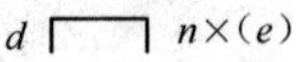 $d \quad n \times (e)$
6	点焊缝	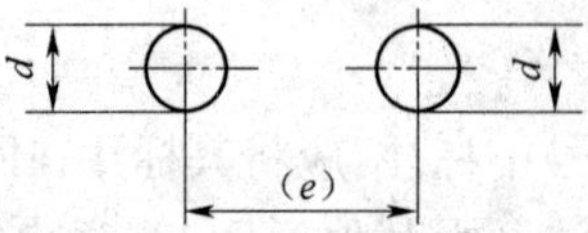	n:焊点数量; e:焊点距; d:熔核直径	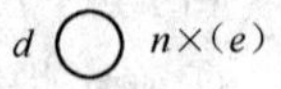 $d \bigcirc n \times (e)$
7	缝焊缝	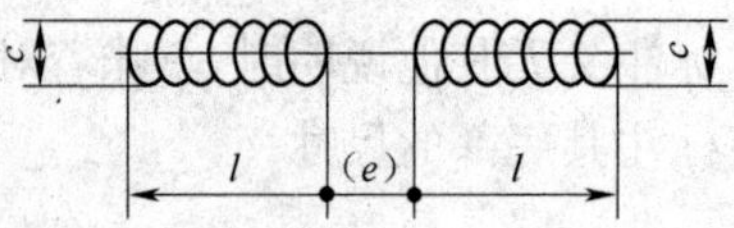	l:焊缝长度; e:间距; n:焊缝段数; c:焊缝宽度	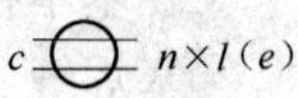 $c \bigcirc n \times l(e)$

(8)焊缝符号表示方法的补充说明

①周围焊缝。当焊缝围绕工件周边时,可采用圆形的符号,如图 1-23 所示。

②现场焊缝。用一个小旗表示野外或现场焊缝,如图 1-24 所示。

③焊接方法的标注。必要时,可以在尾部标注焊接方法代号,见图 1-25。

④尾部标注内容的次序。尾部需要标注的内容较多时,可参照如下次序排列:

相同焊缝数量;焊接方法代号(按照 GB/T 5185 规定);缺陷质量分级(按照 GB/T 19418 规定);焊接位置(按照 GB/T 16672 规定);焊接材料(如按照相关焊接材料标准);其他。每个款项应用斜线"/"分开。为了简化图样,也可以将上述有关内容包含在某个文件中,采用封闭尾部给出该文件的编号(如 WPS 编号或表格编号等),参见图 1-26。

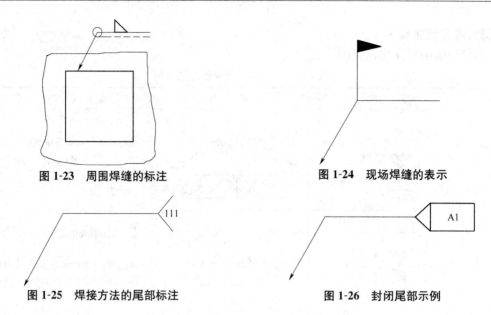

图 1-23　周围焊缝的标注　　　　　　图 1-24　现场焊缝的表示

图 1-25　焊接方法的尾部标注　　　　图 1-26　封闭尾部示例

三、焊接方法代号

焊接工艺方法可通过代号加以识别。根据《焊接及相关工艺方法代号》(GB/T 5185—2005)标准,焊接及相关工艺方法一般采用三位数代号表示。其中,一位数代号表示工艺方法大类,二位数代号表示工艺方法分类,而三位数代号表示某种工艺方法。焊接及相关工艺方法代号见表1-24。

表 1-24　焊接及相关工艺方法代号(GB/T 5185—2005)

代号	焊接及相关工艺方法	代号	焊接及相关工艺方法
1	电弧焊	13	熔化及气体电弧焊
101	金属电弧焊	131	熔化极惰性气体保护电弧焊(MIG)
11	无气体保护的电弧焊	135	熔化极非惰性气体保护电弧焊(MAG)
111	焊条电弧焊	136	非惰性气体保护的药芯焊丝电弧焊
114	自保护药芯焊丝电弧焊	137	惰性气体保护的药芯焊丝电弧焊
12	埋弧焊	14	非熔化极气体保护电弧焊
121	单丝埋弧焊	141	钨极惰性气体保护电弧焊(TIG)
122	带极埋弧焊	15	等离子弧焊
123	多丝埋弧焊	151	等离子MIG焊
125	药芯焊丝埋弧焊	152	等离子粉末堆焊
2	电阻焊	3	气焊
21	点焊	311	氧乙炔焊
211	单面点焊	312	氧丙烷焊
212	双面点焊	4	压力焊
22	缝焊	47	气压焊
221	搭接缝焊	48	冷压焊
222	压平缝焊	8	切割和气刨
23	凸焊	81	火焰切割
231	单面凸焊	82	电弧切割
232	双面凸焊	83	等离子切割
24	闪光焊	87	电弧气刨
241	预热闪光焊	88	等离子气刨
242	无预热闪光焊	9	钎焊
25	电阻对焊	91	硬钎焊
291	高频电阻焊	912	火焰硬钎焊

四、焊缝标注实例

常见焊缝的标注实例见表 1-25。

表 1-25　常见焊缝符号的标注示例

接头形式	焊缝形式及尺寸	标注示例	说　　明
对接接头	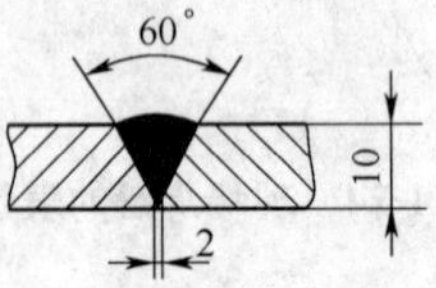	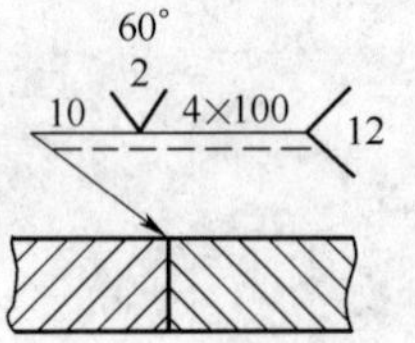	表示板厚 10mm,对接缝隙 2mm,坡口角度 60°,4 条焊缝,每条焊缝长 100mm,采用埋弧焊
角接头	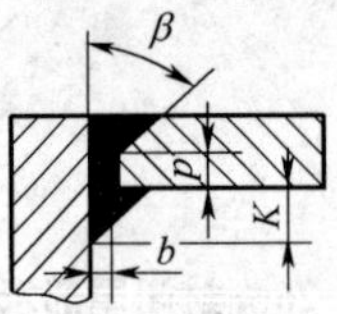	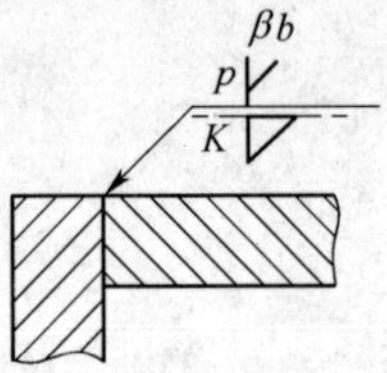	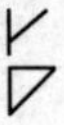 表示双面焊缝,上面为单边 V 形焊缝,下面为角焊缝,p 表示钝边高度,β 表示坡口的角度,b 表示根部间隙,K 表示焊脚尺寸
搭接	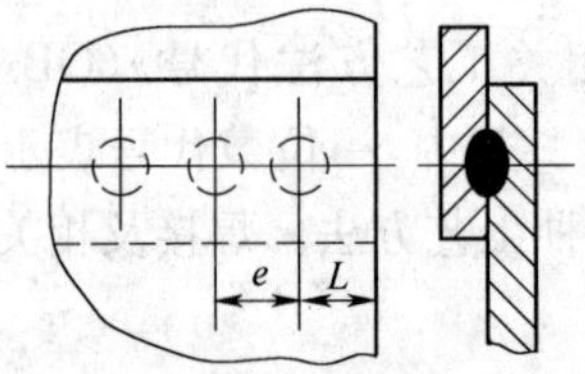	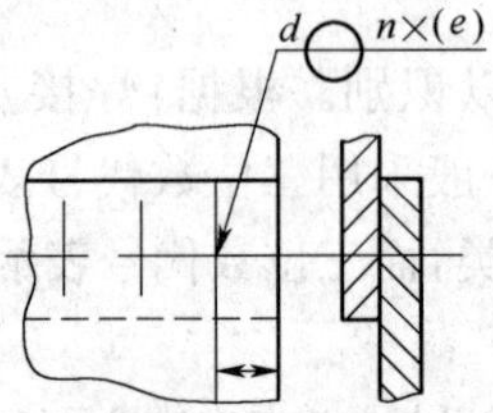	◯ 表示点焊缝,熔核直径为 d,共 n 个焊点,焊点间距为 e,L 是确定第一个起始焊点中心位置的定位尺寸
	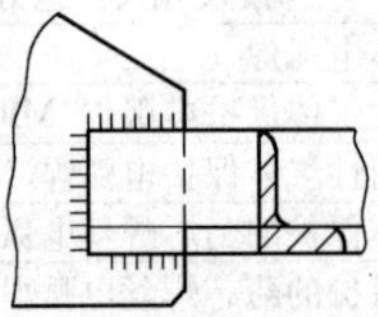	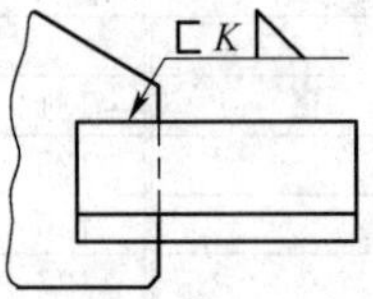	表示三面焊点  表示单面角焊缝 K 表示焊角尺寸
T 形接头	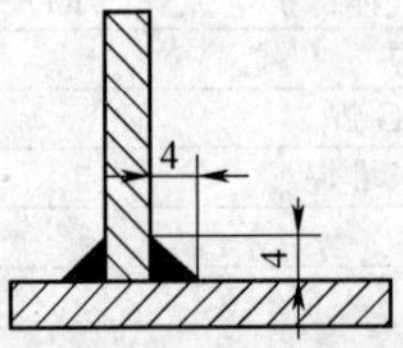	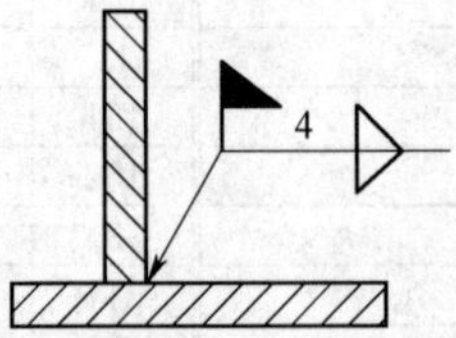	 表示在现场装配时进行焊接 表示双面角焊缝,焊角尺寸为 4mm
	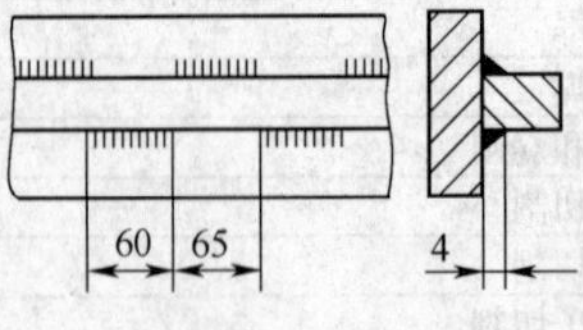	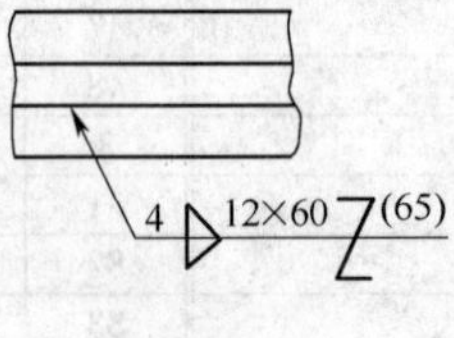	焊角尺寸为 4mm 的双面角焊缝,有 12 条断续焊缝,每段焊缝长度为 6mm,焊缝间隙为 65mm,"Z"表示两面断续焊缝交错

如图 1-27 所示的弯头装配图,它由底盘、弯管和法兰盘三件组焊而成,材料采用焊接性较好的 Q235A,弯管的壁厚为 4mm,是三个零件中壁最薄的地方。零件组焊完成后要求法兰盘和底盘满足垂直度公差 0.1mm。图中:

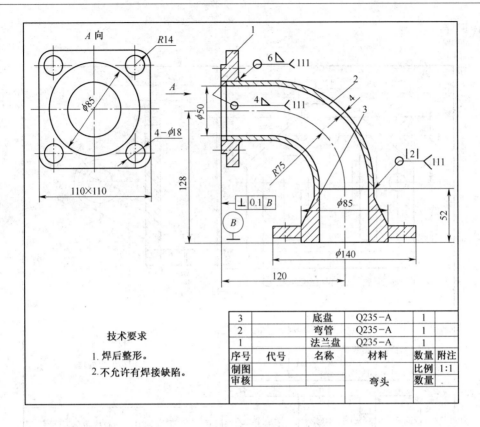

图 1-27 弯头

3		底盘	Q235−A	1	
2		弯管	Q235−A	1	
1		法兰盘	Q235−A	1	
序号	代号	名称	材料	数量	附注
制图				比例	1:1
审核		弯头		数量	

技术要求

1. 焊后整形。

2. 不允许有焊接缺陷。

6△111 表示法兰盘和弯管之间的外侧焊缝:焊角尺寸为 6mm,单面周围角焊缝,111 表示焊接方法为焊条电弧焊。

4△111 表示法兰盘和弯管之间的内侧焊缝:焊角尺寸为 4mm,单面周围角焊缝,焊接方法为焊条电弧焊。

|2| 111 表示底盘和弯管之间的焊缝:Ⅰ型坡口对接接头,间隙为 2mm,单面周围焊缝,焊接方法为焊条电弧焊。

如图 1-28 所示为吊装架结构图,由立板、平板、吊耳和圆板组焊而成,所用材质为 Q235A,采用高效、低成本的 CO_2 气体保护焊。图中:

$\frac{40}{135}\,\frac{4}{2}\,\frac{2}{2}$ 表示立板和平板之间的正面焊缝开 Y 形坡口,坡口角度 40°,钝边 4mm,间隙 2mm,背面焊缝为单面角焊缝,焊角尺寸为 2mm,135 代表焊接方法为 CO_2 气体保护焊。

$135\,\frac{5}{}$ 表示立板和吊耳之间是焊角尺寸为 5mm 的双面角焊缝,焊接方法为 CO_2

气体保护焊。

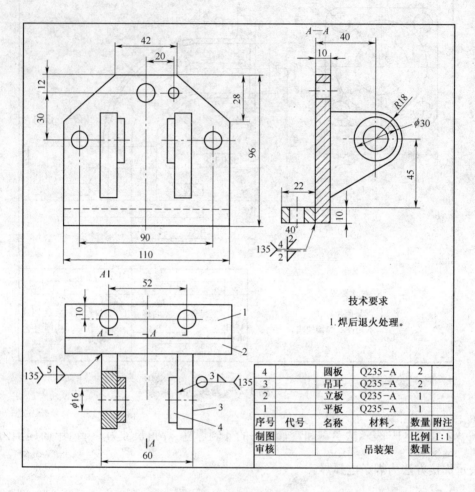

图 1-28　吊装架结构图

如图 1-29 所示为装料斗焊接结构图,由斗体 1、锥体、固定座、斗体 2 四部分组焊而成,所用材质为焊接性较好的奥氏体不锈钢,牌号为 12Cr18Ni9Ti(1Cr18Ni9Ti),最小板厚 4mm,基于以上条件,焊接方法采用钨极氩弧焊(TIG 焊)。图中:

表示斗体和锥体 2 之间的焊缝开 V 形坡口,坡口角度 60°,间隙 1mm,周围焊缝,141 代表焊接方法为钨极氩弧焊(TIG)焊。

表示斗体 2 和固定座之间焊缝,焊角尺寸为 4mm,周围单面角焊缝,表示工地现场施焊,141 代表焊接方法为钨极氩弧焊(TIG 焊)。

表示固定座焊缝,焊角尺寸为 4mm,双面角焊缝,141 代表焊接方法为钨极氩弧焊(TIG 焊)。

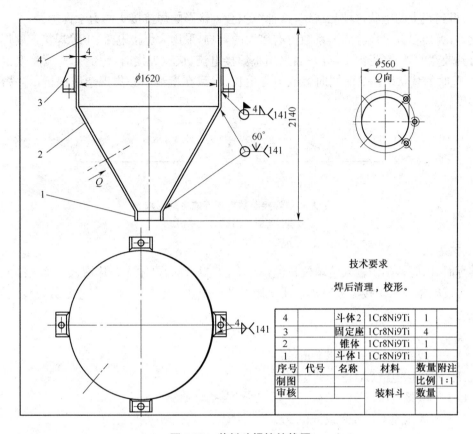

图 1-29 装料斗焊接结构图

4		斗体2	1Cr8Ni9Ti	1	
3		固定座	1Cr8Ni9Ti	4	
2		锥体	1Cr8Ni9Ti	1	
1		斗体1	1Cr8Ni9Ti	1	
序号	代号	名称	材料	数量	附注
制图				比例	1:1
审核			装料斗	数量	

技术要求

焊后清理，校形。

第六节　焊接工艺参数

一、焊接工艺参数

焊接工艺参数即焊接参数,指在焊接时,为保证焊接质量而选定的各项参数(例如,焊接电流、电弧电压、焊接速度、线能量等)的总称。电弧焊的焊接工艺参数主要有:

①焊条直径——是指焊芯的直径。

②焊丝直径——填充焊丝的直径。

③焊接电流——焊接时,流经焊接回路的电流强度。

④电弧电压——电弧两端(两电极)之间的电压。

⑤焊接速度——单位时间内完成的焊缝长度。

⑥焊接层数——每熔敷一次所形成的一条单道焊缝称为焊道。焊层指多层焊时的每一个分层,每个焊层可由一条焊道或几条并排相搭的焊道组成。焊接层数就是多层焊或多层多道焊时,焊缝所包含的焊层数。

⑦焊丝伸出长度——焊接时,焊丝端头距导电嘴端部的距离。

⑧保护气体流量——气体保护焊时,通过气路系统送往焊接区的保护气体的流量,通常用流量计进行计量。

当焊接速度一定时,不同的焊接电流对焊缝熔池的结晶形态有较大的影响。焊接电流过大时,会得到粗大的胞状树枝晶组织,这种组织会直接影响焊接接头的力学性能。

此外,焊接参数对焊缝成形系数也有较大的影响,采用大焊接电流、中等焊接速度焊接时,可以得到较宽的焊缝(见图 1-30a);当采用小焊接电流、快速焊接时,焊缝的宽度将变窄(见图 1-30b),此时的柱状结晶从两侧向熔池中心生长,导致在熔池中心集聚杂质偏析,容易在此处形成裂纹。

(a)　　　　　　　　　　　　(b)

图 1-30　焊接参数对焊缝成形的影响
(a)较宽的焊缝　(b)宽度变窄的焊缝

二、热输入

熔焊时,由焊接热源输入给单位长度焊缝上的能量称为热输入。热输入又称为线能量,是用来综合反映熔焊时焊接参数对焊接质量影响的一个非常重要的焊接工艺参数。线能量的计算公式为:

$$Q=IU/V$$

式中　Q——线能量(J/cm 或 J/mm);

　　　I——焊接电流(A);

　　　U——电弧电压(V);

　　　V——焊接速度(cm/s 或 mm/s)。

焊接热输入的大小,不仅影响焊接接头的热循环特性,而且还对焊接接头的组织和脆化倾向及冷裂倾向有影响。

当焊接碳含量偏低的 Q295(09MnV、09Mn2)钢和 09Mn2Si 钢等时,由于它们的淬硬倾向较小,小的焊接热输入也不会加大冷裂倾向,所以从提高过热区的塑性、韧性出发,选择偏小的焊接热输入是合适的。

当焊接碳含量偏高的 Q345(16Mn)钢及其他低合金钢时,由于 Q345 钢及其他低合金钢的淬硬倾向增大,马氏体组织含量增高,采用小的焊接热输入会增大冷裂倾向及过热区的脆化倾向,所以,焊接热输入应选择大一些。然而,焊接 Q420(15MnVN)钢和 Q390(15MnV、15MnTi)等钢时,由于增大焊接热输入会因晶粒长大而引起脆化,因此,焊接热输入的选择应偏小些。

当焊接碳含量和合金元素均偏高的正火钢如焊接 Q490(18MnMoNb)钢时,如果采用较小的焊接热输入,焊接接头过热区的冲击韧度会下降,而且还容易出现延迟裂纹。所以,焊接热输入应该选择偏大一些,而且还要采取焊前预热、焊后进行热处理的工艺。

第七节　焊　接　电　弧

一、电弧的引燃

焊接电弧是由焊接电源供电的,具有一定电压的电极与工件间,气体介质产生强烈持久的放电现象。电弧的引燃方法有接触引弧和非接触引弧两种方法。

(1)接触引弧

即短路引弧,电极(焊条)与工件先接触短路,电极与工件接触表面迅速被加热;然后拉开一定距离,热阴极发射出电子;电子在电场作用下加速并撞击气体原子,发生气体电离,形成电弧。

(2)非接触引弧

电极和工件在瞬时很高电压形成的强电场作用下,冷阴极产生强电场发射;发射出的电子在强电场作用下加速并撞击气体,发生气体电离,形成电弧。

当电弧温度很高时,很高温度的气体还能发生热电离。

二、电弧的结构、温度和热量的分布

1. 电弧的结构

如图 1-31 所示,焊接电弧由阴极区、阳极区和弧柱三部分组成。

(1)阴极区

阴极区是电弧紧靠负电极的区域,长度很小,约为 10^{-6} cm。阴极区的电场强度很大,在阴极区的阴极表面有一个明亮的斑点,称为阴极斑点。阴极斑点是一次电子发射的发源地,电流密度很大,也是阴极区温度最高的地方。

(2)阳极区

阳极区是电弧紧靠正电极的区域,长度也很小,约为 $10^{-3}\sim10^{-4}$ cm。在阳极区的阳极表面也有一个明亮的斑点,称为阳极斑点。阳极斑点是集中收集电子的微小区域。阳极区的电场强度比阴极区小得多。

(3)弧柱

弧柱是阴极区和阳极区之间的部分。电弧长度是电极与工件之间的距离,弧柱长度近似等于电弧长度。在弧柱区充满电子、正离子、负离子和中性的气体分子和原子,并伴随着激烈的电离反映。

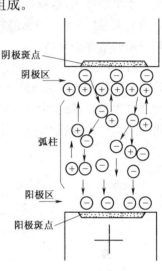

图 1-31 焊接电弧的结构

2. 焊接电弧的温度和热量的分布

工件和电极表面即阴极区或阳极区的温度,受材料沸点的限制,同时与不同的焊接工艺方法有关,一般在材料的熔点和沸点之间。焊条电弧焊由于阴极发射电子要消耗一部分能量,所以阳极温度比阴极温度高;钨极氩弧焊由于钨极在较低的温度下就能满足发射电子的要求,所以阳极温度比阴极温度高;熔化极氩弧焊、CO_2 气体保护焊、埋弧自动焊等要求阴极具备更强的电子发射能力,所以阴极的温度高于阳极的温度。

弧柱的温度不受材料沸点的限制,通常都高于阳极区和阴极区的温度,因电弧气体介质种类、电弧压缩程度和电流大小而异,约在 5000～50000K 范围,焊条电弧焊电弧温度约为 5000～8000K之间。弧柱的径向温度的分布是不均匀的,其中心温度最高。弧柱的温度虽然很高,但大部分被辐射,因此要求在焊接时应尽量压低电弧,使电弧的热量得到充分的利用。

当焊条电弧焊两极材料均为钢铁时,"阳极斑点"的温度为 2600℃ 左右,在阳极区产生的热量占电弧总热量的 43%。"阴极斑点"的温度为 2400℃ 左右,在阴极区产生的热量约占电弧总热量的 36%。弧柱区的热量约占电弧总热量的 21%,但因散热条件比阳极区和阴极区都差,故温度很高。

三、焊接电弧的静特性

1. 焊接电弧的静特性曲线

电弧静特性是指在电极材料、气体介质和弧长一定的情况下,电弧稳定燃烧时,焊接电流和电弧电压变化的关系,也称为伏安特性。电弧静特性曲线如图 1-32 所示。

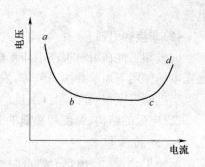

图 1-32　焊接电弧静特性曲线

电弧的静特性曲线呈 U 形,它有三个不同的区域。当电流较小时(ab 区),电弧静特性是属于下降特性区,随着电流的增加电压减小;当电流稍大时(bc 区),电弧静特性属于水平特性区,也就是当电流变化而电压几乎不变;当电流较大时(cd 区),电弧静特性属于上升特性区,即电压随电流的增加而升高。

在各种电弧焊的不同条件下,其电弧静特性曲线形状是不同的,如图 1-33 所示。焊条电弧焊电弧静特性曲线是下降和水平的,绝大部分(50A 以上)是水平的。埋弧自动焊电弧静特性曲线是水平的,细丝大电流时略为上升。钨极氩弧焊电弧静特性曲线是下降和水平的。熔化极气体保护焊(包括 CO_2 气体保护焊和熔化极氩弧焊)的电弧静特性曲线是上升的。

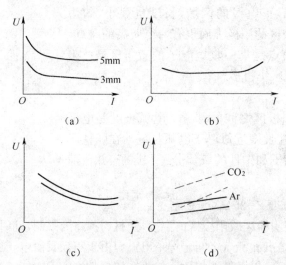

图 1-33　各种电弧焊的电弧静特性曲线
(a)焊条电弧焊　(b)埋弧自动焊　(c)钨极氩弧焊　(d)熔化极气体保护焊

2. 静特性曲线应用

电弧静特性虽然有三个不同的区域,但对于不同的焊接方法,在一定的条件下,其静特性只是曲线的某一区域。

静特性曲线的下降段,由于电弧燃烧不易稳定,因而很少采用。而静特性的水平段,则在焊条电弧焊、埋弧焊、钨极氩弧焊中得到广泛应用。而静特性的上升段,则只有在细丝熔化极气保护焊及大电流密度埋弧焊时才会出现。

当弧长发生变化时,电弧的静特性曲线也将发生变化,如图 1-34 所示。电弧电压是由阴极电压降、阳极电压降和弧柱电压降三部分组成的,其中阴极电压降和阳极电压降在一定电极材料和气体介质的场合下,基本上是固定的数值,而弧柱电压降在一定的气体介质条件下和弧柱长度(实际上也就是电弧长度)成正比。

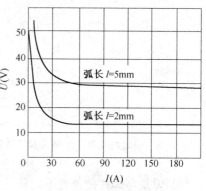

图 1-34　不同电弧长度的
电弧静特性曲线

当电弧长度增加时,电弧电压将升高,其静特性曲线的位置也随之上升。而当电弧长度缩短时,电弧电压降低,静特性曲线的位置也随之下移。

四、电弧偏吹

1. 产生电弧偏吹的原因

在正常焊接的情况下,电弧的轴线总是沿着电极中心线的方向,电弧的这种性质称为电弧的挺度。电弧的挺度对焊接操作十分有利,可以利用它来控制焊缝的成形,吹去覆盖在熔池表面过多的熔渣。电弧中心偏离电极轴线的现象称为电弧偏吹。电弧偏吹使电弧燃烧不稳定,直接影响焊缝成形和焊接质量。产生电弧偏吹的原因有:

(1)焊条偏心度过大

焊条的偏心度是指焊条药皮沿焊芯直径方向偏心的程度。焊条因制造工艺不当产生偏心,在焊接时,电弧燃烧后药皮熔化不均,电弧将偏向药皮薄的一侧形成偏吹,所以为防止电弧偏吹,焊条的偏心度应符合国家标准的规定。

(2)电弧周围气流的干扰

在室外进行焊接作业时,电弧周围气体的流动会把电弧吹向一侧而造成偏吹。特别是在大风中、狭长焊缝或管道内进行焊接时,由于空气的流速快,会造成电弧偏吹,严重时甚至无法进行焊接。因此,在气流中进行焊接时,电弧周围应有挡风装置;管道焊接时,应将管子两端堵住。

(3)磁场的影响

电弧因受到磁力的作用而产生的偏移现象称为磁偏吹。

2. 产生磁偏吹的主要原因

(1)接地线位置不正确

焊接时,由于接地线位置不正确,使电弧周围的磁场强度分布不均,从而造成电弧的偏吹。因为在进行直流电焊接时,除了在电弧周围产生自身磁场外,通过焊件的电流也会在空间产生磁场。如图 1-35 所示,磁力线密度较大的左侧对电弧产生推力,使电弧轴线向右倾斜,即向右偏吹。

(2)铁磁物质

由于铁磁物质(钢板、铁块等)的导磁能力远远大于空气,因此,当焊接电弧周围有铁磁物质存在时(如焊接 T 形接头角焊缝),如图 1-36 所示。在靠近铁磁体一侧的磁力线大部分都通过铁磁体形成封闭曲线,使电弧同铁磁体之间的磁力线变得稀疏,而电弧另一侧则显得密集,因此电弧就向铁磁体一侧偏吹,就像铁磁体吸引电弧一样。如果钢板受热后温度升得较高,导磁能力就降低,对电弧磁偏吹的影响也就减少。

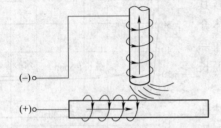

图 1-35　接地线位置不正确引起的电弧偏吹

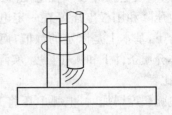

图 1-36　铁磁物质对电弧磁偏吹的影响

(3)焊条与焊件的位置不对称

　　当焊工在靠近焊件边缘处进行焊接时,经常会发生电弧的偏吹。而当焊接位置逐渐靠近焊件的中心时,则电弧的偏吹现象就逐渐减小或没有。这是由于在焊缝的端起处时,焊条与焊件所处的位置不对称,造成电弧周围的磁场分布不均衡,再加上热对流的作用,就产生了电弧偏吹,如图 1-37 所示。在焊缝的收尾处,也会有同样类似的情况。

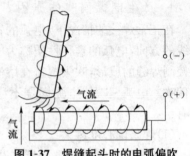

图 1-37　焊缝起头时的电弧偏吹

3. 克服磁偏吹的常用方法

　　①适当地改变焊件上接地线部位,尽可能使弧柱周围的磁力线均匀分布。

　　②在操作中适当调节焊条角度,使焊条向偏吹一侧倾斜。

　　③在焊缝两端各加一小块附加钢板(引弧板、熄弧块)。

　　④磁偏吹的大小与焊接电流有直接关系,为了减小磁偏吹,可以适当降低焊接电流。

　　⑤采用短弧焊以及尽可能使用交流电都有利于减小磁偏吹。

第二章 焊接材料

第一节 焊 条

一、焊条的分类及特性

焊条即涂有药皮的供手弧焊用的熔化电极,它由药皮和焊芯两部分组成。焊芯即被药皮包覆的金属芯,药皮是压涂在焊芯表面上的涂料层。

焊条药皮由稳弧剂、造渣剂、脱氧剂、造气剂、稀渣剂、合金剂增塑润滑剂和粘结剂等各种成分所组成。

1. 焊条药皮的作用

(1)机械保护作用

药皮中加入一定量的"造气剂",在焊接时会产生一种保护性气体,使熔化金属与外界空气隔离、防止空气侵入。药皮中的"造渣剂"熔化后形成熔渣覆盖在熔池和焊缝表面,保护熔池及焊缝金属不受外界空气影响,并使其缓慢地冷却。因此焊条电弧焊属于气渣联合保护。

(2)改善焊接工艺性能作用

焊条药皮中含有钾和钠成分的"稳弧剂"能提高电弧的稳定性,使焊条在交流电或直流电的情况下都能进行正常的焊接,保证焊条容易引弧、电弧稳定燃烧以及熄弧后的再引弧。焊条药皮中还含有合适的造渣、稀渣成分,焊接时可获得流动性良好的熔渣,以便得到成形美观的焊缝。一般药皮的熔点比焊芯稍高一点,焊接时在焊条端部形成一个套筒,使金属熔滴在药皮保护下顺利地向焊接熔池过渡,减少由飞溅造成的金属损失,并能进行各种空间位置的焊接。

(3)冶金处理及渗合金作用

焊接过程中,由于空气、药皮、焊芯中的氧和氧化物以及氮、氢、硫等杂质的存在,致使焊缝金属的质量降低。因此,在药皮中需要加入一定量的铁合金等进行脱氧、去氢、脱硫、脱磷,并向焊缝渗入所需的合金元素,以得到满意的力学性能。结构钢焊条所用的焊芯成分是相同的,但由于药皮中添加的合金元素种类和数量不同,因而获得了强度等级不同的焊条。

2. 按药皮分类

焊接结构钢用的电焊条按照药皮的类型可分为:

(1)钛铁矿型

药皮中含有 30％以上钛铁矿的焊条。熔渣流动性能良好,电弧吹力较大,熔深较深,渣覆盖良好,脱渣容易,飞溅一般,焊波整齐,适用于全位置焊接,焊接电流为交流或直流正、反接。常用焊条为 E4301、E5010。

(2)钛钙型

药皮中以氧化钛和碳酸钙(或镁)为主的焊条。熔渣流动性良好,脱渣容易,电弧稳定,熔深适中,飞溅少,焊波整齐,适用于全位置焊接,焊接电流为交流或直流正、反接。常用焊条为 E4303、E5003。

（3）高纤维钾型

药皮中约含 15％以上有机物并以钾水玻璃为粘结剂的焊条。焊接时有机物在电弧区分解产生大量的气体，保护熔敷金属。电弧吹力大，熔化速度快，熔渣少，脱渣容易，电弧稳定，适用于全位置焊接。采用交流或直流反接。常用焊条为 E4311、E5011。

（4）高钛钠型

药皮中以氧化钛为主要组分并以钠水玻璃为粘结剂的焊条。这类焊条电弧稳定，再引弧容易，熔深较浅，渣覆盖良好，脱渣容易，焊波整齐，适用于立向上或立向下焊接，采用交流或直流正接。但熔敷金属塑性及抗裂性能较差。主要用于焊接一般碳钢薄板，也可用于盖面焊等。常用焊条为 E4312。

（5）铁粉钛型

药皮在高钛钾型的基础上添加了铁粉，熔敷效率较高，适用于全位置焊接，焊缝表面光滑，焊波整齐，脱渣性很好，角焊缝略凸。采用交流或直流正、反接。主要用于焊接一般的碳钢结构。常用焊条为 E5014。

（6）低氢钠型

药皮中以碱性氧化物为主、并以钠水玻璃为粘结剂的焊条，其主要组成物是碳酸盐矿和萤石，碱度较高。焊接工艺性能一般，焊波较粗，角焊缝略凸，熔深适中，脱渣性较好。焊接时要求焊条干燥，并采用短弧焊。可全位置焊接，采用直流反接。熔敷金属具有良好的抗裂性和力学性能。主要用于焊接重要的碳钢结构，也可焊接与焊条强度相当的低合金钢结构。常用焊条为 E4315、E5015。

（7）低氢钾型

药皮中以碱性氧化物为主并以钾水玻璃为粘结剂的焊条。这类焊条的药皮在低氢钠型的基础上添加了稳弧剂，因而电弧比低氢钠型焊条稳定，焊接电流可采用交流或直流反接。熔敷金属具有良好的抗裂性能和力学性能。主要用于焊接重要的碳钢结构，也可焊接与焊条强度相当的低合金钢结构。常用焊条为 E4316、E5016。

（8）铁粉低氢型

药皮在低氢钠型的基础上添加了铁粉的焊条。药皮较厚，焊接电流采用交流或直流反接，焊接时应采用短弧。适用于全位置焊接，焊缝成形较好，主要用于焊接重要的碳钢结构，也可焊接与焊条强度相当的低合金钢结构。但角焊缝较凸，焊缝表面平滑，飞溅较少，熔深适中。熔敷效率较高。常用焊条为 E5018、E5048。

3. 按焊条药皮熔化后熔渣的特性分类

由于焊条药皮的类型不同，熔化后形成的熔渣中所含的碱性氧化物（如氧化钙等）比酸性氧化物（如二氧化硅、二氧化钛等）多，这种焊条就称为碱性焊条或称为低氢型焊条，如 E4315、E5015 就属于这一类焊条。如果熔渣中的酸性氧化物比碱性氧化物多，这种焊条就称为酸性焊条，如 E4301、E5001、E4303、E5003、E4322 等焊条就属于酸性焊条。

（1）酸性焊条

常用的碳钢酸性焊条有钛钙型 E4301、E5001 等。酸性焊条的主要优点是工艺性好，容易引弧并且电弧稳定，飞溅少，脱渣性好，焊缝成形美观，容易掌握施焊技术，并且酸性焊条的抗气孔性能好，焊缝金属很少产生由氢引起的气孔，对锈、油等不敏感，焊接时产生的有害气体少。酸性焊条可用交流、直流焊接电源，适于各种位置的焊接，焊前焊条的烘干温度较低。

酸性焊条的缺点是焊缝金属机械性能差,尤其是焊缝金属的塑性和韧性均低于碱性焊条。其主要原因是酸性熔渣的脱氧主要依靠扩散方式,所以脱氧不完全,不能有效地清除焊缝中的硫、磷等杂质。酸性焊条另一主要缺点是抗热裂纹性能不好,焊缝金属含硫量较高,因而热裂倾向大。由于焊缝金属扩散氢含量较高,所以抗冷裂纹性能也不好。再者酸性焊条药皮氧化性较强,使合金元素烧损较多。由于上述缺点,酸性焊条适用于一般低碳钢和强度等级较低的普通低碳钢结构的焊接,一般不用于焊接低合金钢。

(2)碱性焊条

碱性焊条又称低氢焊条。由于碱性焊条药皮氧化性较弱,减弱了焊接过程中的氧化作用,因而焊缝中含氧量较少。由于焊接时放出的氧少,合金元素很少被氧化,所以焊缝金属的合金化效果较好,并且药皮中锰、硅含量较多。碱性焊条药皮中碱性氧化物较多,脱氧、脱硫、脱磷的能力比酸性焊条强。同时药皮中的萤石有较好的去氢能力,故焊缝中含氢量低(低氢焊条因此得名)。使用碱性焊条,焊缝金属的塑性、韧性和抗裂性能都比酸性焊条高,所以这类焊条适用于合金钢和重要的碳钢结构的焊接。

碱性焊条的主要缺点是工艺性差。由于药皮中萤石的存在,不利于电弧的稳定,因此要求用直流焊接电源进行焊接。碱性焊条即使在药皮中加入稳弧剂(碳酸钾、碳酸钠等),虽可采用交直流两用焊接电源,但使用交流弧焊机时,其电弧稳定性也比酸性焊条差。此外,碱性焊条对坡口清理要求很高,脱渣性差。

使用碱性焊条要求很短的电弧,焊前坡口去除锈、油和水分,焊条在焊前应严格烘干,碱性焊条必须采用直流反接才能施焊。

碱性焊条的烘干温度在200℃~300℃,烘2h。对含氢量有特殊要求的焊条,烘干温度应提高到450℃。经烘干的碱性焊条,应放入100℃~200℃的电焊条保温筒内,随用随取。烘干后暂时不用的碱性焊条再次使用前,还要重新烘干。碱性焊条在焊接时会产生有毒气体,对工人身体健康有害。由于碱性焊条对铁锈、油污、水分和电弧拉长都较敏感,容易产生气孔,因此除了焊前要严格烘干焊条,仔细清理焊件坡口外,在施焊时还要始终应保持短弧操作。

焊条是碱性还是酸性,如果一时难以区别,可观察焊条端部钢芯表面颜色,碱性焊条端部往往有烤蓝色,而酸性焊条则没有。另外从熔渣颜色也可以识别,碱性焊条熔渣背面呈乌黑色,渣壳较致密;酸性焊条熔渣背面呈亮黑色,而且渣壳较疏松,多孔。当用交流电弧焊机施焊时,电弧稳定的是酸性焊条。

4. 按焊条的用途分类

焊条电弧焊条按用途可分为:碳钢焊条、低合金钢焊条、不锈钢焊条、堆焊焊条、铸铁焊条、镍和镍合金焊条、铜及铜合金焊条、铝及铝合金焊条、特殊用途焊条等。近年来,许多焊条标准已等效采纳国际先进标准。

二、焊条的型号

1. 碳钢焊条

(1)碳钢焊条型号的表示方法

碳钢焊条型号表示方法为:在焊条型号中E表示焊条;E后面的前二位数字表示熔敷金属抗拉强度的最小值,单位为10MPa;第三位数字表示焊条的焊接位置,"0"及"1"表示焊条适用于全位置焊接(平、立、仰、横),"2"表示焊条适用于平焊及平角焊,"4"表示焊条适用于向下立焊;第三位和第四位数字组合时表示焊接电流种类及药皮类型;若在第四位数后面附加字母

"R"表示耐吸潮焊条,附加"M"表示对吸潮和力学性能有特殊规定的焊条,附加"－1"表示冲击性能有特殊规定的焊条。

碳钢焊条的型号举例说明如下:

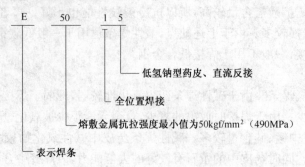

（2）常用碳钢焊条的型号、牌号及其用途（见表 2-1）

表 2-1　常用碳钢焊条的型号、牌号及其用途

型号	牌号	药皮类型	电源种类	主要用途	焊接位置
E4300	J420G	特殊型	交流或直流	焊接一般低碳结构钢,特别适合火力发电站碳钢管道的全位置焊接	平、立、仰、横
E4303	J422	钛钙型	交流或直流	焊接较重要的低碳钢结构和同等强度的普低钢	平、立、仰、横
E4314	J422Fe	铁粉钛钙型	交流或直流	焊接较重要的低碳钢结构的高效率焊条	平、立、仰、横
E4301	J423	钛铁矿型	交流或直流	焊接较重要低碳钢结构	平、立、仰、横
E4320	J424	氧化铁型	交流或直流正接	焊接较重要低碳钢结构	平、平角焊
E4316	J426	低氢钾型	交流或直流反接	焊接重要的低碳钢及某些低合金钢结构	平、立、仰、横
E4315	J427	低氢钠型	直流反接	焊接重要的低碳钢及某些低合金钢结构	平、立、仰、横
E5024	J501Fe15	铁粉钛型	交流或直流	焊接某些低合金钢结构的高效率焊条	平、平角焊
E5003	J502	钛钙型	交流或直流	焊接相同强度等级低合金钢一般结构	平、立、仰、横
E5011	J505	高纤维素钾型	交流或直流	用于碳钢及低合金钢立向下焊底层焊接	平、立、仰、横
E5016	J506	低氢钾型	交流或直流反接	焊接中碳钢及重要低合金钢结构如Q345 等	平、立、仰、横
E5015	J507	低氢钠型	直流反接	焊接中碳钢及重要低合金钢结构如Q345 等	平、立、仰、横
E5048	—	铁粉低氢型	交流或直流	具有良好的立向下焊性能	平、立、仰、横

2. 低合金钢焊条

(1)低合金钢焊条型号的表示方法

低合金钢焊条型号表示方法为:字母"E"表示焊条;前两位数字表示熔敷金属抗拉强度的最小值,单位为 MPa;第三位数字表示焊条的焊接位置,"0"及"1"表示焊条适用于全位置焊接(平焊、立焊、仰焊及横焊),"2"表示焊条只适用于平焊及平角焊;第三位数字和第四位数字组合时,表示焊接电流种类及药皮类型;数字后的后缀字母为熔敷金属的化学成分分类代号,并以短划"-"与前面数字分开,若还有附加化学成分时,附加化学成分直接用元素符号表示,并以短划"-"与前面后缀字母分开。对于 E50XX-X、E55XX-X、E60XX-X 型低氢焊条的熔敷金属的化学成分分类代号后缀字母或附加化学成分后面加字母"R"时,表示耐潮焊条。低合金钢焊条熔敷金属化学成分分类代号见表 2-2。

表 2-2 低合金钢焊条熔敷金属化学成分分类代号

代 号	化学成分分类	代 号	化学成分分类
E××××-A₁	碳钼钢焊条	E××××-NM	镍钼钢焊条
E××××-B₁～B₅	铬钼钢焊条	E××××-D₁～D₃	锰钼钢焊条
E××××-C₁～C₃	镍钢焊条	E××××-G、M、M₁、W	其他低合金钢焊条

低合金钢钢焊条的型号举例说明如下:

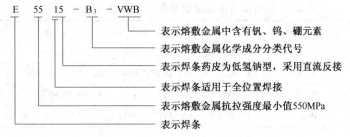

(2)常用低合金高强度钢焊条的型号、牌号及其用途(见表 2-3)

表 2-3 常用低合金高强度钢焊条的型号、牌号及其用途

型 号	牌 号	主要用途
E5015-G	J507MoNb	用于抗硫化氢,抗氢、氮、氨介质腐蚀用钢焊接,如 12SiMoVNb、15MoV 等
E5015-G	J507MoW	用于抗高温氢、氮、氨腐蚀,如 10MoWVNb 焊接
E5015-G	J507NiCu J507CrNi J507NiCuP J507CuP	用于耐大气、耐海水腐蚀及其他耐候钢种的焊接
E5015-G	J507FeNi	用于中碳钢及低温压力容器焊接
E5515-G	J557 J557Mo J557MoV	焊接中碳钢及相应强度的低合金钢,如 15MnTi,15MnV,15MnVN 等
E5516-G	J556RH	用于海洋平台、船舶、压力容器等低合金钢焊接
E6015-G	J607Ni	用于相应强度等级,并有再热裂纹倾向钢焊接
E6015-G	J607RH	用于压力容器、桥梁及海洋工程重要结构的焊接
E7015-D₂	J707	焊接 Cr9Mo、15MnMoV、14MnMoVB、18MnMoNb 等低合金钢
E8515-G	J857	焊接相应强度的低合金钢

(3)常用低合金耐热钢焊条的型号、牌号及其用途(见表2-4)

表2-4　常用低合金耐热钢焊条的型号、牌号及其用途

型　　号	牌　　号	主　要　用　途
E5015-A$_1$	R107	用于工作温度在510℃以下的15Mo等珠光体耐热钢的焊接
E5503-B$_1$	R202	用于工作温度在510℃以下的12CrMo等珠光体耐热钢的焊接
E5515-B$_1$	R207	
E5503-B$_2$	R302	用于工作温度在520℃以下的15CrMo等珠光体耐热钢的焊接
E5515-B$_2$	R307	
E5500-B$_3$-VWB	R340	用于工作温度在620℃以下的相应耐热钢的焊接
E5515-B$_3$-VWB	R347	
E6000-B$_3$	R400	用于Cr2.5Mo等珠光体耐热钢的焊接
E6015-B$_3$	R407	
E1-5MoV-15	R507	用于Cr5MoV等珠光体耐热钢的焊接
R1-9Mo-15	R707	用于Cr9Mo耐热钢及过热器管道的焊接
E1-11MoVNiW-15	R807	用于工作温度在565℃以下的1Cr11MoV耐热钢的焊接

(4)常用低合金低温钢焊条的型号、牌号及其用途(见表2-5)

表2-5　常用低合金低温钢焊条的型号、牌号及其用途

型　　号	牌　　号	主　要　用　途
	W707	焊接在－70℃以下工作的09Mn2V等钢结构
E5515-C$_1$	W707Ni	焊接在－70℃以下工作的09Mn2V,3.5Ni等钢结构
E5515-C$_2$	W907Ni	焊接在－90℃以下工作的3.5Ni等钢结构
	W107Ni	焊接在－100℃以下工作的06AlNbCuN,06MnNb和3.5Ni钢等

3. 不锈钢焊条

(1)不锈钢焊条型号的表示方法

不锈钢焊条型号的表示方法为:字母"E"表示焊条;字母"E"后面的数字表示熔敷金属化学成分分类代号,如有特殊要求的化学成分,该化学成分用元素符号表示放在数字后面;数字后的字母"L"表示碳含量较低,"H"表示碳含量较高,"R"表示硫、磷、硅含量较低;短划"-"后面的两位数字表示焊条药皮类型、焊接位置及焊接电流种类(见表2-6)。

表2-6　焊接电流种类及焊接位置

焊条型号	焊接电流	焊接位置
E×××(×)-15	直流反接	全位置
E×××(×)-25		平焊、横焊
E×××(×)-16	交流或直流反接	全位置
E×××(×)-17		
E×××(×)-26		平焊、横焊

注:直径大于和等于5.0mm焊条不推荐全位置焊接。

　　不锈钢焊条型号举例说明如下:

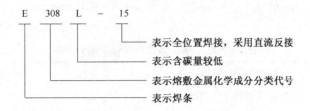

E 308 L — 15

表示全位置焊接，采用直流反接
表示含碳量较低
表示熔敷金属化学成分分类代号
表示焊条

(2)常用不锈钢焊条型号(新、旧)、牌号及其用途(见表2-7)

表2-7　常用不锈钢焊条型号(新、旧)、牌号及其用途

型号(新)	型号(旧)	牌号	主要用途及性能
E410-16 E410-15 E410-15	E1-13-16 E1-13-15 E1-13-15	G202 G207 G217	焊接接头属空气淬硬材料,因此焊接时需要进行预热和后热处理,通常用于焊接0Cr13,1Cr13型不锈钢,也用于在碳钢上的表面堆焊
E430-16 E430-15	E0-17-16 E0-17-15	G302 G307	熔敷金属中含铬量较高,具有优良的耐腐蚀性能,在热处理后,可获得足够的塑性,通常用于焊接耐蚀耐热的Cr17不锈钢
E308L-16 E308L-15	E00-19-10-16 E00-19-10-15	A002 A002A	熔敷金属中含碳量低,在不含铌、钛等稳定剂时,也能抵抗因碳化物析出而产生的晶间腐蚀,通常用于焊接00Cr19Ni10,00Cr19Ni11Ti等不锈钢结构
E308-16 E308-17 E308-15	E0-19-10-16 E0-19-10-15	A102 A107 A112 A117	通常用于焊接工作温度低于300℃的相同类型的不锈钢结构,堆焊不锈钢表面层,也可焊接高铬钢,如焊接0Cr18Ni9,1Cr18Ni9Ti
E309-16 E309-15	E1-23-13-16 E1-23-13-15	A302 A307	通常用于焊接相同类型的不锈钢,不锈钢衬里、异种钢、复合板等
E310-16 E310-15	E2-26-21-16 E2-26-21-15	A402 A407	通常用于焊接高温下工作的相同类型不锈钢,如0Cr25Ni20型不锈钢,也可以焊接Cr5Mo,Cr9Mo,Cr13等钢
E347-16 E347-15	E0-19-10Nb-1b E0-19-10Nb-15	A132 A137	常用焊接奥氏体钢,如0Cr18Ni9,0Cr19Ni10,0Cr18Ni9Ti,1Cr18Ni9Ti
E316-16 E316-15	E0-18-12Mo2-16 E0-18-12Mo2-15	A202 A207	由于钼提高了焊缝的抗蠕变能力,因此可以用于焊接在较高温度下使用的不锈钢,如0Cr17Ni12Mo2型不锈钢及相关似的合金
E316L-16	E0-18-12Mo2-16	A022	由于碳含量低,因此在不含铌、钛等稳定剂时,也能抵抗因碳化物析出而产生的晶间腐蚀,可焊接尿素及合成纤维设备,也可焊接铬不锈钢、异种钢
E318-16	E0-18-12Mo2Nb-16	A212	由于加入铌,提高了焊缝金属抗晶间腐蚀能力,通常用于焊接0Cr18Ni12Mo,00Cr17Ni14Mo2钢的重要设备,如尿素,维尼纶设备中接触强腐蚀介质的部件
E318V-16 E318V-15	E0-18-12Mo2V-16 E0-18-12Mo2V-15	A232 A237	由于增加钒,提高了焊缝金属热强性和抗腐蚀能力,用于焊接同类型含钒不锈钢或焊接普通耐腐蚀的0Cr19Ni10,0Cr17Ni12Mo等不锈钢

4.堆焊焊条

堆焊焊条型号的表示方法为:型号中第一字母"E"表示焊条;第二字母"D"表示用于表面耐磨堆焊;后面用一或两位字母、元素符号表示焊条熔敷金属化学成分分类代号(见表2-8),还可附加一些主要成分的元素符号;在基本型号内可用数字、字母进行细分类,细分类代号可用

短划"-"与前面符号分开；型号中最后两位数字表示药皮类型和焊接电流种类，用短划"-"与前面符号分开（见表 2-9）

表 2-8　堆焊焊条熔敷金属化学成分分类

型号分类	熔敷金属化学成分分类	型号分类	熔敷金属化学成分分类
EDP××-××	普通低中合金钢	EDZ××-××	合金铸铁
EDR××-××	热强合金钢	EDZCr××-××	高铬铸铁
EDCr××-××	高铬钢	EDCoCr××-××	钴基合金
EDMn××-××	高锰钢	EDW××-××	碳化钨
EDCrMn××-××	高铬锰钢	EDT××-××	特殊型
EDCrNi××-××	高铬镍钢	EDNi××-××	镍基合金
EDD××-××	高速钢		

表 2-9　堆焊焊条药皮类型和焊接电流种类

型　号	药皮类型	焊接电流种类
ED××-00	特殊型	交流或直流
ED××-03	钛钙型	
ED××-15	低氢钠型	直流
ED××-16	低氢钾型	交流或直流
ED××-08	石墨型	

对于碳化钨管状焊条，其型号中第一字母"E"表示焊条；第二字母"D"表示用于表面耐磨堆焊；后面用字母"G"和元素符号"WC"表示碳化钨管状焊条，其后用数字 1、2、3 表示芯部碳化钨粉化学成分分类代号；短划"－"后面为碳化钨粉粒度代号，用通过筛网和不通过筛网的两个目数表示，以斜线"/"相隔，或是只用通过筛网的一个目数表示。

堆焊焊条型号举例说明如下：

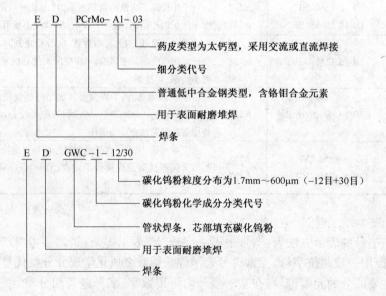

5. 铸铁焊条

铸铁焊条型号的表示方法为：字母"E"表示焊条，字母"Z"表示用于铸铁焊接，在"EZ"字母后用熔敷金属的主要化学元素符号或金属类型代号表示（见表 2-10），再细分时可用数字表示。

表 2-10 铸铁焊条类别与型号

类 别	型 号	名 称
铁基焊条	EZC	灰口铸铁焊条
	EZCQ	球墨铸铁焊条
镍基焊条	EZNi	纯镍铸铁焊条
	EZNiFe	镍铁铸铁焊条
	EZNiCu	镍铜铸铁焊条
	EZNiFeCu	镍铁铜铸铁焊条
其他焊条	EZFe	纯铁及碳钢焊条
	EZV	高钒焊条

铸铁焊条型号举例说明如下：

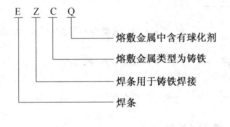

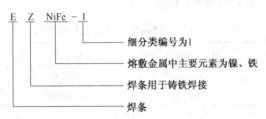

6. 镍及镍合金焊条

镍及镍合金焊条按熔敷金属合金体系分为镍、镍铜、镍铬、镍铬铁、镍钼、镍铬钼和镍铬钴钼等 7 类。镍及镍合金焊条型号的编制方法为：

焊条型号由三部分组成。第 1 部分为字母"ENi"，表示镍及镍合金焊条；第 2 部分为四位数字，表示焊条型号；第 3 部分为可选部分，表示化学成分代号。

第 2 部分四位数字中第一位数字表示熔敷金属的类别。其中 2 表示非合金系列；4 表示镍铜合金；6 表示含铬，且铁含量不大于 25％的 NiCrFe 和 NiCrMo 合金；8 表示含铬，且铁含量大于 25％的 NiFeCr 合金；10 表示不含铬，含钼的 NiMo 合金。

镍和镍合金焊条型号举例说明如下：

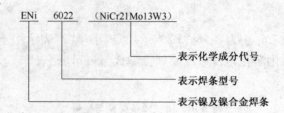

ENi　6022　(NiCr21Mo13W3)

表示化学成分代号
表示焊条型号
表示镍及镍合金焊条

7. 铜及铜合金焊条

(1)铜和铜合金焊条型号的表示方法

铜和铜合金焊条型号的表示方法为：

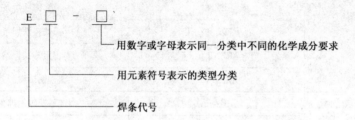

E □ - □

用数字或字母表示同一分类中不同的化学成分要求
用元素符号表示的类型分类
焊条代号

铜和铜合金焊条型号举例说明如下：

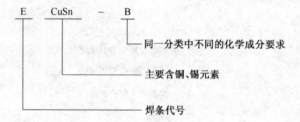

E　CuSn　- B

同一分类中不同的化学成分要求
主要含铜、锡元素
焊条代号

(2)铜和铜合金焊条型号与牌号(见表2-11)

表 2-11　铜和铜合金焊条型号与牌号

型　号	牌　号	型　号	牌　号
ECu	T107	ECuAl-C	T237
ECuSi-B	T207	ECuNi-B	T307
ECuSn-B	T227		

8. 铝及铝合金焊条

铝及铝合金焊条型号的表示方法为：字母"E"表示焊条，E后面的数字表示焊芯用的铝及铝合金牌号。

铝和铝合金焊条举例说明如下：

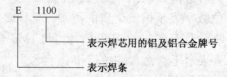

E　1100

表示焊芯用的铝及铝合金牌号
表示焊条

三、焊条的选用原则

1. 根据被焊金属材料和焊件的使用条件及性能选择焊条

焊接碳钢或普通低合金钢时，应根据母材的抗拉强度，按等强原则选用焊条。如常用的低碳钢 Q235，抗拉强度为 420MPa 左右，一般选 E43 型焊条；普通低合金高强度钢 Q345，抗拉强度为 520MPa 左右，一般选用 E50 型焊条。

异种钢焊接时，按强度较低一侧的钢材选用焊条。

耐热钢焊接时，如过热蒸汽管道、锅炉受热面管子的焊缝，应尽量使焊缝具有与母材相同的金相组织和相近的材质，以免焊接区在长期高温作用下发生合金元素的扩散，保证焊缝与母材具有同等水平的高温性能。

不锈钢焊接时，要保证焊缝成分与母材成分相适应，从而保证焊接接头在腐蚀介质中工作的性能要求。

低温钢焊接时，要求在低温下工作的焊缝，应使焊缝尽量与母材有相同的材质，并且具有良好的塑性和冲击韧性。

对于要求有耐磨、耐擦伤的焊缝，应按其工作温度（常温或高温）工作硬度和良好的抗擦伤、耐腐蚀、抗氧化等性能选择焊条；对于要承受动荷载的焊缝，则要选用熔敷金属具有较高的抗拉强度、冲击韧性及延伸率的焊条，按要求程度的高低顺次选用低氢型、钛钙型、锰型、氧化铁型药皮类型的焊条；而对于承受静荷载的焊缝，只要选用抗拉强度与母材相当的焊条即可。

2. 酸性焊条和碱性焊条的选用

在焊条的抗拉强度等级确定后，在决定选用酸性焊条和碱性焊条时，一般应考虑以下几方面的因素：

①当接头坡口表面难以清理干净时，应采用氧化性强、对铁锈、油污等不敏感的酸性焊条。

②在容器内部或通风条件较差的条件下，应选用焊接时析出有害气体少的酸性焊条。

③当母材中碳、硫、磷等元素含量较高时，且焊件形状复杂、结构刚性大和厚度大时，应选用抗裂性好的碱性低氢型焊条。

④当焊件承受振动载荷或冲击载荷时，除保证抗拉强度外，应选用塑性和韧性较好的碱性焊条。

⑤在酸性焊条和碱性焊条均能满足性能要求的前提下，应尽量选用工艺性能较好的酸性焊条。但是，选用焊条应以保证焊缝使用性能和抗裂性能符合要求为准，而不能把操作工艺性放在第一位。

3. 根据设备和焊接位置选择焊条

在没有直流电焊机的情况下，不能选用特别加稳弧剂的低氢焊条和仅限用直流电源的焊条，应选用交、直流两用焊条；焊接部位为空间任意位置时，必须选用能进行全位置焊接的焊条；立焊、仰焊时，建议按钛型药皮类型、铁钛型药皮类型的焊条顺序选用；焊接部位始终是向下立焊时，可以选用专用向下立焊的焊条或其他专门焊条。对于一些要求高生产率的焊件时，可选用高效的铁粉焊条。

4. 经济合理性

在同样能保证符合焊接性能要求的前提下，应首先选用成本低的焊条。如钛钙型药皮类型的焊条成本较高，而钛铁矿药皮类型的焊条费用较低。

四、电焊条的保管、使用和鉴定

1. 电焊条的保管

①各类焊条必须分类、分型号存放,避免混淆。为了防止破坏包装及药皮脱落,搬运和堆放时不得乱摔、乱砸,应小心轻放。

②焊条必须存放在通风良好、干燥的库房内。重要焊接工程使用的焊条,特别是低氢型焊条,最好储存在专用的库房内。库房要保持一定的湿度和温度,建议温度在 $10℃\sim25℃$,相对湿度在 60％ 以下。为防止焊条受潮,尽量做到现用现拆包装。并且做到先入库的焊条先使用,以免存放时间过长而受潮变质。

③储存焊条必须垫高,与地面和墙壁的距离均应大于 0.3m 以上,使得上下左右空气流通,以防受潮变质。

2. 电焊条的使用

(1)电焊条的烘干

焊条在存放时会从空气中吸收水分,不仅会使焊接工艺性能变坏,而且也影响焊接质量,容易产生氢致裂纹、气孔等缺陷,造成电弧不稳定、飞溅增多、烟尘增大等不利影响。因此,焊条(特别是低氢型碱性焊条)在使用前必须烘干。

①烘干温度。

a. 酸性焊条。酸性焊条药皮中,一般均有含结晶水的物质和有机物,再烘干时,应以除去药皮中的吸附水,而不使有机物分解变质为原则。因此,烘干温度不能太高,一般规定为 $75℃\sim150℃$,保温 1~2h。

b. 碱性焊条。由于碱性焊条在空气中极易吸潮,而且在药皮中没有有机物,在烘干时更需去掉药皮中矿物质中的结晶水。因此烘干温度要求较高,一般需 $350℃\sim400℃$,保温 1~2h。

②烘干方法及要求。

a. 焊条烘干应放在正规的远红外线烘干箱内进行烘干,禁止将焊条直接放进高温炉内,或从高温炉中突然取出冷却,以防止焊条因骤冷骤热而产生药皮开裂脱落。应缓慢加热、保温、缓慢冷却。经烘干的碱性焊条最好放入另一个温度控制在 $80℃\sim100℃$ 的低温烘箱内存放,随用随取。

b. 烘干焊条时,焊条不应成垛或成捆地堆放,应铺成层状,$\phi4mm$ 焊条不超过三层,$\phi3.2mm$ 焊条不超过五层。否则,焊条叠起太厚造成温度不均匀,局部过热而使药皮脱落,而且也不利于潮气排除。

c. 焊接重要产品时,每个焊工应配备一个焊条保温筒,施焊时,将烘干的焊条放入保温筒内。筒内温度保持在 $50℃\sim60℃$,还可放入一些硅胶,以免焊条再次受潮。

d. 焊条烘干一般可重复两次。据有关资料介绍,对于酸性焊条的碳钢焊条重复烘干次数可以达到五次,但对于酸性焊条中的纤维素型焊条以及低氢型的碱性焊条,则重复烘干次数不宜超过三次。

(2)电焊条的外观检查

①偏心。是指焊条药皮沿焊芯直径方向偏心的程度,如图 2-1 所示。焊条若偏心,焊接时焊条药皮熔化速度不同,无法形成正常的套筒,因而产生电弧的偏吹,使电弧不稳定,造成母材熔化不均匀,影响焊缝质量。因此应尽量不使用偏心的焊条。

焊条的偏心度可用下式计算：

$$焊条偏心度 = \frac{T_1 - T_2}{\frac{1}{2}(T_1 + T_2)} \times 100\%$$

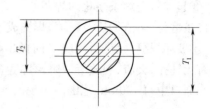

图 2-1　焊条偏心示意图

式中　T_1——焊条断面药皮最大厚度＋焊芯直
　　　　　　径,mm;
　　　T_2——同一断面药皮层最小厚度＋焊芯直
　　　　　　径,mm。

根据国家标准的规定：直径不大于 2.5mm 焊条,偏心度不应大于 7％；直径为 3.2mm 和 4mm 焊条,偏心度不应大于 5％；直径不小于 5mm 焊条,偏心度不应大于 4％。

②锈蚀。是指焊条芯是否有锈蚀的现象。一般来说,若焊条芯仅有轻微的锈迹,基本上不影响性能。但是如果焊接质量要求高时,就不宜使用。若焊条锈迹严重就不宜使用,至少也应降级使用或只能用于一般结构件的焊接。

③药皮裂纹及脱落。药皮在焊接过程中起着很重要的作用,如果药皮出现裂纹甚至脱落,则直接影响焊缝质量。因此,对于药皮脱落的焊条,则不应使用。

3. 电焊条的鉴定

(1)电焊条工艺性能检验

电焊条工艺性能实验的评定项目有：

①电弧应易引燃：在焊接过程中电弧燃烧平稳。

②药皮应均匀地熔化,无成块脱落现象,药皮形成的套筒不应妨碍焊条药皮正常熔化。

③焊接过程中不应有过多的烟雾和飞溅。

④熔渣流动性良好,焊缝成形正常,熔渣容易清除。

⑤焊条在说明书规定的电流范围内施焊,不应有严重的发红并造成气孔现象。

⑥焊缝不允许有裂缝、密集或连续的气孔或夹渣。

(2)焊条焊接工艺性能检验方法

焊工可根据该种焊条说明书的规定试验：也可按下述方法试验：

①在两块等厚度钢板上进行 T 形接头角焊,如图 2-2 所示。接头处加工平整,如图 2-2 安装并在两端定位焊后在一侧单层角焊一道角焊缝。试验钢板长度上应足够焊完一根试验焊条。

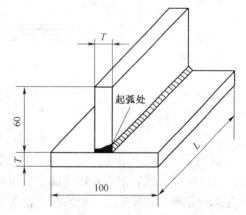

图 2-2　T 形接头角焊缝试验

T—钢板厚度　L—钢板长度

②不同直径的焊条适应的钢板厚度见表 2-12,角焊缝焊脚高度为焊条直径的 1～1.5 倍。

表 2-12　不同直径的焊条适应的钢板厚度

焊条直径	钢板厚度
≤2.5	4～6
>2.5 及≤6	8～12

③起焊后至焊条熔化约焊条的 1/2 长时,停弧脱渣,再起弧焊接。焊接过程中观察电弧稳定、焊条熔化、熔渣形成及覆盖、焊缝成形等情况。冷却后清除熔渣,检查焊缝表面质量。

④破坏焊缝,允许沿焊缝纵向做出切口,并使切口产生在焊缝中心。观察焊缝断面的质量,有无气孔、夹渣、裂缝等缺陷。焊缝金属不允许有裂纹,也不允许有密集或连续的气孔或夹渣,在断口中每 100mm 范围内出现的气孔或夹渣不应超过 2 个,气孔或夹渣的大小,对于直径大于 3.2mm 的焊条不应超过 1.5mm,对于直径等于或小于 3.2mm 的焊条不应超过 1mm。

⑤做再引弧试验,起焊后至焊条熔化约焊条的 1/2 长时,停弧后约 3s,再引弧观察再引弧的情况。

(3)焊条的抗裂性能试验

为了选择和评定焊条的抗裂性能,确定焊接工艺参数,常采用斜 Y 形坡口焊接裂纹试验方法。这种方法也称小铁研式裂纹试验法,是最常用的一种抗裂性能试验方法。此法工件如图 2-3 所示,坡口采用机械切削加工。

试验的焊条应与钢材相匹配。焊条在焊前应烘干。如图 2-3 所示,工件两端的焊缝为拘束焊缝,试验焊缝在中间,长度为 80mm。拘束焊缝应采用双面焊接,注意不要产生角变形和未焊透。工件达到试验温度后,原则上以标准的规范进行试验焊缝的焊接。焊接试验焊缝时,从坡口侧面起焊,再引入到坡口中;收尾时把弧坑引到侧面。

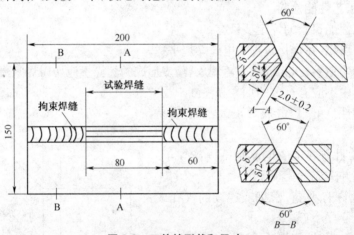

图 2-3　工件的形状和尺寸

工件焊后放置 48h 以上再做裂纹检查。用目测或磁粉探伤检查是否有表面裂纹,并测量表面裂纹长度。然后把试验焊缝部分切成 5 块试样,对同一方向的 5 个断面做裂纹检查,看有无裂纹并测量其长度。一般采用磁粉探伤、着色探伤或用显微镜检查的方法。表面裂纹长度 $L_裂$ 和断面裂纹长度 $h_裂$ 的测量见图 2-4。

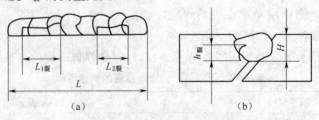

图 2-4　裂纹长度示意图
(a)表面裂纹　(b)断面裂纹
L—焊缝长度　H—焊缝厚度

一般采用表面裂纹率和断面裂纹率来评定焊条的抗裂性能。表面裂纹率和断面裂纹率分别按下列两式计算：

$$表面裂纹率(\%) = \frac{表面裂纹长度之和}{实验焊缝长度} \times 100\%$$

$$= \frac{L_1 + L_2 + L_3 \cdots\cdots}{L} \times 100\%$$

$$断面裂纹率(\%) = \frac{五个断面裂纹长度之和}{五个断面焊缝厚度之和} \times 100\%$$

$$= \frac{h_1 + h_2 + h_3 + h_4 + h_5}{H_1 + H_2 + H_3 + H_4 + H_5} \times 100\%$$

上述鉴定焊条抗裂性能的方法比较严格，若工件焊缝上未产生裂纹，实际产品上也不会产生裂纹。这种试验方法常用来评比钢种的冷裂倾向、选择电焊条和确定焊接工艺参数等。

第二节 焊 丝

一、焊丝的分类和型号

1. 焊丝的分类

焊丝按被焊的材料性质分，为碳钢焊丝、低合金钢焊丝、不锈钢焊丝、铸铁焊丝和有色金属焊丝等；按使用的焊接工艺方法分，有埋弧焊用焊丝、气体保护焊用焊丝、电渣焊用焊丝、堆焊用焊丝和气焊用焊丝等；按不同的制造方法分，有实芯焊丝和药芯焊丝两大类。其中药芯焊丝又分为气保护焊丝和自保护焊丝两种。

(1)实芯焊丝的分类

实芯焊丝是轧制的线材经过拉、拔工艺加工制成的。为了防止焊丝表面生锈，除了不锈钢焊丝以外，其他的焊丝都要进行表面处理，即在焊丝表面镀铜(包括电镀、浸铜以及化学镀铜等方法)。由于不同的焊接工艺方法需要不同的电流密度，所以，不同焊接方法也需要不同的焊丝直径。如：埋弧焊焊接过程用的焊接电流较大，所以焊丝的直径也较大，焊丝直径为3.2～6.4mm。气体保焊时，为了得到良好的保护效果，常采用细焊丝，焊丝直径为0.8～1.6mm。

埋弧焊用实芯焊丝，主要有低碳钢用焊丝、高强度钢用焊丝、Cr-Mo耐热钢用焊丝、低温钢用焊丝、不锈钢用焊丝、表面堆焊用焊丝等。

气体保护焊的焊接方法很多，主要有钨极惰性气体保护电弧焊(简称TIG焊接)、熔化极惰性气体保护电弧焊(简称MIG焊接)、熔化极活性气体保护电弧焊(简称MAG焊接)，以及自保护焊接。

钨极惰性气体保护电弧焊(TIG)用焊丝，由于在焊接过程中用的保护气体是氩(Ar)气，焊接时无氧化，焊丝熔化后成分基本上不变化，母材的稀释率也很低，所以，焊丝的成分接近于焊缝的成分。也有的采用母材作为焊丝，使焊缝成分与母材保持一致。

熔化极惰性气体保护电弧焊(MIG)和熔化极活性气体保护电弧焊(MAG)用焊丝，在焊接过程中，保护气体的成分直接影响到合金元素的烧损，从而影响到焊缝金属的化学成分和力学性能，所以，焊丝成分应该与焊接用的保护气体成分相匹配。对于氧化性较强的保护气体应该采用高Mn、高Si焊丝；对于氧化性较弱的保护气体，可以采用低Mn、低Si焊丝。

CO_2焊用焊丝，在CO_2气体保护焊过程中，强烈的氧化反应使大量的合金元素烧损，所以，CO_2 焊用焊丝成分中应该有足够数量的脱氧剂，如 Si、Mn、Ti 等元素。否则，不仅焊缝的力学性能（特别是韧性）明显下降，而且，由于脱氧不充分，还将导致焊缝中产生气孔。

自保护焊接用焊丝，在焊接过程中，为了消除从空气中进入焊接熔池内的氧和氮的不良影响，除了提高焊丝中 C、Mn、Si 的含量外，还要加入强脱氧元素 Ti、Al、等，以利用焊丝中所含有的合金元素在焊接过程中进行脱氧、脱氮。

（2）药芯焊丝的分类

药芯焊丝是由薄钢带卷成圆形或异形钢管的同时，填进一定成分的药粉料，经拉制而成的一种焊丝。药芯焊丝的截面形状如图 2-5 所示。

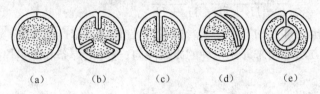

图 2-5　药芯焊丝截面形状
(a)O 形　(b)梅花形　(c)T 形　(d)E 形　(e)中间填丝形

药芯焊丝按芯部粉剂填充材料中有无造渣剂分为非金属粉型（有造渣剂）和金属粉型（无造渣剂）两类。非金属粉型药芯焊丝中加入的粉剂，主要是为了改善焊缝金属的力学性能、抗裂性和焊接工艺性。按照造渣剂的种类及碱度，可分为钛型、钛钙型和钙型等。

金属粉型药芯焊丝几乎不含造渣剂，具有熔敷速度高、熔渣少、飞溅小的特点，在抗裂性和熔敷效率方面更优于熔渣型，由于造渣量仅为熔渣型药芯焊丝的 1/3，所以，可以在焊接过程中不必清渣而直接进行多层多道焊接，其焊接特性类似实芯焊丝，但是，所需焊接电流比实芯焊丝更大，使焊接生产率进一步提高。

药芯焊丝按是否使用外加保护气体分为自保护（无外加保护气体）和气保护（有外加保护气体）两种。

气保护药芯焊丝的工艺性能和熔敷金属冲击性能比自保护的好，但抗风性能不好；自保护药芯焊丝的工艺性能和熔敷金属冲击性能没有气保护的好，但抗风性能好，比较适合室外或高层结构的现场焊接。

2．焊丝的型号

（1）气体保护电弧焊用碳钢、低合金钢实芯焊丝型号的编制方法

根据国家标准《气体保护电弧焊用碳钢、低合金钢焊丝》（GB/T 8110—2008）规定，焊丝型号由三部分组成。第一部分用"ER"表示焊丝；第二部分两位数字表示焊丝熔敷金属的最低抗拉强度；第三部分为短划"-"后的字母和数字，表示焊丝的化学成分代号。根据供需双方协商，可在型号后附加扩散氢代号 H×，其中×代表 15、10 或 5。完整焊丝型号举例说明如下：

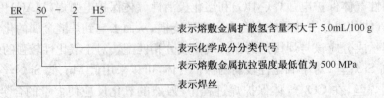

(2)气体保护电弧焊用碳钢、低合金钢药芯焊丝型号的编制方法

①气体保护电弧焊用碳钢药芯焊丝型号的编制方法。根据国家标准《碳钢药芯焊丝》(GB/T 10045—2001)规定,气体保护电弧焊用碳钢药芯焊丝型号的编制方法为:

E×××T-×-×ML,字母 "E"表示焊丝,字母"T"表示药芯焊丝,字母"M"表示保护气体为(75%～80%)Ar+CO_2。当无字母"M"时,表示保护气体为 CO_2 或为自保护型。字母"L"表示焊缝金属的冲击能在－40℃时,其 V 形缺口冲击功不小于 27J。当无字母"L"时,表示焊缝熔敷金属的冲击性能符合一般要求。

字母"E"后面的前两个符号"××"表示熔敷金属的力学性能;字母"E"后面的第三个符号"×"表示推荐的焊接位置,其中"0"表示平焊和横焊位置,"1"表示全位置;短划后面的符号"×"表示焊丝的类别特点。碳钢药芯焊丝型号举例如下:

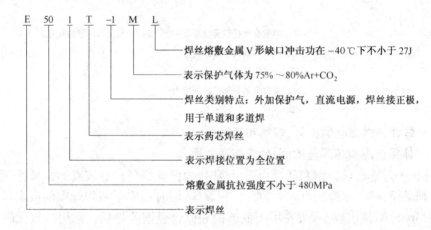

②气体保护电弧焊用低合金钢药芯焊丝型号的编制方法。根据国家标准《低合金钢药芯焊丝》(GB/T 17493—2008)规定:非金属粉型药芯焊丝型号为 E×××T×-××(-JH×),字母 "E"表示焊丝,字母"T"表示非金属粉型药芯焊丝。字母"E"后面的前两个符号"××"表示熔敷金属的最低抗拉强度;字母"E"后面的第三个符号"×"表示推荐的焊接位置;字母"T"后面的符号"×"表示药芯类型及电流种类;"T"后面第一个短划"-"后面的符号"×"表示熔敷金属化学成分代号;表示熔敷金属化学成分代号后面的符号"×"表示保护气体类型:"C"表示CO_2 气体,"M"表示 Ar+(20%～25%) CO_2 混合气体,当该位置没有符号出现时,表示不采用保护气体,为自保护型;在型号中如果出现第二个短划"-"及字母"J"时,表示焊丝具有更低温度的冲击性能;在型号中如果出现第二个短划"-"及字母"H×"时,表示熔敷金属扩散氢含量,×为扩散氢含量的最大值(mL/100g)。

金属粉型药芯焊丝型号为 E××C-×(-H×),其中字母"E"表示焊丝,字母"C"表示金属粉型药芯焊丝。熔敷金属抗拉强度以字母"E"后面的两个符号"××"表示熔敷金属的最低抗拉强度;熔敷金属化学成分以第一个短划"-"后面的符号"×"表示熔敷金属化学成分代号;熔敷金属扩散氢含量(可选附加代号)以型号中如果出现第二个短划"-"及字母"H×"时,表示熔敷金属扩散氢含量,×为扩散氢含量最大值(mL/100g)。

低合金钢药芯焊丝型号举例如下:

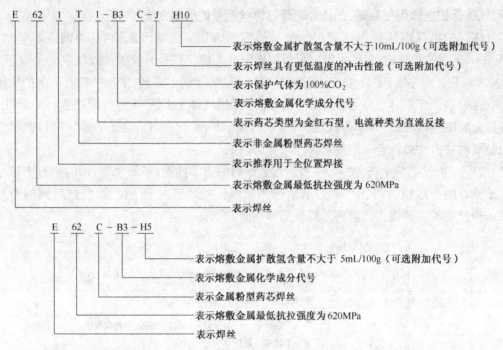

E 62 1 T 1-B3 C-J H10

- 表示熔敷金属扩散氢含量不大于10mL/100g（可选附加代号）
- 表示焊丝具有更低温度的冲击性能（可选附加代号）
- 表示保护气体为100%CO₂
- 表示熔敷金属化学成分代号
- 表示药芯类型为金红石型，电流种类为直流反接
- 表示非金属粉型药芯焊丝
- 表示推荐用于全位置焊接
- 表示熔敷金属最低抗拉强度为620MPa
- 表示焊丝

E 62 C-B3-H5

- 表示熔敷金属扩散氢含量不大于5mL/100g（可选附加代号）
- 表示熔敷金属化学成分代号
- 表示金属粉型药芯焊丝
- 表示熔敷金属最低抗拉强度为620MPa
- 表示焊丝

二、CO₂ 气体保护焊焊丝的型号、规格和用途

(1)CO₂ 气体保护焊实芯焊丝的型号、规格和用途

CO₂ 气体保护焊进行低碳钢和低合金钢焊接时，为保证焊缝具有较高的机械性能和防止气孔产生，必须采用含锰、硅等脱氧元素的合金钢焊丝，同时还应限制焊丝中的碳含量。其中ER49-1(H08Mn2SiA)使用较多，主要用于低碳钢和低合金钢的焊接。常用二氧化碳气体保护焊实心焊丝的型号、规格和用途详见表 2-13。

表 2-13　常用二氧化碳气体保护焊实芯焊丝的型号、规格和用途

型号	规格(mm)	焊接电流(A)	CO₂ 气体流量(L/min)	用　途
ER49-1	φ0.8	50～140	15	主要用于低碳钢、低合金钢如 16Mn、15MnV 等钢制造的车辆、船舶、建筑机械结构件的气体保护焊
	φ1.0	50～220	15～20	
	φ1.2	80～350	15～25	
	φ1.6	170～550	20～25	
ER50-3	φ0.8	50～140	15	用于 450 及 500MPa 级强度的碳钢和低合金钢如桥梁、车辆、建筑、管线等的单道或多道、对接或角接的气体保护焊
	φ1.0	50～220	15～20	
	φ1.2	80～350	15～25	
	φ1.6	170～550	20～25	
ER50-4	φ0.8	50～140	15	适用于碳钢的焊接；也可用于薄板、管的高速焊接；在小电流规范下电流仍很稳定，并可进行立向下焊
	φ1.0	50～220	15～20	
	φ1.2	80～350	15～25	
	φ1.6	170～550	20～25	
ER50-6	φ0.8	50～140	15	用于碳钢及 500MPa 级强度的低合金钢如桥梁、车辆、建筑、机械结构等的单道或多道焊；也可用于薄板、管的高速焊接
	φ1.0	50～220	15～20	
	φ1.2	80～350	15～25	
	φ1.6	170～450	20～25	

(2)CO₂ 气体保护焊药芯焊丝型号、规格和用途

碳钢药芯焊丝的型号、力学性能和使用要求见表2-14。低合金钢药芯焊丝的型号、力学性能和使用要求见表2-15。

表 2-14 保护气体为 CO_2 的碳钢药芯焊丝的型号、力学性能和使用要求

型号	力学性能			焊接位置	级性	适用性
	抗拉强度 σ_b (MPa)	屈服强度 σ_s 或 $\sigma_{0.2}$ (MPa)	伸长率 (%)			
E500T-1	480	400	22	H,F	DCEP	M
E501T-1	480	400	22	H,F,VU,OH	DCEP	M
E500T-2	480	—		H,F	DCEP	S
E501T-2	480	—		H,F,VU,OH	DCEP	S
E500T-5	480	400	22	H,F	DCEP	M
E501T-5	480	400	22	H,F,VU,OH	DCEP 或 DCNE	M
E500T-9	480	400	22	H,F	DCEP	M
E501T-9	480	400	22	H,F,VU,OH	DCEP	M
E500T-12	480~620	400	22	H,F	DCEP	M
E501T-12	480~620	400	22	H,F,VU,OH	DCEP	M

注:1. H 为横焊,F 为平焊,OH 为仰焊,VU 为立向上焊;

2. DCEP 为直流电源,焊丝接正极,直流反接,DCEN 为直流电源,焊丝接负极,直流正接;

3. M 为单道或多道焊,S 为单道焊;

4. E501T-5 可在 DCEN 极性下使用以改善不适当位置的焊接性。

表 2-15 保护气体为 CO_2 的低合金钢药芯焊丝的型号、力学性能和使用要求

型号	力学性能				药芯特点	焊接位置	电流种类
	试样状态	抗拉强度 R_m(MPa)	规定非比例延伸强度 $R_{P0.2}$(MPa)	伸长率 A(%)			
E490T5-A1C	焊后热处理	490~620	≥400	≥20	氧化钙-氟化物型,熔滴呈粗滴过渡	平、横	直流反接
E491T5-A1C		490~620	≥400	≥20		平、横、仰、立向上	直流反接或正接
E550T5-B2C		550~690	≥470	≥19		平、横	直流反接
E550T5-B6C							
E550T5-B8C							
E551T5-B2C		550~690	≥470	≥19		平、横、仰、立向上	直流反接或正接
E551T5-B6C							
E551T5-B8C							
E620T5-B3C		620~760	≥540	≥17		平、横	直流反接
E621T5-B3C		620~760	≥540	≥17		平、横、仰、立向上	直流反接或正接
E550T1-A1C		550~690	≥470	≥19		平、横	直流反接
E550T1-B1C							
E550T1-B2C							
E550T1-B6C							
E550T1-B8C							

续表 2-15

型号	试样状态	力学性能			药芯特点	焊接位置	电流种类
		抗拉强度 R_m(MPa)	规定非比例延伸强度 $R_{P0.2}$(MPa)	伸长率 A(%)			
E551T1-A1C E551T1-B1C E551T1-B2C E551T1-B6C E551T1-B8C	焊后热处理	550~690	≥470	≥19	金红石型,熔滴呈喷射过渡	平、横、仰、立向上	直流反接
E620T1-B3C		620~760	≥540	≥17		平、横	
E621T1-B3C		620~760	≥540	≥17		平、横、仰、立向上	
E690T1-B3C		690~830	≥610	≥16		平、横	
E691T1-B3C		690~830	≥610	≥16		平、横、仰、立向上	
E620T1-B9C		620~830	≥540	≥16		平、横	
E621T1-B9C		620~830	≥540	≥16		平、横、仰、立向上	
E430T1-Ni1C	焊态	430~550	≥340	≥22		平、横	
E431T1-Ni1C		—	—	—		平、横、仰、立向上	
E490T1-Ni1C		490~620	≥400	≥20		平、横	
E491T1-Ni1C		490~620	≥400	≥20		平、横、仰、立向上	
E550T1-Ni1C E550T1-Ni2C E550T1-K2C		550~690	≥470	≥19	金红石型,熔滴呈喷射过渡	平、横	
E551T1-Ni1C E551T1-Ni2C E551T1-K2C		550~690	≥470	≥19		平、横、仰、立向上	
E620T1-Ni2C E620T1-D1C E620T1-D3C		620~760	≥540	≥17		平、横	
E621T1-Ni2C E621T1-D1C E621T1-D3C		620~760	≥540	≥17		平、横、仰、立向上	
E550T5-Ni1C E550T5-Ni2C E550T5-Ni3C	焊后热处理	550~690	≥470	≥19	氧化钛-氟化物型,熔滴呈粗滴过渡	平、横	直流反接
E551T5-Ni1C E551T5-Ni2C E551T5-Ni3C		550~690	≥470	≥19		平、横、仰、立向上	直流反接或正接
E550T5-K1C E550T5-K2C	焊态	550~690	≥470	≥19		平、横	直流反接

续表 2-15

型号	力学性能				药芯特点	焊接位置	电流种类
	试样状态	抗拉强度 R_m(MPa)	规定非比例延伸强度 $R_{P0.2}$(MPa)	伸长率 A(%)			
E551T5-K1C E551T5-K2C	焊态	550～690	≥470	≥19	氧化概氟化物型，熔滴呈粗滴过渡	平、横、仰、立向上	直流反接或正接
E620T5-K2C		620～760	≥540	≥17		平、横	直流反接
E621T5-K2C		620～760	≥540	≥17		平、横、仰、立向上	直流反接或正接
E620T5-D2C	焊后热处理	620～760	≥540	≥17		平、横	直流反接
E621T5-D2C		620～760	≥540	≥17		平、横、仰、立向上	直流反接或正接
E690T5-D2C		690～830	≥610	≥16		平、横	直流反接
E691T5-D2C		690～830	≥610	≥16		平、横、仰、立向上	直流反接或正接

常用 CO_2 焊的碳钢和低合金钢药芯焊丝型号、规格和用途见表 2-16 和表 2-17。

表 2-16 常用 CO_2 焊的碳钢药芯焊丝型号、规格和用途

型号	焊丝直径(mm)	焊接电流（A）				用 途
		平焊	横角缝焊	立向上焊、仰焊	立向下焊	
E500T-1	1.2	120～300	120～280	—	—	CO_2 焊用钛型药芯焊丝，适用于低碳钢和 490MPa 级高强钢中、厚板的焊接。多用于船舶、机械设备、桥梁等钢结构件的平焊和横角焊
	1.6	180～450	180～350	—	—	
	2.0	300～550	300～500	—	—	
E501T-1	1.2	120～300	120～280	120～260	200～300	CO_2 焊用钛型药芯焊丝，全位置焊，亦可立向下焊。用于低碳钢和 490MPa 级高强钢结构的焊接。多用于船舶、压力容器、机械设备、桥梁等钢结构件的平焊和横角焊
	1.4	150～400	180～320	150～270	220～300	
	1.6	180～450	180～350	180～280	250～300	

表 2-17 常用 CO_2 焊低合金钢药芯焊丝型号、规格和用途

型号	焊丝直径(mm)	焊接电流(A)	CO_2 气体流量(L/min)	焊丝伸出长度(mm)	用 途
E551T1-Ni1C	1.2	120～300	20～25	20	适用于 600MPa 级高强钢的焊接，桥梁、储罐等结构见的对接、和角接焊缝。可进行全位置焊接，低温冲击韧性高。焊接过程稳定
	1.4	150～400	20～25	20	
	1.6	180～450	20～25	20	
E551T1-B2C	1.2	120～300	20～25	20	适用于 1％Cr-0.5％Mn（如 15CrMn）耐热钢的焊接，焊前焊件需预热 150℃～250℃。可进行全位置焊接，有良好的焊接工艺
	1.4	150～400	20～25	20	
	1.6	180～450	20～25	20	

续表 2-17

型号	焊丝直径 (mm)	焊接电流 (A)	CO_2 气体流量 (L/min)	焊丝伸出长度 (mm)	用　途
E691T1-B3C	1.2	120～300	20～25	20	适用于 2.25%Cr-1%Mn 耐热钢的焊接,焊前焊件需预热 200℃～300℃。可进行全位置焊接,有良好的焊接工艺
	1.4	150～400	20～25	20	
	1.6	180～450	20～25	20	

三、惰性气体保护焊用焊丝

惰性气体保护焊是使用惰性气体作为保护气体的气体保护焊。属于惰性气体保护焊的电弧焊方法包括钨极氩弧焊和熔化极惰性气体保护焊等。

钨极氩弧焊用的焊丝,只起填充金属的作用。焊丝的化学成分与母材相同或相近。在焊接低碳钢时,为了防止气孔,可采用含少量合金元素的焊丝。

(1)碳钢、低合金钢焊丝

钨级氩弧焊用碳钢、低合金钢焊丝见《气体保护焊用碳钢、低合金钢焊丝》(GB/T 8110—2008)及本节一、焊丝的分类和型号相关内容。

(2)不锈钢焊丝

焊接用不锈钢焊丝的牌号在不锈钢牌号的前面加"H"表示,见《焊接用不锈钢丝》(YB/T5092—2005)。

(3)铜及铜合金焊丝

铜及铜合金焊丝型号由三部分组成,第一部分为字母"SCu"表示铜及铜合金焊丝,第二部分为四位数字,表示焊丝型号;第三部分表示化学成分代号,为可选部分,使用括弧。见《铜及铜合金焊丝》(GB/T 9460—2008)。铜及铜合金焊丝型号对照表见表 2-18。

表 2-18　铜及铜合金焊丝型号对照表

序号	类别	焊丝型号	化学成分代号	GB/T 9460—1988	AWS A5.7—2001
1	铜	SCu1897	CuAgl		
2		SCu1898	CuSul	HSCu	ERCu
3		SCu1898A	CuSn1MnSi		
4	黄铜	SCu4700	CuZn40Sn	HSCuZn-1	
5		SCu4701	CuZn40SnSiMn		
6		SCu6800	CuZn40Ni	HsCuZn-2	
7		SCu6810	CuZn40Felsnl		
8		SCu6810A	CuZn40SnSi	HSCuZn-3	
9		SCu7730	CuZn40Ni10	HSCuZnNi	
10	青铜	SCu6511	CuSi2Mn1		
11		SCu6560	CuSi3Mn	HSCuSi	ERCuSi-A
12		SCu6560A	CuSi3Mnl		ERCuSi-1
13		SCu6561	CuSi2MnlSnlZnl		
14		SCu5180	CuSn5P		ERCuSn-A

续表 2-18

序号	类别	焊丝型号	化学成分代号	GB/T 9460—1988	AWS A5.7—2001
15	青铜	SCu5180A	CuSn6P		ERCnSn-A
16		SCu5210	CuSn8P	HSCnSu	
17		SCu5211	CuSn10MnSi		
18		SCu5410	CuSn12P		
19		SCu6061	CuAl5Ni2Mn		
20		SCu6100	CuAl7		ERCuAl-Al
21		SCu6100A	CuAl8	HSCuAl	
22		SCu6180	CuAl10Fe		ERCuAl-A3
23		SCu6240	CuAl11Fe3		ERCuAl-A3
24		SCu6325	CuAl8Fe4Mn2Ni2	HSCuAlNi	
25		SCu6327	CuAl8Ni2Fe2Mn2		
26		SCu6328	CuAl9Ni5Fe3Mn2		ERCuNiAl
27		SCu6338	CuMn13Al8Fe3Ni2		ERCuMnNiAl
28	白铜	SCu7158	CuNi30Mn1FeTi	HSCnNi	ERCuNi
29		SCu7061	CuNi10		

注:AWS为美国焊接协会标准代号。

(4)铝及铝合金焊丝

铝及铝合金焊丝型号由三部分组成,第一部分为字母"SAl"表示铝及铝合金焊丝,第二部分为四位数字,表示焊丝型号;第三部分表示化学成分代号,为可选部分,使用括弧。见《铝及铝合金焊丝》(GB/T 10858—2008)。铝及铝合金焊丝型号对照表见表 2-19。

表 2-19　铝及铝合金焊丝型号对照表

序号	类别	焊丝型号	化学成分代号	GB/T 10858—1989	AWS A5.10:1999
1	铝	SAl 1070	Al99.7	SAl-2	
2		SAl 1080A	Al 99.8(A)		
3		SAl 1188	Al 99.88		ER1188
4		SAl 1100	Al 99.0Cu		ER1100
5		SAl 1200	Al 99.0	SAl-1	
6		SAl 1450	Al 99.5Ti	SAl-3	
7	铝铜	SAl 2319	AlCu6MnZrTi	SAlCu	ER2319
8	铝锰	SAl 3103	AlMnl	SAlMn	
9	铝硅	SAl 4009	AlSi5Cu1Mg		ER4009
10		SAl 4010	AlSi7Mg		ER4010
11		SAl 4011	AlSi7Mg0.5Ti		R4011
12		SAl 4018	AlSi7Mg		
13		SAl 4043	AlSi5	SAlSi-1	ER4043
14		SAl 4043A	AlSi5(A)		
15		SAl 4046	AlSi10Mg		
16		SAl 4047	AlSi12	SAlSi-2	ER4047
17		SAl 4047A	AlSi12(A)		
18		SAl 4145	AlSi10Cu4		ER4145
19		SAl 4643	AlSi4Mg		ER4643

续表 2-19

序号	类别	焊丝型号	化学成分代号	GB/T 10858—1989	AWS A5.10:1999
20		SAl 5249	AlMg2Mn0.8Zr		
21		SAl 5554	AlMg2.7Mn	SAlMg-1	ER5554
22		SAl 5654	AlMg3.5Ti	SAlMg-2	ER5654
23		SAl 5654A	AlMg3.5Ti	SAlMg-2	
24		SAl 5754	AlMg3		
25		SAl 5356	AlMg5Cr(A)		ER5356
26		SAl 5356A	AlMg5Cr(A)		
27	铝镁	SAl 5556	AlMg5Mn1Ti	SAlMg-5	ER5556
28		SAl 5556C	AlMg5MnlTi	SAlMg-5	
29		SAl 5556A	AlMg5Mn		
30		SAl 5556B	AlMg5Mn		
31		SAl 5183	AlMg4.5Mn0.7(A)	SAlMg-3	ER5183
32		SAl 5183A	AlMg4.5Mn0.7(A)	SAlMg-3	
33		SAl 5087	AlMg4.5MnZr		
34		SAl 5187	AlMg4.5MnZr		

注：AWS为美国焊接协会标准代号。

(5)镍和镍合金焊丝

镍和镍合金焊丝型号由三部分组成。见《镍及镍合金焊丝》(GB/T 15620—2008)。第一部分用字母"SNi"表示镍焊丝；第二部分四位数字表示焊丝型号；第三部分为可选部分，表示化学成分代号。完整的镍焊丝型号示例如下：

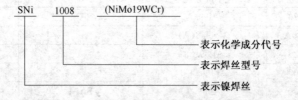

第三节　焊　剂

一、焊剂的分类和牌号

1. 焊剂的分类

焊剂是埋弧焊工艺用的主要焊接材料。焊剂是焊接时，能够熔化形成熔渣和气体，对熔化金属起保护和冶金处理作用的一种颗粒状物质。焊剂的作用与焊条药皮相似。

焊剂按制造方法分熔炼焊剂和烧结焊剂等；按用途分低碳钢焊剂，合金钢焊剂和不锈钢焊剂等；按化学特性分酸性焊剂和碱性焊剂等；按化学成分分高锰焊剂和中锰焊剂等。目前我国主要是以制造方法和化学成分分类。

2. 焊剂的牌号

焊剂牌号是行业对焊剂的统一编号。

（1）熔炼焊剂

熔炼焊剂牌号用汉语拼音字母"HJ"表示埋弧焊及电渣焊用熔炼焊剂；字母后面的第一位数字表示焊剂中氧化锰的含量，第二位数字表示焊剂中二氧化硅、氟化钙的含量，第三位数字表示同一类型焊剂的不同牌号，按0、1、2、3、…9顺序编排。对同一种牌号焊剂生产两种颗粒度，在细颗粒焊剂牌号后面加"X"字母。

例如：

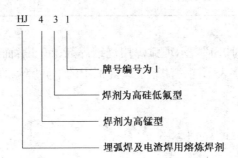

熔炼焊剂的类型和化学成分见表2-20。

表 2-20　熔炼焊剂的类型和化学成分　　　　　　　　　　（%）

焊剂型号	焊剂类型	SiO$_2$	Al$_2$O$_3$	MnO	CaO	MgO	TiO$_2$	CaF$_2$	NaF	ZrO$_2$	FeO	S	P	R$_2$O
HJ130	无锰高硅低氟	35～40	12～16	—	10～18	41～19	7～11	4～7	—	—	2.0	≤0.05	≤0.05	—
HJ131	无锰高硅低氟	34～38	6～9	—	48～55	—	—	2～5	—	—	≤1.0	≤0.05	≤0.08	≤3.0
HJ150	无锰中硅中氟	21～23	28～32	—	3～7	9～13	—	—	—	—	—	≤0.08	≤0.08	—
HJ172	无锰低硅高氟	3～6	28～35	1～2	2～5	—	—	44～55	2～3	2～4	≤0.8	≤0.05	≤0.05	≤3.0
HJ230	低锰高硅低氟	40～46	10～17	5～10	8～14	10～14	—	7～11	—	—	≤1.5	≤0.05	≤0.05	—
HJ250	低锰中硅中氟	18～22	18～23	5～8	4～8	12～16	—	23～30	—	—	≤1.5	≤0.05	≤0.05	≤3.0
HJ251	低锰中硅中氟	18～22	18～23	7～10	3～6	14～17	—	23～30	—	—	≤1.0	≤0.08	≤0.05	—
HJ260	低锰高硅中氟	29～34	19～24	2～4	4～7	15～18	—	20～25	—	—	≤1.0	≤0.07	≤0.07	—
HJ330	中锰高硅低氟	44～48	≤4.0	22～26	≤3.0	16～20	—	3～6	—	—	≤1.5	≤0.06	≤0.08	≤1.0
HJ350	中锰中硅中氟	30～35	13～18	14～19	10～18	—	—	14～20	—	—	≤1.0	≤0.06	≤0.07	—
HJ360	中锰高硅中氟	33～37	11～15	20～26	4～7	5～9	—	10～20	—	—	≤1.0	≤0.1	≤0.1	—
HJ430	高锰高硅低氟	38～45	≤5	38～47	≤6	—	—	5～9	—	—	≤1.8	≤0.06	≤0.08	—

续表 2-20

焊剂型号	焊剂类型	SiO₂	Al₂O₃	MnO	CaO	MgO	TiO₂	CaF₂	NaF	ZrO₂	FeO	S	P	R₂O
HJ431	高锰高硅低氟	40~44	≤4	34~38	≤6	5~8	—	3~7	—	—	≤1.8	≤0.06	≤0.08	—
HJ433	高锰高硅低氟	42~45	≤3	44~47	≤4	—	—	2~4	—	—	≤1.8	≤0.06	≤0.08	≤0.5

(2)烧结焊剂

烧结牌号用汉语拼音字母"SJ"表示埋弧焊用烧结焊剂;字母后面第一个数字表示焊剂熔渣的渣系,第二个、第三个数字表示同一渣系类型焊剂中的不同牌号的编号,按01、02、…09顺序编排。

例如:

烧结焊剂的类型和化学成分见表 2-21。

表 2-21　烧结焊剂的类型和化学成分

牌　号	类　型	组成成分(质量分数)(%)
SJ101	氟碱型	(SiO₂+TiO₂)20~30;(CaO+MgO)25~35;(Al₂O₃+MnO)15~30;CaF₂15~25
SJ201	高铝型	Al₂O₃≥20;(Al₂O₃+CaO+MgO)>45;Mn-Fe/Si-Fe=4~12
SJ301	硅钙型	(SiO₂+TiO₂)35~45;(CaO+MgO)20~30;(Al₂O₃+MnO)20~30;CaF₂5~15
SJ401	硅锰型	(SiO₂+TiO₂)45;(CaO+MgO)10;(Al₂O₃+MnO)40
SJ501	铝钛型	(SiO₂+TiO₂)25~35;(Al₂O₃+MnO)50~60;CaF₂3~10
SJ502	铝钛型	(MnO+Al₂O₃)30;(TiO₂+SiO₂)45;(CaO+MgO)10;CaF₂5

二、埋弧焊用焊剂的型号

焊剂型号是国家标准中焊剂的编号,见《埋弧焊用碳钢焊丝和焊剂》(GB/T 5293—1999)、《低合金钢埋弧焊用焊剂》(GB/T 12470—2003)和《埋弧焊用不锈钢焊丝和焊剂》(GB/T 17854—1999)。国标中的焊剂型号是用焊丝—焊剂组合型号表示的。

按 GB/T 5293—1999 规定,碳钢埋弧焊的焊丝-焊剂组合型号是根据焊丝-焊剂组合的熔敷金属力学性能、热处理状态进行划分和编制的。型号开头字母"F"表示焊剂;字母 F 后第一位数字表示焊丝-焊剂组合的熔敷金属抗拉强度的最小值;第二位是字母,表示工件的热处理状态,"A"表示焊态,"P"表示焊后热处理状态;第三位数字表示熔敷金属冲击吸收功不小于 27J 时的最低试验温度。短划"-"后面是组合的焊丝牌号,焊丝的牌号按 GB/T 14957—1994 规定,常用的焊丝有 H08A、、H08MnA、H10Mn2 和 H08Mn2SiA 等。

完整的焊丝-焊剂型号示例如下：

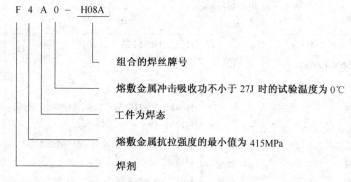

F 4 A 0 - H08A

组合的焊丝牌号

熔敷金属冲击吸收功不小于 27J 时的试验温度为 0℃

工件为焊态

熔敷金属抗拉强度的最小值为 415MPa

焊剂

任何牌号的焊剂，由于使用的焊丝、热处理状态不同，其分类型号可能有许多类别，即同一种牌号焊剂可以有许多种焊丝-焊剂的组合型号（见表 2-22）。

表 2-22 焊剂牌号与焊剂型号对照表

焊剂牌号	焊剂型号	焊剂牌号	焊剂型号
HJ350	F4A2-H10Mn2	SJ301	F4A2-H08MnA
HJ351	F4A2-H10Mn2	SJ302	F4A2-H08A
HJ430	F4A0-H08A	SJ302	F4A2-H08MnA
HJ431	F4A0-H08A	SJ401	F4A0-H08A
HJ433	F4A0-H08A	SJ403	F4A0-H08A
HJ434	F4A0-H08A	SJ501	F4A0-H08A
SJ101	F4A4-H08MnA	SJ502	F5A0-H08A
SJ107	F5A4-H10Mn2	SJ503	F5A3-H08MnA
SJ201	F5A4-H10Mn2	SJ504	F5A0-H08A

三、埋弧焊用焊丝和焊剂的匹配

1. 常用焊剂的用途及配用焊丝（见表 2-23）

表 2-23 常用焊剂的用途及配用焊丝

焊剂型号	用 途	焊剂颗粒度 (mm)	配用焊丝	适用电流种类
HJ130	低碳钢，普低钢	0.45～2.5	H10Mn2	交、直流
HJ131	Ni 基合金	0.3～2	Ni 基焊丝	交、直流
HJ150	轧辊堆焊	0.45～2.5	2Cr13,3Cr$_2$W8	直流
HJ172	高 Cr 铁素体钢	0.3～2	相应钢种焊丝	直流
HJ173	Mn-Al 高合金钢	0.25～2.5	相应钢种焊丝	直流
HJ230	低碳钢，普低钢	0.45～2.5	H08MnA,H10Mn2	交、直流
HJ250	低合金高强度钢	0.3～2	相应钢种焊丝	直流
HJ251	珠光体耐热钢	0.3～2	Cr-Mo 钢焊丝	直流
HJ260	不锈钢，轧辊堆焊	0.3～2	不锈钢焊丝	直流
HJ330	低碳钢及普低钢重要结构	0.45～2.5	H08MnA,H10Mn2	交、直流
HJ350	低合金高强度钢重要构件	0.45～2.5 0.2～1.4	Mn-Mo，Mn-Si 及含 Ni 高强度钢用焊丝	交、直流
HJ430	低碳钢及普低钢重要构件	0.45～2.5	H08A,H08MnA	交、直流

续表 2-23

焊剂型号	用　途	焊剂颗粒度（mm）	配用焊丝	适用电流种类
HJ431	低碳钢及普低钢重要构件	0.45～2.5	H08A，H08MnA	交、直流
HJ432	低碳钢及普低钢重要构件(薄板)	0.2～1.4	H08A	交、直流
HJ433	低碳钢	0.45～2.5	H08A	交、直流
SJ101	低合金结构钢	0.3～2	H08MnA，H08MnMoA，H08Mn2MoA，H10Mn2	交、直流
SJ301	普通结构钢	0.3～2	H08MnA，H08MnMoA，H10Mn2	交、直流
SJ401	低碳钢、低合金钢	0.3～2	H08A	交、直流
SJ501	低碳钢、低合金钢	0.3～2	H08A，H08MnA	交、直流
SJ502	重要低碳钢及低合金钢构件	0.3～1.4	H08A	交、直流

2. 焊丝与焊剂的选用及匹配

选用焊丝与焊剂时，必须根据焊件的化学成分和力学性能，焊接结构的接头形式（工件厚度、坡口形式等），焊后是否热处理以及耐高温、耐低温、耐腐蚀等使用条件综合考虑，并经评定后确定。埋弧焊焊丝与焊剂的选用及匹配原则如下：

(1)焊丝

①对于碳素钢和普通低合金钢，应保证焊缝的力学性能。

②对于铬钼钢和不锈耐酸钢等合金钢，应尽可能保证焊缝的化学成分与焊件近似。

③对于碳素钢与普通低合金钢或不同强度级别的普通低合金钢之间的异种钢焊接接头，一般可按强度级别较低的钢材选用抗裂性较好的焊接材料。

(2)焊剂

①采用高锰高硅焊剂（HJ430、HJ431、HJ433、HJ434）与低锰（H08A）或含锰（H08MnA）焊丝相配合，常用于低碳钢和普低钢的焊接。

②采用低锰或无锰高硅焊剂与高锰焊丝相配合，也用于低碳钢和普低钢的焊接。

③强度级别较高的低合金钢要选用中锰中硅型焊剂。

④低温钢、耐热钢、耐蚀钢等要选用中硅型或低硅型焊剂。

⑤铁素体、奥氏体等高合金钢，一般选用碱度较高的熔炼焊剂及烧结焊剂，以降低合金元素烧损及渗入合金。

低碳钢埋弧焊常选用 HJ431 焊剂和 H08A 焊丝匹配。16Mn 钢埋弧焊常选用 HJ431 焊剂和 H08MnA 或 H10Mn2 焊丝匹配。常用碳钢、低合金钢埋弧焊焊剂及配用焊丝见表 2-24。

表 2-24　常用碳钢、低合金钢埋弧焊焊剂及配用焊丝

类别	屈服强度/MPa	钢　号	焊　剂	焊　丝
碳素结构钢		Q235(A3)	HJ431 HJ430 SJ401 SJ403	H08A
		Q255(A4)		H08E
		Q275(A5)		H08MnA
		20g、22g	HJ330、HJ430、HJ431、SJ301、SJ501、SJ503	H08MnA、H08MnSi、H10Mn2
		20R		H08MnA

续表 2-24

类别	屈服强度/MPa	钢　号	焊　剂	焊　丝
热轧正火钢	295	09Mn2Si 09MnV 09Mn2	HJ430 HJ431 SJ301	H08A H08E H08MnA
	345	16Mn 16MnCu 14MnNb	HJ430、HJ431、 SJ501、SJ502、SJ301 HJ350	开 I 形坡口对接:H08A、H08E 中板开坡口对接:H10Mn2,H10MnSi 厚板深坡口:H10Mn2
	390	15MnV 15MnVCu 16MnNb 15MnVRE	HJ430 HJ431 SJ101 HJ250,HJ350,SJ101	开 I 形坡口对接:H08MnA 中板开坡口:H10Mn2,H10MnSi H08Mn2Si 厚板深坡口:H08MnMoA
	420	15MnVN 15MnVTiRE、 15MnVNCu 15MnVNR	HJ431 HJ350,HJ252,HJ350 SJ101	H10Mn2 Ho8MnMoA、H04MnVTiA、 H08Mn2MoA
	490	14MnMoV,18MnMoNb 14MnMoVCu, 18MnMoNbR	HJ250、HJ252、 HJ350、SJ101	H08Mn2MoA H08Mn2MoVA H08Mn2NiMo

四、焊剂的烘干

埋弧焊焊剂在使用前应按焊剂说明书规定的参数进行烘干(埋弧焊熔炼焊剂烘干温度见表 2-25)。熔炼焊剂通常在 250℃～300℃,烘焙 2h,烧结焊剂通常在 300℃～400℃,烘焙 2h。

表 2-25　埋弧焊熔炼焊剂烘干温度

焊剂牌号	烘干温度/℃	焊剂牌号	烘干温度/℃	焊剂牌号	烘干温度/℃
HJ130	250	HJ250	300～350	HJ351	300～400
HJ131	250	HJ251	300～350	HJ430	250
HJ150	250	HJ252	350	HJ431	250
HJ151	250～300	HJ260	300～400	HJ433	250
HJ172	300～400	HJ330	250	HJ434	300
HJ230	250	HJ350	300～400		

第三章 焊接设备

第一节 焊条电弧焊设备

一、对电弧焊电源的基本要求

弧焊电源就是供电弧焊用的电源。它应能满足焊接工艺要求,如引弧容易、电弧稳定、焊接参数(主要是焊接电流)调节范围宽、在焊接过程中飞溅少、焊缝成形好等,还要符合焊工安全要求。对电弧焊电源的基本要求有:

(1)合适的电源外特性

电源稳态输出电压与输出电流之间的关系曲线,称为电源外特性,也称电源静特性。为了保证焊接电弧稳定燃烧,正常进行焊接工作,并保证焊接参数稳定,弧焊电源要有合适的外特性。各种电弧焊的电弧静特性曲线不同,因此它所要求的电源外特性也不相同。焊条电弧焊、埋弧自动焊和钨极氩弧焊的电弧静特性曲线,一般情况下都是水平特性,要求弧焊电源具有下降外特性,陡降外特性更好。而 CO_2 气体保护焊和熔化极氩弧焊的电弧静性曲线是上升的:因此要求具有水平外特性的弧焊电源。

为什么下降外特性电源能保证水平静特性电弧稳定燃烧正常工作呢?如图 3-1 所示,下降的电源外特性曲线 1 与水平的电弧静特性曲线 l_0 相交于 A_0 点,电源电压与电弧(负载)电压相等,供电系统在 A_0 点工作。如果弧长从 l_0 变短到 l_1,下降外特性使电源电压降低,直至电源电压等于电弧电压,即在 A_1 点工作。如果弧长恢复到 l_0,即从 l_1 变长到 l_0,使电源电压升高,直至电源电压又等于电弧电压,即恢复到 A_0 点工作。这样,就能保证电弧稳定燃烧。

陡降外特性的弧焊电源,在焊接过程中弧长变化时,焊接电流比缓降外特性电源稳定,即电流变化小。如图 3-2 所示,当弧长由 l_1 变到 l_2,缓降外特性电源的焊接电流变化 ΔI_1;陡降

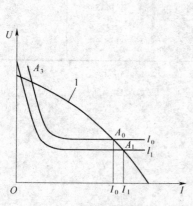

图 3-1 稳定工作条件图
1—电源外特性曲线
l_1、l_0—电弧静特性曲线

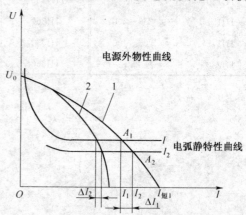

图 3-2 弧长变化时焊接电流的变化
1—缓降外特性曲线 2—陡降外特性曲线
l_1、l_2—电弧静特性曲线

外特性电源的焊接电流变化 ΔI_2，显然比缓降外特性电源小。

此外，下降外特性电源的稳态短路电流 $I_{短}$，能够符合 $I_{短}=(1.25\sim 2)I_{焊}$ 的要求。短路电流太小，引弧困难，熔滴过渡困难；短路电流太大，飞溅增大，甚至烧坏焊机。

(2)合适的空载电压

焊接电源接通电网，输出电流为零，即焊接回路开路时，电源输出端的电压称为空载电压。

为了保证电弧容易引燃，保证交流电弧连续稳定燃烧，弧焊电源必须要有较高的空载电压。但空载电压太高，对焊工不安全；而且电源的额定容量大，所需的铁心铜线材料多，电源体积大，重量大，不经济。所以，弧焊电源的空载电压要加以限制。

弧焊电源的空载电压通常为：直流电源 $55\sim 90(V)$，交流电源 $60\sim 80(V)$。焊条电弧焊时空载电压一般为 $60\sim 90V(V)$。

(3)良好的动特性

熔化极电弧焊时，焊条或焊丝受热熔化，形成熔滴进入溶池的过程中，经常会出现短路，熔滴脱离焊条(焊丝)后，又要立即重新引燃电弧。可见，电弧状态经常发生变化，电弧电压和焊接电流不断地发生瞬间变化。

所谓电源动特性，就是指电弧(负载)状态发生突然变化时：电源输出电流和输出电压对电弧瞬间变化的适应能力，简单地说电源动特性就是电源适应电弧变化的能力。动特性好，引弧和重新引弧容易，电弧燃烧稳定，熔滴过渡平稳、顺利，飞溅少，焊缝成形良好。

对电源动特性的要求主要是发生熔滴短路时，短路电流不能太大，熔滴脱离焊条后要迅速恢复空载电压等。

(4)良好的调节特性

电弧焊时，需要根据被焊工件的材料、厚度、接头形式、坡口形式和焊接位置等选用不同的焊接电流等参数。因此，弧焊电源必须要有良好的调节特性，要求能在较宽范围内均匀方便地调节，并都能保证电弧稳定、焊缝成形良好等工艺要求。

下降外特性的弧焊电源，电流调节范围通常要求最大焊接电流大于等于额定焊接电流，最小焊接电流要小于等于额定焊接电流的 0.2 倍(钨极氩弧焊电源要求最小焊接电流 $I_{min}\leqslant 0.1I_{额}$)。

二、焊条电弧焊机的分类、型号、技术参数

1. 焊条电弧焊机的分类

焊条电弧焊机即焊条电弧焊电源，可分为交流电弧焊机(弧焊变压器)和直流电弧焊机两大类。其中直流电弧焊机按电源变流的方式不同又可分为弧焊整流器、逆变弧焊机和旋转式直流弧焊发电机。其中，旋转式直流弧焊发电机早已淘汰。

2. 电弧焊机的型号

电焊机型号的编排秩序为：

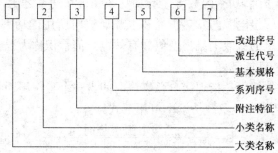

型号中,1、2、3、6 各项用汉语拼音字母表示;4、5、7 各项用阿拉伯数字表示;3、4、6、7 项如不用时,其他各项排紧。

第 1 项表示焊机大类,如 B 表示弧焊变压器,Z 表示弧焊整流器,A 表示弧焊发电机,W 表示钨极氩弧焊机,M 表示埋弧焊机,N 表示熔化极气体保护焊机。

第 2 项表示同一大类中又分几个小类的名称。如弧焊电源中,X 表示下降外特性,P 表示水平外特性;电弧焊机中,Z 表示自动焊机,B 表示半自动焊机,S 表示手工焊机。

第 3 项附注特征和第 4 项系列序号用于区别同小类的各系列和品种,包括通用和专用产品。

第 5 项表示基本规格,如各种弧焊电源和电弧焊机中,基本规格均用额定焊接电流表示,单位是 A。

例如:

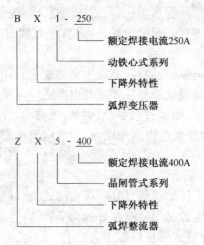

3. 电弧焊机的技术参数

输入电压　指焊接电源的输入电压,通常为 220/380V。输入电压也称初级电压。

频率　指输入电流的频率。

焊接回路　指焊接电源输出的焊接电流经焊件的导电回路。

空载电压　电弧未引燃时,焊接电源输出端的电压。

电弧电压　电弧两端(两电极)之间的电压降。

引弧电压　能使电弧引燃的最低电压。

焊接电流　焊接时流经焊接回路的电流。

功率因数　在电工学上,功率因数等于有功功率和视在功率之比,用 $\cos\varphi$ 表示,φ 为电流和电压相位差(角度)。焊接电源的发热损耗和电弧燃烧时所用的功率称为有功功率;在焊接电源初级端输入的交流电的有效电流强度值和有效电压值乘积称为视在功率。焊接电源的功率因数越高,焊接电源的性能越好。

负载持续率　负载持续率是指焊接电弧燃烧时间占整个工作周期的百分比。一般焊条电弧焊时,工作周期规定为 5min,负载持续率可用下式计算:

$$负载持续率=\frac{焊接电弧燃烧时间}{焊接电弧燃烧时间+熄弧时间}\times100\%$$

额定负载持续率 是为了衡量焊接电源的能力而限定的负载持续率。

额定焊接电流 在额定负载持续率下允许使用的最大焊接电流。当焊接电源的实际负载持续率与额定负载持续率不同时,在实际负载持续率下的允许焊接电流可按下式计算:

$$I = \sqrt{\frac{额定负载持续率}{实际负载持续率}} \times I_额$$

式中 I——许用焊接电流:

　　$I_额$——额定焊接电流。

额定工作电压 焊接电流为额定焊接电流时相对应的电弧电压。

额定输入电流 当焊接电源输出为额定值时,网路输入到焊接电源的电流值。应根据该值选择电焊机的熔断器。

额定输入容量 当焊接电源输出为额定值时,网路输入至焊接电源的电流与电压的乘积为额定输入容量,以 kVA 为单位。

额定输出功率 焊接电源在输出为额定值时的功率,以 kW 为单位,即额定焊接电流与额定工作电压的乘积。

短路电流 电极与焊件接触时的电流称为短路电流。对于焊条电弧焊来说,短路电流是焊接电流的 1.25~2 倍。

电流调节范围 在电弧电压等于电弧工作电压的条件下,电流可调节的范围。

三、交流电弧焊机

1. 交流电弧焊机的分类

交流弧焊机就是弧焊变压器。是一种具有下降特性的降压变压器,并具有调节和指示焊接电流的作用。弧焊变压器根据获得下降特性的方法不同,可以分为串联电抗器式弧焊变压器和增强漏磁式弧焊变压器两类。

(1)串联电抗器式弧焊变压器

串联电抗器式弧焊变压器,是把做成独立的带铁心的线圈电感(称为电抗器)与正常漏磁式主变压器串联。在交流电路中,电抗器线圈可起电抗降压作用,电流越大,电抗器上降压越大,输出的电压就越小,从而获得下降外特性。

串联电抗器式弧焊变压器又分为分体式与同体式两种。分体式用于多站交流弧焊机,如BP-3×500。它的主变压器是一台正常漏磁三相变压器,附12台电抗器,焊接电流调节范围为25~210A,可同时供12个焊工使用。同体式主要用作埋弧自动焊电源,如BX2-1000型,型号中"2"表示同体式系列。

(2)增强漏磁式弧焊变压器

现在交流焊条弧焊机用的基本上都是增强漏磁式弧焊变压器。它是人为增强变压器的漏磁,形成漏磁感抗,通过漏磁获得下降外特性。普通电力变压器,漏磁很小,所以输出电压基本不变,即外特性基本上是水平的。增强漏磁式弧焊变压器按增强和调节漏抗的方法不同,又可分为动铁心式和动圈式等。

①动铁心式弧焊变压器。动铁心式弧焊变压器构造和工作原理如图 3-3 所示。普通变压器由一次线圈

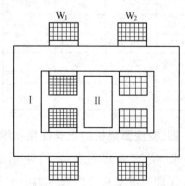

图 3-3 动铁心式弧焊变压器工作原理图

W_1、二次线圈 W_2 和铁心 I 等三部分组成。动铁心增强漏磁式弧焊变压器在一次线圈和二次线圈之间增加了可移动的动铁心 II，作为一、二次线圈之间的漏磁分路，以增强漏磁，获得下降外特性。通过转动手柄来改变动铁心的位置，可以改变漏磁程度，从而改变外特性曲线下降得快慢，来调节焊接电流。动铁心摇入固定铁心，动铁心磁路面积增大，空气隙减小，漏磁增强，下降外特性曲线变陡，焊接电流变小。动铁心式弧焊变压器产品有 BX1-120、160、250、300、400 等。

②动圈式弧焊变压器。动圈式弧焊变压器的构造如图 3-4 所示。一次绕组（即一次线圈）W_1 固定不动，二次绕组 W_2 可用丝杆上下均匀移动，在 W_1、W_2 两个绕组之间形成漏磁磁路，有较大的漏磁，获得下降外特性。调节 W_1、W_2 两个绕组之间的距离方 δ_{12}，可改变漏磁程度，也就改变了外特性曲线，即可调节焊接电流。向上拉开可移动线圈 W_2，漏磁增强，下降外特性曲线变陡，焊接电流变小。

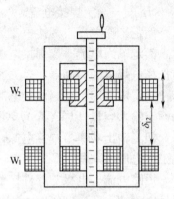

图 3-4　动圈式弧焊变压器

动圈式弧焊变压器没有动铁心振动，小焊接电流时电弧稳定。但调节焊接电流时移动距离大，铁心尺寸高，浪费材料，电流的调节范围受到限制，要辅以改变线圈匝数来调节电流，所以在使用时不如梯形动铁心式弧焊变压器方便。动圈式弧焊变压器产品有 BX3-120、160、250、300、400 等。

2. 常用弧焊变压器的型号及其主要技术参数（见表 3-1）

弧焊变压器的主要技术参数有初级电压、初级电流、空载电压、工作电压、额定负载持续率、额定焊接电流和焊接电流的调节范围等。

表 3-1　常用弧焊变压器的型号及其主要技术参数

产品型号	额定输入容量 (kV·A)	初级电压 (V)	工作电压 (V)	空载电压 (V)	额定焊接电流(A)	焊接电流调节范围 (A)	负载持续率(%)	外形尺寸 (mm)			重量 (kg)
								长	宽	高	
BX1-160	13.5	380	22～28	80	160	40～192	60	587	325	665	93
BX1-250	20.5	380	22.5～32	78	250	62.5～300	60	600	360	720	116
BX1-400	31.4	380	24～36	77	400	100～480	60	640	390	764	144
BX1-120	6	380	21.2～24.8	50	120	60～120	60	365	257	263	32
BX1-300	24.5	380	32	78	300	75～360	60	640	475	772	180
BX3-160	11.8	380	26.4	78～70	160	25～250	60	580	430	710	100
BX3-250	18.4	380	30	78～70	250	40～370	60	630	430	810	150
BX3-400	29.1	380	36	75～70	400	50～510	60	695	530	905	200
BX3-120	7 或 9	220 或 380	25	70 或 75	120	20～160	60	485	470	680	100
BX3-300	23.4	220 或 380	32	70 或 78	300	40～400	60	730	540	900	183

四、交流弧焊机的正确使用和维护保养及故障排除

1. 交流弧焊机的正确使用和维护保养

①焊机的安装与检修应由电工负责。新电焊机或长期停用的电焊机在安装前要检查电焊机的绝缘电阻。电网电压必须与电焊机输入电压相等。电焊机机壳必须接地或接零。地线的

截面积,铜线不得小于 6mm²,铝线不得小于 12mm²。

②必须将电焊机平稳地安放在通风良好、干燥的地方,不准靠近高热以及易燃易爆危险的环境。室外使用的电焊机必须有防雨雪的防护措施,防止电焊机受潮。电焊机的工作环境应与焊机技术说明书上的规定相符。

③根据额定输入电流(初级电流)选择电焊机的电源开关、熔断器(熔丝)和动力线(一次电源线)截面。经常检查和保持焊接电缆与焊机接线柱的接触良好,注意拧紧,不得松动。焊条电弧焊电源初级线、熔断丝及铁壳开关的选用见表 3-2。

表 3-2　焊条电弧焊电源初级线、熔断丝及铁壳开关的选用

电源类型	电源型号	YHC 型初级线规格 (根数×mm²)	熔断丝额定电流 (A)	铁壳开关额定容量 (V・A)
弧焊变压器	BX₃-300	2×10～2×16	50～60	500×60
	BX₁-300	2×10～2×16	60～70	500×60
	BX-500	2×16～2×25	90	500×100
弧焊整流器	ZXG-300	4×6～4×10	40	500×60
	ZXG-500	4×14～4×16	60	500×100

④电焊钳不能放在焊件上,以防合闸时发生短路,烧坏焊机,焊接时也不得长时间短路。

⑤应按照焊机的额定焊接电流和负载持续率来使用,不得超负荷使用,以防因过载烧坏焊机和发生火灾。

⑥焊机发生故障时,应立即将焊机的电源切断,报告有关部门及时检查和修理。

⑦工作完毕或临时离开场地,必须及时切断焊机的电源。

⑧电焊机必须经常保持清洁,经常擦拭机壳,定期用干燥的压缩空气或"皮老虎"等清除机内灰尘。每半年应进行一次电焊机维护保养,清除机内灰尘油污,检查绝缘有无损坏,更换损坏的零件,检修电流刻度盘等。

2. 交流弧焊机的常见故障及排除方法(见表 3-3)

表 3-3　交流弧焊机的常见故障及排除方法

故障特征	产生的原因	排除方法
1. 焊机过热	1. 焊机过载 2. 线圈短路 3. 铁心螺杆绝缘损坏	1. 减小使用电流 2. 消除短路 3. 修复绝缘
2. 焊接电流不稳定	1. 焊接电弧与工件接触不良 2. 可动铁心随焊机振动而移动	1. 使电缆与工件接触良好 2. 设法防止可动铁心的移动
3. 可动铁心强烈振响	1. 可动铁心的制动螺钉或弹簧太松 2. 铁心移动机构损坏	1. 旋紧螺钉,调整弹簧的拉力 2. 检查、修理移动机构
4. 焊机外壳带电	1. 线圈碰壳 2. 电源线误碰罩壳 3. 焊接电缆误碰罩壳 4. 未装接地线或接地线接地不良 5. 焊机内部绝缘损坏	1. 消除碰壳 2. 接妥地线 3. 检查并修复焊机绝缘
5. 焊接电流过小	1. 焊接电缆太长 2. 电缆线成盘,电感很大 3. 接线柱或焊件与电缆接触不良	1. 减小电缆长度或加粗其截面 2. 放开电缆,不要使之成盘 3. 使接头处接触良好

五、整流弧焊机

1. 整流弧焊机的分类

将交流电变为直流电的弧焊电源,称为弧焊整流器,用作焊条电弧焊机时,又称整流弧焊机。弧焊整流器主要有硅弧焊整流器、晶闸管(可控硅)弧焊整流器和逆变弧焊整流器等三大类。

(1)硅弧焊整流器

硅弧焊整流器以硅二极管作为整流元件,所以称为硅弧焊整流器。它主要由降压变压器、硅整流器、输出电抗器和外特性调节机构等部分组成。

降压变压器用于将网路电压(通常为380V)降为几十伏的电压。硅整流器用硅二极管组成的整流器将交流电变为直流电。输出电抗器是接在焊接回路中的一个带铁心并有空气隙的电感线圈,起滤波(改善电流波形,使之变平)和改善电源动特性的作用。外特性调节机构用以获得所需外特性和进行焊接电流、电压的调节,一般有机械调节和电磁调节两种。

①机械调节。这种硅弧焊整流器采用抽头式、动铁心式、动圈式降压变压器,以获得所需要的外特性,并调节电压和电流。在三相动铁心式、动圈式弧焊变压器的输出端,接入硅整流器,就成为动铁心式、动圈式硅弧焊整流器,这是目前国内外硅弧焊整流器中应用较多的一种调节机构。我国电焊机产品系列 ZX 互为动铁心式弧焊整流器:ZX3 为动圈式弧焊整流器。

②电磁调节。这种硅弧焊整流器利用接在降压变压器和硅整流器之间的磁饱和电抗器(磁放大器)来获得所需要的电源外特性;并借助改变其磁饱和的程度来调节电压和电流。这种硅弧焊整流器称为磁放大器式弧焊整流器,我国的电焊机产品系列为 ZX(电焊机型号中的系列序号,国标规定予以省略)。磁放大器式弧焊整流器因磁惯性大,调节不灵活,动特性较差,体积大而笨重,铁心、铜线材料消耗多,有逐步被淘汰的趋势。

(2)晶闸管弧焊整流器

晶闸管弧焊整流器是利用晶闸管(即可控硅)来整流的弧焊整流器,用作焊条弧焊机时,又称为晶闸管整流弧焊机。它主要由降压变压器、晶闸管整流器、输出电抗器和电子控制电路等部分组成。利用晶闸管组来整流并利用电子电路来控制,可获得所需要的外特性,还可调节电压和电流。

晶闸管弧焊整流器与磁放大器式硅弧焊整流器比较,具有结构简单、动特性好、电流调节范围大等优点。我国现在的晶闸管弧焊整流器技术指标已达到国外先进工业国家同类产品水平,焊机质量稳定可靠。我国原机械部等八个部委在 1992 年 10 月宣布淘汰电动机驱动旋转直流弧焊机时,推荐以晶闸管整流弧焊机作为更新产品。我国电焊机产品系列 ZX5 为晶闸管弧焊整流器,如 ZX5-250、ZX5-400 和 ZX5-630 等型号。

(3)逆变弧焊整流器

逆变弧焊整流器近二十年来发展起来的一种新型焊机,用作焊条电弧焊机时,又称逆变直流弧焊机,简称逆变焊机。

逆变焊机的基本工作原理是,将工频交流电经输入整流器整流,变为直流电,通过逆变器大功率开关电子元件的交替开关作用,将直流电逆变为几千到几万赫兹的中高频交流电,再通过中高频焊接变压器降压、输出整流器整流、输出电抗器滤波,并由电子电路控制,将中高频交流电变为适合于焊接的直流电输出。

逆变焊机高效节能、体积小、重量轻(整机重量为传统弧焊电源的 1/5～1/10)、焊机动特性和调节特性等性能良好,设备费用较低,但对制造技术要求较高。逆变焊机是弧焊电源的最新发展,是更新换代的弧焊电源,在我国还处于发展之中。我国电焊机产品系列 ZX7 是逆变弧焊整流器。

2. 常用弧焊整流器的型号及其主要技术参数(见表 3-4)

表 3-4　常用弧焊整流器的型号及其主要技术参数

产品型号	额定输入容量 (kV·A)	初级电压 (V)	空载电压 (V)	工作电压 (V)	额定焊接电流(A)	焊接电流调节范围 (A)	负载持续率(%)	外形尺寸 (mm)			重量 (kg)
								长	宽	高	
ZX-160	12	380	70	21～27	160	30～180	60	630	460	890	170
ZX-250	19	380	70	22～31	250	45～280	60	690	500	940	240
ZX-300	30	380	70	32	300	30～300	60	780	570	900	320
ZX-400	30	380	70	22～38	400	60～450	60	740	540	980	350
ZX-500	38	380	70	40	500	50～500	60	780	570	900	350
ZX1-160	11	380		22～28	160	40～192	60	595	480	970	138
ZX1-250	17.3	380		22～32	250	62～300	60	635	530	1032	182
ZX1-300	24	380		22～35	300	60～300	60	650	525	950	200
ZX1-400	27.8	380		24～39	400	100～480	60	685	570	1075	238
ZX1-500	38	380		25～30	500	100～600	60	710	590	1050	280
ZX3-250	21.8	380	72	22～30	250	50～250	60	640	530	1050	180
ZX3-300	18.6	380	72	12～20	300	50～300	60	1095	665	1255	350
ZX3-400	34.3	380	72	24～36	400	80～400	60	700	590	1100	240
ZX5-250	14	380	55	21～30	250	25～250	60	780	400	440	150
ZX5-400	24	380	60	21～36	400	40～400	60	595	505	940	200
ZX5-630	48	380	76	44	630	130～630	60	670	535	970	260
ZX7-250	9.2	380	70～75	30	250	50～250	60	470	276	490	35
ZX7-400	14	380	70～80	36	400	50～400	60	630	315	480	70

六、整流弧焊机的正确使用和维护保养及故障排除

1. 整流弧焊机的正确使用和维护

整流弧焊机的使用和维护保养与交流弧焊机基本相同,比交流弧焊机更要注意防止整流弧焊机受到碰撞或剧烈振动。应按照电焊机产品说明书的要求正确使用和维护保养。

整流弧焊机是直流弧焊机,输出端有正极(+)与负极(−)之分。如图 3-5 所示,焊接回路接线时,焊件接直流弧焊电源的正极,焊条、焊丝或钨极接直流电源负极的接线法,称为直流正接,如图 3-5a 所示;反之,

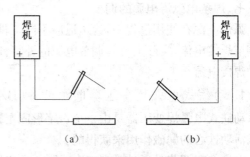

图 3-5　整流弧焊机的正、反接
(a)正接　(b)反接

焊件接直流电源负极,焊条(电极)接直流电源正极的接线法,称为直流反接,如图 3-5b 所示。

焊条电弧焊焊接时,反接稳弧性好,正接焊件熔深大。因此,使用稳弧性较差的碱性焊条,要采用直流反接;如果用酸性焊条而又用直流弧焊机焊接时,则焊薄板时用反接,焊中厚板时用正接。

2. 整流弧焊机常见故障及其排除方法(见表 3-5)

表 3-5　整流弧焊机常见故障及其排除方法

故障特征	产生的原因	排除方法
焊接电流调节失灵	1. 直流控制绕组匝间短路或断线 2. 控制电路断线或接触不良 3. 控制电路内元件击穿或损坏	1. 排除短路现象 2. 查出断线并修复,使控制器接触良好 3. 更换控制电路中已损坏的元件
焊接电流不稳定	1. 焊接回路交流接触器抖动 2. 风压开关抖动 3. 直流控制绕组接触不良	1. 排除抖动现象 2. 使接触良好
机壳漏电(带电)	1. 电源线误碰罩壳 2. 电源接线绝缘不良或接线板损坏 3. 内部绕组、元件受潮漏电或焊机绝缘损坏 4. 未接地或接地线不良	1. 检查并排除碰壳现象 2. 修复绝缘,必要时调换绕组或元件 3. 消除受潮现象,修复焊机绝缘 4. 接妥接地线
空载电压太低	1. 焊接回路有短路情况 2. 网路电压过低 3. 次级绕组匝间短路 4. 整流器损坏	1. 排除短路现象 2. 焊机与其他大功率设备供电适当分开 3. 排除受潮现象 4. 调换晶闸管整流器
风扇电动机不转	1. 熔丝烧断 2. 电动机绕组断线 3. 按钮开头触头接触不良	1. 更换熔丝 2. 修复或更换电动机 3. 修复或更换按钮开关
焊接时焊接电压突然降低	1. 焊接回路短路 2. 晶闸管整流器击穿 3. 控制电路断路	1. 排除短路 2. 更换晶闸管整流器 3. 检修控制回路
响声不正常	1. 输出端"+""-"极短路 2. 焊接电路断路 3. 风扇电机不转	1. 排除短路 2. 检修风扇电动机及其供电线路

七、焊条电弧焊电源的调节

弧焊电源在使用过程中,为了适应不同工件、材料的要求,要能进行方便灵活的调节。所谓调节焊接电流,实际上就是调节电源的外特性,使之与电弧静特性有不同的交点,而获得不同的焊接电流。

1. 动铁式电弧焊变压器电源设备(BXl 型)的调节

动铁式电弧焊变压器是由一个口字形固定铁心和一个活动铁心组成的。该电源的外特性是靠活动铁心的漏磁作用来获得的。

电流的粗调节是通过改变二次线圈匝数来实现的。电流的细调是通过调节活动铁心与固定铁心的相对位置来实现的。通过手柄使活动铁心向外和向里移动。活动铁心向外移动时,漏磁减小,电流增加;反之,电流减小。操作时应在空载下进行,当手柄逆时针旋转时,电流增大,手柄顺时针旋转时,电流减小。

2. 动圈式电弧焊变压器电源(BX3 型)的调节

动圈式电弧焊变压器是一个高而窄的口字形铁心,目的是保证一、二次侧线圈之间的距离有足够的变化范围。一次线圈固定在铁心底部,二次线圈可用丝杆带动而上下移动。该电源的外特性是靠线圈间的漏磁来实现的。

电流的粗调是通过改变一次线圈、二次线圈匝数来实现。转换开关顺时针方向转动为低挡电流位置,逆时针转动为高挡电流位置。细调则通过手柄改变一次线圈、二次线圈的距离来实现。距离越大电流越小;反之,电流越大。

3. 硅电弧焊整流器电源(ZXG 型)的调节

该电源是由三相降压变压器、饱和电抗器、硅整流器组、输出电抗器等组成。电流的调节是利用电流调节器(即瓷盘电位器)改变磁饱和电抗器控制绕组直流电大小来调节电流。

4. 晶闸管式弧焊整流器电源(ZXS 型)的调节

该电源利用晶闸管元件组代替磁饱和电抗器和二极管整流器,是目前使用较为普遍性能良好的电弧焊整流器。由于晶闸管具有良好的可控性,只要控制晶闸管的导通角就可实现弧焊整流器的外特性形状,实现焊接电流的调节。

八、电焊钳和焊接电缆

1. 电焊钳

电焊钳是焊条电弧焊用于夹持电焊条并把焊接电流传输至焊条进行电弧焊的工具。电焊钳的钳口既要夹住焊条又要把焊接电流传输给焊条,对于钳口材料要求有高导电性和一定机械强度,故用紫铜合金制造。为保证导电能力要求焊钳与焊接电缆的连接必须紧密牢固。对夹紧焊条的弹簧压紧装置要有足够夹紧力,并且操作方便。焊工手握的绝缘柄及钳口外侧的耐热绝缘保护片,要求有良好的绝缘性能、强度和隔热性能。还要求电焊钳轻便耐用。

电弧焊电源配套的电焊钳规格是按照电源的额定焊接电流大小来选定的(见表 3-6)。需要更换焊钳时,也应根据焊接电流及焊条直径的大小来选择适用的电焊钳。在使用中要防止电焊钳和焊件或焊接工作台发生短路。在焊接操作中应注意焊条尾端剩余长度不宜过短,防止电弧烧坏电焊钳,在使用时还要避免使电焊钳受到较大的力的撞击。不烫手焊钳的型号及主要特点见表 3-7。

表 3-6　常用电焊钳的型号和规格

型　　号	160A 型		300A 型		500A 型	
额定焊接电流(A)	160		300		500	
负载持续率(%)	60	35	60	35	60	30
焊接电流(A)	160	220	300	400	500	560
适用焊条直径(mm)	1.6~4		2~5		3.2~8	
连接电缆截面积(mm²①)	25~35		35~50		70~95	
手柄温度(℃②)	≤40		≤40		≤40	

续表 3-6

型　号	160A 型	300A 型	500A 型
外形尺寸(mm)	220×70×30	235×80×36	258×86×38
质量(kg)	0.24	0.34	0.40
参考价格(元)	6.10	7.40	8.40

注：①小于最小截面积时,必须用导电良好的材料填充到最小截面积内。

②按 IEC26、29 号文规定的标准要求做试验。

表 3-7　不烫手焊钳的型号及主要特点

型　号	专利号	主　要　特　点
QY-91(超轻)型	发明专利号：891072055	焊接电缆线可以从手柄腔内引出,也可以从手柄前的旁通腔引出,使手柄内无高温电缆线,减少热源90%,从而达到不烫手的目的,不影响传统使用习惯
QY-93(加长)型	实用新型专利号：9112299363	焊接电缆线紧固接头延伸在手柄尾端后的护套内,采用特殊的结构使手柄内热辐射减少80%,从而达到不烫手的目的,安装电缆线极为省事
QY95-三叉型	申请专利号：93242600X	焊钳为三根圆棒形式,没有防电弧辐射热护罩。维修方便,焊钳头部细长,适合各种环境焊接,手柄升温低而不烫手

2. 焊接电缆

焊接电缆已有特制的 YHH 型电焊用橡胶软电缆和 YHHR 型特软电缆。确定焊接电缆的截面积,应依据电缆的长度和焊接电流的大小按表 3-8 选用,可保证供电回路动力线电压降小于额定电压的 5%,使焊接回路导线电压降小于 4V(约为工作电压的 10%)。

表 3-8　按电缆长度和焊接电流选取电缆截面积

截面积(mm²)　导线长(m)　电流(A)	20	30	40	50	60	70	80	90	100
100	25	25	25	25	25	25	25	28	35
150	35	35	35	35	50	50	60	70	70
200	35	35	35	50	60	70	70	70	70
300	35	50	60	60	70	70	70	85	85
400	35	50	60	70	85	85	85	95	95
500	50	60	70	85	95	95	95	120	120
600	60	70	85	85	95	95	120	120	120

焊接电缆的长度一般不宜超过 20m。使用超过 20m 长的焊接电缆,接入焊钳在操作中既沉重又不方便,有时焊接电缆强劲,使焊工无法运条,这时可用分节导线,即自备一段 25～35mm 截面的焊接电缆短线与焊钳相接,以便于操作。

焊接电缆和电焊钳、电缆接头的连接必须紧密可靠。防止划破、烫坏电缆的外包绝缘。焊接电缆在使用时不可盘卷成圈状,以防产生感抗影响焊接电流。

焊接电缆与焊接电缆、电焊机的连接,可使用快速接头和快速连接器(见表 3-9),可快速、省力、安全可靠地承担焊接工作。

表 3-9　焊接电缆快速接头、快速连接器

名　称	型号规格	额定电流(A)	用　途
电焊机电缆快速接头	DKJ-16	100～160	由插头、插座两部件组成,能随意将电缆连接在弧焊机上,螺旋槽端面接触,符合国际标准和国家标准
	DKJ-35	160～250	
	DKJ-50	250～310	
	DKJ-70	310～400	
	DKJ-95	400～630	
	DKJ-120	630～800	
焊接电缆快速连接器	DKL-16	100～160	能随意连接两根电缆的器件,拆连方便,螺旋槽端面接触,符合国际标准。系国家专利产品,专利号为 85201436.8
	DKL-35	160～250	
	DKL-50	250～315	
	DKL-70	315～400	
	DKL-95	400～630	
	DKL-120	630～800	

九、焊条电弧焊的辅助设备和工具

1. 焊条烘干箱和保温筒

焊条烘干箱和保温筒用于焊前对焊条的烘干和保温,减少和防止因焊条药皮吸湿在焊接过程中造成焊缝中出现气孔、裂纹等缺陷。一般烘干箱的最高工作温度可达 500℃,温度均匀性为±10℃。常用焊条烘干箱的规格和容量见表 3-10。

表 3-10　常用焊条烘干箱的规格和容量

名　称	型号规格	容量(kg)	主　要　功　能
自动远红外电焊条烘干箱	RDL4-30	30	采用远红外辐射加热、自动控温、不锈钢材料的炉膛、分层抽屉结构,最高烘干温度可达 500℃。100kg 容量以下的烘干设有保温储藏箱 RDL4 系列电焊条烘干箱代替 YHX、ZYH、ZY-HC、DH 系列,使用性能不变
	RDL4-40	40	
	RDL4-60	60	
	RDL4-100	100	
	RDL4-150	150	
	RDL4-200	200	
	RDL4-300	300	
	RDL4-500	500	
	RDL4-1000	1000	
记录式数控远红外电焊条烘干箱	ZYJ-500	500	采用三数控带 P.I.D 超高精度仪表,配置自动平衡记录仪,使焊条烘焙温度、温升时间曲线有实质记录供焊接参考。最高温度达 500℃
	ZYJ-150	150	
	ZYJ-100	100	
	ZYJ-60	60	

保温筒是在施工现场供焊工携带的可储存少量焊条的一种保温容器,与电焊机的二次电压端相连,使其保持一定的温度。重要焊接结构用低氢碱性焊条焊接时,焊前将焊条放入焊条烘干箱内,在 350℃～450℃下烘焙几小时。烘焙好的焊条应放入焊条保温筒内,继续在

100℃～200℃下保温,在焊接时,随用随取。常用焊条保温筒型号及技术参数见表3-11。

表3-11　常用焊条保温筒型号及技术参数

功　能	型　号			
	PR-1	PR-2	PR-3	PR-4
电压范围(V)	25～90	25～90	25～90	25～90
加热功率(W)	400	100	100	100
工作温度(℃)	300	200	200	200
绝缘性能(MΩ)	>3	>3	>3	>3
可装焊条质量(kg)	5	2.5	5	5
可装焊条长度(mm)	410/450	410/450	410/450	410/450
质量(kg)	3.5	2.8	3	3.5
外形尺寸$\left(\frac{直径}{mm}\times\frac{高}{mm}\right)$	$\phi145\times550$	$\phi110\times570$	$\phi155\times690$	$\phi195\times700$

2. 面罩和其他防护用品

面罩的主要作用是保护焊工的眼睛和面部不受电弧光的辐射和灼伤。面罩上的护目玻璃起到减弱电弧光并过滤红外线、紫外线的作用。面罩有头盔式和手持式两种,在护目玻璃外还有相同尺寸的一般玻璃,以防金属飞溅沾污护目玻璃。护目玻璃常用规格见表3-12。

表3-12　护目玻璃常用规格

颜色号	7～8	9～10	11～12
颜色深度	较浅	中等	较深
适用焊接电流范围(A)	<100	100～350	≥350
玻璃尺寸$\left(\frac{厚}{mm}\times\frac{宽}{mm}\times\frac{长}{mm}\right)$	$2\times50\times107$	$2\times50\times107$	$2\times50\times107$

目前,旧式的面罩已逐渐被 GSZ 光控电焊面罩所取代。GSZ 光控电焊面罩的特点是:有效地防止电光性眼炎;可瞬时自动调光和遮光;防红外线和紫外线;彻底解决了盲焊问题。该面罩在焊接过程中,起弧前,具有最大的透光度,焊工能看清焊接表面;起弧时,能瞬间自动完成调光、遮光,护目玻璃呈暗态,同时也保证最佳的视觉条件;当焊接结束时,自动返回待控状态,护目玻璃呈亮态,能够清晰地观察焊接效果。使用 GSZ 面罩,大大提高了焊接质量和工作效率,减少焊机空载耗电时间,可节电 30% 左右。目前,GSZ 光控电焊面罩有三大系列:GSZ-A 为手持式光控全塑电焊面罩,GSZ-B 为头盔式光控全塑电焊面罩,GSZ-C 为安全帽式光控全塑电焊面罩。

其他防护用品,如焊工在操作时要戴专用的电弧焊手套和护脚,在清渣时应戴平光眼镜。

3. 坡口加工机

坡口加工机是高效节能的焊接辅助设备。可加工 Q235、Q345(16Mn、16MnR)、不锈钢、铜、铝等金属材料的坡口。坡口加工机与气割和刨边机相比,加工坡口的各项性能都好得多,具有坡口加工后质量好、尺寸准确、表面光洁、操作简便、能耗低等优点。

管子对接焊时,焊前需要将管子待焊处开坡口,可采用气动管子坡口机。气动管子坡口机是以压缩空气为动力,在管子上装夹内胀定位装置,可自动定中心,在管子待焊处加工各种形式的坡口。加工时,选用不同形状的刀具,在任意位置上可对$\phi 8 \sim \phi 630mm$的碳钢、不锈钢、铜等管材进行V形、U形坡口以及倒棱、倒角和削边的加工。气动管子坡口机具有加工质量好、效率高、携带方便、操作简单等优点。

4. 清理工具

焊接清理工具包括錾子、尖头渣锤、钢丝刷、锉刀、榔头等,这些工具主要用于清理和修理焊缝,清除渣壳及飞溅物,挖除焊缝中的缺陷。焊前清理工作可采用喷砂机,QZPJ-2型轻便自吸式喷砂机以压缩空气为动力喷射砂料进行表面清理,用负压回收砂料,并将回收的砂料过滤后再次循环使用。

5. 夹具、胎具和量具

在焊接生产中,能固定焊件位置,防止焊件发生变形的工具称为夹具。而把支承或翻转焊件的机械装置称为胎具,胎具又称为焊接变位机械。

如图3-6为CXJ-1型直角磁性吸具。该直角磁性吸具有双面强吸力永磁工作面,在焊工作业和装配作业上应用,不需要辅助工便可进行箱体装配及焊接。直角磁性吸具工作完毕后,侧拉即可卸下。

全位置焊接变位机械,可配合各种机械化焊、半机械化焊和焊条电弧焊。通过工作台的旋转和翻转,使焊缝位置处在最理想的焊接位置。全位置焊接变位机采用晶闸管直流调速器,使变位机实现稳定

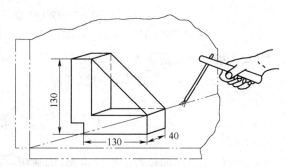

图 3-6　CXJ-1 型直角磁性吸具的工作状态

的恒转矩,无级调速,适用范围广,精度高。焊接过程中常采用 HBZ 型全位置焊接变位机、ZHB 型自动变位机。

检查焊口的量具可用 HCQ-1 型焊口检测器(见图 3-7)。

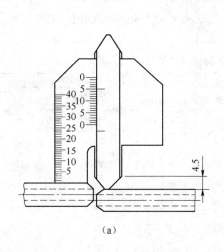

(a)

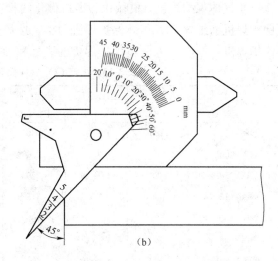

(b)

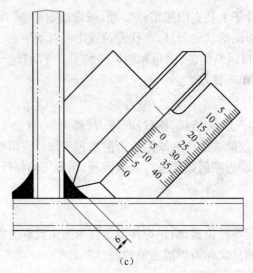

(c)

图 3-7　HCQ-1 型焊口检测器

(a)测量管道错口尺寸　(b)测量坡口角度　(c)测量角焊缝厚度及 90°焊接角

HCQ-1 型焊口检测器是一种多用途的量具。用它可以在焊前检测坡口角度、间隙、错边；还可以在焊后测量焊缝高度、焊缝宽度和厚度等。

第二节　CO_2 气体保护焊焊接设备

CO_2 气体保护焊的设备由焊接电源(即弧焊电源)、送丝系统、焊枪与行走系统(自动焊)、供气系统与冷却水系统以及控制系统等部分组成。

一、焊接电源

CO_2 气体保护焊使用直流平外特性电源,电弧电压和电流的关系与陡降外特性相比,则完全不同,一般需用专用电源。如用普通焊条电弧焊机进行 CO_2 气体保护焊,需对焊机改装后才能使用。

CO_2 气体保护焊机有机械化和半机械化两种。按使用焊丝直径的粗细,可分粗丝 CO_2 气体保护焊机和细丝 CO_2 气体保护焊机两类。按焊丝的输送方式,可分推丝式和拉丝式 CO_2 气体保护焊机。国产 CO_2 气体保护焊机的型号和参数见表 3-13。

表 3-13　国产 CO_2 气体保护焊机的型号和参数

焊机型号	电源电压(V)	工作电压(V)	额定焊接电流(A)	额定负载持续率(%)	焊丝直径范围(mm)	送丝方式	送丝速度(m/h)
NBC-160	380	12~22	160	60	0.5~1.0	拉丝	40~200
NBC-200	380	—	200	60	0.5~1.0	拉丝	90~540
NBC-250	380	17~26	250	60	0.8~1.2	推丝	60~250
NBC-315	380	30	315	60	0.8~1.2	推丝	120~270
NBC-400	380	18~34	400	60	0.8~1.6	推丝	80~500
NBC-500	380	13~45	500	80	1.2,1.6	推丝	120~720
NBC1-200	380	14~30	200	100	0.8~1.2	推丝	100~1000

续表 3-13

焊机型号	电源电压 (V)	工作电压 (V)	额定焊接电流(A)	额定负载持续率(%)	焊丝直径范围(mm)	送丝方式	送丝速度 (m/h)
NBC1-250	380	27	250	60	1.0,1.2	推丝	120～720
NBC1-300	380	17～29	300	70	1.0～1.4	推丝	160～480
NBC1-400	220	15～42	400	60	1.2～1.6	推丝	80～800
NBC1-500-1	380	15～40	500	60	1.2～2.0	推丝 .	160～480
NBC2-500	380	20～40	500	60	1.0～1.6 1.6～2.4	—	120～1080
NBC3-250	380	14～30	250	100	0.8～1.6	推丝	100～1000
NZC-500-1	380	20～40	500	60	1～2	推丝	96～960
ZNC-1000	380	30～50	1000	100	3～5	推丝	60～228

注：焊机型号中，"N"表示熔化极气体保护焊机，"B"表示半自动焊，"Z"表示自动焊，"C"表示 CO_2 气体保护焊，短杠后的数字表示额定焊接电流，单位为 A。

二、焊枪

熔化极气体保护焊焊枪的作用是导电、导丝和导气。

半自动焊枪按送丝方式分有推丝式焊枪和拉丝式焊枪两种。焊丝通过送丝轮和导丝管进入焊枪。

推丝式焊枪有两种形式：鹅颈式焊枪和手枪式焊枪。鹅颈式焊枪适合于小直径焊丝，使用灵活方便、适合于紧凑部位、难以达到的拐角处和某些受限区域的焊接。手枪式焊枪适合于较大直径焊丝，常采用水冷却。

拉丝式焊枪采用手枪式，送丝机构和焊丝盘都装在焊枪上，送丝速度稳定，但结构复杂、笨重，用于直径 0.5～0.8mm 的细丝 CO_2 焊。

自动焊焊枪装在焊接机头下部，有细丝气冷和粗丝水冷两种。焊接机头上部为送丝机构，焊丝通过送丝轮和导丝管进入焊枪。

三、送丝系统

CO_2 气体保护焊通常采用等速送丝系统：粗丝大焊接工艺参数自动焊时，可采用变速的均匀调节送丝系统。

送丝系统通常是由送丝机构(包括电动机、减速器、校直轮、送丝轮)、送丝软管、焊丝盘等组成。

半自动 CO_2 焊的送丝方式通常有推丝式、拉丝式和推拉丝式三种，此外还有行星式。推丝式是半自动熔化极气体保护焊最广泛使用的送丝方式。这种送丝方式的焊枪结构简单、轻便，操作维修都比较方便。但送丝阻力较大，随着送丝软管长度的增长，焊丝直径变细、焊丝材质变软，送丝稳定性变差。因此，一般用于直径 1mm 以上的焊丝，一般送丝软管长度为 3～5m。半自动 CO_2 焊拉丝式送丝通常是把送丝机构和焊丝盘都装在焊枪上，不用送丝软管，送丝速度稳定，但焊枪重量增加，常用于细直径(例如 $\phi 0.8mm$)焊丝焊接薄板。推拉丝式用于长距离送丝，送丝软管最长可达 15m 左右。推丝、拉丝两个动力要同步配合，并处于一方从属于另一方的状态。行星式送丝系统可使送丝距离更长。

四、供气系统、冷却水系统和控制系统

1. 供气系统

二氧化碳气体保护焊供气系统由 CO_2 气瓶、预热器、干燥器、减压器、流量计和电磁气阀等组成。

(1)CO_2 气瓶

CO_2 瓶体铝白色,漆有"液化二氧化碳"黑色字样。CO_2 气瓶容积 40L,可装 25kg 液态 CO_2。满瓶 CO_2 气瓶中,液态 CO_2 和气态 CO_2 约分别占气瓶容积的 80% 和 20%。焊接用的 CO_2 气是由气瓶内的液态 CO_2 气化成的。CO_2 气体保护焊用的 CO_2 气体纯度一般要求不低于 99.5%。CO_2 气瓶里的 CO_2 气体中水气的含量与气体压力有关,气体压力越低,气体内水气含量越高,容易产生气孔。因此,CO_2 气瓶内气体压力要求不低于 1MPa。降至 1MPa 时,应停止使用。CO_2 气瓶应小心轻放,竖立固定,防止倾倒;使用时必须竖立,不得卧放使用;气瓶与热源距离应大于 5m。

(2)预热器

预热器的作用是防止瓶阀和减压器冻坏或气路堵塞。这是因为 CO_2 气瓶内液态 CO_2 挥发时要吸收大量热量,使气体温度下降到 0℃ 以下,很容易把瓶阀和减压器冻坏并造成气路堵塞。预热器的功率为 100W 左右。预热器电压应低于 36V,外壳接地可靠。工作结束立即切断电源和气源。

(3)干燥器

干燥器的作用是吸收 CO_2 气体中的水分,防止气孔。接在减压器前面的称高压干燥器(往往和预热器做成一体),接在减压器后面的称低压干燥器。干燥器内装有硅胶或脱水硫酸铜、无水氧化钙等干燥剂。

(4)减压器

减压器的作用是将气瓶内的气体压力降低至使用压力,并保持使用压力稳定,使用压力还应该可以调节。CO_2 气体减压器通常采用氧气减压器即可。

(5)流量计

流量计的作用是测量和调节 CO_2 气体的流量,常用转子流量计。也可把减压器和流量计做成一体。

(6)电磁气阀

电磁气阀是用电信号控制气流通断的装置。

2. 冷却水系统

水冷式焊枪的冷却水系统由水箱、水泵、冷却水管和水压开关等组成。水箱里的冷却水经水泵流经冷却水管,经水压开关流入焊枪,然后经冷却水管回流入水箱,形成冷却水循环。水压开关的作用是保证当冷却水未流经焊枪时,焊接系统不能起动焊接,以保护焊枪。

3. 控制系统

控制系统主要是程序控制系统。其作用是对 CO_2 焊的供气、送丝和供电系统实行控制,自动焊时还要对行走机构的起动和停止进行控制。控制电磁气阀实现提前送气和滞后停气。控制送丝和供电系统,实现供电的通断,可控制引弧和熄弧等。

第三节　钨极氩弧焊焊接设备

一、手工钨极氩弧焊焊接设备

手工钨极氩弧焊设备包括弧焊电源、控制箱、焊枪和供气系统等部分,如图 3-8 所示。

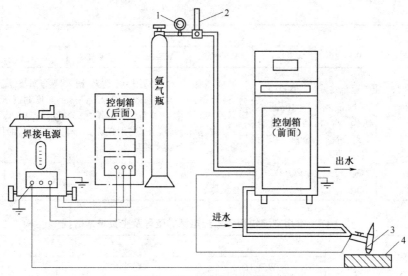

图 3-8　手工钨极氩弧焊接设备

1. 减压器　2. 流量计　3. 焊枪　4. 工件

(1)弧焊电源

手工钨极氩弧焊电源应采用陡降外特性,最好是垂直陡降外特性。这样,在弧长变化时,焊接电流变化小,焊接参数稳定,焊接质量也就稳定。常用的钨极氩弧焊电源有交、直流两种。

钨极氩弧焊由于直流反接时钨极烧损严重,因此焊接碳钢、合金钢、不锈钢、铜、钛等金属材料时,应采用直流弧焊电源,而且采用直流正接。钨极氩弧焊焊接铝、镁及其合金时,工件表面的氧化铝膜熔点高,严重影响熔合。在直流反接时,可利用质量大的带正电荷的氩离子撞击工件(阴极)表面,产生"阴极破碎"(又称"阴极雾化")作用,从而去除氧化铝薄膜,获得熔合良好的优质焊缝。但直流反接时,钨极烧损严重,因此应采用交流弧焊电源。交流钨极氩弧焊时,有"阴极破碎"作用,能去除氧化铝薄膜,钨极烧损也不太严重。常用直流、交流钨极氩弧焊电源的型号及主要技术数据见表 3-14 和表 3-15。

表 3-14　常用直流钨极氩弧焊电源的型号及主要技术数据

技术数据	型　号						
	WS-250	WS-300-2	WS-400	WS-63	WS-100	WS-160	WS-315
电源电压(V)	380	380 (三相四线)	380	～220 (±10%)	～220 (±10%)	～220 (±10%)	三相、380
额定输入容量(kVA)	18	—	30	2.0	3.0	4.8	9
工作电压(V)	11～22	12～20	13～28	—	—	—	—
额定焊接电流(A)	250	300	400	63	100	160	315
电流调节范围(A)	25～250	30～300	60～450	4～63	4～100	4～160	8～315
额定负载持续率(%)	60	60	60	60	60	60	60
电流衰减时间(s)	3～10	3～10	3～10	0～10	0～10	0～10	0～10
冷却水流量(L/min)	1	1	>1	—	—	—	—
氩气流量(L/min)		25					

续表 3-14

技术数据	型　号						
	WS-250	WS-300-2	WS-400	WS-63	WS-100	WS-160	WS-315
用　途	焊接 $\delta=$ 1~10mm 不锈钢、高合金钢、铜等	焊接 $\delta=$ 1~10mm 不锈钢、高合金钢、铜等	焊接不锈钢、铜及铝、镁以外的有色金属及合金	该机适用于不锈钢、铜、钛等金属及合金的焊接　采用场效应管(EFT)脉冲宽度调制(PWM)逆变技术,可进行焊条电弧焊、又可进行氩弧焊,该机在 TIG 焊时,引弧特别容易。设有提前送气、滞后关气和自动线性衰减装置			
配用焊枪	Q-4、Q-5 Q-6、Q-7	PQ1-350 PQ1-150	Q-4、Q-5、 Q-6、Q-7	—	—	—	—

表 3-15　常用交流钨极氩弧焊电源的型号及主要技术数据

技术数据	型　号		
	WSJ-150	WSJ-400	WSJ-500
电源电压(V)	380	220 或 380	220/380
空载电压(V)	80	80~88	80~88
工作电压(V)		20	30
额定焊接电流(A)	150	400	500
电流调节范围(A)	30~150	60~500	50~500
额定负载持续率(%)	35	60	60
钨极直径(mm)	$\phi1$~$\phi2.5$	$\phi1$~$\phi7$	$\phi1$~$\phi7$
引弧方式	脉冲	脉冲	脉冲
稳弧方式	脉冲	脉冲	脉冲
冷却水流量(L/min)	—	1	1
氩气流量(L/min)		25	25
用　途	焊接 0.3~3mm 的铝及铝合金、镁及其合金	焊接铝和镁及其合金	焊接铝和镁及其合金
配用焊枪	PQ-150	PQ1-150 PQ1-350	PQ1-150 PQ1-350 PQ1-500
配用电源	—	BX3-400-1	BX3-500-2

(2)控制箱

钨极氩弧焊的控制系统控制氩弧焊的程序,自动接通和切断焊接电源;提供高频高压或高压脉冲引弧;控制氩气,提前送气和滞后停气,以保护钨极及引弧、熄弧处的焊缝;控制焊接结束时电流自动衰减;使用交流弧焊电源时,还有脉冲稳弧器和隔直电容作用,后者用来消除焊铝时交流回路中的直流分量。

(3)焊枪

焊枪的作用是夹持钨极、传导焊接电流和输送氩气。焊接电流 200A 以上的钨极和焊枪必须用水冷却;焊接电流 100A 以下的,不用水冷。有的焊枪额定焊接电流 150A 的,也采用水冷。水冷时,水管接至焊枪上,用水压开关或者手动来控制水流的开关。PQ-150 水冷式焊枪

如图 3-9 所示。常用手工钨极氩弧焊焊枪技术数据见
表 3-16。

(4)供气系统

供气系统包括氩气瓶、减压器、流量计和电磁气
阀等。氩气瓶的构造与氧气瓶相似。瓶体银灰色并
标以"氩气"深绿色字样。氩气瓶工作压力为
14.7MPa,容积 40L(升)。氩气瓶安全使用规程与氧
气瓶相似。减压器作用与氧气减压器一样,用以减
压、稳压和调压。通常采用氧气减压器即可。气体流
量计是测定通过的气体流量大小的装置。有用单独
的转子流量计,也有把减压器和转子流量计做成一体
的。电磁气阀是用电信号控制气流通断的装置。

(5)钨极

常用的钨极材料有三种:纯钨极、钍钨极和铈钨
极。目前,国外还有使用含氧花锆 0.15%～0.40% 的
锆钨极等。

①纯钨极。要求焊机具有高的空载电压;另外,
纯钨极易烧损,电流越大烧损越严重。目前很少
使用。

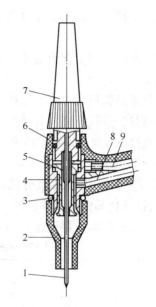

图 3-9 PQ-150 水冷式焊枪

1. 钨极 2. 陶瓷喷嘴 3. 密封环 4. 扎头
套管 5. 电极扎头 6. 枪体 7. 绝缘帽
8. 进气管 9. 冷却水管

表 3-16 常用手工钨极氩弧焊焊枪技术数据

型　号	许用电流(A)	冷却方式	钨极直径(mm)	喷嘴孔径(mm)	喷嘴材料
PQ1-150	150	水　冷	1、2、3	6、9	高温陶瓷
PQ1-350	350	水　冷	3、4、5	9、12、16	高温陶瓷
PQ1-500	500	水　冷	2、3、4、5、6、7	11、12、14、16、18、20	镀铬紫铜

②钍钨极。在钨中加入 3.0% 的氧化钍,具有较高的热电子发射能力和耐熔性,用交流电
时,许用电流值比同直径的纯钨极可提高 1.3 倍,空载电压可大大降低。但钍钨极的粉尘具有
微量的放射性,因此在磨削电极时,要注意防护。

③铈钨极。在钨中加入 2.0% 以下的氧化铈,比钍钨极具有更大的优点,弧束细长,热量
集中,电流密度还可以提高 5%～8%;燃损率低,寿命长;易引弧,电弧稳定;放射剂量极低。
可用小电流焊接薄板工件,再者铈钨极端头形
状易于保持,因而得到广泛应用。

钨极的端头的形状和角度对电弧的稳定
性、使用寿命及焊缝形状都有很大影响。钨极
端头形状主要有:尖锥形、圆弧形、平头形和平
顶锥形,详见图 3-10。

尖锥形钨极用于直流正接,用小电流焊接
薄板和卷边对接接头,电弧稳定,焊缝较窄,当

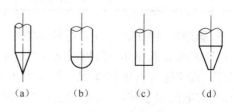

图 3-10 钨极端头形状

(a)尖锥形 (b)圆弧形 (c)平头形 (d)平顶锥形

薄钢板对接接头不加填充金属丝时,不宜采用尖锥形钨极;当钨极磨得过尖时,易咬边,弧坑下塌。

圆弧形钨极用于交流电源,当用于直流正接时,电弧不稳。平头形纯钨极用于直流反接,焊接铝镁及其合金。

平顶锥形钨极用于直流正接,电弧集中,燃烧稳定,焊缝成形良好,平顶部的直径由所用电流决定;焊接电流较小时,直径可小些,焊接电流较大时,直径可大些,一般来说,平顶部的直径为钨极直径的 1/2～1/5,锥体部分长度为钨极直径的 3～5 倍。

钨极端头角度一般 30°较好,电弧集中,燃烧稳定,熔深大,使用寿命长,推荐用于薄板的焊接。90°以上夹角时,电弧较分散,用于厚板的焊接。

二、机械化钨极氩弧焊设备

机械化钨极氩弧焊设备的型号及主要技术数据见表 3-17。

表 3-17　机械化钨极氩弧焊设备的型号及主要技术数据

结构形式	悬壁式	小车式	
型号	WZE2-500	WZE-500	WZE-300
电源电压(V)	380(三相四线)	380	380
额定焊接电流(A)	500	500	300
电极直径(mm)	2～7	2～7	2～6
填充焊丝直径(mm)	(不锈钢)0.8～2.5 (铝)2～2.5	(不锈钢)0.8～2.5 (铝)2～2.5	0.8～2
额定负载持续率(%)	60	60	60
焊接速度(m/h)	5～80	5～80	6.6～120
送丝速度(m/h)	20～1000	20～1000	13.2～240
保护气体导前时间(s)	—	3	—
保护气体滞后时间(s)	—	25	—
电流衰减时间(s)	—	5～15(额定电流时)	—
氩气流量(L/min)	—	50	—
冷却水消耗量(L/min)	—	1	—
用途	可焊接不锈钢、铝及铝合金等化学性质活泼和耐高温合金,交、直流两用	可焊接不锈钢、铝及铝合金、化学活泼和耐高温金属材料,交直流两用	可焊接不锈钢、铝、铜、镁、钛、锆金属及其合金,交、直流两用

三、脉冲钨极氩弧焊(TIG)焊接设备

脉冲钨极氩弧焊和一般钨极氩弧焊的主要区别是采用低频调制的直流或交流脉冲电流加热工件。直流脉冲钨极氩弧焊可焊接厚度小于 0.8mm 的薄板,甚至可焊接 0.1mm 的超薄板;在平均电流很小时,电弧仍能稳定燃烧;可精确控制焊缝形状,可以单面焊双面成形,用于焊接打底焊缝时,可进行全位置焊接;由于可以精确地控制线能量,对于热循环敏感的材料也能焊接;可以减少焊接应力和焊接变形。交流脉冲钨极氩弧焊用于焊接铝、镁及其合金,具有良好的阴极雾化作用,而且电弧稳定性好,可以控制焊缝背面成形,改善母材的焊接性并能提

高焊接接头的性能。

第四节　熔化极惰性气体保护焊设备

熔化极气体保护焊机(MIG焊焊机)可分为半机械化焊和机械化焊两种类型。熔化极气体保护焊焊接设备主要由焊接电源、送丝系统、焊枪及行走系统(机械化焊)、供气系统和冷却水系统、控制系统五个部分组成,如图3-11所示。

一、焊接电源

熔化极气体保护焊通常采用直流焊接电源,所要求的电流值通常在15～500A之间,特种应用的焊机焊接电流可达1500A。焊接电源的负载持续率在60%～100%的范围内,空载电压在55-85V的范围。

熔化极气体保护焊的焊接电源按其外特性可分为三种:平特性(恒压)、陡降特性(恒流)和缓降特性。

当保护气体为惰性气体(纯氩、富氩)和氧化性气体(CO_2)、焊丝直径小于$\phi1.6mm$时,在生产中广泛采用平特性电

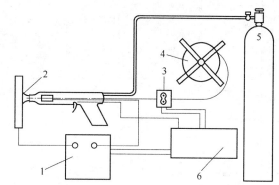

图 3-11　熔化极气体保护焊焊接设备的组成
1. 焊机　2. 保护气体　3. 送丝轮　4. 送丝机构
5. 气源　6. 控制装置

源,这种电源可通过改变电源空载电压调节电弧电压,通过改变送丝速度来调节焊接电流,故焊接规范调节比较方便。

当焊丝直径较粗时(大于$\phi2mm$),在生产中一般采用下降特性电源,配用变速送丝系统,由于焊丝直径较粗,电弧的自身调节作用较弱,需要外加弧压反馈电路,将弧压(弧长)的变化及时反馈到送丝控制电路,调节送丝速度,使弧压能及时恢复。国产熔化极氩弧焊机型号及其主要技术参数见表3-18。

表 3-18　国产熔化极氩弧焊机型号及其主要技术参数

焊机名称	型号	电源电压(V)	工作电压(V)	额定焊接电流(A)	负载持续率(%)	焊丝直径(mm)	送丝速度(m/h)	送丝方式	用途
半自动熔化极气体保护焊机	NB-160	380	22	160	60	0.8～1.2	90～750	推丝	采用 CO_2、氩气或混合气体保护焊,可焊接低碳钢、低合金钢、不锈钢和铝、钛等
	NB-250	380	26.5	250	60	0.8～1.2	90～750	推丝	
	NB-400	380	34	400	60	0.8～1.2	90～750	推丝	—
	NB-500	380	29	500	60	0.8～2.4	90～1080	—	
	NB-630	380	40	630	60	0.8～2	90～750	推丝	
半自动熔化极氩弧焊机	NBA-400	380	15～42	400	60	1.6～2(铝) 0.5～1.2 (不锈钢)	150～750	推丝	铝、不锈钢焊接,适用于细、软焊丝
	NBA1-500	380	20～40	500	60	2～3	60～840	推丝	8～30mm 铝合金板

续表 3-18

焊机名称	型号	电源电压(V)	工作电压(V)	额定焊接电流(A)	负载持续率(%)	焊丝直径(mm)	送丝速度(m/h)	送丝方式	用 途
自动熔化极氩弧焊机	NZA-300-1	380	22	300	100	1～2	10～60		焊接不锈钢
	NZA19-500-1	380	25～40	500	80	2.5～4.5	90～330	推丝	3～30mm铝合金板
熔化极半自动脉冲氩弧焊机	NBA2-200	380	30	200	60	1.4～2(铝) 1.0～1.6 (不锈钢)	60～840	推丝	铝、不锈钢半自动全位置焊
熔化极自动脉冲氩弧焊机	NZA20-200	380	30	200	60	1.5～2.5(铝) 1～2 (不锈钢)	60～480	推丝	铝、不锈钢自动焊
	NZA24-200	220	15～40	200	100	1.6～2(铝) 1.2～1.6 (不锈钢)	100～1000	等速送丝	焊接铝和不锈钢

二、焊枪

　　熔化极气体保护焊的焊枪分为半自动焊枪(手握式)和自动焊枪(安装在机械化焊接装置上)。半自动焊枪通常有鹅颈式和手枪式两种：如图 3-12 所示为典型的鹅颈式半自动气冷熔化极气体保护焊焊枪示意图。鹅颈式适合于小直径焊丝；手枪式焊枪适合于大直径焊丝,但对于冷却效果要求较高,故常采用内部循环水冷却。半自动焊枪可与送丝机构装在一起。空气冷却的焊枪,二氧化碳气体保护焊在断续负载下一般焊接电流可以高达 600A,但当使用氩气或氦气保护焊时,通常焊接电流只限于 200A。

　　自动焊枪的基本构造与半自动焊枪相同,但其载流容量较大(1500A),工作时间较长,焊枪直接装在焊接机头的下部,采用内部循环水冷却。

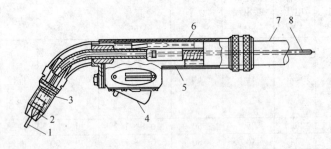

图 3-12　鹅颈式气冷熔化极气体保护焊半自动焊枪示意图
1. 焊丝　2. 导电嘴　3. 喷嘴　4. 焊枪开关　5. 焊枪手把　6. 气体导管　7. 复式电缆　8. 焊丝导管

三、送丝系统

　　送丝系统通常由送丝机、送丝软管、焊丝盘等组成。送丝系统可分为四种类型,分别为推丝式、拉丝式、推拉丝式和行星式。

推丝式为绕在焊丝盘上的焊丝经过校直轮校直后,再经送丝轮将焊丝送至焊枪的送丝方式,广泛用于半机械化熔化极气体保护焊。推丝式送丝方式随软管的加长,送丝阻力变大,特别对于较细、较软材料的焊丝送丝的稳定性较差,一般送丝软管长为3~5m。

拉丝式可分为三种形式,一种是将焊丝盘和焊枪分开,两者通过送丝软管连接,另一种是将焊丝盘直接安装在焊枪上,这两种都适用于细丝半机械化焊。还有一种不但焊丝盘与焊枪分开,而且送丝电动机也与焊枪分开,主要用于机械化熔化极气体保护焊。

推拉式的焊丝前进既靠后面的推力,又靠前边的拉力以克服焊丝在软管中的阻力,这种送丝方式的送丝软管最长可加长到15m左右,扩大了半机械化焊的操作距离。

行星式送丝方式主要依靠驱动盘上的三个行星滚轮对焊丝的轴向推力作用将三个滚轮中间的焊丝向前推送,这种送丝方式可一级一级串联起来使用,使送丝距离更长,最长可达60m。适合于输送管状(药芯)焊丝($\phi 1.6 \sim \phi 2.8$mm)、小直径焊丝($\phi 0.8 \sim \phi 1.2$mm)和钢焊丝等。

四、供气系统、冷却水系统和控制系统

熔化极气体保护焊的供气系统通常与钨极氩弧焊相似。对于二氧化碳气体,通常还需要安装预热器、高压干燥器和低压干燥器,以吸收二氧化碳气体中的水分,防止焊缝中产生气孔。对于熔化极惰性气体保护焊和氧化性混合气体保护焊还需要安装气体混合装置,先将气体混合均匀再送人焊枪。采用双层不同气体保护,则需要两套独立的供气系统。

水冷式焊枪的冷却系统由水箱、水泵和冷却水管及水压开关组成。水压开关的作用是保护焊枪,保证当冷却水未流经焊枪时,焊接系统不能启动,从而避免由于未经冷却而烧坏焊枪。

控制系统由基本控制系统和程序控制系统组成。基本控制系统的作用是:在焊前或焊接过程中调节焊接电流和电压、送丝速度、焊接速度和保护气体气流量的大小。焊接设备的程序控制系统的作用是:控制焊接设备的启动和停止;控制电磁气阀动作,实现提前送气和滞后停气,使焊接区受到良好的保护;控制水压开关动作,保证焊枪受到良好的冷却;控制引弧和熄弧;控制送丝和小车或工作台移动。

半机械化焊接的启动开关装在焊枪的手把上,当焊接启动开关闭合后,整个焊接过程按照设定的程序自动进行。程序控制的控制器由延时控制器、引弧控制器、熄弧控制器等组成。

第五节　埋弧焊设备

埋弧焊机一般包括弧焊电源、控制箱和机头(或焊车)三部分,如图3-13所示。

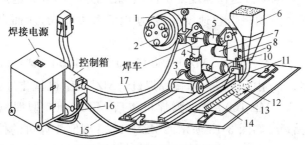

图3-13　埋弧自动焊示意图

1. 焊丝盘　2. 控制盘　3. 小车　4. 立柱　5. 横梁　6. 焊剂漏斗　7. 送丝电动机　8. 送丝轮　9. 小车电动机　10. 机头　11. 导电嘴　12. 焊剂　13. 渣壳　14. 焊缝　15. 焊接电缆　16. 控制线　17. 控制电缆

一、埋弧焊电源

如图 3-14 所示，埋弧焊时，电弧静特性工作段为平或略上升曲线，为了获得稳定的工作点，电源的外特性应采用缓降特性或平特性曲线。一般埋弧焊多采用粗焊丝（焊丝直径≥ϕ4mm），应采用缓降特性的焊接电源并配以电压反馈的变速送丝焊机较好；对于等速送丝埋弧焊机的细焊丝（焊丝直径ϕ1.6～ϕ3mm），采用平特性曲线的焊接电源，它与缓降特性曲线的焊接电源相比，电弧自身调节作用强，弧长能够较快地恢复而稳定工作。

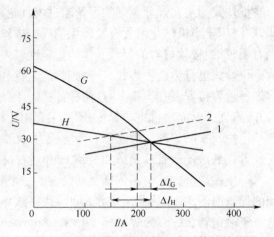

图 3-14 埋弧焊电源外特性和电弧静特性曲线
H—平特性电源 G—缓降特性电源
1. 变化前电弧静特性 2. 变化后电弧静特性

埋弧焊电源可以用交流、直流或交、直流并用电弧焊机。直流电源一般用于小电流或高速焊、所用焊剂稳定性较差以及对工艺参数稳定性有严格要求的场合。逆变弧焊机作为新型、高效、节能直流埋弧焊焊接电源，具有多种外特性、良好的动特性和工艺特性，焊接参数可以通过微机或单旋钮实现无级调节。

对于单丝、小电流（300～500A），可用直流电源（ZX-500、ZD5-500），也可以采用矩形波交流弧焊电源；对于单丝、中电流（600-1000A），可用交流或直流电源（BX2-700、BX2-1000、ZP-1000）；对于单丝、大电流（1200-2500A），宜用交流电源（BX1-1600、BX2-2000）；对于双丝和三丝埋弧焊，焊接电源可采用直流或交流，也可以交、直流联用，双丝和三丝埋弧焊焊接电源的选用和连接有多种组合。

二、埋弧焊机

1. 变速送丝埋弧焊机

变速送丝埋弧焊机依靠电弧电压反馈控制送丝速度，保证电弧长度一定。引弧时，焊丝与工件接触短路，短路电流迅速加热焊丝和工件接触表面；这时电弧电压为零，电压反馈使送丝电动机反转，使焊丝向上提起，在立即恢复的空载电压作用下，引燃电弧。一旦有了电弧，就有一定的电弧电压，电压反馈让送丝电动机正转，向下送进焊丝。如果电弧长度变长了，电弧电压升高，电压反馈让送丝电动机送丝速度变快，使电弧长度变短；如果电弧长度变短了，电弧电压降低，电压反馈让送丝电动机送丝速度变慢，使电弧长度变长，从而自动保持一定的电弧长度。

变速送丝埋弧焊机有 MZ-1000、MZ-1-1000A 和 MZJ-1000 等型号，其主要技术参数见表 3-19。MZ-1000 型是常用的机械化埋弧焊焊机，"MZ"表示机械化埋弧焊机，"1000"表示额定焊接电流为 1000A。MZ-1000 型埋弧焊机包括 MZT-1000 型埋弧焊车、MZP-1000 型控制箱和焊接电源三部分，如图 3-13 所示。MZ-1-1000 型埋弧焊机的控制箱和焊接电源合并在一起。MZJ-1000 型埋弧焊机是 MZ-1000 的更新产品（"J"表示交流），它也是将控制箱和焊接电源合并在一起的。MZ-1250 型埋弧焊机性能优于老式的 MZ-1000 和 MZ-1-1000 型埋弧焊机。

表 3-19　埋弧焊机的主要技术参数

产品型号	电源电压(V)	焊接电流(A)	焊丝直径范围(mm)	焊丝送给速度(m/h)	焊接速度(m/h)	焊丝输送速度调节方法	配用焊接电源型号
MZ-1000	380	400～1200	3～6	30～120	15～70	电弧电压反馈	BX2-1000 或 ZXG-1000R
MZ-1-1000	380	200～1000	3～6	30～120	15～70		ZXG-1000R
MZJ-1000	380	300～1200	3～6	30～120	15～70		BX1-1000
MZ-1250	380	250～1250	3～6	27.5～225	15～90		ZD5-1250
MZ1-1000	380	200～1000	1.6～5	52～403	16～126	等速送丝调换齿轮	BX2-1000 或 ZXG-1000R

2. 等速送丝埋弧焊机

等速送丝埋弧焊机是靠电弧自身调节作用来保持一定弧长的。正常焊接时,电弧稳定燃烧,焊丝熔化速度等于焊丝送进速度,电弧长度不变,焊接过程稳定。在焊丝直径一定时,焊接电流取决于送丝速度。焊接时,如果电弧长度变短了,则焊接电流就要变大,于是焊丝熔化速度增大,电弧长度增长,恢复到原来的弧长。反之亦然。电弧这种自动保持弧长一定的特性,称为电弧自身调节特性。水平外特性和缓降外特性电源由于弧长变化引起电流变化大,焊丝熔化速度变化大,因此弧长恢复快,也就是电弧自身调节作用强。所以,等速送丝埋弧焊机宜采用水平外特性或缓降外特性弧焊电源。使用细焊丝时,焊接电流的变化引起焊丝熔化速度变化大,弧长恢复快。所以,一般等速送丝埋弧焊机适用于细焊丝焊接。MZ1-1000 型埋弧自动焊机为等速送丝埋弧焊机,型号中的"1"表示焊车式等速送丝埋弧自动焊机,其主要技术参数见表 3-19。MZ1-1000 型等速送丝埋弧焊机,调节电流是通过改变配换齿轮、调节送丝速度来实现的;而电弧电压的调节,则是通过改变外特性曲线来实现的。

三、埋弧焊机辅助设备

1. 焊接夹具

使用焊接夹具的目的是使工件准确定位并夹紧,以便于焊接。这样可以减少或免除定位焊缝并且可以减少焊接变形。大型门式夹具在造船、大型金属结构制造中被广泛应用。

2. 工件变位设备

工件变位设备的主要功能是使工件旋转、倾斜、翻转以使待焊的焊缝处于最佳的焊接位置。埋弧焊中常用的工件变位设备有滚轮架、翻转机等。

3. 焊机变位设备

这种设备的主要功能是将焊接机头准确地送到待焊位置,焊接时可以在该位置操作,或以一定的速度沿规定的轨迹移动焊接机头进行焊接。这种设备也叫焊接操作架,多与工件变位机、焊接滚轮架等配合使用,完成各种工件的焊接。焊机变位设备的基本形式有平台式、悬臂式、伸缩式、龙门式等几种。图 3-15 为较常见的平台式操作机与滚轮架配合使用的情况。

4. 焊缝成形设备

埋弧焊的电弧功率较大,钢板对接时为防止熔化金属的流失和烧穿并促使焊缝背面成形,往往需要在焊缝背面加衬垫。最常用的焊缝成形设备除铜垫板外,还有焊剂垫。焊剂垫有用

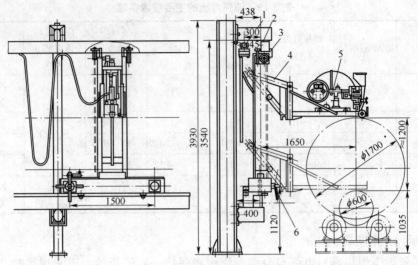

图 3-15　平台式焊接操作架

1. 电缆小车　2. 行走架　3. 平台升降机构　4. 升降平台　5. 自动焊机　6. 行走架行走机构

于纵缝和用于环缝的两种基本形式,如图 3-16 和图 3-17 所示。

5. 焊剂回收输送设备

焊剂回收输送设备用来在焊接中自动回收并输送焊剂,以提高焊接自动化的程度。图 3-18 为吸压式焊剂回收输送器,安装在焊接小车上,随埋弧焊机一边行走一边输送和回收焊剂,使焊剂的输送和回收实现了机械化。

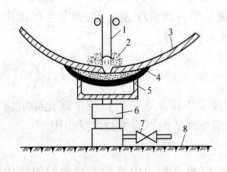

图 3-16　气缸式纵缝焊剂垫

1. 焊丝　2. 焊剂　3. 焊件　4. 橡皮托垫
5. 槽钢　6. 气缸　7. 气阀　8. 底座

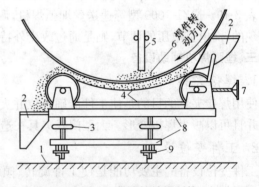

图 3-17　带式环缝焊剂垫

1. 轨道　2. 焊剂漏斗　3. 升降调节手轮　4. 焊剂输送带　5. 焊丝
6. 焊剂　7. 输送带调节手轮　8. 槽钢架　9. 行走轮

四、埋弧焊机的使用、维护和常见故障的排除

1. 埋弧焊机的使用

埋弧焊机的一般操作方法分为焊前准备、焊接和停止三个方面,其具体步骤为:

(1)焊前准备

把自动焊车停放在焊件的工作位置上,并将准备好的焊丝和经干燥处理好的焊剂分别装

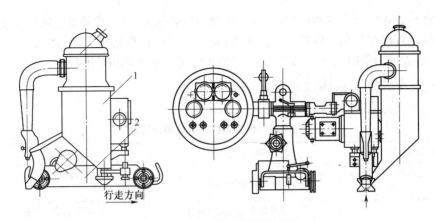

图 3-18　吸压式焊剂回收输送器
1. 吸压式焊剂回收器　2. 自动焊小车

进焊丝盘和焊剂漏斗内；闭合电源的闸刀开关和控制系统的电源开关；按焊丝向下按钮，使焊丝对准焊缝，并与焊件接触，但不应太紧，将开关的指针转到焊接位置上，并依照焊接方向，将自动焊车的转换开关指针指向左或右的位置；按预先选择的焊接规范调整好工艺参数；将自动焊车离合器手柄向上扳，使主动轮与自动焊车减速器连接；开启焊剂漏斗闸门，使焊剂堆敷在预焊位置。

(2)焊接

按下启动按钮，焊丝提起，随即产生电弧，然后焊丝不断送进，同时自动焊车开始行走。在焊接过程中，操作人员要留心观察焊车行走情况，并注意焊剂斗内焊剂的数量，随时注意添加，以防影响正常的埋弧焊接。

(3)停止

首先关闭焊剂斗闸门。在按停止按钮时，应分两步进行，先按下一半并不要松手，使焊丝停止送进。在这个过程中，电弧逐渐拉长，弧坑慢慢被填满，待电弧熄灭后，再继续将按钮按到底，切断电源，使焊机停止工作。最后扳下自动焊车手柄，推到其他位置，同时回收未熔化的焊剂，供下次使用，清除焊渣，检查焊缝质量。

2. 对埋弧焊机的日常维护

①焊接电源、控制箱、焊机的接地线要可靠。要注意感应电动机的转动方向应与箭头所示方向一致。若用直流焊接电源时，要注意电表和电极的极性不要接反。

②焊机必须根据设备使用说明书进行安装，外接电源电压应与设备要求电压一致，外部电气线路的安装要符合规定。

③外接电缆要有足够的容量(粗略按 $5\sim7A/mm^2$ 计算)和良好的绝缘。连接部分的螺母要拧紧，带电部件的绝缘情况要经常检查，避免造成短路或触电事故。

④线路接好后，先检查一遍接线是否完全正确，再通电检查各部分运转、动作是否正常，以免造成设备事故，影响生产甚至影响人身安全。

⑤定期检查控制线路中的电器元件，如接触器或中间继电器的触点是否有烧毛或熔化等，发现后应立即清理或更换。

⑥定期检查送丝滚轮的磨损情况，发现有明显磨损时应予以更换。

⑦定期检查、更换送丝机构及自动焊车减速箱内的润滑油。

⑧经常检查焊嘴与焊丝的接触情况,若接触不良必须更换,以免导致电弧不稳定。

⑨为保证焊机在使用中各部件动作灵活,要随时保持焊机清洁,特别是机头部分的清洁。避免焊剂、渣壳的碎末阻塞活动部件,以免影响正常运行和增加机件磨损。

3. 埋弧焊机常见故障及排除

埋弧焊机常见故障及排除见表 3-20。

表 3-20　埋弧焊机常见故障及排除

故障特征	可能原因	排除方法
启动后无电弧,焊丝将机头顶起	焊丝与焊件未形成电接触	清理接触部位(MZ1-1000 型无此项故障)
启动后焊丝一直向上倒抽	1. 机头上电弧电压反馈线未接或断开 2. 焊接电源未启动或焊接电压未反馈到控制线路	1. 接好引线,启动焊接电源,检查相应连接电路 2. 改变极性开关位置
启动后焊丝粘在焊件上	1. 焊丝与焊件接触太紧 2. 焊接电压太低或焊接电流太小	1. 使其接触可靠又不过紧 2. 提高电压或加大电流
送丝不均匀,电弧不稳定或送丝中断	1. 焊丝送进轮磨损或压紧轮太松 2. 导电嘴导电不可靠 3. 焊丝不清洁 4. 焊丝盘内焊丝混乱,出丝不畅 5. 导电软管内太脏或弯曲过于突然 6. 焊丝与导电嘴熔住 7. 电源电压波动太大	1. 更换送丝轮或调节压紧力 2. 更换导电嘴 3. 清除焊丝表面油、锈 4. 重盘焊丝 5. 清洗内部或加大曲率半径 6. 更换导电嘴 7. 查出原因,改善供电
导电嘴以下焊丝发红	1. 导电嘴导电不良 2. 焊丝伸出长度太长	1. 更换导电嘴或进行修理 2. 调节伸出长度
停止焊接时焊丝与焊件粘住	1. MZ-1000 型停止按钮未分二次按 2. MZ1-1000 型直接按"向上—停止 2"	1. 分二次按停止按钮 2. 按规定顺序按停止 1、2

第六节　等离子弧焊接和等离子弧切割设备

一、等离子弧焊接设备

等离子弧焊接是利用特殊构造的等离子弧焊炬(等离子弧发生器)产生的高温等离子弧,并在保护气体的保护下,熔合金属的一种焊接方法。等离子弧焊接可分为穿透型等离子弧焊接和微弧等离子弧焊接两类。

1. 等离子弧发生器(焊炬)

图 3-19a 为穿透型等离子弧焊炬。图 3-19b 为微弧等离子弧焊炬。前者电流流量为 300A,后者为 16A。大容量的焊炬采用直接水冷,小容量的采用间接水冷。穿透型等离子弧焊炬采用转移型弧。对于微弧等离子弧焊炬,由于电流较小,为了使电弧稳定燃烧,采用联合型等离子弧,即除了在钨极与工件间转移型弧外,还要在整个焊接过程中始终保持钨极与喷嘴间的非转移型弧,以不断地提供足够数量的等离子的气体,以维持转移型弧。

喷嘴是等离子弧发生器(焊炬、割炬)中的关键零件,喷嘴的合理结构对于保证等离子弧的性能具有决定作用。喷嘴的主要结构参数有喷嘴孔径 d、喷嘴孔长度 l、锥角 α 和压缩孔道形

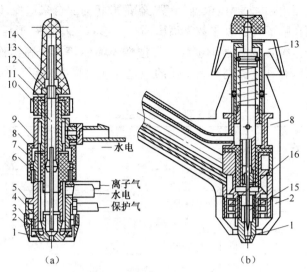

图 3-19 等离子弧焊炬

1. 喷嘴 2. 保护套外环 3、4、6. 密封垫圈 5. 下枪体 7. 绝缘柱 8. 绝缘套 9. 上枪体
10. 电极夹头 11. 套管 12. 小螺帽 13. 胶木套 14. 钨极 15. 瓷对中块 16. 透气网

状（a、b、c 三种），如图 3-20 所示。喷嘴孔径 d 决定等离子弧直径大小，孔径 d 的大小应根据电流和等离子气流量来确定。如 d 过大就无压缩效果；若 d 过小则会引起双弧，破坏等离子弧的稳定性。除单孔型喷嘴外（如图 3-20a），还可以采用多孔型喷嘴（如图 3-20b），两侧各带有一个辅助小孔的焊接喷嘴可以使等离子弧的横截面由圆形变成椭圆，因而使热源有效功率密度提高，从而有利于进一步提高焊接速度并减小焊缝和热影响区的宽度。四周带小孔的多孔型切割喷嘴（如图 3-20c），可以使等离子弧在喷嘴外得到二次压缩，则有利于进一步提高等离子弧挺度并

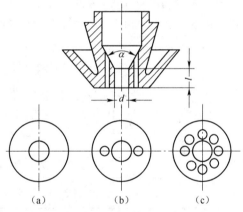

图 3-20 喷嘴的基本形式

提高切口质量。表 3-21 为常用喷嘴孔径 d 的数值及电流范围。

当孔径 d 确定后，喷嘴孔长度 l 增大，则压缩作用愈强烈，常以 l/d 表示喷嘴孔道压缩特征，称孔道比，见表 3-22。

表 3-21 常用喷嘴孔径 d 的数值及电流范围

喷嘴孔径 (mm)	许用电流（A）		喷嘴孔径 (mm)	许用电流（A）	
	焊接	切割		焊接	切割
0.6	≤5	—	2.8	～180	～240
0.8	1～25	～14	3.0	～210	～280
1.2	20～60	～80	3.5	～300	～380
1.4	30～70	～100	4.0	—	＞400
2.0	40～100	～140	4.5～5.0	—	＞450
2.5	～140	～180			

锥角 α 又称为压缩角,其大小应根据与钨极端部形状的配合来选择,以免等离子弧不是在钨极顶端引燃而是缩在喷嘴内。大多数喷嘴压缩孔道形状采用圆柱形压缩孔道,但也有采用圆锥形、台阶圆柱形的,统称为扩散形喷嘴。扩散性喷嘴使等离子弧截面得到不同程度的扩散,压缩程度有所降低,有利于提高等离子弧的稳定性和喷嘴的使用寿命,在焊接、切割、堆焊及喷涂中均有应用。

表 3-22 喷嘴的主要参数

喷嘴用途	孔径 d(mm)	孔道比 l/d	锥角 α	备 注
焊接	1.6～3.5	1.0～1.2	60°～90°	转移型弧
	0.6～1.2	2.0～6.0	25°～45°	混合型弧
切割	2.5～5.0	1.5～1.8	—	转移型弧
	0.8～2.0	2.0～2.5	—	转移型弧
堆焊	—	0.6～0.98	60°～75°	转移型弧
喷涂	—	5～6	30°～60°	非转移型弧

等离子弧发生器(等离子弧焊矩)所采用的电极材料与钨极氩弧焊相同,目前主要采用钍钨或铈钨。还有采用含锆 $0.15\%～0.40\%$ 的锆钨电极或锆电极的。由于等离子弧应用的电流范围远大于钨极氩弧焊,因此电极直径范围也比较宽。直径大于 5mm 的钨极通常采用镶嵌式直接水冷结构,如图 3-21 所示。表 3-23 列出了各种直径钨棒的电流范围。

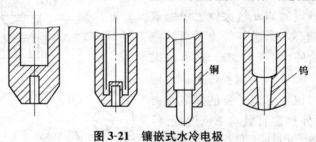

图 3-21 镶嵌式水冷电极

表 3-23 等离子弧钨棒直径的电流范围

电极直径(mm)	电流范围(A)	电极直径(mm)	电流范围(A)
0.25	<15	2.4	150～250
0.50	5～20	3.2	250～400
1.0	15～18	4.0	400～500
1.6	70～150	5.0～9.0	500～1000

2. 等离子弧焊机

等离子弧焊机由焊接电源、气路系统、控制系统等组成。

(1)电源

具有下降或垂直陡降特性的电源可供等离子弧焊接使用。用纯氩(Ar)气作为等离子气时,电源空载电压只需 65～80V;若用氩(Ar)+氢(H_2)混合气作离子气时,空载电压需 110～120V。如无专用电源,可用两台普通的直流弧焊电源串联使用。

大电流等离子弧焊都采用转移型弧,用高频发生器引弧。引弧后切断非转移弧,因此转移弧与非转移弧合用一个电源,用串联电阻(R)获得非转移弧所需的较低电流,如图 3-22a 所示。30A 以下的小电流微弧等离子弧焊采用混合型弧,即转移型弧和非转移型弧同时存在的等离子弧,用高频引弧器或接触短路回抽引弧。由于这种混合型弧在正常焊接过程中,非转移弧不能切除,因此一般要用两个独立的电源,如图 3-22b 所示。

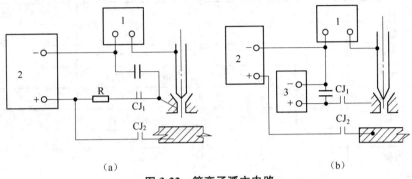

(a)　　　　　　　　　　　　　　　　(b)

图 3-22　等离子弧主电路
1. 高频发生器　2、3. 弧焊电源
(a)转移型弧　(b)混合型弧

为保证收弧处焊接质量,等离子弧焊一般采用电流衰减法熄弧,因而要求电源有电流衰减控制装置。

(2)气路系统

等离子弧焊机供气系统应能分别供给离子气和保护气,有时焊缝背面还要求能供给保护气流。为了保证引弧处和收弧处的焊接质量,离子气流可分两路供给,其中一路经气阀放入大气,以实现气流衰减控制,并通过调节阀来调节气流衰减时间,图 3-23 为 LH—300 型等离子弧焊机供气系统。

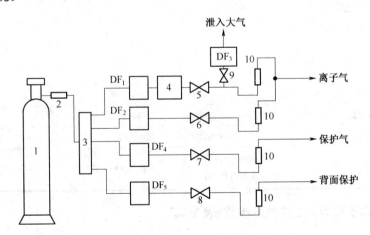

图 3-23　LH—300 型等离子弧焊机供气系统
1. 氩气瓶　2. 减压表　3. 气体汇流排　4. 储气筒　5~9. 调节阀　10. 流量计　DF₁~DF₅. 电磁气阀

(3)控制系统

等离子弧焊机的控制系统一般由高频引弧器、行走小车和填充焊丝拖动控制电路、衰减控制电路及程序控制电路组成。程序控制电路应包括:提前送保护气、高频引弧和转弧、离子气递增、预热(延迟行走)、电流衰减和气流稳弧,以及延迟停止送气等环节。

(4)大电流等离子弧焊机主要技术参数(表3-24)

表3-24　大电流等离子弧焊机主要技术参数

产品名称			自动等离子弧焊机	自动等离子弧焊切割机	熔化极气体保护等离子弧焊机
型号			LH-300	LHG-300	LUR2-400
额定工作电流		(A)	300	300	400
电流调节范围		(A)	60～300	40～300	100～400
工作电压	焊接	(V)	—	25～40	—
	维弧		—	60～120(切割)	—
空载电压	焊接	(V)	70	70	—
	维弧		—	120～300(切割)	—
负载持续率		(%)	60	60	100
铈钨电极直径		(mm)	2～4.5	5.5	1.2～1.6
焊接厚度		(mm)	1～8	8(不锈钢)	5
填充丝直径		(mm)	0.8～1.2	0.8～1.2	—
切割厚度		(mm)	—	40(不锈钢)	—
自动小车速度		(cm/min)	13～166	10～200	250
填充丝输送速度		(cm/min)	33～300	42～333	—
电源	型号	—	ZXG-300	ZXG-300,2～4台	—
	电压	(V)	3相,380	3相,380	3相,380
	控制箱电压	(V)	220	220	—
延时系统	提前供气时间	(s)	2～4	—	—
	滞后关气时间		8～16	—	—
	焊接预热时间		0.25～5	—	—
	离子气流衰减时间		1～15	—	—
气体流量	离子气	(L/min)	>6.7	—	—
	保护气		26.7	—	—
冷却水消耗量		(L/min)	～3	>4	—
外形尺寸(长×宽×高)	焊接电源	(mm)	650×455×933	465×680×870	—
	控制箱		650×440×1280	700×480×1610	—
生产研制单位			上海电焊机厂 济南电焊机厂	沈阳电焊机厂	成都电焊机研究所

(5)微弧等离子弧焊机主要技术参数(表3-25)

表3-25　微弧等离子弧焊机主要技术参数

型号			LH6	WLH-10	LH-16A	LH-20	LH-30
额定焊接电流			6	10	16	20	30
电流调节范围	焊接	A	0.5～6	0.5～10	0.2～16	0.1～20	1～30
	维弧		1.8	1.5～2	1.5	3	2
电源功率		(kW)	1.1	1.5	—	—	2.82

续表 3-25

型号			LH6	WLH-10	LH-16A	LH-20	LH-30
空载电压	焊接	(V)	176	直流 90	60	120	75
	维弧		176	直流 90 交流 100	95	100	135
焊接厚度		(mm)	0.08~0.3	0.05~1.1	0.1~1	0.1~0.2	0.1~1
电源型号			—	—	—	—	ZXG$_2$-30,一台
电源电压		(V)	3 相,380	单相,230	单相,220	220	3 相,380
延时系统	提前送气	(s)	—	—	—	—	1
	滞后关气		—	—	5	—	5
	电流衰减		—	—	—	—	1~6
气体耗量	离子气	(L/min)	—	0.1~0.5	—	3	3
	保护气		—	氩:0.2~4 氢:0.1~0.5	—	10	10
冷却水耗量		(L/min)	0.25	—	—	0.5	0.5
负载持续率		(%)	—	60	60	—	50
外形尺寸 (长×宽 ×高)	控制箱	(mm)	—	1150×520 ×1150	600×400 ×500	640×460 ×780	390×360 ×225
	工作台		1100×560 ×1300	—	—	540×340 ×1060	—
质量	控制箱	(kg)	—	150	85	—	44
	工作台		250	—	—	—	—

二、等离子弧切割设备

等离子弧切割是利用高温高速的强劲的等离子射流,将被切割金属局部熔化并随即吹除,形成狭窄的切口而完成切割的方法。它能够切割不锈钢及有色金属等一般用氧-乙炔焰不能切割的材料,当采用非转移型弧时,还可以切割混凝土等非金属材料。

1. 等离子弧发生器(割炬)

图 3-24 为中心不可调式的等离子弧割炬,常用的等离子弧割炬还有一种是中心可调的,如图 3-25 所示。等离子弧割炬与等离子弧焊炬相比较,其结构基本上类似,只是割炬无保护气通道和保护喷嘴。喷嘴是等离子弧割炬的核心部件,喷嘴的结构如图 3-26 所示。喷嘴一般用导热性好的紫铜制成,其壁厚为 1~2mm。

喷嘴孔直径 d 和压缩孔道长 l 是喷嘴的主要结构尺寸。喷嘴孔径越小,孔道长度越大,则对等离子弧的压缩作用越强烈,能量越集中,切割能力就越强,切割质量越高。但当喷嘴孔径过小,孔道长度太长时,等离子弧就不稳定,甚至不起弧,并且容易产生"双弧",使喷嘴烧毁。割炬用不同孔径的喷嘴的许用电流值及其孔道比(即 l/d 值)分别见表 3-21 和表 3-22。压缩角 α 大小主要影响电弧的压缩程度。一般来说,α 角在 $30°$ 左右时,等离子弧稳定,压缩好,切割能力强。

切割时,工作气体通往割炬气室的方式有切线旋转进气、轴向直线进气及直线、旋转复合进气三种。切割一般厚度工件时,通常采用旋转进气割炬,如图 3-27 所示。这种送气方式在压缩孔道内的等离子弧周围形成一个压力较大、电离度较低的冷气流层,对压缩等离子弧和保护喷嘴不被烧坏都有显著作用。同时在气流变化时,中心的气流密度变化小,对电弧的稳定性影响也小。

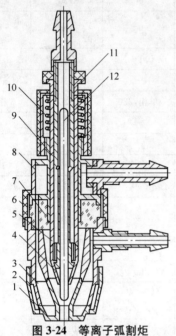

图 3-24　等离子弧割炬
1. 喷嘴　2. 喷嘴压盖　3. 下枪体　4. 导电夹头
5. 电极杆外套　6. 绝缘螺母　7. 绝缘柱　8. 上枪体
9. 水冷电极杆　10. 弹簧　11. 调整螺母　12. 钨极

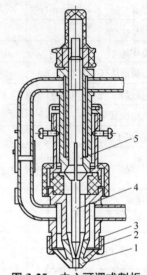

图 3-25　中心可调式割炬
1. 喷嘴　2. 垫片　3. 螺母　4. 钨极　5. 电极夹

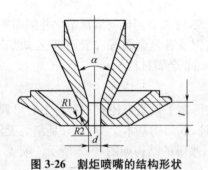

图 3-26　割炬喷嘴的结构形状

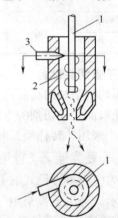

图 3-27　旋转进气等离子弧割炬示意图
1. 钨极　2. 气室　3. 进气口

2. 等离子弧切割机

等离子弧切割机主要由电源、控制箱、水路系统、气路系统及割炬几部分组成,其组成如图 3-28 所示。

(1) 电源

与等离子弧焊接一样,采用具有陡降外特性的直流电源,不同之处是等离子弧切割电源应具有较高的空载电压,一般为 150~400V。目前用于等离子弧切割的电源有两种类型。一类为专用的整流器型电源,另一类是在没有专用的等离子弧切割电源时,可将普通直流弧焊机串

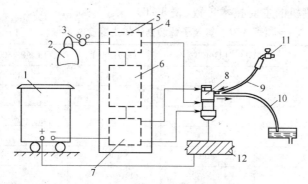

图 3-28 等离子弧切割设备组成示意图

1. 电源 2. 气源 3. 调压表 4. 控制箱 5. 气路控制 6. 程序控制
7. 高频发生器 8. 割炬 9. 进水管 10. 出水管 11. 水源 12. 工件

联起来使用,以获得较高的空载电压。

(2) 电气控制箱

电气控制箱主要包括程序控制、继电器、接触器、高频振荡器、电磁气阀、水压开关等。电气控制系统主要完成引弧、转移弧、提前送气和滞后送气、通水及切断电源等动作,自动切割时还包括对小车拖动的控制。

(3) 水路系统

等离子弧切割时必须通冷却水,用以冷却喷嘴、电极,同时还附带冷却限制非转移型弧电流的水冷电阻及水冷导线,如图 3-29 所示。水流量应控制在 3L/min 以上,水压为 $0.15\sim0.2$MPa,一般工厂的自来水可以满足要求。要求强烈冷却的大功率的等离子弧,其水流量应在 10L/mim 以上,此时需用水

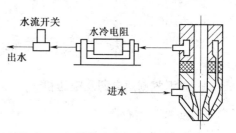

图 3-29 间接水冷电极水路系统示意图

泵进行循环冷却。水流开关的作用是为了防止工作时未通冷却水而造成烧坏喷嘴的事故。

(4) 气路系统

等离子弧切割气路系统如图 3-30 所示。气体工作压力一般调节到 $0.25\sim0.35$MPa。流量计应安装在各气阀的最后面,使用的流量通常不应超过流量计量程的一半,以免电磁气阀接通瞬间冲击损坏流量计。

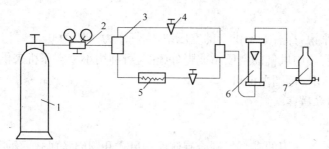

图 3-30 气路系统

1. 气瓶 2. 减压阀 3. 三通管接头 4. 针形调压阀 5. 电磁气阀 6. 浮子流量计 7. 割炬

(5)等离子弧切割机的主要技术参数(表 3-26)

表 3-26 等离子弧切割机的主要技术参数

型 号	LG-400-2	LG8-400-1	LCK8-250A	LGK8-120
电源电压(V)	380	380	380	380
相数	3	3	3	3
频率(Hz)	—	50	50	50
切割电源空载电压(V)	380(DC)	—	—	<260(DC)
额定切割电流(A)	400	400		120
电流调节范围(A)	100～500	140～400		
额定负载持续率(%)	60	60	60	60
工作电压(V)	100～150	70～150		120～140
自动切割速度(m/h)	6～150	—		
最大切割厚度(mm)	80	60	80	
气体流量(L/h)	—	4000	—	—
冷却水流量(L/min)	—	4		
空气压力(MPa)	—	—	0.4～0.6	0.2～0.3
外形尺寸(mm)(长×宽×高)	440×640×980	600×910×1229	750×800×1200	600×500×600

第七节 碳弧气刨设备、工具和材料

一、碳弧气刨用电源及空压机

1. 电源

碳弧气刨是使用石墨棒或碳棒与工件间产生的电弧将金属熔化,并用压缩空气将其吹掉,实现在金属表面上加工沟槽的方法。碳弧气刨一般均采用功率较大的直流电源。其电源的特性与焊条电弧焊相同,即要求有陡降外特性和良好的动特性。一般直流焊条电弧焊机即可选作碳弧气刨电源。但由于碳弧气刨使用的电流较大,且连续工作时间较长,所以选用功率较大的直流电弧焊机,例如,AXl-500、ZXG-500 等。当选用硅整流电焊机时,应注意防止超负荷,以保证设备的使用安全。若焊机容量较小,也可以采用两台并联使用,但必须保证两台并联焊机的性能相一致。

2. 空压机

对大中型企业来说,都有集中供气的空压站,空气压力一般为 0.5～1MPa,都能满足碳弧气刨的要求。若没有集中供气的空压站或野外施工,可利用小型空压机来供气,只要能保证空气压力在 0.5～0.6MPa 范围内即可。

二、碳弧气刨枪和碳棒

1. 碳弧气刨枪

目前在生产中经常使用的碳弧气刨枪有侧面送风式和圆周送风式两种。对碳弧气刨枪的技术要求应包括:导电性良好,压缩空气吹出来集中而准确,电极夹持牢固并且更换方便,外壳绝缘良好,重量轻和使用方便。

(1)钳式侧面送风气刨枪

　　如图 3-31 所示,该种气刨枪的钳口端面钻有小孔,压缩空气从小孔喷出,并集中吹在碳棒电弧后侧。这种气刨枪的优点是压缩空气紧贴着碳棒吹出,当碳棒伸出长度变化较大时,始终能吹到熔化的铁水上,将铁水吹走。同时碳棒前面的金属不被压缩空气冷却。该气刨枪碳棒的伸出长度调节方便,各种直径和扁形碳棒都能使用。其缺点是只能向左或向右单一方向进行气刨,因此不够灵活。这种气刨枪可以用电焊钳改装而成。对现有气刨枪也可以改成两侧送风式。这种枪的工作电流不允许超过 450A。

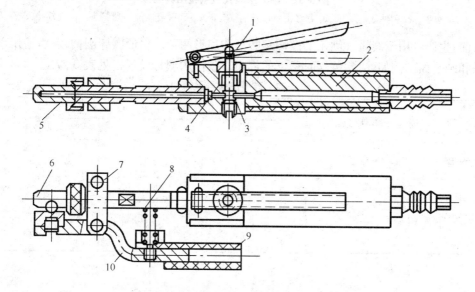

图 3-31　侧面送风式气刨枪结构图
1、10. 杠杆　2. 手柄　3. 阀杆　4、8. 弹簧　5. 喷嘴　6. 钳口　7. 夹箍　9. 橡皮管

(2)旋转式侧面送风气刨枪

　　该枪对不同尺寸的圆碳棒或扁碳棒备有不同的黄铜喷嘴,喷嘴在连接套中可作 360°回转。连接套与主体采用螺纹连接,并可作适当转动,因而气刨枪头部可按工作需要转成各种位置。这种气刨枪的主体和气、电接头都用绝缘壳保护。

(3)圆周送风式气刨枪

　　这种气刨枪如图 3-32 所示。在枪体头部有分瓣弹性夹头,并可根据碳棒的不同规格而调换。在枪头部的圆周方向有若干个方形出风槽,压缩空气由出风槽沿碳棒四周吹出,使碳棒冷却均匀。刨削时熔渣从刨槽的两侧吹出,在刨槽的前端无熔渣堆积,因而易看清刨削方向。这种气刨枪能使用圆形和扁形碳棒,适用于各种位置操作,枪体重量轻,使用灵活。

　　碳弧气刨工具除气刨枪外,还需要电源导线和压缩空气橡皮管。为了防止电源导线发热,同时又便于操作,可以采用电、气合一的软管。

　　2. 碳棒

　　碳弧气刨用碳棒,必须具备以下性能:导电性良好,耐高温,损耗少,不易断裂,灰分少,成本低。一般情况下,碳棒多用镀铜碳精棒,镀铜后碳棒的电气性能得到提高,镀铜层厚度为0.3～0.4mm。碳棒的性能与原材料质量有关。高纯度及细颗粒原料制作的碳棒允许的电流密度高,碳棒消耗小。通常一根碳棒可铲除焊根 1.5～3m。

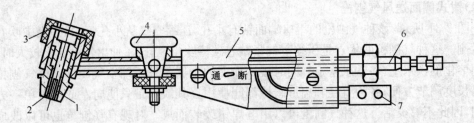

图 3-32　圆周送风式气刨枪结构图
1. 喷嘴　2. 弹性分瓣夹头　3. 绝缘帽　4. 压缩空气开关　5. 手柄　6. 气管接头　7. 电缆接头

目前,生产专用于碳弧气刨用的碳棒有圆形和扁形两种。扁形碳棒刨槽较宽,适用于大面积刨槽和刨平面。例如,清除装配时留下的焊疤。碳棒的型号及规格见表 3-27。

表 3-27　碳棒的型号及规格

型　号	截面形状	尺寸(mm)		
		直径	截面	长度
B505～B514	圆形	5、6、7、8	—	305
		9、10、12、14		355
35412～B5620	矩形	—	4×12,5×10	305
			5×12,5×15	
			5×18,5×20	355
			5×25,6×20	

第四章　焊条电弧焊

第一节　焊条电弧焊的工艺特点和冶金特性

一、焊条电弧焊的工艺特点

焊条电弧焊是用手工操纵焊条进行焊接的一种电弧焊。焊条电弧弧焊时,利用焊条和工件之间产生的电弧将焊条和工件局部加热到熔化状态,焊条端部熔化后的熔滴和熔化的母材融合一起形成熔池。随着电弧向前移动,熔池液态金属逐步冷却结晶,形成焊缝。

焊条电弧焊具有以下优点:

(1)工艺灵活,适应性强

适用于碳钢、低合金钢、耐热钢、不锈钢铜及铜合金等各种材料的平焊、立焊、横焊、仰焊等的各种位置以及不同厚度、结构形状的焊接,铸铁焊补和各种金属材料的堆焊等。特别是对不规则的焊缝、短焊缝、仰焊缝、高空和狭窄位置的焊缝,更显得机动灵活、操作自如。因此,焊条电弧焊适用于焊接单件或小批的产品,短的和不规则的、各种空间位置的以及其他不易实现机械化焊接的焊缝。

(2)焊接质量好

因电弧温度高,焊接速度较快,热影响区小,与气焊和埋弧焊相比,金相组织细,接头性能好。由于电焊条和电焊机的不断改进,在常用低碳钢和低合金钢的焊接结构中,对焊缝的力学性能能有效地进行控制,达到与母材等强的要求。

(3)易于控制应力和变形

在所有的焊接结构中,因受热循环的作用,都存在着焊接残余应力和变形,外形复杂的焊件、长焊缝和大型焊接结构更为突出。焊条电弧焊时,可以通过调整焊接工艺,如采用跳焊、逆向分段焊、对称焊等方法,来减少变形和改善应力分布。

(4)设备简单,操作方便

焊条电弧焊设备简单,价格低廉,使用可靠,维护保养容易,操作方便。

焊条电弧焊的缺点是:生产率低、要求焊工操作技术高、浪费金属、劳动条件差、劳动强度大;存在高温、弧光、烟尘、有害气体等因素的影响;工件厚度一般在 1.5mm 以上,1mm 以下的薄板不适于焊条电弧弧焊;活泼金属(如钛、铌、锆等)和难熔金属(如钽、钼等)由于机械保护效果不够好,焊接质量达不到要求,不能采用焊条电弧弧焊;低熔点金属如铅、锡、锌及其合金由于电弧温度太高,也不可采用焊条电弧弧焊。

二、焊条电弧焊的冶金特性

1. 焊接熔池的形成和结晶

如图 4-1 所示,焊条电弧焊时,焊件和焊条在电弧热量的作用下,焊件坡口边缘被局部熔化,焊条熔化形成熔滴向焊件过渡,熔化的金属形成焊接熔池。随着焊接电弧向前移动,熔池

后边缘的液态金属温度逐渐降低,液态金属以
母材坡口处未完全熔化的晶粒为核心生长出焊
缝金属的枝状晶体并向焊缝中心部位发展,直
至彼此相遇而最后凝固。与此同时,前面的焊
件坡口边缘又开始局部熔化,使焊接熔池向前
移动。当焊接过程稳定以后,一个形状和体积
均不变化的熔池随焊接电弧向前移动,形成一
条连续的焊缝。

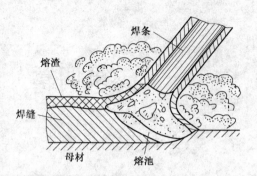

图 4-1 焊条电弧焊过程示意图

常温下焊缝金属由熔池的液态金属凝固而
成,焊缝组织是二次结晶的结果。第一次是由
液态转变为固态,即奥氏体时的结晶过程;第二次是当焊缝金属温度低于相变温度时发生的组
织转变。焊缝最后得到的组织是由金属中的化学成分和冷却条件决定的。

焊缝金属的结晶过程是:当电弧离去,熔池
冷却,首先在母材坡口处未完全熔化的晶粒成
为熔池金属的结晶核心。凝固后,部分焊缝金
属和坡口处的母材金属形成许多共晶晶粒,即
所谓晶内结晶,如图 4-2 所示。通常焊缝结晶从
半熔化晶粒开始垂直于焊缝并朝散热的相反方
向向焊缝中心生长,即为柱状晶的生长。只有
在焊缝中心或火口处,才会出现等轴晶,焊缝中
的杂质易集聚在这些晶粒之间,故焊缝中心容
易出现热裂纹,特别是在火口处更易产生裂纹。
总之,热裂纹的产生与焊缝结晶有密切关系。

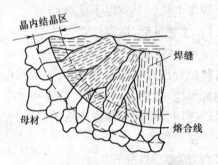

图 4-2 焊缝金属的晶内结晶示意图

焊缝晶粒的大小,在很大程度上取决于与熔池相接处的母材的晶粒的大小。

2. 熔化金属与气体的相互作用

(1)气体的来源

在焊条电弧焊的过程中,焊接熔池周围存在着大量的气体。气体主要成分有氢(H_2)、氧
(O_2)、氮(N_2)、一氧化碳(CO)、二氧化碳(CO_2)、水蒸气(H_2O)和金属蒸气等。气体的来源有:

①熔化金属周围的空气;

②焊条药皮内的水分遇热蒸发的气体;

③由于冶炼方面的原因而残留在母材金属和焊条金属内的气体;

④工件表面存在的油污、漆、锈等杂质在焊接时放出的气体;

⑤在电弧的高温下,金属和药皮发生强烈的蒸发现象放出的气体。

(2)熔化金属与氧的相互作用

如果钢中存在过量的氧,在加热时晶粒有长大的趋势。钢中氧以四氧化三铁(Fe_4O_3)和
三氧化二铁(Fe_2O_3)的形式,呈不规则的点状凝集物分布,或在晶粒边界呈不完整的褐色网线
状态。金属中的氧使金属的力学性能有明显的降低,还会使钢的耐腐蚀性降低。焊接时氧气
被加热到很高的温度,氧从分子状态分离为原子状态,原子状态的氧比分子状态的氧更活泼,
能使铁被激烈氧化,此外还使钢中其他元素氧化,使焊缝中大量有益元素被烧损。氧化物在焊

缝金属中有的以夹杂物形式存在,还有的以固溶体形式存在。氧在焊缝金属中是非常有害的,去除焊缝中的氧即采用脱氧的方法是改善焊缝质量的主要方法之一。

(3)熔化金属与氮的相互作用

钢随含氮量的增加强度极限和屈服极限上升,但伸长率或断面收缩率下降。氮在焊接条件下被高温分解,并与氧反应生成一氧化氮(NO)。生成的一氧化氮被吸附在熔滴表面或熔于熔滴中并过渡到熔池里,在焊缝金属冷却到1000℃左右时,一氧化氮又从固体金属析出,分解为氧原子和氮原子。氮原子与铁生成氮化物,夹杂于焊缝金属中。高温时的氮原子非常活泼,易与很多金属化合成氮化物,这些金属的氮化物存在于焊缝中,使焊缝金属被氮所饱和。氮以饱和的形式存在于焊缝之中,随时间的延长,会以氮化四铁(Fe_4N)析出,而产生时效现象,使钢的硬度增加,塑性下降。因此,焊接时必须设法使焊接熔池里的氮含量尽量降低,越少越好,但脱氮相对于脱氧难度较大,较好的办法是加强保护,防止氮的侵入。

(4)熔化金属与氢的相互作用

氢对焊缝金属的严重危害是造成白点、气孔和裂纹。所谓白点即在焊缝金属的纵断面中可以看到圆形或椭圆形的银色斑点,在横断面上则表现为细长的发丝状裂纹。出现白点的焊缝在使用时会突然断裂,造成事故。氢常以原子状态溶解于金属中,而且能溶于几乎所有的金属。氢在钢中的溶解度与温度和压力有关,在压力一定时氢的溶解度随温度升高而增大。如图4-3表示压力为$9.80665×10^4$Pa(标准大气压力)时氢在铁中的溶解度。由图4-3可知,焊缝金属在冷却过程中焊缝中的氢的溶解度会急剧下降,氢开始从原子状态变成分子状态,而分

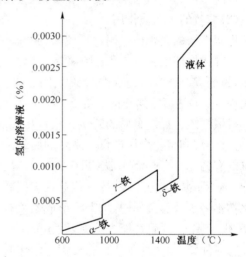

图4-3　压力为$9.80665×10^4$Pa时氢在铁中的溶解度

子状态的氢不溶于金属。当冷却较快时,氢原子来不及扩散到焊缝金属表面逸出而形成气孔。由于氢分子不能扩散,故在焊缝局部地区产生几千MPa的巨大压力,超过了钢的强度极限而在该处形成白点,同时使焊缝和熔合线附近产生微裂纹,微裂纹发展可能形成宏观裂纹。合金钢焊接时,氢使母材近缝区被淬硬并造成冷裂纹(延迟裂纹),同时氢还是焊缝中形成热裂纹的原因之一。

3. 金属元素的蒸发

由于焊接时焊缝各金属元素有蒸发现象,增加了对焊缝金属化学成分控制的难度,并引起焊接缺陷的产生。

一般焊缝各金属元素沸点不同,沸点低的金属易于蒸发,沸点较高的金属在相同条件下蒸发量较少。金属元素在合金中原始浓度不同,蒸发的数量也不同。挥发性大的物质易于形成蒸气,有些元素生成二氧化物后挥发性变强,如二氧化硅(SiO_2),其熔点很高,但易于挥发。

在焊接过程中,当电弧电压高时蒸发激烈;当焊接速度慢时蒸发量就多。焊缝金属元素蒸发产生的蒸气在空气中迅速冷凝和氧化所造成的烟尘对焊工的健康非常有害。焊接时,金属的蒸发现象无法完全避免,一般通过掺合金弥补。同时,在安全、卫生方面应积极采取有效的

防护措施。

4. 熔渣的作用

焊条电弧焊时,焊条药皮中的矿物质(造渣剂)在焊接电弧高温作用下熔化成熔渣。熔渣在焊条电弧焊中起到保护作用、去杂质作用、合金化作用、稳弧作用和改善工艺性能的作用。

(1)熔渣的保护作用

由于焊接熔渣包裹着熔滴,可防止熔滴在通过电弧空间向熔池过渡时其他有害气体的侵入。焊接熔渣覆盖在熔池表面,使熔化金属与周围空气隔绝;当焊缝金属凝固后,熔渣形成渣壳,提供保温从而降低焊缝的冷却速度,使焊缝金属的结晶处在缓慢冷却的条件下,改善焊缝金属的结晶和成形。在焊条电弧焊的过程中,药皮中的有机物和某些碳酸盐在电弧高温作用下燃烧或分解,放出二氧化碳气体,使弧柱区的空气被排出,也起到保护作用。若熔渣的量太少时,保护效果就差;如果熔渣量太多,就会给焊接操作带来不便,并产生夹渣等缺陷。

(2)熔渣的去杂质作用

焊接熔渣的去杂质作用包括脱氧、脱硫和脱磷作用。

①焊接熔渣的脱氧作用。脱氧指去掉焊缝中的氧化亚铁(FeO),金属在焊接时激烈地被氧化,铁的氧化物有氧化亚铁(FeO)、四氧化三铁(Fe_3O_4)和三氧化二铁(Fe_2O_3),其中只有氧化亚铁(FeO)能溶于熔化的焊缝金属,焊缝金属熔化后如果溶有氧化亚铁(FeO)会明显地降低其机械性能。焊缝金属的脱氧方法是将脱氧剂加在焊条药皮中,焊接时脱氧剂熔化在熔渣里,通过熔渣和熔化金属进行一系列的脱氧冶金反应实现焊缝金属的脱氧。在焊接时常用的脱氧剂有锰(Mn)、硅(Si)、钛(Ti)、铝(Al)等。由于锰或硅比铁活泼,焊条熔化时这些元素大部分过渡到焊接熔池中去,从氧化亚铁中把铁置换出来,形成锰或硅的氧化物。由于锰或硅的氧化物不溶于液态金属中,均上浮形成熔渣,从而起到脱氧作用。用钛(Ti)作为脱氧剂的优点是:不仅能脱氧,而且还能去除氮,钛还能细化晶粒,改善焊缝金属的机械性能。但由于钛和氧亲和力极强,很大一部分钛在药皮刚一熔化时就被烧损掉了,进入熔池起脱氧作用的钛只是其中一小部分,故钛的损失太大而不经济。铝(Al)是最强的脱氧剂,但脱氧生成的三氧化二铝(Al_2O_3。)熔点极高($2050℃$),极易在焊缝金属内形成夹渣。此外,铝还能引起焊接过程的飞溅,使焊缝成形不良。

②焊接熔渣的脱硫作用。硫在钢中主要以硫化铁(FeS)和硫化锰(MnS)形态存在,其中硫化锰不溶于钢液中,形成熔渣浮于熔池表面,对钢的性能影响不大。硫化铁(FeS)在焊缝金属中极为有害,冷却时与其他化合物形成易熔物质,聚集在晶界处,破坏晶粒之间的联系,降低焊缝金属的塑性并引起热脆和热裂纹。在焊接过程中,药皮中的氧化锰(MnO)与硫化铁反应生成硫化锰,使其溶于熔渣中,从而达到脱硫的效果。用酸性焊条脱硫是困难的,一般含锰量高及碱性强的熔渣才有好的脱硫效果。

③焊接熔渣的脱磷作用。磷在钢中以磷化铁(Fe_2P 和 Fe_3P)的形式存在。磷化铁硬而脆,焊接时由于温度的变化会造成冷脆裂纹。此外,在焊接时磷化铁与其他物质形成低熔点共晶体分布于晶界,减弱晶粒间的结合力,造成热脆性导致结晶裂纹产生。碱性焊条药皮中的CaF_2、CaO 等具有脱硫、脱磷作用,从而保证焊缝金属的抗裂性能良好。

(3)熔渣的合金化作用

在焊接过程中,由于气体、熔渣和液态金属的相互作用,使一些有效的合金元素损失,从而使焊缝的组织和性能发生变化。为了保证焊接接头具有一定的性能,需要添加一定量的合金元素。有时为了改善焊缝金属的性能或要求满足某些特殊性能,需要补加一些原母材金属没有的合金元素。如结构钢焊接时,为了提高冲击韧性,而补加一些合金元素作为"变质剂"以细化晶粒。由于焊条焊芯含合金元素过高,较脆、硬,难以锻轧及拉丝,因而成材率低、成本高,较少采用。一般通过焊条药皮来实现合金化作用,通常采用低碳钢或低碳合金钢焊芯,然后在药皮中加入合金剂。焊条药皮中常用的合金剂有:锰铁、硅铁、铬铁、镍铁、钼铁、钴铁、钒铁等。药皮中的合金剂大部分要过渡到焊缝金属中去。合金元素的过渡数量通常用过渡系数来表示。

所谓过渡系数,是指过渡到焊缝金属中合金元素的含量与该元素在焊条(焊芯与药皮)的原始总含量的百分数之比,用下式表示:

$$\eta = \frac{C_{焊缝}}{C_{焊条}}$$

式中　η——合金元素过渡系数;

　　$C_{焊缝}$——过渡到焊缝金属中某合金元素的含量(%);

　　$C_{焊条}$——焊条中某合金元素的原始总含量(%)。

合金元素的过渡系数的大小主要与焊接熔渣的酸碱度有关。利用药皮来掺合金时,一般用氧化性极低的碱性熔渣药皮,有利于合金元素过渡到焊缝中去。同时合金元素与氧的亲和力对过渡系数影响也很大。合金元素与氧的亲和力大,易被烧损,故过渡系数就较小;合金元素与氧的亲和力弱,过渡系数就较大。此外,焊接工艺对过渡系数也有影响,焊接时电弧越长,进入弧柱的氧就越多,合金元素烧损就越大,即合金元素的过渡系数就越小。

总之,熔渣的合金化作用有两个方面,一是弥补焊芯中原有合金元素的烧损;二是向焊缝金属过渡一些其他合金元素,使焊缝金属具有所需要的性能。

(4)熔渣的稳弧作用

焊条药皮中加入稳弧剂,用来提高电弧燃烧的稳定性。电弧燃烧的稳定性是保证焊接过程稳定的重要条件。一般稳弧剂多采用碱金属及碱土金属,即钾、钠、钙的化合物,如石灰石、碳酸钠、钾硝石、水玻璃、花岗石、长石等。焊条药皮里的钾、钠、钙等,能降低电弧电压,而且是易电离的物质,可改善电弧空间气体电离的条件,使焊接电流易通过电弧空间,从而大大地增加电弧燃烧的稳定性。由于在碱性焊条中有萤石(CaF_2)的存在,因氟(F)的电离电压很高,恶化了电弧空间气体的电离条件,使得电弧燃烧的稳定性降低。所以,对于碱性低氢焊条,由于其电弧燃烧不稳定,故采用直流焊接电源。

(5)熔渣改善焊接工艺性的作用

焊条药皮熔化后,形成具有一定熔点、黏度、表面张力和透气性的熔渣,使焊缝成形良好,无气孔,且渣壳易于脱落。在焊接时,要求在焊条端头能够形成一定长度的药皮套筒,从而增加电弧吹力,能进行全位置的焊接。

第二节　焊条电弧焊焊接规范

一、焊条直径的选择

焊条直径的选择一般依据焊件的厚度、焊接位置和焊接接头形式。首先,应根据焊件的厚度选取焊条直径见表4-1。

表 4-1　根据焊件的厚度选取焊条直径

焊件的厚度(mm)	焊条直径(mm)
0.5～1.0	1.0～1.5
1.0～2.0	1.5～2.5
2.0～5.0	2.5～4.0
5.0～10	4～5
10 以上	5 以上

在多层多道焊中,第一层焊缝所用焊条直径一般不超过 3.2mm,在焊接后几层焊缝时,仰焊、横焊、立焊选用的焊条应比平焊时细些,立焊用焊条直径不大于 5mm,横焊和仰焊用焊条直径不大于 4mm。

二、电源种类和极性的选择

一般来说,酸性焊条可用交流或直流电源。采用直流电源焊接,电弧稳定、柔顺、飞溅少。碱性低氢焊条稳弧性差,要用直流电源才能保证焊接质量。当交流电源或直流电源都可用时,应尽量采用交流电源,因为交流电源构造简单、造价低、使用维修方便。

采用直流电焊机时,存在极性的选择问题。当电焊机的正极与焊件相接时,称为正接法或称正极性;当电焊机的负极与焊件相接、称为反接法或称反极性,反接的电弧比正接稳定。焊接的极性详见图 3-5 整流弧焊机的正、反接及相关内容。

采用直流电焊机焊接时,极性的选择主要是根据焊条的性质和焊件所需的热量来决定。其选用原则如下:当焊接重要结构件采用 E4315,E5015 等碱性低氢焊条时,为了减少气孔的产生,规定一定要使用直流反接法焊接;而用 E4303 酸性钛钙型焊条时,可采用交流电焊机或直流电焊机,若采用直流电焊机时,对较厚的钢板,一般均用正接法,因为阳极部分温度高于阴极部分,这样做可得到较大的熔深;焊接薄钢板、铝及铝合金、黄铜及铸铁等焊件,不论用碱性焊条还是酸性焊条,则都宜采用直流反接法。

三、焊接电流的选择

焊接电流是焊条电弧焊中最重要的工艺参数,也是焊工在操作中唯一需要调节的参数。焊接电流的大小,与焊条的类型、焊条直径、焊件厚度、焊接接头形式、焊缝位置以及焊接层次及焊条类型等有关,但其中关系最大的是焊条直径和焊缝位置。焊接时,应根据焊条的直径选取焊接电流的强度(见表 4-2)。

表 4-2　根据焊条的直径选取焊接电流的强度

焊条直径(mm)	1.6	2.0	2.5	3.2	4	5	6
焊接电流(A)	25～40	40～65	50～80	100～130	160～210	200～270	260～300

在平焊位置时,可选偏大些的焊接电流。横焊、仰焊时,所选用电流应比平焊小 5%～10%左右,立焊时应比平焊小 10%～15%左右。

通常焊接打底焊道时,特别是焊接单面焊双面成形时,使用的电流要小一些;焊填充焊道时,为提高效率,通常使用较大的焊接电流;而焊盖面焊道时,为防止咬边和获得美观的焊缝,使用的电流应稍小些。

碱性焊条选用的焊接电流比酸性焊条小 10%左右;不锈钢焊条比碳钢焊条选用电流小 20%左右等。

选择焊接电流,首先应保证焊接质量,其次应尽量采用较大的焊接电流,以提高劳动生产率。焊接电流初步选定后,要经过试焊,检查焊缝成形和焊接缺陷,才能确定。对于锅炉、压力容器等重要结构,要经过焊接工艺评定合格后,才能最后确定焊接电流等焊接工艺参数。在实际操作中,还可以通过观察飞溅状态、观察焊条熔化状况和检查焊缝的成形状况凭经验来判断焊接电流的大小是否合适。

四、电弧电压

电弧电压即电弧两端(两电极)之间的电压降,当焊条和母材一定时,主要由电弧长度来决定。电弧长,则电弧电压高;电弧短,则电弧电压低。当电弧长度大于焊条直径时称为长弧,为焊条直径的(0.5~1)倍时称为短弧。

使用酸性焊条时,一般采用长弧焊,这样电弧能稳定燃烧,并能得到良好的焊接接头。由于碱性焊条药皮中含有较多的 CaO 和 CaF_2 等高电离电位的物质,若采用长弧则电弧不易稳定,容易出现各种焊接缺陷,因此凡碱性焊条均应使用短弧焊。

在焊接时,电弧不宜过长,否则电弧燃烧不稳定,所获得的焊缝质量也较差,而且焊缝表面的鱼鳞纹不均匀。弧长过长时,使焊缝的熔深较浅,而熔宽较宽。同时还会由于空气中的氧、氮侵入电弧区,引起严重飞溅,使焊缝产生气孔。

仰焊时,电弧应最短,以防止熔化金属下淌;立焊、横焊时,为了控制熔池温度,也应用小电流、短弧施焊。

在运条的过程中,不论使用哪种类型的焊条,都要始终保持电弧长度基本不变,只有这样才能保证整条焊缝的熔宽和熔深一致,获得高质量的焊缝。

五、焊接层数

在中、厚钢板焊接时,必须采用多层焊和多层多道焊。对同一厚度的材料,其他条件不变时,焊接层次增加,热输入量减少,有利于提高焊接接头的塑性和韧性。而且对低合金钢等钢材来说,多层焊的前一道焊缝对后一道焊缝起着预热的作用,而后一道焊缝对前一道焊缝起着热处理作用(退火或缓冷)有利于提高焊缝的性能。每层焊道厚度最好不大于 4~5mm。

六、焊接速度

焊接速度是焊条沿焊接方向移动的速度,在保证焊缝所要求的尺寸和质量前提下,由焊工根据情况掌握。速度过慢,热影响区加宽,晶粒粗大,焊缝变形也大;速度过快,易造成未焊透、未熔合、焊缝成形不良等缺陷。

第三节　焊条电弧焊的基本操作技术

一、引弧

1. 引弧的方法

电弧焊时,引燃焊接电弧的过程称为引弧。引弧的方法有直击法和划擦法两种。

(1)直击法引弧

直击法引弧又称碰击法引弧,如图 4-4 所示,直击法引弧时,要将焊条末端对准待焊处,轻轻敲击后将焊条提起,使弧长为 0.5~1 倍的焊条直径,然后开始正常焊接。直击法的特点是:引弧点即焊缝的起点,从而避免母材表面被焊条划伤。直击法主要用于薄板的定位焊接;不锈钢板的焊接;铸铁的焊接和狭小工作表面的焊接。但直击法对于初学者较难掌握,焊条提起动作太快并且过高,电弧易熄灭;动作太慢,会使焊条粘在工件上,当焊条一旦粘在工件上时,应迅速将焊条左右摆动,使之分离,若仍不能分离时,应立即松开焊钳并切断电源,以防短路时间过长而损坏电焊机。直击法适用于全位置焊接。

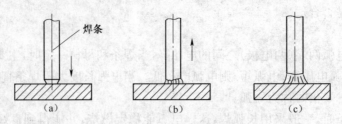

图 4-4　直击法引弧

(a)直击短路　(b)拉开焊条点燃电弧　(c)电弧正常燃烧

(2)划擦法引弧

如图 4-5 所示,擦划法引弧时,焊条末端应对准待焊处,然后用手腕扭转,使焊条在焊件上轻微划动,划动长度一般在 20~25mm,当电弧引燃后的瞬间,使弧长为 0.5~1 倍的焊条直径,并迅速将焊条端部移至待焊处,稍作横向摆动即可。擦划法的特点是:对初学者来说,擦划法容易掌握,但如果掌握不当,容易损坏焊件表面,造成焊

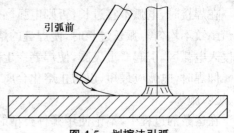

图 4-5　划擦法引弧

件表面电弧划伤。擦划法不适于在狭窄的工作面上引弧,主要用于碳钢焊接、厚板焊接、多层焊焊接的引弧。

2. 引弧的技术要求

在引弧处,由于钢板温度较低,药皮还未充分发挥作用,会使引弧点处焊缝较高,熔深较浅,易产生气孔,所以应在焊缝起始点后面 10~20mm 处引弧,引弧后拉长电弧,迅速将电弧移至焊缝起点进行预热。预热后将电弧压短,酸性焊条的弧长等于焊条直径,碱性性焊条弧长应为焊条直径的 0.5 倍左右,进行正常焊接。采用这种方法引弧,即使在引弧处产生气孔,也能将这部分金属重新熔化,使气孔消除。除以上要求外,为了避免引弧不当造成的焊接缺陷,在引弧时还应满足以下技术要求:

①工件坡口处无油污、锈斑,以免影响导电能力和防止熔池产生氧化物。

②引弧在焊条末端与焊件接触时,焊条提起时间要适当。太快,气体未电离,电弧可能熄灭;太慢,则使焊条和工件粘合在一起,无法引燃电弧。

③焊条端部要有裸露部分,以便引弧。若焊条端部裸露不均,则应在使用前用锉刀加工,防止在引弧时,碰击过猛使药皮成块脱落,引起电弧偏吹和引弧瞬间保护不良。

二、运条

焊条的运动称为运条。运条是焊工操作技术水平的具体表现。焊缝质量优劣、焊缝成形的良好与否,与运条有直接关系。运条由三个基本运动合成,分别是焊条的送进运动、焊条的横向摆动运动和焊条沿焊缝移动运动,如图 4-6 所示。

焊条的送进运动主要用来维持所要求的电弧长度。为保证一定的电弧长度,焊条的送进速度与焊条的熔化速度相等,否则会引起电弧长度的变化,影响焊缝的熔宽和熔深。通过摆动和移动的复合动作获得一定宽度、高度和熔深的焊缝，使得焊缝成形良好。

所谓焊接速度即单位时间内完成的焊缝长度。图 4-7 所示为焊接速度对焊缝成形的影响。若焊接速度太慢，会焊成宽而局部隆起的焊缝；太快，会焊成断续细长的焊缝；当焊接速度适中时，才能焊成表面平整，焊波细致而均匀的焊缝。

常用的运条方法有直线形、直线往复形、锯齿

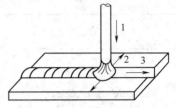

图 4-6　运条的三个基本运动
1. 焊条的送进　2. 焊条的摆动　3. 沿焊缝移动

形、月牙形、三角形和圆圈形等(见表 4-3)，应根据接头的形式和间隙、焊缝的空间位置、焊条直径与性能、焊接电流及焊工的技术水平等方面来确定。

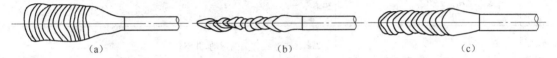

图 4-7　焊缝速度对焊缝成形的影响
(a)太慢　(b)太快　(c)适中

表 4-3　常用的运条方法及特点和适用范围

运条手法	示　意　图	特　　点	适　用　范　围
直线形	→	焊条不作横向摆动，沿焊接方向直线移动，熔深较大，且焊缝宽度较窄，在正常焊接速度下，焊波饱满平整	适用于板厚 3~5mm 的不开坡口的对接平焊、多层焊的打底焊及多层多道焊
直线往复形	/\/\/\/\	焊条末端沿焊缝纵向作来回直线形摆动，焊接速度快、焊缝窄、散热快	适用于接头间隙较大的多层焊的第一层焊缝和薄板的焊接
锯齿形	ΛΛΛΛΛ	焊条末端作锯齿形连续摆动并向前移动，在两边稍停片刻，以防产生咬边缺陷。这种手法操作容易、应用较广	适用于中厚的钢板的焊接，适用于平焊、立焊、仰焊的对接接头和立焊的角接接头
月牙形	)))))))	焊条末端沿着焊接方向作月牙形左右摆动，并在两边的适当位置作片刻停留，使焊缝边缘有足够的熔深，防止产生咬边缺陷，此法使焊缝的宽度和余高增大，其优点是：使金属熔化良好，且有较长的保温时间，熔池中的气体和熔渣容易上浮到焊缝表面	适用于仰、立、平焊位置以及需要比较饱满焊缝的地方

续表 4-3

运条手法	示　意　图	特　点	适　用　范　围
三角形	 斜三角形运条法 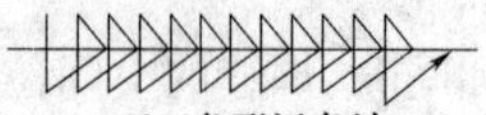 正三角形运条法	焊条末端作连续三角形运动,并不断向前移动。按适用范围不同,可分为斜三角形和正三角形两种运条方法。斜三角形手法能通过焊条的摆动控制熔化金属,促使焊缝成形良好;正三角形手法一次能焊出较厚的焊缝断面,有利于提高生产率,而且焊缝不易产生夹渣等缺陷	斜三角形运条法适用于焊接 T 形接头的仰焊缝和有坡口的横焊缝。正三角形运条法适用于开坡口的对接接头和 T 形接头的立焊
圆圈形	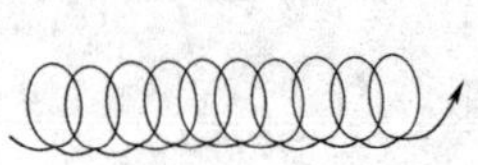 正圆圈形运条法 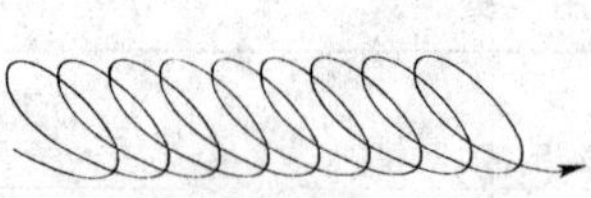 斜圆圈形运条法	焊条末端连续作圆圈运动,并不断前进,按适用范围不同,可分为正圆圈和斜圆圈两种。正圆圈运条法能使熔化金属有足够高的温度,有利于气体从熔池中逸出,可防止焊缝产生气孔。斜圆圈运条法可控制熔化金属不受重力影响,能防止金属液体下淌,有助于焊缝成形	正圆圈运条法只适用于焊接较厚工件的平焊缝,斜圆圈运条法适用于 T 形接头的横焊(平角焊)和仰焊以及对接接头的横焊缝

三、各种长度焊缝的操作方法

一般 500mm 以下的焊缝为短焊缝;500～1000mm 以内的焊缝为中等长度焊缝;1000mm 以上的焊缝为长焊缝。焊条电弧焊是断续进行的,在焊接金属结构时,为了保证焊缝的连续性,减小焊接变形,焊缝长度不同,采用的焊接顺序也就有所不同(见表 4-4)。

表 4-4　各种长度焊缝的焊接方法

焊接方法	示　意　图	操作特点	适　用　范　围
直通焊接法	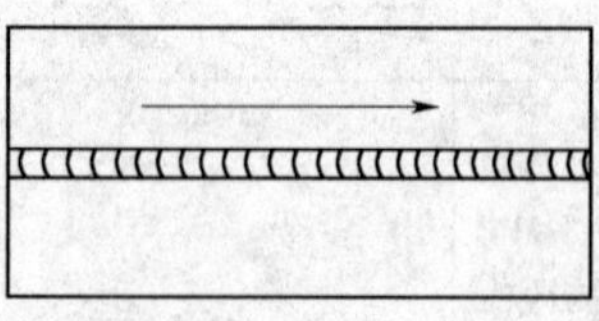	从焊缝起点起焊,一直焊到终点,焊接方向始终保持不变	适用于短焊缝的焊接
对称焊接法	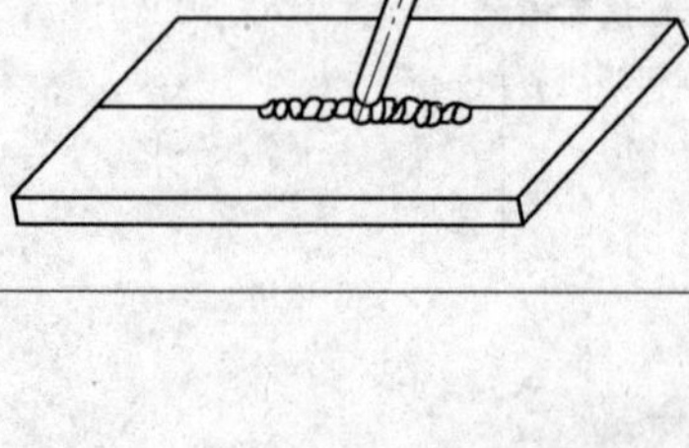	以焊缝中点为起点,交替向两端进行直通焊,其主要目的是为了减小焊接变形	适用于中等长度焊缝的焊接

续表 4-4

焊接方法	示 意 图	操作特点	适用范围
分段退焊法	总的焊接方向 4 3 2 1	分段退焊法应注意第一段焊缝的起焊处要略低些,在下一段焊缝收弧时,就会形成平滑的接头。分段退焊法的关键在于预留距离要合适,最好等于一根焊条所焊的焊缝长度,以节约焊条	适用于中等长度焊缝的焊接
分中逐步退焊法	4 3 2 1 1' 2' 3' 4'	从焊缝中点向两端逐步退焊。此法应用较为广泛,可由两名焊工对称焊接	适用于长焊缝的焊接
跳焊法	1 5 2 6 3 7 4 8	朝着一个方向进行间断焊接,每段焊接长度以 200~250mm 为宜	适用于长焊缝的焊接
交替焊法	2 5 7 3 6 4 1	交替焊法的基本原理是选择焊件温度最低位置进行焊接,使焊件温度分布均匀,有利于减小焊接变形。此方法的缺点是焊工要不断地移动焊接位置	适用于长焊缝的焊接

四、收弧

采用正确的中断电弧的方法称为收弧。如果焊缝收尾时采用立即拉断电弧的方法,则会形成低于焊件表面的弧坑,容易产生应力集中和减弱接头强度,从而导致产生弧坑裂纹、疏松、气孔、夹渣等现象。因此收弧时不仅是熄灭电弧,还要将弧坑填满。收弧一般有以下三种方法:

(1)划圈收弧法

焊条焊至焊缝终点时,作圆圈运动,直到填满弧坑再拉断电弧,如图 4-8 所示。此法适用于厚板收弧,用于薄板则有烧穿的危险。

(2)反复断弧收弧法

焊条焊至焊缝终点时,在弧坑上做数次反复熄弧引弧。直到填满弧坑为止,如图 4-9 所示。此法适用于薄板和大电流焊接。碱性焊条不宜使用此法,否则易产生气孔。

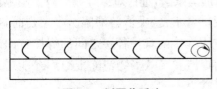

图 4-8 划圈收弧法

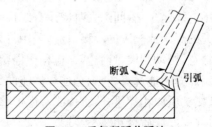

图 4-9 反复断弧收弧法

(3)回焊收弧法

焊条移至焊道收尾处即停止,但不熄弧,此时适当改变焊条角度,如图 4-10 所示。焊条由位置 1 转到位置 2,待填满弧坑后再转到位置 3,然后慢慢拉断电弧。此法适用于碱性焊条。

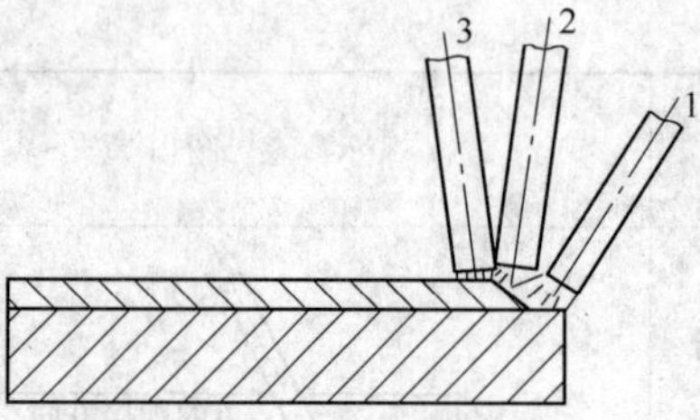

图 4-10 回焊收弧法

五、各种位置的焊接技术

1. 平焊

平焊指在平焊位置进行的焊接。平焊分为对接平焊、角接平焊和搭接平焊。

(1)对接平焊

焊件厚度小于 6mm 进行对接平焊时,可不开坡口。如图 4-11 所示,焊接正面焊缝时宜用直径为 3.2～4mm 焊条采用短弧焊接,使熔深达到焊件厚度的 2/3 左右,焊缝宽度为 5～8mm,余高为 1.5mm。焊接反面焊缝时,用直径为 3.2mm 的焊条,可用稍大的焊接电流,运条速度应快些。对于重要的焊缝,在焊反面焊缝前,必须铲除焊根。不开坡口的对接平焊采用直线形运条方法,焊条的角度如图 4-12 所示。

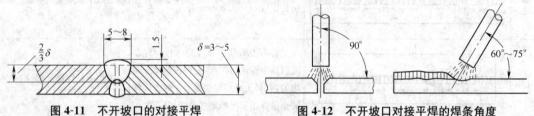

图 4-11 不开坡口的对接平焊　　　　图 4-12 不开坡口对接平焊的焊条角度

焊件厚度大于 6mm 进行对接平焊时,应开坡口,坡口有 V 形和 X 形,采用多层焊法和多层多道焊法,如图 4-13 和图 4-14 所示。

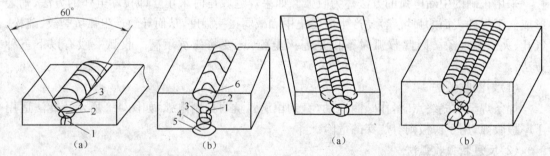

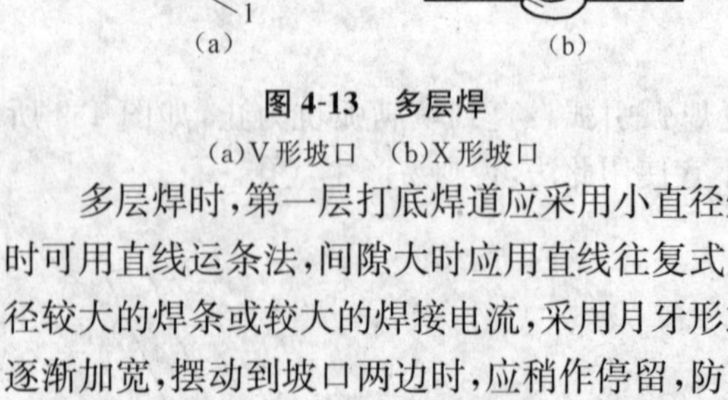

图 4-13 多层焊　　　　　　　　图 4-14 多层多道焊
(a)V 形坡口 (b)X 形坡口　　　　(a)V 形坡口 (b)X 形坡口

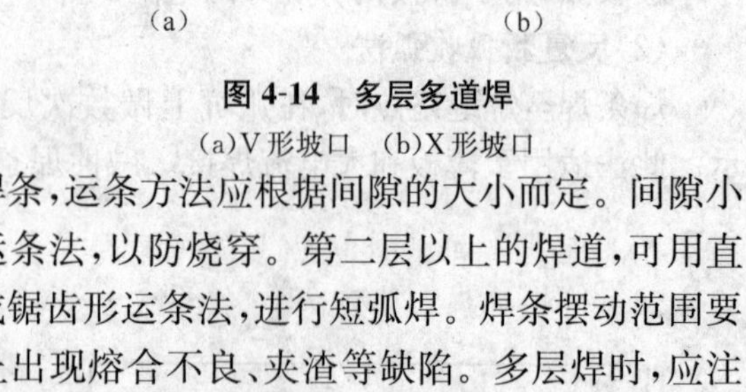

多层焊时,第一层打底焊道应采用小直径焊条,运条方法应根据间隙的大小而定。间隙小时可用直线运条法,间隙大时应用直线往复式运条法,以防烧穿。第二层以上的焊道,可用直径较大的焊条或较大的焊接电流,采用月牙形或锯齿形运条法,进行短弧焊。焊条摆动范围要逐渐加宽,摆动到坡口两边时,应稍作停留,防止出现熔合不良、夹渣等缺陷。多层焊时,应注意每层焊缝不能过厚,否则会使焊渣流向熔池前面造成焊接困难。各层之间的焊接方向应相反,其接头也应相互错开,每焊完一层焊缝,要把表面焊渣和飞溅等物清除干净后才能焊下一层,以保证焊缝质量和减小变形。

多层多道焊的焊接方法与多层焊相似,但应选好焊道数和焊道顺序,焊接时,采用直线运条法。

（2）角接平焊

T形接头平焊时形成角焊缝，角焊缝按焊脚尺寸的大小采用单层焊、多层焊和多层多道焊。当焊脚尺寸小于 6mm 时的角焊缝采用单层焊，采用直径为 4mm 的焊条；焊脚尺寸为 6~8mm 时，用多层焊，采用直径为 4~5mm 的条；焊脚尺寸大于 8mm 时采用多层多道焊。

对角接平焊多层多道焊，在焊接第一道焊缝时，应用较大的焊接电流，以得到较大的熔深；焊第二道焊缝时，由于焊件温度升高，应用较小的电流和较快的焊接速度，以防止垂直板产生咬边现象。角接平焊焊条的角度随每一道焊缝的位置不同而有所不同，如图 4-15 所示。角接平焊的运条手法，除第一层（打底焊）采用直线形运条法外，均可以采用斜圆圈形和锯齿形运条法。

如图 4-16 所示，在进行角接平焊的实际生产中，如焊件能翻动，应尽可能把焊件放在船形位置进行焊接，以使焊缝成形美观，并提高产生率。

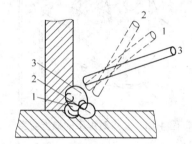

图 4-15　焊条角度随每道焊缝位置而改变

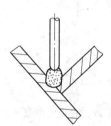

图 4-16　船形位置焊

（3）搭接平焊

搭接平焊形成的焊缝为一种填角焊缝。焊接时焊条与下板表面间的角度应随下板的厚度增加而增大，焊条与焊接方向间的角度以 75°~85° 为宜。当焊脚尺寸为 6mm 时，用直径为 4~5mm 的焊条，按斜圆圈形运条法进行单层焊。当焊脚尺寸为 6~8mm 时，采用多层焊，焊第一层用直径为 4~5mm 的焊条，以直线形运条为宜；第二层用直径为 5mm 的焊条，运条方法为斜圆圈形。当焊脚尺寸大于 8mm 时，采用多层多道焊。搭接平焊除以上说明外，其他方面与角接平焊焊接相同。开始焊接时电流可大些，当焊件温度升高后，电流可小些，以防板边缘熔化过多而咬边，确保焊缝成形良好。

2. 立焊

立焊指在立焊位置进行的焊接。立焊分为对接立焊和角立焊两种

（1）立焊的操作要点

立焊焊缝是垂直平面上垂直方向的焊缝。由于熔化金属受重力的作用容易下淌，使焊缝成形困难。立焊时应注意以下问题：

①焊条直径和电流强度应比平焊小。立焊时选的电流强度可比平焊小 10%~15%，以避免过多的熔化金属下淌；其次，应采用短弧焊接法，以避免电弧过长所造成的熔滴下淌及严重飞溅。

②在立焊过程中眼睛和手要协调配合，采用长短电弧交替起落焊接法。当电弧向上抬高时，电弧自然拉长些，但不应超过 6mm；电弧自然下降在接近冷却的熔池边缘时，瞬间恢复短弧。电弧纵向移动的速度应根据电流大小及熔池冷却情况而定，其上下移动的间距一般不超

过 12mm,如图 4-17 所示。焊条与焊缝中心线夹角应保持在 $60°\sim80°$,并保持焊条左右方向的夹角相等。焊条的运条手法要根据焊缝的熔宽来决定。

　　③立焊的操作姿势根据焊缝与焊工距离的不同,一般采用胳臂有依托和无依托两种姿势。如图 4-18 所示,有依托即胳臂大臂轻轻地贴在身体的肋部或大腿、膝盖部位,随着焊条的熔化和缩短,胳臂自然地前伸,起到调节作用。用有依托的焊接姿势,比较牢靠、省力。无依托即把胳臂半伸开或全伸开,悬空操作,需要通过胳臂的伸缩来调节焊条的位置。胳臂活动范围大,操作难度也较大。握焊钳的方式有正握式(如图 4-19a、b 所示)、反握式(如图 4-19c 所示)。图 4-19a 是一般立焊时常用的握焊钳方式。当遇到较低的焊接部位和不好施焊的位置时,常用图 4-19b 的握焊钳方式,也可以采用图 4-19c 的握焊钳方式。

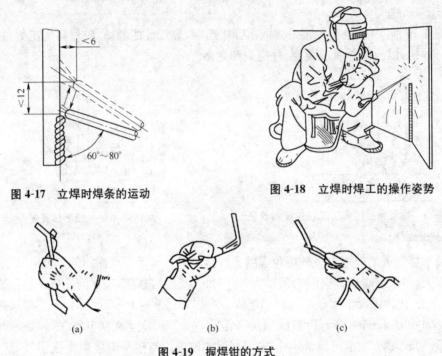

图 4-17　立焊时焊条的运动　　　　　图 4-18　立焊时焊工的操作姿势

　　　　(a)　　　　　　　　(b)　　　　　　　　(c)

图 4-19　握焊钳的方式
(a)正握式　(b)正握式　(c)反握式

(2)对接立焊

　　对接立焊常采用小直径焊条和比平焊小的焊接电流,并采用短弧焊接法。对接立焊采用向上立焊(自下而上进行的焊接)和向下立焊(自上而下进行的焊接)两种焊接方法,后一种方法也称立向下焊。

　　对于不开坡口的对接立焊,当焊接薄板采用向上立焊的方法时,如选用碱性焊条,焊条直径为 2.5mm 或 3.2mm。当立向下焊时,应采用立向下焊条。立向下焊条是立焊时由上向下操作的专用焊条,这种焊条较通用焊条有焊缝成形好,生产率较高的特点。当采用酸性焊条时,也必须用小直径焊条,并注意焊条的角度,由于酸性焊条为长渣,所以要求焊条应从左右两侧往中间作半圆形摆动,速度快而且准确。

　　对于开坡口的对接立焊,坡口形式有 V 形或 U 形等,一般采用多层焊,层数的多少根据焊件的厚度而定。在焊接时,一定要注意每层焊缝的成形,如果焊缝不平,中间高两侧低,甚至形成尖角,则不仅给清渣带来困难,而且因成形不良造成夹渣、未焊透等缺陷。

开坡口的对接立焊可分为以下三个环节：

①封底焊。封底焊即正面的第一道焊缝。封底焊时应选用直径较小的焊条和较小的焊接电流。对厚板可采用小三角形运条法，对中厚度板或较薄板，可采用小月牙形或跳弧运条法。封底焊时一定要保证焊缝质量，特别要注意避免产生气孔。如果在第一层焊缝产生了气孔，就会形成自下而上的柱状贯穿气孔。在焊接厚板时，封底焊宜采用逐步退焊法，每段长度不宜过长，应按每根焊条可能焊接的长度来计算。

②中间层焊缝焊接。中间层焊缝的焊接主要是填满焊缝。为提高生产效率，可采用月牙形运条，焊接时应避免产生未熔合、夹渣等缺陷。接近焊件表面的一层焊缝的焊接非常重要，一方面要将以前各层焊缝凸凹不平处加以平整，为焊接表层焊缝打下基础；另一方面，这层焊缝一般比板面低 1mm 左右，而且焊缝中间应有些凹，以保证表层焊缝成形美观。

③表层焊缝焊接，即多层焊的最外层焊缝，应满足焊缝外观尺寸的要求。运条手法可按要求的焊缝的余高加以选择。如果余高要求较高时，焊条可作月牙形摆动，如果对余高要求稍平整时焊条可作锯齿形或不等八字形摆动。在表层焊缝焊接时应注意运条的速度必须均匀一致。当焊条在焊缝两侧时，要将电弧进一步缩短，并稍微停留，这样有利于熔滴的过渡和减少电弧的辐射面积，可以防止产生咬边等缺陷。

如图 4-20 所示。当表层焊缝较宽时，若采用月牙形或锯齿形手法，一次摆动往往达不到焊缝边缘良好的熔合，采用不等八字形运条法能得到较宽的焊波，焊缝表面是鱼鳞状的花纹。不等八字形运条法焊接时自左向右把熔滴放置在焊缝宽度的 1/3 处，稍微停顿一下，接着把焊条抬高并引到焊缝的 2/3 处，再向焊缝右边瞬间划弧以后，将焊条降落到焊缝的 2/3 处，瞬间变成短弧，停顿一下，使熔化金属与前面的焊波熔合好，然后把焊条抬高向左引到焊缝宽度的 1/3 处……这种有规律的运条方法要求焊条有节奏地均匀摆动，摆动时要求快而稳，熔滴下落的位置要准确。

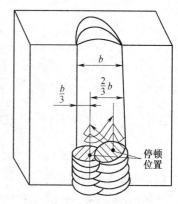

图 4-20　不等八字运条法

(3)角立焊

角立焊时应注意以下问题：

①焊条的角度。为了使两块钢板均匀受热，当被焊的两块钢板厚度相等时，焊条与两块钢板之间的夹角应左右相等，焊条与焊缝中心线的夹角，应根据板厚的不同来改变其大小，一般应保持 60°～80°。

②熔化金属的控制。在角立焊的过程中，当引弧后焊出第一个焊波时，电弧应较快地提高；当看到熔池瞬间冷却成一个暗红点时，电弧又下降到弧坑处，并使熔滴凝固在前面已形成的焊波 2/3 处，然后电弧再抬高。如果前一熔滴未冷却到一定的程度，就过急地下降焊条，就会造成熔化金属下淌；而当焊条下降动作过慢时，又会造成熔滴之间熔合不良。如果焊条放置的位置不又寸，就会使焊波脱节，影响焊缝的美观和焊接质量。

③运条方法。应根据板厚和对焊脚尺寸的要求来确定，对焊脚尺寸较小的焊缝，可采用直线往复形运条手法；对焊脚尺寸要求较大的焊缝，可采用月牙形、三角形、锯齿形等运条手法，如图 4-21 所示。为避免出现咬边等缺陷，除选用合适的焊接电流外，焊条在焊缝两侧应稍停片刻，使熔化金属能填满焊缝两侧的边缘部分。焊条的摆动宽度应不大于所要求的焊脚尺寸，

例如要求焊出 10mm 宽的焊缝时,焊条的摆动范围应在 8mm 以内,否则焊缝两侧就不整齐。

　　④局部间隙过大的焊接方法。对角立焊缝当不要求焊透或遇到局部间隙超过焊条直径时,可预先采用立向下焊的方法,使熔化金属把过大的间隙填满后,再进行正常焊接。这样做不仅可以提高工效,而且还大大减少金属的飞溅和电弧偏吹。对间隙过大的薄板焊接,采用这种方法还有减小变形的效果。

　　3. 横焊

　　横焊指横焊位置进行的焊接,是焊接垂直或倾斜的平面上的水平方向的焊缝。由于熔化的金属受到重力作用,容易造成焊缝上侧产生咬边缺陷,下侧形成泪滴形焊瘤或未焊透,如图 4-22 所示。横焊时,采用短弧焊接,并且选用比平焊较细的焊条和比平焊小 5%～10% 的焊接电流及适当的运条手法。

图 4-21　角立焊焊条的摆动

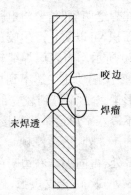

图 4-22　横焊易产生的缺陷

(1)不开坡口的对接横焊

　　当板厚为 3～5mm 时应采用双面焊。正面焊时焊条直径宜为 3.2～4mm,焊条与下板成 75°～80°,如图 4-23 所示。当焊件较薄时,用直线往复式运条法,当焊件较厚时,可采用短弧直线形或小斜圆圈形运条手法,以得到合适的熔深。在焊接时,焊接速度应稍快并均匀,避免焊条的熔化金属过多地聚集在某一点上,形成焊瘤并在焊缝上部咬边,而影响焊缝成形。反面封底焊时,应选用细焊条,焊接电流可适当加大,一般可选平焊时的焊接电流强度,用直线运条法进行焊接。

(2)开坡口的对接横焊

　　对接横焊坡口加工如图 4-24 所示。一般下板不开坡口,或下板所开坡口角度小于上板,这样有利于焊缝成形。在焊第一道焊缝时,应选用细焊条,一般直径为 3.2mm,运条手法可根据接头的间隙大小来决定,当间隙大时,宜采用直线往复形运条法。第二道用直径 3.2～4mm 的焊条,采用斜圆圈形运条手法。在施焊过程中,应保持较短的电弧长度和均匀的焊接速度。为了有效地防止焊缝表面咬边和下面产生熔化金属下淌现象,每个斜圆圈形与焊缝中心线的斜度不得大于 45°。当焊条末端运到斜圆圈上面时,电弧应更短,并稍停片刻,使较多的熔化金属过渡到焊缝上去。然后慢慢将电弧引到焊缝下边,即原先电弧停留的旁边,如图 4-25 所示,这样做能有效地避免各种缺陷,使焊缝成形良好。

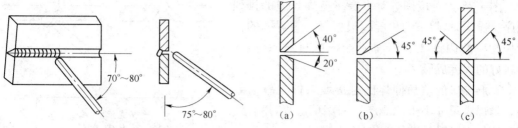

图 4-23 横焊焊条的角度

图 4-24 横焊接头的坡口加工
(a)V 形坡口 (b)单边坡口 (c)K 形坡口

当横焊板厚大于 8mm 时,除打底焊的焊缝,应采用多层多道焊,这样可以较好地避免由于熔化金属下淌造成的焊瘤。在多层多道焊时,要特别注意控制焊道间的重叠距离。每道叠焊,应在前面一道焊缝的 1/3 处开始焊接,以防止焊缝产生凹凸不平。多层多道焊时运条手法用直线形,并应始终保持短弧和适当的焊接速度,同时焊条的角度也要根据焊缝的位置来调节。焊条直径可为 3.2~4mm。在施焊过程中,焊缝的排列顺序如图 4-26 所示。

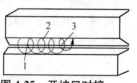

图 4-25 开坡口对接横焊的斜圆圈运条法

4. 仰焊

仰焊是在仰焊位置进行的焊接。在四种焊接位置中,仰焊是最困难的一种。仰焊时熔化金属因重力作用容易下坠使熔滴过渡和焊缝成形困难,焊缝正面容易形成焊瘤,背面则会出现内凹缺陷,同时在施焊中还常发生熔渣超前现象,流淌的熔化金属飞溅扩散,如果防护不当,容易造成烫伤事故,因此在运条方面要比平焊、立焊、横焊的难度大且焊接效率低。

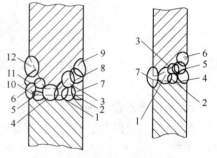

图 4-26 对接横焊缝排列顺序

在仰焊时,必须注意尽可能地采用最短的弧长施焊,使熔滴金属在很短的时间内由焊条过渡到熔池中去,促使焊缝成形。应选用比平焊较细的焊条和比平焊小 5%~10% 焊接电流,以减小焊接熔池的面积,使焊缝容易成形。

当焊件的厚度为 4mm 左右时,仰焊可采用不开坡口的对接焊,焊条直径为 3.2mm,焊条与焊缝两侧成 90°夹角,与焊接方向保持 80°~90°的夹角,如图 4-27 所示。在整个施焊过程中,焊条要保持在上述位置均匀地运条。仰焊的运条手法可采用直线形和直线往复形,直线形用于焊接间隙小的接头,直线往复形用于焊接间隙稍大的接头。焊接电流不应过小,否则得不到足够的熔深,而且电弧也不稳定,使操作难以掌握,同时焊接质量也难以保证。

当焊件厚度大于 5mm 时,对接仰焊均开坡口。对于开坡口的对接仰焊打底层焊接的运条方法,应根据坡口间隙的大小,决定选用直线形或往复直线形的运条方法。其后各层均宜用锯齿形或月牙形运条方法。在进行仰焊时,无论采用哪种运条手法,均应形成较薄的焊道。焊缝表面要平直,不允许出现凸形。

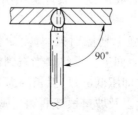
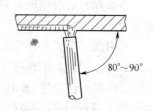

图 4-27 仰焊时焊条的角度

图 4-28 为对接仰焊时多层多道焊焊缝的排列顺序。操作时,焊条的角度应根据每一道焊缝的位置作相应的调整,以利于熔滴金属的过渡,并能获得较好的焊缝成形。

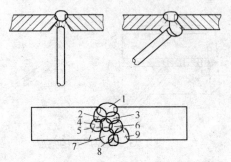

图 4-28　开坡口对接仰焊时的多层多道焊法

T 形接口的填角仰焊比对接坡口仰焊较易掌握。当焊脚尺寸小于 6mm 时,采用单层焊,用直线形和往复直线形的运条方法;当焊脚尺寸大于 6mm 时,采用多层多道焊,第一层用直线形运条方法,其后各层可选用斜三角形或斜圆圈形的运条方法。T 形接头填角仰焊的运条方法如图 4-29 所示。如果填角仰焊操作技术熟练,可使用较大直径的焊条和稍大的焊接电流,以提高工作效率。

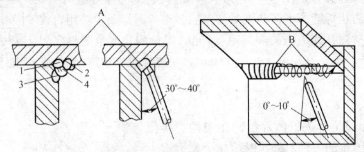

图 4-29　T 形接头填角仰焊运条方法及焊缝排列顺序
A. 用直线形运条法　B. 用斜三角形或斜圆圈形运条方法

六、单面焊双面成形技术

在焊接接头坡口的一面进行焊接而在焊缝正、反面都能得到均匀整齐而无缺陷的焊道,这种焊接称为单面焊双面成形,是一种难度较高的焊接技术。

1. 打底层单面焊双面成形技术

单面焊双面成形技术的关键是第一层打底焊道的成形操作,即打底焊。其他各填充层的操作要点与各种位置的普通焊接操作技术相同。打底层单面焊双面成形技术可分为连弧焊法和间断灭弧焊法两大类。而间断灭弧焊法又分为一点焊法、二点焊法和三点焊法。

(1)连弧焊法

连弧焊打底层单面焊双面成形技术的特点是:电弧引燃后,中间不允许人为地熄弧,一直采用短弧连续运条直至应换另一根焊条时才熄弧。由于在连弧焊接时,熔池始终处在电弧连续燃烧的保护下,液态金属和熔渣容易分离,气孔也容易从熔池中逸出,因此保护性好,焊缝不容易产生缺陷,力学性能也较好。用碱性焊条焊接时,多采用连弧焊的操作方法。

连弧焊打底层单面焊双面成形技法具体包括引弧、焊条角度和运条方法、收弧和接头方法等。

①引弧。引弧在定位焊缝上划擦引弧,焊至定位焊缝尾部时,以稍长的电弧(弧长约为 3.5mm)在该处摆动 2~3 个来回进行预热。当看到定位焊缝和坡口根部都有"出汗"现象时,说明预热温度已合适,此时立即压低电弧(弧长约为 2mm),待 1s 后听到电弧穿透坡口而发出"噗噗"声,同时看到定位焊缝以及坡口根部两侧金属开始熔化并形成熔孔,即说明引弧工作完成,可以进行连弧焊接。

②连弧焊接。平焊时,要始终使电弧对准坡口间隙中间,并随着熔池温度变化而不断地变化焊条的角度,如图 4-30 所示,并在焊接时,电弧在坡口两侧交替地进行清根。

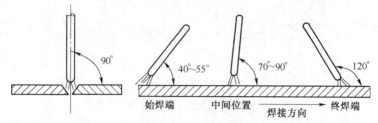

图 4-30 连弧焊打底层单面焊双面成形平焊

立焊时,焊条与两侧板成 90°,自下而上地进行焊接,焊条与焊接方向始焊端成 60°~80°角,在中间位置成 45°~60°角,终端焊缝处的温度较高,为了防止背面余高过大,可使角度变小为 20°~30°,如图 4-31 所示。立焊时,当坡口间隙较小时,可采用上下运弧法或左右排弧法,当坡口间隙偏大时可采用左右凸摆法,如图 4-32 所示。

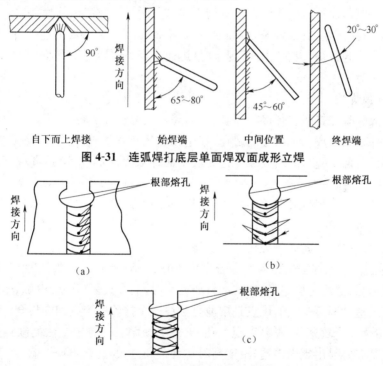

图 4-31 连弧焊打底层单面焊双面成形立焊

图 4-32 连弧焊打底层单面焊双面成形立焊的运条方法
(a)上下运弧法 (b)左右排弧法 (c)左右凸摆法

横焊时,为了防止背面焊缝产生咬边、未焊透缺陷,焊条与板下方角度成 80°~85°,在横焊过程中还应注意电弧应指向横板对接坡口下侧根部,每次运条时,电弧在此处应停留 1~1.5s,让熔化的液态金属铺向上侧坡口,形成良好的根部成形,如图 4-33 所示。板横焊的运条方法采用直线清根法或直线运条法。

仰焊时,焊条引弧后采用短弧,并让电弧始终在对接板的间隙中间燃烧,焊条与焊接方向成 70°~90°角,焊接时应尽量控制熔池温度低些,以减少背面焊缝下凹。仰焊时的运条方法采用直线运条法,并且左右略有小摆动。焊条略有左右小摆动的作用一是分散电弧热量,以防熔

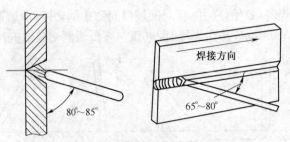

图 4-33　连弧焊打底层单面焊双面成形横焊

池温度过高,造成背面焊缝内凹过大,二是使坡口左右钝边熔化均匀防止金属流淌。

③收弧和接头方法。在需要更换焊条熄弧前,应将焊条下压,使熔孔稍微扩大后往回焊接15~20mm,形成斜坡形再熄弧,为下根焊条引弧打下良好的接头基础。接头方法有两种:冷接和热接。冷接时,更换焊条时,要把距弧坑15~20mm长斜坡上的焊渣敲掉并清理干净,这时弧坑已经冷却,起弧点应该在距弧坑15~20mm的斜坡上。电弧引燃后,将其引至弧坑处预热,当有"出汗"现象时,将电弧压直至听到"噗噗"声后,提起焊条再向前施焊。热接时,当弧坑还处在红热状态时迅速更换焊条,在距弧坑15~20mm焊缝斜坡上起弧并焊至收弧处,这时弧坑处的温度升高很快,当有"出汗"现象时,迅速将焊条向熔孔压下,听到"噗噗"声后,提起焊条继续向前施焊。

(2)间断灭弧焊法

采用间断灭弧焊法打底层焊接时,利用电弧周期性的燃弧—断弧(灭弧)过程,使母材坡口钝边金属有规律地熔化成一定尺寸的熔孔,在电弧作用正面熔池的同时,使1/3~2/3的电弧穿过熔孔而形成背面焊缝。间断灭弧焊打底层单面焊双面成形技术具体包括引弧、焊条角度和运条方法、收弧和接头方法等。

①引弧。间断灭弧焊打底层单面焊双面成形时的引弧技法与连弧焊打底层单面焊双面成形的引弧技法基本一致。

②间断灭弧焊接。间断灭弧焊接的方法可分为一点焊法、二点焊法和三点焊法。

a. 一点焊法。一点焊法也称为一点击穿法,如图4-34所示。电弧同时在坡口两侧燃烧,两侧钝边同时熔化,然后迅速熄弧,在熔池将要凝固时,又在灭弧处引燃电弧、击穿、停顿,周而复始重复进行。这种断弧焊法的优点是熔池是始终一个接着一个叠加的集合。熔池在液态存在时间较长,冶金反应较充分,不易出现气孔、夹渣等缺陷。一点击穿法的缺点是熔池温度不易控制。温度低时容易出现未焊透,温度高时背面余高过大,甚至出现焊瘤。

b. 二点焊法。图4-35所示为二点焊法,即二点击穿法。二点击穿法焊接时,电弧分别在坡口两侧交替引燃,左侧钝边给一滴熔化金属,右侧钝边也给一滴熔化金属,依次循环。这种间断灭弧焊法的优点是操作技术比较容易掌握,熔池温度也比较容易控制,钝边熔合良好。二点击穿法的缺点是焊道由两个熔池叠加而成,因而熔池反应时间不太充分,使气泡和熔渣上浮受到一定限制,容易出现夹渣、气孔等缺陷。但若熔池的温度控制在前一个熔池尚未凝固、对称侧的熔池就已形成、两个熔池能充分叠加在一起共同结晶,就能避免产生气孔和夹渣。

c. 三点焊法。图4-36所示为三点焊法,即三点击穿法。电弧引燃后,左侧钝边给一滴熔化金属,如图4-36a所示,右侧钝边给一滴熔化金属,如图4-36b所示,中间间隙给一滴熔化金属,如图4-36c所示,依次循环。三点击穿法的优点是比较适合根部间隙较大的情况,由于两焊点中间的熔化金属较少;第三滴熔化金属补在中央是非常必要的。否则在熔池凝固前析出气泡时,由于没有较多的熔化金属愈合孔穴,在背面容易出现冷缩孔缺陷。

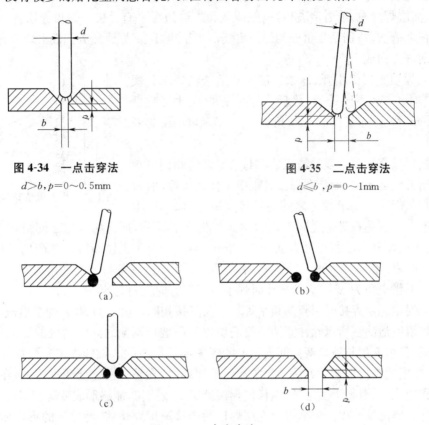

图 4-34　一点击穿法

$d>b, p=0\sim0.5mm$

图 4-35　二点击穿法

$d\leqslant b, p=0\sim1mm$

（a）　（b）　（c）　（d）

图 4-36　三点击穿法

$b>d, p=0.5\sim1.5mm$

间断灭弧焊打底层单面焊双面成形板平焊时,焊条与焊接方向的夹角为 45°～55°,坡口根部钝边大时,夹角要小些,反之夹角可选大些;当进行板立焊时,焊条与焊接方向夹角为 65°～75°,始焊端温度较低时夹角要大些,终焊端温度较高时,夹角可以小些;当进行板横焊时,焊条与焊接方向夹角为 65°～80°,与焊件下板夹角为 80°～85°,电弧应指向对接缝下侧板根部并停留 1～1.5s,以防止未焊透;当进行板仰焊时,焊条应始终在板间隙中间,与焊接方向成 70°～80°角,控制熔池温度应低些,以减少背面焊缝下凹。

③收弧和接头方法。间断灭弧焊打底层单面焊双面成形的收弧和接头方法与连弧焊打底层单面焊双面成形的收弧和接头方法相同。

2. 填充层的单面焊双面成形技术

焊接单面焊双面成形填充层时,焊条除了向前移动外,还要有横向摆动,在摆动过程中,焊道中央移弧要快,即滑弧过程,电弧在两侧时要稍作停留,使熔池左右侧温度均衡,两侧圆滑过渡。在焊接第一层填充层即打底层焊后的第一层时,应注意焊接电流的选择,过大的焊接电流会使第一层金属组织过烧,使焊缝根部的塑性、韧性降低。因此填充层焊接也要限制焊接电流。

板平焊填充层焊接时,引弧应在距焊缝起始端 10～15mm 处引弧,然后将电弧拉回到起始端施焊,一般采用月牙或横向锯齿形运条。焊条摆动到坡口两侧处要稍作停顿,使熔池和坡口两侧的温度均衡,以防止填充金属与母材交界处形成死角,因清渣困难而造成焊缝夹渣。最后一层填充层应比母材表面低 0.5～1.5mm,而且焊缝中心要凹,而在两侧与母材交界处要高,使盖面层焊接时,能看清坡口,以保证盖面焊缝边缘平直。板平焊填充层焊接每一层应对前一层仔细清渣,特别是死角处的焊渣更要清理干净,防止焊缝夹渣。板平焊填充层焊接焊条与焊接前进方向成 75°～85°夹角。

板立焊填充层焊引弧、运条方法及对清渣的要求与板平焊时基本一致,不同处为:最后一层填充焊应比母材低 1～1.5mm,焊条与立板的下倾角为 65°～75°,如图 4-37 所示。

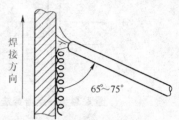

图 4-37　板立焊填充层焊焊条角度

板横焊填充层焊引弧和清渣要求与板平焊时相同。焊接时采用直线运条法,而且在焊接过程中不作任何摆动,直至每根焊条焊完。要求焊道之间的搭接要适量,以不产生深沟为准。为避免在焊道之间出现深沟而产生夹渣缺陷,通常两焊道之间搭接 1/3～1/2 宽度,最后一层填充高度距母材表面 1.5～2mm 为宜。为防止盖面层焊缝产生下坠现象,在焊接填充层时,焊条与上、下板的夹角有所不同。下侧焊道焊条与下板夹角为 85°～95°,上侧焊道焊条与下板夹角为 55°～70°,操作时焊条与焊接方向夹角为 80°～85°。

板仰焊填充层焊接时引弧与板平焊填充层焊接相同。由于仰焊时,焊接电流偏小,电弧吹力很难将熔渣清除。所以除注意清除打底层焊缝与坡口两侧之间夹角处的焊渣外,填充层之间的焊渣、各填充层与坡口两侧间夹角处的焊渣要仔细清除。板仰焊填充层焊接的运条采用短弧、月牙形或锯齿形运条方法。焊条在运条摆动时,在坡口两侧要稍作停顿,在坡口中间处运条动作稍快,以滑弧手法运条,这样使焊接处温度较均匀,能够形成较薄的焊道,并使焊接飞溅及熔化金属流淌较少。板仰焊填充层焊接的焊接速度要快些,使熔池的形成始终呈椭圆形并保持大小一致,这样形成均匀的鱼鳞纹清渣容易,也使焊缝成形美观。板仰焊填充层焊接时,焊条与焊接方向的夹角为 55°～90°。

3. 盖面层单面焊双面成形技术

盖面层焊缝是金属结构上最外表的一层焊缝,除了要求具有足够的强度、气密性外还要求焊缝成形美观、鱼鳞纹整齐。在焊接过程中,焊条角度应尽可能与焊缝垂直,以便在焊接电弧的直吹作用下,使盖面层焊缝的熔深尽可能大一些,与最后一层填充层焊缝能够熔合良好。

盖面层焊接前仔细清除最后一层填充层与坡口两侧母材夹角处及填充层焊道间的焊渣以及焊道表面的油、污、锈、垢。焊接引弧处应距焊缝始端 10～15mm,引弧后将电弧拉回到始焊端施焊。盖面层焊接接头技术采用热接法,更换焊条前,应对熔池稍填些液态金属,然后迅速更换焊条,在弧坑前 10～15mm 处引弧并将其引到弧坑处划一个小圆圈预热弧坑。等弧坑重新熔化,形成的熔池延伸进坡口两侧边缘各 1～2mm 时,即可进行正常焊接。盖面焊焊缝接头时,引弧的位置很重要,如果引弧部位离弧坑较远且偏后,则盖面层焊缝接头处会偏高,如果引弧部位离弧坑较近且偏前时,则盖面层焊缝接头处会造成焊缝脱节。

盖面层板平焊和板立焊时均采用月牙形或横向锯齿形摆动的运条方法。焊条摆动到坡口边缘时,要稍做停留,并注意控制坡口边缘母材的熔化,控制在 1～2mm。在焊接时要认真控制弧长和摆动幅度,防止出现咬边缺陷。当进行盖面层板立焊时,焊条摆动的频率应比板平焊稍快,焊接速度要均匀,每个新熔池应覆盖前一个熔池 2/3～3/4。板平焊时焊条与焊接方向的夹角为 75°～80°；板立焊时焊条与板的下倾角为 65°～70°。

盖面层板横焊时，采用直线运条法，不做任何摆动，应从下板坡口始焊，采用短弧，控制熔池金属的流动，防止产生泪滴现象，每道焊缝叠加直至熔进上板母材 1～2mm。焊接与下板相接的盖面层焊道时，焊条与下板夹角为 80°～90°；焊接焊缝中心线下方的焊道，焊条与下板夹角为 95°～100°；焊接焊缝中心线上方的焊道，焊条与下板的夹角为 75°～85°。焊接与上板相接的盖面层焊道时，焊条与下板夹角为 85°～95°。盖面层板横焊各道焊缝搭接和与母材搭接为 1/2 焊缝宽度，熔进母材 1～2mm。盖面层的各条焊道应平直、搭接平整，与母材相交应圆滑过渡，无咬边。

盖面层板仰焊时采用短弧、月牙形或锯齿形运条，多道焊时也可以用直线运条法。合理选择焊接电流。焊条摆动到坡口边缘时，稳住电弧稍做停留，将坡口两侧熔化并深入每侧母材 1～2mm。焊接速度要均匀一致，控制弧长和摆动幅度，防止焊缝发生咬边及背面焊缝下凹过大等缺陷。长焊缝可以采用分段焊法或退步焊法。两道焊缝搭接 1/3 焊缝宽度，每道焊缝焊接前，应仔细清除焊道上的焊渣。仰焊时焊条与焊接方向的夹角为 90°。

第四节　常用金属材料的焊条电弧焊

一、碳素钢的焊条电弧焊

1. 低碳钢的焊接

(1)焊前预热和焊后热处理

低碳钢焊接性良好。一般不需要焊前预热，只有在母材成分不合格（硫、磷含量过高）、厚壁工件、刚度过大、焊接时环境温度过低时，才需采取一定的预热措施。常用低碳钢典型产品的焊前预热温度见表 4-5。

低碳钢焊件一般不进行焊后热处理，当焊接刚度较大、壁较厚及焊缝很长时，为避免在焊接过程中焊接裂纹倾向加大，应采取控制层间温度和焊后热处理等消除应力的措施（见表 4-6）。

表 4-5　低碳钢典型产品的焊前预热温度

焊接场地环境温度(℃)	焊件厚度(mm)		预热温度(℃)
（小于）	导管、容器类	柱、桁架、梁类	
0	41～50	51～70	
−10	31～40	31～50	100～150
−20	17～30	—	
−30	16 以下	30 以下	

表 4-6　控制层间温度和焊后热处理温度

牌　号	材料厚度(mm)	层间温度(℃)	回火温度(℃)
Q235、08、10、15、20	50 左右	<350	600～650
	>50～100	>100	
25、20g、22g	25 左右	>50	600～650
	>50	>100	600～650

（2）焊条的选择

低碳钢的焊接材料（焊条）的选用原则是应保证焊接接头与母材强度相等（见表4-7）。

表4-7　焊接低碳钢焊条的选择

钢号	焊条选用		施焊条件
	一般结构（包括壁厚不大的中、低压容器）	焊接动载荷、复杂和厚板结构、重要受压容器及低温焊接	
Q235	E4321、E4313、E4303、E4301、E4320、E4322、E4310、E4311	E4303、E4301、E4320、E4322、E4310、E4311、E4316、E4315、（E5016、E5015）*	一般不预热
Q255			
Q275	E4316、E4315	E5016、E5015	厚板结构预热150℃以上
Q8、10、15、20	E4303、E4301、E4320、E4322	E4316、E4315、（E5016、E5015）*	一般不预热
25、30	E4316、E4315	E5016、E5015	厚板结构预热150℃以上

注：* 一般情况下不选用。

2. 中碳钢的焊接

（1）中碳钢的焊接性

中碳钢的焊接性较差，其主要问题是容易产生气孔和裂纹。防止气孔的措施有：

①应尽量减少焊缝金属中的碳含量，在焊接时必须减少母材的熔化，采用开坡口的接头。

②第一层焊缝焊接时，尽量采用小的焊接电流、慢速焊，减少母材的熔深。同时也要注意保证母材熔透，避免产生夹渣和未熔合等缺陷。

③焊条药皮要有足够的脱氧剂。加强对熔池的保护，减少氧气的侵入，使熔池的含氧量减少。

④尽量选用低氢型焊条，以减少氢气的来源。工件与焊条要彻底除锈，焊条必须烘干。

中碳钢焊接时，随着母材碳含量的增高，容易产生热裂纹、冷裂纹和热应力裂纹。热裂纹指在焊接过程中焊缝和热影响区金属冷却到固相线附近的高温区产生的焊接裂纹。焊条电弧焊焊接碳素钢，在焊缝中碳含量超过0.20%时，就有可能产生热裂纹；当碳含量超过0.4%时，热裂纹很难避免。冷裂纹即焊接接头冷却到较低温度时产生的焊接裂纹。当焊件较厚、刚性较大，或焊条选用不当时，均容易产生冷裂纹。热应力裂纹指在焊缝区收缩应力的作用下，变形集中在焊接接头的某一区域或远离接头的部位，由于塑性低而产生的裂纹。

防止裂纹的措施有：正确选用焊条；采取预热措施、焊后缓冷、中间热处理和焊后热处理措施；正确选择焊接规范。

（2）焊条的选择

选择中碳钢焊条的原则是，选用抗热裂纹和抗冷裂纹较强的碱性低氢焊条；当不要求焊缝与母材等强度时，应选择强度低的碱性低氢焊条；对于不重要的结构的焊接，也可选用非碱性低氢焊条；在特殊情况下，当工件不允许预热时，可选用铬镍奥氏体不锈钢焊条。焊接时焊条必须严格烘干，并防止焊条在使用过程中重新吸潮。焊接中碳钢焊条的选择见表4-8。

（3）焊前预热、焊后缓冷、中间和焊后热处理

①采取预热措施。对焊件整体预热和适当的局部预热，有利于降低热影响区的硬度，防止冷裂纹的产生，并能改善焊接接头的塑性，还能减少焊后的残余应力。预热温度取决于母材成分、焊件厚度和所用焊接材料。通常情况下，35、45钢预热及层间温度可在100℃～250℃内选

择。当碳含量再增高或工件刚度很大时,可将焊前的预热温度提高到250℃以上。局部预热的加热范围为焊口两侧150~200mm。

表4-8　焊接中碳钢焊条的选择

中碳钢牌号	焊条型号(牌号)		
	要求等强构件	不要求等强构件	塑性好的焊条
30、35 ZG270-500	E5016(J506) E5516-G (J556)、(J556RH) E5015(J507) E5515-G(J557)	E4303(J422) E4301(J423) E4316(J426) E4315(J427)	E308-16 (A1101)、(A102) E309-15(A307)
40、45 ZG310-570	E5516-G (J556)、(J556RH) E5515-G (J557)、(J557Mo) E6016-D1(J606) E6015-D1(J607)	E4303(J422) E4316(J426) E4315(J427) E4301(J423) E5015(J507) E5016(J506)	E310-16(A402) E310-15(A407)
50、55 ZG340-640	E6016-D1(J606) E6015-D1(J607)	—	—

②采取焊后缓冷措施。工件焊后应缓冷,如包石棉或放在石棉灰中,或将工件放在炉中冷却等,有时焊缝冷却到150℃~200℃时,还要进行均温加热,使整个接头均匀缓冷。

③采取中间热处理和焊后热处理措施。如焊接厚壁中碳钢工件,当焊缝焊至1/3或1/2的焊缝厚度时,可马上入炉进行中间热处理,以降低焊接内应力。焊后热处理应根据碳含量、工件结构及用途来决定热处理方式。热处理一般采用450℃~650℃去应力退火,其目的是消除焊接残余应力。

(4)正确选择焊接规范

①中碳钢的焊接,焊接电源选用直流反接。这样可使工件受热少些,从而减少产生裂纹的倾向。焊接电流要比焊低碳钢时小10%~15%。

②尽量采取U形坡口。这样可减少母材在焊缝中的比例,避免产生热裂纹。

③采用能降低焊接应力的焊接工艺措施。如采取跳焊,对于较长焊缝采用逆向分段施焊法。

④尽量减少母材的熔化量。特别是焊第一层时,应采用小电流、低速焊。

3. 高碳钢的焊接

高碳钢碳含量大于0.6%,高碳钢的焊接性比中碳钢更差。高碳钢一般不用于制造焊接结构,而用于高硬度或耐磨部件和零件的焊补修理。

(1)焊条的选择

高碳钢焊接时应具体根据钢的碳含量、工件设计和使用条件等选择合适的填充金属,一般不用高碳钢。当焊接接头的力学性能要求较高时,应选用E7015-D2或E6015-D1;力学性能要求较低时可选用E5016或E5015等焊条施焊,也可以用铬镍奥氏体不锈钢焊条,如E310-15

（A407）、E309-15（A307）、E310-16（A402）。采用铬镍奥氏体不锈钢焊条焊接高碳钢时，焊前可不必预热。以上所述的碳钢焊条和低合金钢焊条都应当是低氢的。

（2）焊前预热和焊后热处理

采用碳钢焊条和低合金钢焊条焊接高碳钢时，高碳钢应先行退火，方能焊接。通常采用如下措施：

①焊接预热。高碳钢焊前预热温度较高，一般在 250℃～400℃ 范围内，个别结构复杂、刚度较大、焊缝较长、板厚较厚的焊件，预热温度高于 400℃。在焊接过程中还要保持与预热温度一样的层间温度。

②焊后热处理。高碳钢焊件施焊结束后，应立即将焊件送人加热炉中加热至 600℃～650℃，然后缓冷进行消除应力热处理。

（3）焊接工艺

焊接高碳钢时，应仔细清除焊件待焊处油、污、锈、垢；采用小电流施焊，焊缝熔深要浅；为防止产生裂纹，可先在焊接坡口上用低碳钢堆焊一层，然后再在堆焊层上进行焊接；在焊接过程中采用引弧板和引出板；为减少焊接应力，在焊接过程中，可采用锤击焊缝金属的方法减少焊件的残余应力。

二、低合金结构钢的焊条电弧焊

1. 低合金结构钢的焊接性

焊接中常用的低合金钢一般可分为高强钢、低温用钢、耐蚀钢及珠光体耐热钢。低合金钢通过合金元素对钢的组织产生作用，使钢达到一定性能要求的同时也影响着钢的焊接性。低合金结构钢的焊接性及影响因素可以概括为以下几个方面：

（1）焊接热影响区的淬硬倾向

低合金钢焊接热影响区具有一定的淬硬倾向，随着碳当量 C_{eq} 值的提高，淬硬倾向也随之增加。低合金钢由于含有一定的合金元素，容易淬火，在焊接电弧的作用下，过热区被加热到很高温度，随后迅速冷却下来，在过热区形成粗大的碎硬组织。

（2）焊接裂纹

低合金钢焊接时的主要问题是容易产生冷裂纹。据统计，低合金钢焊接事故中，热裂纹仅占 10%，90% 的裂纹均属于冷裂纹。冷裂纹经常产生在焊接热影响区，个别在焊缝金属中发生。

焊接裂纹除热裂纹和冷裂纹外还包括再热裂纹和热影响区的层状撕裂。大厚度轧制钢板焊接时，在热影响区可能产生与板表面平行的裂纹，这种裂纹称为热影响区层状撕裂，如图 4-38 所示。层状撕裂的特征是从焊趾开始，以 45°斜角向母材内部延伸达 1mm 左右，然后改变方向，向平行于表面的夹层发展，转变为层状撕裂。

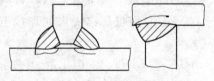

图 4-38　层状撕裂

（3）氢气孔

在焊接低合金结构钢时，由于低氢碱性焊条抗气孔性较差，要求药皮在焊前彻底烘干，尽量减少焊接接头的含氢量，避免形成氢气孔。另外，焊条和待焊处的油、污、锈、垢，焊条直径过大，大电流连续施焊；焊前预热和焊后热处理温度都是影响和产生氢气孔的因素。

2. 低合金结构钢焊条的选用

低合金钢焊条选用的主要原则是：

(1)按等强度原则

要求焊缝的强度等于或略高于母材金属的强度,当强度等级不同的低合金结构钢或低合金结构钢与低碳钢焊接时,应选用与强度等级低的钢材相匹配的焊条焊接。由于焊条是按抗拉强度分类的,所以选用焊条时,必须考虑所焊钢材的抗拉强度。

(2)按焊接结构的重要程度选用酸、碱性焊条

选用酸、碱性焊条的原则主要取决于钢材的抗裂性能、焊接结构的工作条件、施工条件、焊接结构的形状、焊接结构的刚度等因素。对于重要的焊接结构,要求塑性好、冲击韧性高、抗裂性好、低温性能好的焊接结构应采用低氢碱性焊条。对于不重要的焊接结构,或坡口表面的油、污、锈、垢和氧化皮等脏物难以清理干净时,在焊接结构的使用性能允许的前提下,也可以考虑采用酸性焊条。焊接低合金结构钢焊条的选择见表4-9。

表 4-9　焊接低合金结构钢焊条的选择

钢　材　牌　号		适用焊条型号
GB/T 1591—94	GB 1591—88	
Q295	09MnV;09Mn2 09MnNb;12Mn	E4303(J422) E4301(J423) E4316(J426) E4315(J427) E5016(J506) E5015(J507)
Q345	18Nb;12MnV 14MnNb 16Mn;16MnRe	E5003(J502) E5001(J503) E5016(J506) E5015(J507) E5018(J506Fe) E5028(J506Fe16)
Q390	15MnV;16MnNb 15MnTi	E5016(J506) E5015(J507) E5515-G(J557) E5516-G(J556) E5001(J503) E5003(J502) E5015-G(J507R) E5016-G(J506R)
Q420	15MnVN 14MnVTiRe	E5516-G(J556RH) E5515-G(J557MoV) E6016-D1(J606) E6015-D1(J607)

3. 焊接线能量的确定

焊接线能量是指焊接电弧的移动热源给予单位长度焊缝的能量,即电弧电压、焊接电流和焊接速度三者的综合作用。

　　热影响区淬硬倾向主要通过冷却速度起作用。施焊条件相同时,线能量大,冷却速度则小,热区淬硬倾向小;反之,线能量小,冷却速度则大,热区淬硬倾向大。从减小过热区淬硬倾向来看,应选择较大的线能量。当碳当量 C_{eq} 值为 $0.4\%\sim0.6\%$,在焊接时对线能量要严格控制。线能量过低会在热影响区产生淬硬组织,易产生冷裂纹;但线能量过高,热影响区晶粒会长大,对于过热倾向大的钢,其热影响区的冲击韧性就会降低。因此,对于过热敏感,且有一定淬硬性的钢材,焊接时应选用较小的线能量,以减少焊件高温停留的时间;同时采用预热,以减少过热区的淬硬倾向。部分低合金结构钢的碳当量见表 4-10。

表 4-10　部分低合金结构钢的碳当量

钢材牌号		热处理状态	碳当量 C_{eq}(%)
GB/T 1591—88	GB/T 1591—94		
09MnV			0.28
09MnNb	Q295	热轧或热处理	0.26
09Mn2			0.39
12Mn			0.34
18Nb		热轧	0.28
16MnRe		热轧或热处理	0.37
12MnV	Q345	热轧或正火	0.37
14MnNb		热轧	0.31
16Mn			0.39
15MnV			0.40
15MnTi	Q390		0.38
16MnNb		热轧或热处理	0.35
14MnVTiRe	Q420		0.44
15MnVN			0.44

4. 焊前预热、层间温度和焊后热处理

　　焊接低合金结构钢时,为了防止产生冷裂纹,除选用低氢碱性焊条并在使用前对焊条按规定进行烘干外,还应根据母材确定预热温度。采取局部预热时,预热宽度不得小于壁厚的 $2\sim3$ 倍;定位焊应在预热后进行,并用较大线能量进行焊接,即焊接速度低、焊接电流大;若由于偶然事故中断焊接时,工件应保持在预热温度以上待焊,或控制焊缝层间温度不得低于预热温度,并在焊后缓冷,及时作消氢处理。

　　焊前预热温度与焊件材料和焊件厚度有关,但起决定作用的是低合金钢的化学成分。低合金结构钢碳当量 $C_{eq}>0.35\%$ 时,要考虑预热,当碳当量 $C_{eq}>0.45\%$ 时,应在焊前进行预热。

　　对于低合金结构钢的焊接,进行焊后热处理的目的是减少焊接热影响区淬硬倾向和焊接应力,防止产生冷裂纹,但同时避免在焊后热处理的过程中出现再热裂纹。若板较厚,焊至板厚的 1/2 时,应做中间消除应力热处理;焊后应及时进行回火热处理。再者,要求抗应力腐蚀的容器或低温下使用的焊件,应尽可能进行焊后消除焊接应力的热处理。常用低合金结构钢焊接焊前预热温度,焊接过程中的层间温度和焊后热处理温度见表 4-11。

表 4-11　常用低合金结构钢焊接预热温度、层间温度和焊后热处理温度

钢 材 牌 号		预热温度 （℃）	层间温度 （℃）	焊后热处理
GB/T 1591—94	GB 1591—88			
Q295	09MnV 09MnNb 09Mn2 12Mn	一般厚度 不预热		不处理
Q345	18Nb 12MnV 14MnNb 16Mn 16MnRe	$\delta \leqslant 40mm$ 不预热 $\delta > 40mm$ 预热温度 $\geqslant 100$	不限	600℃～650℃ 回火
Q390	15MnV 15MnTi 16MnNb	$\delta \leqslant 32mm$ 不预热 $\delta > 32mm$ 预热温度 $\geqslant 100$		560℃～590℃ 或 630℃～650℃ 回火
Q420	14MoVTiRe 15MnVNb	$\delta > 32mm$ 预热温度 $\geqslant 100$	100～150	550℃～600℃ 回火

　　16Mn 钢是我国目前产量最大、应用最广的低合金钢。它广泛用于制造压力容器、锅炉、石油储罐、船舶、桥梁、车辆及各种工程机械。16Mn 钢的成分和性能符合 Q345A 的标准。16Mn 钢碳当量为 $0.32\% \sim 0.47\%$，焊接性较好。16Mn 钢焊接前一般不必预热。厚度大的、刚性大的结构在低温下焊接时，需要预热，见表 4-12。

表 4-12　不同低温环境温度下焊接 16Mn 钢的预热温度

板厚（mm）	不同气温下的预热温度
16 以下	不低于−10℃不预热，−10℃以下预热 100℃～150℃
16～24	不低于−5℃不预热，−5℃以下预热 100℃～150℃
25～40	不低于 0℃不预热，0℃以下预热 100℃～150℃
40 以上	均预热 100℃～150℃

5．防止层状撕裂的措施

　　厚钢板中含有的硫、磷等杂质，在轧制时形成了带状组织，受焊接应力作用而造成层状撕裂。为了防止层状撕裂，除了应选择层状偏析少的母材外，接头的坡口形式要设计得合理，尽量减少垂直于母材表面的拉力，或选择强度较低的焊条，或采用预敷焊（如图 4-39）的方法。

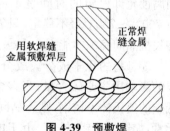

图 4-39　预敷焊

三、不锈钢的焊条电弧焊

　　不锈钢按钢中的显微组织可分为奥氏体不锈钢、马氏体不锈钢和铁素体不锈钢等。奥氏体不锈钢的主要合金元素是铬和镍，也称为铬镍奥氏体不锈钢。奥氏体不锈钢有更优良的耐腐蚀性,强度较低,而塑性、韧性极好,焊接性能良好。所以,奥氏体不锈钢应用非常广泛。奥氏体不锈钢化学成分类型有 Cr18%—Ni9%(通常称 18-8 不锈钢),Cr18%—Ni12%,Cr23%—Ni13%,Cr25%—Ni20%等几种。属于奥氏体不锈钢的有:06Cr19Ni10(0Cr19Ni10)[1],022Cr19Ni10(00Cr19Ni10),12Cr18Ni9(1Cr18Ni9),07Cr18Ni9Ti(1Cr19Ni9T10),06Cr18Ni10Ti(0Cr18Ni10Ti),06Cr18Ni11Nb(0Cr18Ni11Nb),10Cr18Ni12(1Cr18Ni12),06Cr18Ni12Mo2Ti(0Cr18Ni12Mo2Ti),06Cr23Ni13(0Cr23Ni13),06Cr25Ni20(0Cr25Ni20)等。常用有:07Cr18Ni9Ti(1Cr18Ni19Ti),06Cr25Ni20(0Ci25Ni20)等。

1. 奥氏体不锈钢的焊接性

奥氏体不锈钢具有良好的焊接性。但当焊接材料选用不当或焊接工艺不合理时,无论是焊缝还是热影响区,都有发生晶间腐蚀的可能。所以,防止产生晶间腐蚀是奥氏体不锈钢焊接的主要问题。此外,还应注意防止发生热裂纹和焊接接头的脆化。

(1)奥氏体不锈钢的焊接接头的晶间腐蚀

铬是奥氏体不锈钢中具有耐腐蚀性的基本元素,当含铬量低于 12%时,就不再具有耐腐蚀性能了。奥氏体不锈钢在焊接或使用的过程中,当温度升高到 450℃～850℃时,由于奥氏体中过饱和的碳向晶界处迅速扩散并在晶粒边界析出,析出的碳与铬形成碳化铬;又因为铬在奥氏体中的扩散速度很慢,来不及向晶界扩散,这样就大量消耗了晶界处的铬,使晶界处的含铬量降低到小于 12%,这时晶界就失去了耐腐蚀能力。

晶界一旦失去了耐腐蚀能力,使用时,铬镍奥氏体不锈钢在腐蚀性介质的作用下,晶界很快溶解,腐蚀性介质沿着晶界继续深入腐蚀,而晶粒本身则完整无损。从外观上看工件未发生明显变化,但金属已失去塑性。若将其试样作拉伸弯曲试验,稍有变形便产生裂纹。其试样相互敲击时,已失去金属声。若腐蚀严重时,甚至会产生晶粒脱落现象。对于奥氏体不锈钢来说,晶间腐蚀是最严重的破坏形式,是非常危险的。

影响晶间腐蚀的主要因素有加热温度、加热时间和母材的化学成分。

①加热温度。如 18-8 钢在 450℃～850℃范围内,停留一段时间后,就会发生晶间腐蚀。低于 450℃,由于奥氏体中的碳扩散速度不快,不能在晶界处扩散析出而形成碳化铬,所以没有晶间腐蚀现象;如果温度高于 850℃,这时不仅碳在奥氏体中扩散速度极快,而且铬在奥氏体中的扩散速度也很快,故不能造成晶粒边界处贫铬,因而也不会发生晶间腐蚀。

②加热时间。加热到危险温度范围(450℃～850℃)要产生晶间腐蚀。但在不同温度下不发生晶间腐蚀允许停留的时间是不同的,如图 4-40 所示。在 700℃～750℃最不稳定,只需十几秒到几分钟就会丧失抗晶间腐蚀的能力。

③母材的化学成分。成分中对晶间腐蚀的最主要的影响因素是碳含量,当碳含量小于 0.04%,即超低碳的奥氏体不锈钢,则无晶间腐蚀。强碳化物形成元素,如钛、铌、钼、锆等,由于能取代铬而与碳化合,因而能大大提高材料抗晶间腐蚀的能力。

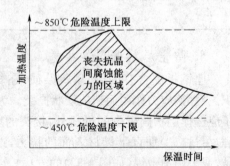

图 4-40　加热温度和保温时间对 18-8 钢抗晶间腐蚀能力的影响

---

[1] 括号内牌号为旧牌号。

(2)热裂纹

奥氏体不锈钢焊接时比较容易产生热裂纹。奥氏体不锈钢焊接时产生热裂纹的原因:一是单相奥氏体焊缝易形成方向性强的柱状晶组织,硫、磷、镍、碳等元素形成的低熔点共晶杂质偏析比较严重,形成晶间液态夹层;不锈钢的液相线与固相线距离较大,结晶时间较长,也使低熔点杂质偏析比较严重;二是不锈钢导热系数小、线膨胀系数大,导致焊接应力比较大(一般是焊缝和热影响区受拉应力)。

防止热裂纹的措施:

①严格限制焊缝中硫、磷等杂质元素的质量分数,以减少低熔点共晶杂质。

②选用双相组织的焊条,使焊缝形成奥氏体和少量铁素体的双相组织,以细化晶粒,打乱柱状晶方向,减小偏析严重程度。铁素体的质量分数控制在 3%～8%(5%左右)。过多的铁素体会使焊缝变脆。对于镍的质量分数大于 15% 的奥氏体不锈钢不能采用奥氏体和铁素体双相组织来防止热裂纹。因为铁素体在高温(>650℃)下长期使用,会析出 σ 相,使焊缝脆化。可采用奥氏体和碳化物的双相组织焊缝,亦有较高的抗热裂能力。

③选用碱性焊条和焊剂,以降低焊缝中的杂质含量,改善偏析程度。

④控制焊接电流和电弧电压大小,适当提高焊缝形状系数;采用多层多道焊,避免中心线偏析,可防止中心线裂纹。

⑤采用小线能量,小电流快速不摆动焊,可减小焊接应力。

⑥填满弧坑,可防止弧坑裂纹。

(3)焊接接头的脆化

奥氏体不锈钢的焊缝在高温加热一段时间后,常会出现冲击韧度下降的现象,称为脆化。

①475℃脆化。含有较多铁素体相(超过 15%～20%)的双相焊缝组织,经过 350℃～500℃加热后,塑性和韧性会显著下降,由于 475℃时脆化速度最快,故称 475℃脆化。铁素体相越多,这种脆化越严重。因此,在保证焊缝金属抗裂性能和抗腐蚀性能的前提下,应将铁素体相控制在较低的水平,约 5% 左右。已产生 475℃脆化的焊缝,可经 900℃淬火消除。

②σ 相脆化。奥氏体不锈钢焊接接头在 375℃～875℃温度范围内长期使用,会产生一种 FeCr 金属间化合物,称为 σ 相。σ 相硬而脆(HRC>68)。由于 σ 相析出的结果,使焊缝冲击韧度急剧下降,这种现象称为 σ 相脆化。σ 相一般仅在双相组织焊缝内出现;当使用温度超过 800℃～850℃时,在单相奥氏体焊缝中也会析出 σ 相。通常认为 σ 相主要是由铁素体演变而来,当铁素体含量超过 5% 时,σ 相就很快形成。因此,高温下使用的奥氏体不锈钢,为了防止出现 σ 相,必须限制铁素体含量,控制在 5% 以内,并严格控制 Cr、Mo、Ti、Nb 等元素的含量。为了消除已经生成的 σ 相,恢复焊接接头的韧性,可把焊接接头加热到 1000℃～1050℃,然后快速冷却。σ 相在 07Cr18Ni9Ti(1Cr18Ni9Ti)钢的焊缝中一般不产生。总之,防止 475℃脆化和 σ 相脆化的主要措施是严格控制铁素体含量在 5% 以内。

③熔合线脆断。奥氏体不锈钢在高温下长期使用,在沿熔合线外的地方,会发生脆断现象,称为熔合线脆断。在钢中加入钼能提高钢材抗高温脆断的能力。

2. 奥氏体不锈钢的焊接

奥氏体不锈钢具有优良的焊接性。焊条电弧焊是奥氏体不锈钢最常用的焊接方法。

(1)奥氏体不锈钢焊条的选择

一般应根据熔敷金属的化学成分与母材相匹配的原则来选择焊条,使焊缝金属的主要合金元素不低于母材,并考虑抗裂性、抗腐蚀性和耐热性的要求。超低碳不锈钢焊条的抗裂性和耐腐蚀性均好;含有稳定剂元素铌(Nb)的焊条用于抗晶间腐蚀要求较高的焊接,但抗裂性较差;碳含量大于 0.04%,且不含稳定剂的焊条只能用于耐腐蚀性能不太高的焊件。常用奥氏体不锈钢焊条的选择见表 4-13。

表 4-13　常用奥氏体不锈钢焊条的选择

类别	牌　　号	工作条件及要求	焊条型号及牌号
奥氏体不锈钢	06Cr19Ni9(0Cr19Ni9)	工作温度低于 300℃,要求良好的耐腐蚀性	E308-16 (A102) E308-15 (A107)
	12Cr18Ni9(1Cr18Ni9)	抗裂、抗腐蚀性较高	(A122)
	07Cr18Ni9Ti(1Cr18Ni9Ti)	工作温度低于 300℃,要求有优良的耐腐蚀性能	E347-16 (A132) E347-15 (A137)
	022Cr19Ni11(00Cr19Ni11)	耐腐蚀要求极高	E308L-16 (A002)
	06Cr17Ni12Mo2 (0Cr17Ni12Mo2)	抗无机酸、有机酸、碱及盐腐蚀	E316-16 (A202) E316-15 (A207)
		要求良好的抗晶间腐蚀性能	E318-16 (A212)
	06Cr19Ni13Mo3 (0Cr19Ni13Mo3)	抗非氧化性酸及有机酸性能较好	E308L-16 (A002) E317-16 (A242)
	06Cr18Ni11Ti(0Cr18Ni11Ti) 07Cr18Ni9Ti(1Cr18Ni9Ti) 06Cr18Ni12Mo2Ti (0Cr18Ni12Mo2Ti)	要求一般耐热及耐腐蚀性能	E318V-16 (A232) E318V-15 (A237)
	06Cr18Ni12Mo2Cu2 (0Cr18Ni12Mo2Cu2)	在硫酸介质中要求更好的耐腐蚀性能	E317MoCu-16 (A032) E317MoCu-16 (A222)
	06Cr18Ni14Mo2Cu2 (0Cr18Ni14Mo2Cu2)	抗有机、无机酸,异种钢焊接	E317MoCu-16 (A032) E317MoCu-16 (A222)
	06Cr23Ni13(0Cr23Ni13)	耐热、耐氧化,异种钢焊接	E309-16 (A302) E309-15 (A307)

续表 4-13

类别	牌　　号	工作条件及要求	焊条型号及牌号
奥氏体不锈钢	06Cr25Ni20(0Cr25Ni20)	高温,异种钢焊接	E310-16 (A402) E310-15 (A407)

(2)奥氏体不锈钢焊接工艺

由于不锈钢的导热性差,所以焊接电流要比同样直径的碳钢焊条小 10%～20%,这样既保证所需熔深,又防止过热。一般也可按焊条直径的 25～35 倍来选择焊接电流,在立焊或仰焊时的焊接电流还要小 10%～30%。焊接前应严格清理坡口,焊接中要保持焊条清洁,以防止焊缝中碳的增加。

在焊接工艺方面采取的措施,其基本原则是焊缝金属冷却速度要快,冷却过程中通过丧失抗晶间腐蚀能力的区域的速度要快(见图 4-40)。除上述焊接电流要小外,焊接速度要快,不做横向摆动,层间温度要尽量低,必要时用冷水冷却。在焊接时应采用短弧,以减少合金元素的烧损。在接触腐蚀介质一侧要最后焊。不得随意打弧,地线要卡牢,防止飞溅金属贴在坡口两侧,使不锈钢表面层具有良好的抗腐蚀性能。多层焊时,要等前一道焊缝冷却后再焊下一道焊缝;焊缝尽可能一次焊完,少中断、少接头,收弧要衰减,以防弧坑裂纹。

(3)稳定化退火和固溶处理

奥氏体不锈钢原则上不进行焊前预热和焊后热处理。但有时进行稳定化退火和固溶处理。稳定化退火是把焊好的工件加热到 850℃ 保温 4h,使铬充分扩散,以消除晶界贫铬的方法。固溶处理指把焊件加热到 1050℃～1150℃,保温一定时间,这样使碳化铬分解,碳溶解到奥氏体晶格中去,消除晶界贫铬,然后水冷使碳来不及析出。由于稳定化处理和固熔处理都存在加热过程中工件有氧化和变形等问题,所以,并不是总能采用的。

3. 马氏体不锈钢的焊接

马氏体不锈钢常称铬不锈钢,即 Cr13 类型的钢,作抗氧化钢使用。Cr13 型马氏体钢的焊接性很差,一是淬硬倾向大、过热倾向大,易产生淬火裂纹;二是易产生扩散氢引起的延迟裂纹。

(1)焊条的选择、焊前预热和焊后热处理

采用焊条电弧焊时,焊接材料(焊条)有两种选择:一种是选用与母材成分相接近的 Cr13 型焊接材料,使焊缝金属的各项性能与母材相近。但焊前要预热到 150℃～350℃,焊后作 700℃～730℃ 回火热处理。另一种方法是选用铬镍奥氏体不锈钢焊条,由于焊缝金属为奥氏体组织,能溶解较多的氢,但焊缝强度低。

使用铬镍不锈钢焊条,对防止冷裂非常有效,焊前可不预热,焊后不做热处理,但在焊接厚壁件时,应预热 200℃。使用铬镍不锈钢焊条的缺点是:接头性能不均匀,焊缝强度低,对构件在高温下工作有一定的影响。马氏体不锈钢焊条的选择、焊前预热和焊后热处理见表 4-14。

(2)焊接工艺

焊接薄板时,应采用较小的焊接电流,尽可能快的焊速。应使熔池体积小、焊道窄,以防金属过热。焊前预热温度不应高于 400℃,2.5mm 以下的薄板,焊前可不预热。焊件焊后不应

表 4-14　焊接马氏体不锈钢焊条的选择及焊前预热和焊后热处理

类别	牌　号	工作条件及要求	焊条型号及牌号	热规范(℃)		备注
				预热、层温	焊后热处理	
马氏体不锈钢	12Cr13(1Cr13) 20Cr13(2Cr13)	耐大气腐蚀及气蚀	E410-16(G202) E410-15(G207)	250~350	700~730 回火	一
		耐热及有机酸腐蚀	E1-13-1-15 (G217)			
		要求焊缝有良好的塑性	E308-16(A102) E308-15(A107) E316-16(A202) E316-15(A207) E310-16(A402) E310-15(A407)	不进行(厚大件可预热至200)	不进行	
	14Cr17Ni2 (1Cr17Ni2)	耐腐蚀、耐高温	E430-16(G302) E430-15(G307)	200	750~800 回火	
		焊缝的塑性、韧性好	E309-16(A302) E309-15(A307)			
		焊缝的塑性、韧性好	E310-16(A402) E310-15(A407)			
	12Cr12(1Cr12)	在一定温度下能承受高应力,在淡水、蒸汽中耐腐蚀	E410-16(G202) E410-15(G207)	250~350	700~730 回火	

从焊接高温直接升温进行回火热处理,应先使焊件冷却;对于刚度较小的构件可冷却至室温后再回火,焊后的高温回火应注意缓冷。

4. 铁素体不锈钢的焊接

铁素体不锈钢具有很好的耐均匀腐蚀、点蚀和应力腐蚀性能,但采用普通熔炼方法生产的高铬铁素体不锈钢含有 0.1% 的碳及少量的氮,如 10Cr17(1Cr17)、06Cr11Ti(0Cr11Ti)、10Cr17Mo(1Cr17Mo)等,对高温热作用敏感,焊接接头塑性和韧性较低,焊接刚度大的接头时还会产生裂纹,焊接性较差。

(1)焊条的选择、焊前预热和焊后热处理

焊接铁素体不锈钢时,选择的焊接材料(焊条)一种是与母材成分相接近的焊接材料,但在焊前应预热到 120℃~200℃,焊后作 750℃~800℃ 的回火热处理;另一种是采用奥氏体焊条,可免除焊前预热和焊后处理,但对于不含稳定元素的铁素体不锈钢,高温热作用的敏感问题仍然存在。合金含量高的奥氏体焊条有利于提高焊接接头的塑性。奥氏体或奥氏体—铁素体焊缝金属基本与铁素体不锈钢母材等强,但在某些腐蚀介质中耐腐性可能低于化学成分与母材相同的接头。铁素体不锈钢焊条的选择、焊前预热和焊后热处理详见表 4-15。

(2)焊接工艺

在焊接铁素体不锈钢的过程中,应选用小的焊接线能量,采用大焊速、窄焊道焊接,焊条不做横向摆动。在多层多道焊时,后道焊缝应等前道焊缝冷却至预热温度时,再进行焊接。焊接高铬铁素体不锈钢,当焊接接头刚度较大时,焊后容易产生裂纹,在焊前要预热到 70℃~150℃,以防止产生裂纹。为防止焊件出现 475℃脆化倾向,焊后应进行 700℃~760℃ 回火热处理,然后空冷;若焊件已析出 σ 脆性相,可在 930℃～980℃范围内加热,然后在水中急冷,这样可以得到均匀的铁素体焊缝组织。当焊件厚度较大时,每焊完一道焊缝,可以用手锤轻轻敲击焊缝表面,以改善接头性能。

表 4-15　铁素体不锈钢焊条的选择、焊前预热和焊后热处理

牌　号	工作条件及要求	焊条型号及牌号	热规范(℃)		备注
			预热、层温	焊后热处理	
10Cr17(1Cr17) Y10Cr17(Y1Cr17)	耐热及耐硝酸	E430-16(G302)	120～200	750-800 回火	一
10Cr17(1Cr17) Y10Cr17(Y1Cr17)	耐热及耐有机酸	E430-15(G307)			
06Cr13Al(0Cr13Al)	提高焊缝塑性	E308-15(A107) E309-15(A307)	不进行	不进行	
10Cr25Ti(1Cr25Ti)	抗氧化性	E309-15(A307)		760～780 回火	
10Cr17Mo(1Cr17Mo)	提高焊缝塑性	E308-16(A102) E308-15(A107) E309-16(A302) E309-15(A307)		不进行	

四、耐热钢的焊条电弧焊

具有热稳定性和热强性的钢称为耐热钢。耐热钢有珠光体耐热钢、奥氏体耐热钢、马氏体耐热钢和铁素体耐热钢,以珠光体耐热钢的应用最为广泛。耐热钢主要用来制造发电设备中的锅炉、汽轮机、管道和石油化工设备等。

1. 珠光体耐热钢的焊接

珠光体耐热钢是以铬、钼为主要合金元素的低合金钢,与普通碳素钢相比具有良好的抗氧化能力和热强性。其供货状态(正火或正火加回火)组织是珠光体(或珠光体加铁素体),故称珠光体耐热钢。珠光体耐热钢有 15Mo、12CrMo、15CrMo、12Cr1MoV、12Cr2MoWVB、12MoVWBSiRe 等。

珠光体耐热钢的特性通常用高温强度和高温抗氧化性两种指标来表示。

高温强度。珠光体耐热钢在 500℃～600℃时仍保持有较高的强度。衡量高温强度的指标有蠕变强度和持久强度两个。材料当受一定应力的作用时,会发生变形量随时间而逐渐增大的现象,称为蠕变。蠕变强度是钢在一定温度下,在规定的时间内产生一定的微量变形(例如 1%)时的应力。持久强度是钢在一定温度下,经规定的时间(例如 10^4 或 10^5 h)发生断裂的应力。Mo、W、V、Ti、Nb、B 等合金元素加入钢中,能提高钢的室温和高温强度。

高温抗氧化性。钢在 560℃以上生成的氧化物主要是 FeO,结构疏松,氧极易穿过,使基体继续氧化。Cr、Si、Al 等合金元素能提高钢的高温抗氧化性能,还有利于高温强度。钢中的碳碳与铬生成碳化铬,从而降低钢中铬的含量。这将降低钢的高温抗氧化性。因此,珠光体耐热钢的碳的质量分数都小于 0.25%。

(1)珠光体耐热钢的焊接性

珠光体耐热钢的焊接性主要存在两个问题:

①淬硬倾向较大,易产生冷裂纹。珠光体耐热钢中含有一定量的铬和钼及其他合金元素,因此,在焊接热影响区有较大的淬硬倾向,焊后在空气中冷却,热影响区常会出现硬脆的马氏体组织;在低温焊接或焊接刚性较大的结构时,易产生冷裂纹。

②焊后热处理过程中易产生再热裂纹。珠光体耐热钢含有 Cr、Mo、V、Ti、Nb 等强烈的碳化物形成元素,从而使焊接接头过热区在焊后热处理(高温回水,或称消除应力退火)过程中易产生再热裂纹(或称消除应力处理裂纹)。

此外,某些珠光体耐热钢及其焊接接头,当存在一定量的残余元素(如 P、As、Sb、Sn 等)时,在 350℃～500℃温度区间长期运行过程中,会发生剧烈脆化现象(称回火脆性)。

(2)焊接珠光体耐热钢焊条的选择

为了保证焊缝金属的耐热性能,进行焊条电弧焊前选择焊条是根据母材的化学成分,而不是根据母材的力学性能。珠光体耐热钢焊条选择见表 4-16。此外,还可选用奥氏体不锈钢焊条,并且焊后一般可不做热处理。

表 4-16　焊接珠光体耐热钢焊条的选择

牌　号	焊条型号(牌号)	预热及层间温度(℃)	焊后热处理温度(℃)
10Cr2Mo1	E6000-B3(R400)	250～300	730～750
	E6015-B(R407)		
12CrMo	E5503-B1(R202)	200～250	650～700
	E5515-B1(R207)		
12Cr5Mo	E502-15(R507)	300～400	740～760
12Cr9Mo1	E505-15(R707)	300～400	730～780
12Cr1MoV	E5500-B2-V(R310)	250～350	710～750
	E5515-B2-V(R317)		
12Cr2MoWVB	E5515-B3-VWB(R347)	250～300	760～780
12Cr3MoVSiTiB	E6015-B3-VNb(R417)	300～350	740～760
15CrMo	E5515-B2(R307)	200～250	650～700
15Cr1MoV	E5515-B2-VW(R327)	300～400	710～730
	E5515-B2-VNb(R337)		
17CrMo1V	E5515-B2-VW(R327)	300～400	720～750
	E5515-B2-VNb(R337)		

(3)焊前预热和焊后热处理

珠光体耐热钢预热、层间和焊后热处理温度见表 4-16。

①焊前预热。焊前预热是避免生成淬硬组织、减小焊接应力,防止产生焊接冷裂纹的有效措施之一。铬钼珠光体耐热钢的淬硬冷裂倾向较大,因此预热是焊接铬钼珠光体耐热钢的重要工艺措施。不论是定位焊还是焊接过程中,都应预热,并保持略高于预热温度的层间温度。预热温度根据钢的化学成分、接头的拘束度和焊缝金属的含氢量来选定,见上表。预热作为焊接工艺的重要组成部分,应与层间温度和焊后热处理一并考虑。近期研究证明,对于铬钼珠光体耐热钢的焊接,为了防止冷裂纹的产生,规定较高的预热温度是必要的。但预热温度并非越高越好。在大型焊接结构的制造中,对焊件进行局部预热可以取得与整体预热相近的效果。

但必须保证预热宽度大于所焊壁厚的 4 倍,且至少不小于 150mm,保证焊件内外表面均达到预热温度。

②焊后保温及缓冷。从焊接结束到焊后热处理装炉这段时间内,铬钼珠光体耐热钢焊接接头产生裂纹的危险性最大。因此,焊后应立即用石棉布覆盖焊缝及热影响区保温,使其缓慢冷却。防止接头裂纹的简单而可靠的措施是将接头按层间温度(预热温度上限)保温 2~3h 的低温后热处理,可基本上消除焊缝中的扩散氢。

③焊后热处理。铬钼珠光体耐热钢焊后应立即进行高温回火,以防止产生延迟裂纹。对于铬钼珠光体耐热钢,焊后热处理的目的不仅是消除焊接残余应力,而且更重要的是改善接头组织,提高接头的综合力学性能。

(4)焊接工艺要点

铬钼珠光体耐热钢焊接时,控制线能量。采用较小的线能量,有利于减小焊接应力,细化晶粒,改善组织,提高冲击韧性。

在珠光体耐热钢焊接时,选用碱性低氢焊条是防止焊接冷裂纹的主要措施之一。但碱性焊条药皮容易吸潮,而焊条药皮和焊剂中的水分是氢的主要来源。因此,焊条在使用前要严格按规范烘干,随用随取。此外还必须清除坡口及两侧的锈、水、油污。

U 形坡口用于壁厚较厚的珠光体耐热钢管道的对接焊接。U 形坡口要求对口间隙严格(2~3mm),因为间隙对根部焊接质量有较大的影响。带垫圈的 V 形坡口的优点是根部间隙大,便于运条,能保证根部焊透。但必须注意垫圈与管道之间的间隙应小于 0.5~1.0mm,否则焊缝根部两侧容易产生裂纹。

2. 奥氏体耐热钢的焊接

(1)奥氏体耐热钢的焊接性

奥氏体耐热钢有 06Cr19Ni10(0Cr19Ni10)、06Cr23Ni13(0Cr23Ni13)、06Cr25Ni20(0Cr25-Ni20)、07Cr18Ni9Ti(1Cr18Ni9Ti)、07Cr18Ni11Nb(1Cr19Ni11Nb)等。奥氏体耐热钢焊接存在的主要问题是:焊缝金属和热影响区容易产生裂纹。在 600℃~850℃长时间停留会出现 σ 脆性相和 475℃的脆化倾向。为防止裂纹的产生,应采用短弧、窄焊道的操作方法,同时用小电流、高速焊以减少过热,必要时在焊接的过程中采用强制冷却的措施。一般对奥氏体耐热钢的焊接,焊前不进行预热,在焊后也不进行热处理,只是对刚度较大的构件,必要时进行800℃~900℃的稳定化处理。

(2)焊条的选择

焊接奥氏体耐热钢的焊条,要求在焊后无裂纹的前提下应保证焊缝金属的热强性与母材基本相等。因此,应要求焊接材料的合金成分基本与母材的合金成分相匹配,并且要求控制焊缝金属内的铁素体含量。长期处在高温运行状态的奥氏体焊缝金属内所含的铁素体,其质量分数应小于 5%。为使焊后清渣方便,并使焊道表面光滑,尽量选用工艺性能良好的钛钙型药皮的焊条。焊接奥氏体耐热钢焊条的选择见表 4-17。

3. 马氏体耐热钢的焊接

(1)马氏体耐热钢的焊接性

马氏体耐热钢有 12Cr13(1Cr13)、20Cr13(2Cr13)、12Cr5Mo(1Cr5Mo)、42Cr9Si2(4Cr9Si2)、14Cr11MoV(1Cr11MoV)、12Cr12Mo(1Cr12Mo)等。马氏体耐热钢的焊接存在的

表 4-17　焊接奥氏体耐热钢焊条的选择

钢　　号	焊条型号（牌号）	预热及层间温度（℃）	焊后热处理温度（℃）
06Cr18Ni13Si4(0Cr18Ni13Si4)	E316-16(A202)	可以不进行预热	通常不进行焊后热处理，但对刚度大的焊件，视具体情况进行 800℃～900℃稳定化处理
	E318V-16(A232)		
06Cr23Ni13(0Cr23Ni13)	E309-16(A302)		
12Cr16Ni35(1Cr16Ni35)	E330MoMnWNb-15(A607)		
16Cr20Ni14Si2(1Cr20Ni4Si2)	E309Mo-16(A312)		
16Cr25Ni20Si2(1Cr25Ni20Si2)	(A422)		
22Cr20Mn10Ni2Si2N (2Cr20Mn9Ni2Si2N)	E310-16(A402)		
	E310-15(A407)		
20Cr25Ni20(2Cr25Ni20)	E310-16(A402)		
	E310-15(A407)		
26Cr18Mn12Si2N (3Cr18Mn12Si2N)	E310-16(A402)		
	E310-15(A407)		

　　主要问题是：由于马氏体耐热钢淬硬倾向大，因此，焊缝和热影响区极易产生硬度很高的马氏体组织，使接头脆性增加，焊接残余应力增大，容易产生冷裂纹。一般情况，马氏体耐热钢的碳含量越高，其淬硬和裂纹的倾向也就越大。

（2）焊接马氏体耐热钢焊条的选择、焊前预热和焊后热处理

　　焊接马氏体耐热钢，由于其具有相当高的冷裂倾向，焊件和焊条应严格保持在低氢状态，所以应选用超低氢型焊条，同时还应有防止冷裂纹产生的措施。通常采用铬含量和母材基本相同的焊条，使焊缝金属与母材的热膨胀系数相差不大，为防止冷裂纹，也可选用奥氏体焊条。焊接马氏体耐热钢时宜使用大电流，以减慢焊缝金属的冷却速度。焊前应预热，包括装配定位焊，焊接过程中，层间温度应保持在预热温度以上。预热温度可根据焊件的厚度和刚度的大小确定，为防止脆化，一般预热温度不超过 400℃。焊后应缓慢冷却到 150℃～200℃再进行高温回火热处理。绝不允许回火加热直接从预热温度 300℃～400℃开始，因为在这种情况下焊缝将会由于碳化物的析出、集中而降低焊缝金属的塑性和韧性。

　　图 4-41 所示为 15Cr12MoWV(1Cr12MoWV)钢蒸汽管道的焊接热规范。焊接马氏体耐热钢时，为了防止焊接接头的冷裂，要求焊接后用较高的回火温度进行热处理。但若回火温度

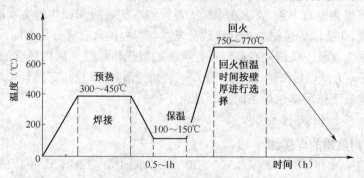

图 4-41　15Cr12MoWV(1Cr12MoWV)钢蒸汽管道的焊接热规范

过高,会使焊接接头在高温条件下的持久强度降低和出现塑性破坏。

焊接马氏体耐热钢的焊条选用、焊前预热和焊后热处理见表 4-18。

表 4-18　焊接马氏体耐热钢的焊条选用、焊前预热和焊后热处理

牌　号	焊条型号(牌号)	预热及层间温度(℃)	焊后热处理温度(℃)	备　注
12Cr5Mo (1Cr5Mo)	E502-15(R507)	300～400	740～760 回火	也可以选用不锈钢焊条: E308-16(A102)
14Cr11MoV (1Cr11MoV)	E11MoVNi-15(R807)	300～400	680～720 回火	也可以选用不锈钢焊条: E308-16(A102)
15Cr12MoWV (1Cr12MoWV)	E2-11MoVNiW-15 (R817)	300～400	740 回火	
12Cr13(1Cr13)	E410-16(G202) E410-15(G207)	300～350	700～750 空冷	也可以选用不锈钢焊条: E308-16(A102) E308-15(A107)
	E309-16(A302) E309-15(A307)	200～300	—	E309-16(A302)
14Cr17Ni2 (1Cr17Ni2)	E430-16(G302) E430-15(G307)	300～350	700～750 空冷	E310-16(A402) E310-15(A407)
	E309-16(A302) E309-15(A307)	200～300		—
	E310-16(A402) E310-15(A407)	200～300		—
	E308-16(A102) E308-15(A107)	200～300		

4. 铁素体耐热钢的焊接

(1)铁素体耐热钢的焊接性

铁素体耐热钢有 022Cr12(00Cr12)、10Cr17(1Cr17)等。铁素体耐热钢的焊接存在的问题是:在高温作用下,近缝区晶粒急剧长大而引起 475℃脆化,还会析出 σ 脆性相。铁素体耐热钢焊接接头室温冲击韧性低,容易在室温状态产生裂纹。

(2)焊接铁素体耐热钢焊条的选择、焊前预热和焊后热处理

焊接铁素体耐热钢有三种焊条:第一种为奥氏体铬镍高合金焊条,但对长时间处于高温运行的焊接接头,不宜使用这类焊条;第二种为镍基合金焊条,但由于其价格较高,仅在极特殊的情况下使用;第三种为成分基本与母材匹配的高铬钢焊条,适用于含铬质量分数在 17% 以下的各种铁素体耐热钢的焊接。

焊接铁素体耐热钢时,应采用小热输入、高速焊、窄焊道,即较小的线能量,减少焊接接头高温停留时间;多层焊时,不应连续施焊,应待前层焊缝冷却后,再焊下一道焊缝,必要时可采取冷却措施,提高焊缝的冷却速度。为确保焊缝塑性、韧性,也可选用不锈钢焊条。

焊接铁素体耐热钢时,应谨慎选择预热温度,对于厚度小于 6～8mm 的焊件,焊前可不必预热,防止焊接接头热影响区晶粒因过热而急剧长大并在缓慢冷却时丧失韧性。焊后热处理应在亚临界温度范围内进行,以防晶粒更加粗大。对于厚度在 10mm 以下的高纯度铁素体耐热钢焊件,焊后一般不作焊后热处理。

焊接铁素体耐热钢的焊条选用、焊前预热和焊后热处理见表 4-19。

表 4-19　　焊接铁素体耐热钢的焊条选用、焊前预热和焊后热处理

牌　号	焊条型号(牌号)	预热及层间温度(℃)	焊后热处理温度(℃)
022Cr12(00Cr12)	E430-15(G307) E430-16(G302) E309-15(A307) E309-15(A302)	70～150	700～760 高温 回火,然后空冷
06Cr11Ti(0Cr11Ti)	E308-15(A107) E316-15(A207) E309-15(A307)	70～150	—
06Cr13Al(0Cr13Al)	E308-16(A102) E308-15(A107) E309-16(A302) E309-15(A307) E310-16(A402) E310-15(A407)	200～250	750～800 回火
10Cr17(1Cr17)	E430-16(G302) E430-15(G307)	70～150	700～760 空冷
	E308-16(A102) E308-15(A107)	70～150	—

五、低温钢的焊条电弧焊

通常把在－20℃～－253℃温度范围内使用的钢材,称为低温钢。按最低使用温度可分为－40℃、－50℃、－60℃、－70℃、－80℃、－90℃、－100℃、－196℃、－235℃九个温度级别。例如焊接－40℃使用的 16MnDR,焊接－50℃使用的 15MnNiDR 和 09 Mn2VDR,焊接－70℃使用的 09MnNiDR,焊接－90℃使用的 06MnNb,焊接－100℃使用的 3.5Ni 和焊接－196℃使用的 9Ni 钢等。这里所说的低温钢是指－40℃～－100℃的铁素体型的低合金低温用钢。低温钢的主要作用是制作在低温下工作的容器和管道。随着石油、化工、能源工业的迅速发展,低温钢在空气分离装置、低温冷凝装置、低温液体储运设备等方面得到广泛的应用。

1. 低温钢的焊接性

随着温度下降到某一较低温度时,钢材断裂会从韧性转变为脆性,冲击韧度突然大幅下降到很低,此温度称为转脆温度。钢材的转脆温度应低于最低工作温度,以防止发生脆性破坏。因此对于低温钢,各国通常都规定出在最低使用温度下的冲击韧度。低温钢最低使用温度相当于国家标准或行业标准中规定的最低冲击韧度的实验温度,同时与钢板的厚度也有关。常用低温钢板的低温冲击性能见表 4-20。

低温钢焊接时,关键是要保证焊缝区和粗晶区的低温韧性。低温钢由于碳的质量分数低,塑性和韧性好,焊后淬硬倾向和冷裂倾向小,具有良好的焊接性。3.5Ni 钢板厚 25mm 以上,且刚性较大时,焊前要预热至 150℃;其余钢种可不预热。

2. 低温钢的焊接工艺

(1)低温钢焊条的选用(见表 4-21)

表 4-20 常用低温钢板的低温冲击性能

钢 号	钢板厚度 δ (mm)	最低冲击温度 (℃)	试样方向	冲击功值 A_{kv}(J),不小于		
				试样尺寸		
				$10 \times 10 \times 55$ ($\delta \geqslant 12$)	$5 \times 10 \times 55$ ($\delta > 6 \sim 8$)	$7.5 \times 10 \times 55$ $\delta > 8 \sim 11$
16MnDR	$6 \sim 36$	-40	横向	24	12	18
	$>36 \sim 100$	-30				
15MnNiDR	$6 \sim 60$	-45		27	13.5	20.3
09Mn2VDR	$6 \sim 36$	-50				
09MnNiDR	$6 \sim 60$	-70				
09MnTiCuRe	$6 \sim 20$	-60	纵向	20.6	13.7	
	$21 \sim 30$	-50				
	$32 \sim 40$	-40				
06MnNb	$6 \sim 16$	-90				

注:1. 前 4 个钢号的标准引自 GB 3531—1996,后两个钢号的标准引自 GB 3531—83。

2. 钢号中"DR"表示低温压力容器用钢。

表 4-21 低温钢焊条的选用

低温钢钢号	低温钢焊条牌号	焊条型号	熔敷金属主要成分(%)
16MnD	J506RH	E5016-G	—
16MnDR	J507RH	E5015-G	
09MnD	W607	E5015-G	$w(C) \leqslant 0.07, w(Mn) = 1.2 \sim 1.7, w(Ni) = 0.6 \sim 1.0$
15MnNiDR			
09MnTiCuRe	W707	—	$w(C) \leqslant 0.10$ $w(Mn) \approx 2.0, w(Cu) \approx 0.7$
09Mn2VDR			
09MnNiD	W707Ni	E5515-Cl	$w(C) \leqslant 0.12, w(Mn) \leqslant 1.25, w(Ni)2.0 \sim 2.75$
09MNNiDR			
06MnNb	W107	E5015-C2L	$w(C) \leqslant 0.05, w(Mn)0.5 \sim 1.0, w(Ni)3.1 \sim 3.7$
3.5Ni			

(2)焊前预热和焊后热处理(见表 4-22)

表 4-22 低温钢焊前预热和焊后热处理

钢号	焊前预热		焊后热处理温度(℃)
	板厚(mm)	预热温度(℃)	
09MnD	—	—	$500 \sim 620$
16MnD			$600 \sim 640$
16MnDR			
09MnNiD	$\geqslant 30$	$\geqslant 50$	$540 \sim 580$
09MnNiDR			
15MnNiDR			
07MnNiCrMoVDR	$16 \sim 30$	$\geqslant 60$	$550 \sim 590$
	$>30 \sim 40$	$\geqslant 80$	
	$>40 \sim 50$	$\geqslant 100$	
3.5Ni	>25	150	$600 \sim 625$

(3)焊接工艺要点

为避免焊缝金属和过热区形成粗晶组织而降低低温韧性,要采用小线能量;焊接电流不宜大,用 $\phi3.2mm$ 焊条时,焊接电流为 90～120A,用 $\phi4mm$ 焊条时,焊接电流为 90～120A;快速施焊、焊条不摆动、多层多道焊,以减轻焊道过热,并通过后续焊道的重热作用细化晶粒。多道焊时要控制层间温度(道间温度),不大于 200℃～300℃。应尽可能降低焊缝的含氢量,焊条在使用前必须进行 350℃～400℃、两小时的烘干处理。要求焊缝成形良好,避免出现如弧坑、咬边、未焊透等焊接缺陷,并应及时修补。不得在非焊接部位任意引弧。

焊条电弧焊焊后进行热处理,以细化晶粒,改善焊接接头的低温韧性;并消除焊接残余应力,以降低合金低温钢焊接结构的脆断倾向。

六、铸铁的焊条电弧焊

1. 常用铸铁焊条的牌号、性能、用途和适用的焊接方法

碳含量超过 2％的铁碳合金称为铸铁。铸铁中除了碳,还有硅、锰、硫、磷等元素。铸铁按所含碳元素的存在形式不同,又分为白口铸铁、灰口铸铁、球墨铸铁、可锻铸铁和耐磨铸铁等。白口铸铁中的碳几乎全部以渗碳体(Fe_3C)的形式存在,无法进行机械加工,也不能进行焊接。铸铁的焊接往往是对铸件的焊补,一般指灰口铸铁及球墨铸铁的焊接。铸铁的焊接方法按其焊接工艺过程的特征,可采用热焊法、半热焊法和冷焊法。

铸铁的可焊性较差。焊接中存在的主要问题有:焊接时碳、硅等元素容易烧损;当焊后冷却速度较快时,焊缝极容易产生脆硬的白口和马氏体,又因铸铁本身塑性差,抗拉强度低,当焊接过程中产生的应力达到或超过铸铁的抗拉强度时,便产生裂缝;因铸铁含碳多,易产生气孔。铸铁焊件在焊补处产生了脆硬的白口组织,使焊后不易切削加工。常用铸铁焊条的牌号、性能、用途和适用的焊接方法见表 4-23。

2. 灰口铸铁的焊条电弧焊

(1)灰口铸铁的焊接性

灰口铸铁所含的碳的 80％以片状石墨形式存在。灰口铸铁强度低、塑性差,但由于灰口铸铁的铸造性、耐磨性、抗振性好,因而得到广―泛应用。灰口铸铁的牌号为 HT××-××。HT 表示灰口铸铁,后面两组数字的前一组表示抗拉强度,后一组表示抗弯强度,强度的单位为 $MPa(N/mm^2)$。

表 4-23　常用铸铁焊条的牌号、性能、用途和适用的焊接方法

焊条名称	牌号	焊芯组成	药皮类型	焊缝金属	焊接电源	主要用途及适用的方法
氧化型钢芯铸铁焊条	EZFe (Z100)	低碳钢	氧化型	碳钢	交、直流	一般灰口铸铁件非加工面,一般用于冷焊法
铁粉型钢芯铸铁焊条	Z112Fe	低碳钢	钛钙铁粉型	碳钢	交、直流	一般灰口铸铁件非加工面,一般用于冷焊法
低碳钢焊条	E4303 (J422) E5015 (J506)等	低碳钢	钛钙型 低氢型	碳钢	交、直流	一般灰口铸铁件加工面,一般用于冷焊法
高钒铸铁焊条	EZV (Z116) (Z117)	低碳钢	低氢型	高钒钢	交、直流, 直流(反接)	强度较高的灰口铸铁及球墨铸铁、可锻铸铁,可加工,一般用于冷焊法

续表 4-23

焊条名称	牌号	焊芯组成	药皮类型	焊缝金属	焊接电源	主要用途及适用的方法
钢芯石墨化铸铁焊条	EZC (Z208)	低碳钢	石墨型	灰口铸铁	交、直流	灰口铸铁。须预热至400℃以上,刚度较小可不预热;加工性差,易裂
钢芯球墨铸铁焊条	EZCQ (Z238)	低碳钢	石墨型	可成球墨铸铁	交、直流	球墨铸铁。须预热至500℃以上,焊后退火或正火后可以加工
钢芯石墨球化通用铸铁焊条	Z268	低碳钢	石墨型	球墨铸铁	交、直流	球墨铸铁、灰口铸铁及高强度灰口铸铁等,可采用不预热焊工艺及半热焊,薄壁件焊后可加工,补焊铸铁球化稳定,机械性能及抗裂性好
铸铁芯铸铁焊条	Z248	灰口铸铁	石墨型	灰口铸铁	交、直流	灰口铸铁加工面及非加工面,可采用不预热焊工艺,刚度大时应预热
纯镍铸铁焊条	EZNi-1 (Z308)	纯镍	石墨型	镍	交、直流	重要灰口铸铁,可加工,如机床、气缸加工面,一般用于冷焊法
镍铁铸铁焊条	EZNiFe-1 (Z408)	镍铁合金	石墨型	镍铁合金	交、直流	球墨铸铁、高强度灰口铸铁、灰口铸铁、球墨铸铁与钢,可加工,一般用于冷焊法
铜镍铸铁焊条	EZNiCu-1 (Z508)	镍铜合金	石墨型	镍铜合金	交、直流	灰口铸铁,可加工,抗裂性及强度较差,一般用于冷焊法
铜铁铸铁焊条	Z607 Z612	紫铜 铜芯铁皮或铜管钢芯	低氢型 钛钙型	铜-铁混合物	直流 交、直流	灰口铸铁,抗裂性好,加工性差,强度较低,常用于气缸等薄壁铸件非加工面,一般用于冷焊法

灰口铸铁的焊接较为困难,在焊接时存在的主要问题是白口和裂纹问题。

①产生白口。铸铁在焊接时温度愈高,溶于铁中的石墨就愈多。在冷却时,冷却速度在 30℃～100℃/s 的急冷条件下,溶于铁中的碳来不及以石墨形式析出,而生成 Fe_3C。铸铁中的碳以 Fe_3C 的形式存在,其断口呈银白色,即白口。Fe_3C 又硬又脆,无法进行机械加工。灰口铸铁的焊接,在窄小的高温熔合区内,很容易产生白口。白口层的产生,不仅难以机械加工,而且会导致开裂。

②产生裂纹。灰口铸铁焊接时出现的裂纹有母材裂纹、焊缝中的冷裂纹和焊缝中的热裂纹。

a. 母材裂纹。灰口铸铁强度低、塑性差,不能承受塑性变形,在焊接应力的作用下,应力值大于铸铁的强度极限就会发生破裂。如图 4-42 所示,熔合线处的白口铸铁层在焊缝金属收缩量大时就会沿着白口铸铁层裂开。

b. 焊缝中的冷裂纹。焊条电弧焊冷焊灰口铸铁时,只要焊缝长度大于 30mm,焊缝就可能出现横向裂纹,并且随焊缝长度的增加,裂纹的数目也增多。裂纹发生时一般都伴随着金属开裂的响声,而且是在焊缝凝固后发生。焊缝中的冷裂纹产生的主要原因是,焊缝中的灰口铸铁塑性非常低,不能承受冷却所产生的焊接应力,在片状石墨的尖端重先产生裂纹,然后再扩展开。这种裂纹是在冷却、低温时产生的。

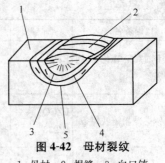

图 4-42　母材裂纹
1. 母材　2. 焊缝　3. 白口铸铁层　4. 灰口铸铁　5. 母材裂纹

c. 焊缝中的热裂纹。热裂纹大多产生在采用非铸铁焊条的焊缝金属上,与焊缝表面的鱼鳞纹相垂直,有纵向、斜向和紧靠熔合线处横向的。热裂纹的断口处有发蓝和发黑的氧化色彩。热裂纹产生的原因是由于母材过多地熔入到焊缝金属中,造成了焊缝金属中碳、硫、磷等成分增高所致。若用普通低碳钢焊条焊接灰口铸铁,由于高碳、高硫母材的混入,焊缝金属凝固时有产生热裂纹的倾向;冷却后会形成许多马氏体组织,又有产生冷裂纹的倾向。

(2)灰口铸铁的热焊

把铸铁工件整体或局部预热 $600℃\sim700℃$,然后再焊补,焊补后缓慢冷却,这种铸铁的焊补工艺称为热焊。热焊的优点是:可以避免产生裂纹;使碳的石墨化过程充分进行,不会形成白口或淬火组织;焊缝金属的组织、性能和颜色与母材相同。热焊的缺点是:工件预热温度高达 $600℃\sim700℃$,这对于大型铸件是有困难的,并且将不可避免地产生变形。热焊通常采用大直径焊条,焊接电流大,需要容量大的焊接设备。焊工要在 $600℃$ 以上的高温环境下使用大直径焊条焊接,劳动强度大、工作条件恶劣。因此,热焊只用于重要工件焊补。

热焊可采用石墨化型药皮铸铁芯铸铁焊条,如 Z248 可交流直流两用;另一种是钢芯石墨化铸铁焊条,如 Z208,热焊时,采用大电流、连续焊。依据焊条直径选择焊接电流(见表 4-24)。

表 4-24　灰口铸铁热焊时焊接电流的选择

焊条直径(mm)	8	10	12	14	16
电流密度(A/mm²)	9~10	9~10	9~9.5	8.5~9.0	7.5~8.0
焊接电流(A)	460~520	720~800	1000~1100	1200~1300	>1500

灰口铸铁的热焊在焊补前应将铸件的缺陷彻底铲挖清理干净,直到出现纯净金属为止;对于裂纹,则应在裂纹的两端头钻止裂孔,然后再铲挖成坡口,坡口的宽度要便于焊接操作。热焊时,由于熔化的铁水较多,冷却速度又很缓慢,因此需要在被焊部位制型,如同铸造的砂模一样,使熔化金属在焊接和缓冷时能保持一定的形状,所以热焊一般只能在平焊位置进行。

灰口铸铁热焊的焊前预热是最重要的工序。当预热温度在 $600℃\sim650℃$ 时,焊后熔合区一般不会出现白口和淬硬现象。预热时尽量缓慢和均匀,避免因热应力引起的开裂。在焊接时,除焊接的部位外,其余部分均应用石棉和铁皮遮盖起来,以减少热量的散发,同时也可减轻焊工受高温的烘烤。热焊不能将焊件置于通风场所进行焊接,焊后对焊件和焊口应有保温措施,让其缓慢冷却,从而获得良好的焊接质量。

若在焊前灰口铸铁的预热温度不超过 $400℃$,这种铸铁的焊接方法就称为半热焊。半热焊的操作工艺与热焊基本相同,只是预热温度较低。由于预热温度低,在焊接时可不制型和不采用夹具。半热焊对于基体质量较好又较简单的铸件,只要操作得当,能获得较好的焊补接头；若操作和处理不当，有可能产生白口、裂纹等缺陷。

(3)灰口铸铁的冷焊

冷焊即不预热的焊接。冷焊是比较方便和经济的焊接方法。热焊主要通过预热来防止白口和裂纹，而冷焊是通过调整焊缝的化学成分来解决的。冷焊铸铁用的铸铁焊条在国内外研究较多，但熔敷金属的化学成分可分为五种类型：

①强氧化型钢芯铸铁焊条。采用低碳钢芯，在药皮中加入大量的大理石和赤铁矿等强氧化物质，目的是在焊接过程中将熔池内的碳和硅烧损，从而获得含碳、硅较少的低碳钢组织的焊缝，如 EZFe(Z100)。采用这种焊条如果焊前预热，会使熔深增大、向焊缝中熔入的碳增多，使熔合区白口层的厚度增加，所以预热反而没有好处。用这种焊条焊接时，应采取小焊接电流，短段多层焊，以达到尽量减少母材熔入量的目的。强氧化型钢芯铸铁焊条只适于焊补质量要求不高、焊后不进行机械加工、又对接头强度和致密性要求不高的焊件。

②高钒铸铁焊条。这种焊条用 H08A 钢芯，在药皮中加了大量的钒铁制成的冷焊铸铁用焊条，如 EZV(Z116、Z117)。当焊缝金属具有足够的钒时，便能得到铁素体基体，并且碳与钒能够形成稳定的碳化物，防止碳与铁生成渗碳体(Fe_3C)，从而有效地避免了产生白口和淬火组织，所生成的碳化钒呈弥散的细粒分布于铁素体基体中。所以这种焊缝的塑性和强度较高，抗裂性也好，其硬度与灰口铸铁相近，从而改善了机械加工性能。

这种焊条采用低氢型药皮，多用于焊接要求受力大的部位和焊补非加工面上的缺陷，尤其适于焊补球墨铸铁和高强度的铸铁。采用这种焊条，为减少母材的熔入量，应使用细焊条、小电流、短弧及分段倒退的次序进行焊接。每段焊缝不得超过 30mm，焊后锤击焊缝以消除焊接应力。

③强石墨化型焊条。这一类焊条即铸铁热焊时采用的焊条，如 EZC(Z208、H08 钢芯)、Z248(铸铁芯)焊条。在药皮中加入大量的石墨和硅铁，通过药皮向焊缝过渡碳和硅等强石墨化元素，使焊缝金属得到铸铁成分的组织。为了保证焊缝金属的石墨化，消除或减少熔合区的白口层，焊接时一般采用大电流、慢速焊、连续焊。因焊缝是铸铁，塑性较差，锤击对消除焊接应力效果不大，故焊后一般不锤击。

④镍基铸铁焊条。镍基铸铁焊条是采用纯镍、镍铁及镍铜合金作为焊芯、外涂强石墨型药皮的铸铁焊条，如 EZNi-1(Z308)、EZNiFe-1(Z408)、EZNiCu-1(Z508)。高温下镍基合金的焊缝金属以单相奥氏体组织存在，奥氏体熔解碳的能力很强，使碳全部熔于奥氏体而不能以渗碳体的形式析出，因而焊缝的塑性好，无白口及淬火组织。镍本身又是一种强促进石墨化元素，能使熔合区白口化的倾向降低。所以镍基焊条是冷焊铸铁的较好的一种焊条，多用于重要的加工面的焊补。

使用镍基铸铁焊条焊接速度不能过快，应断续地进行焊接，每焊一次焊缝长度不宜超过50mm，焊完一层后锤击焊缝以消除焊接应力，待焊缝冷至不烫手时再焊第二层，这样做能保证焊补取得较好的效果。

⑤铜基铸铁焊条。铜的强度与灰口铸铁相近，并且具有极好的承受塑性变形的能力。铜比铸铁的熔点低，焊接时焊条的熔化速度大于母材，可以减少母材熔化，使母材中的碳、硅、硫等元素较少地过渡到焊缝中去，对减少焊缝中的冷硬夹杂物，防止裂纹和白口的产生都有利。铜是一种较弱的石墨化元素，对促进熔合区的石墨化也有一定作用。但是铜使电弧的稳定性变差，采用纯铜焊芯易引起气孔产生，所以在焊条中加入 15%～30%的铁，既改善了焊接性

能,又节省了铜。

Z607 为紫铜芯外涂含有 50%的低碳铁粉的铜铁焊条;Z612 为铜包钢芯外涂钛钙荆药皮的铜基铸铁焊条。使用铜基铸铁焊条焊接时,应尽量减少母材的熔化,避免焊缝的硬度增加。在焊接时应采用小电流、短段、断续焊,焊条不做横向摆动,每段焊道长度不超过 30mm,焊后锤击焊缝以消除焊接应力。

焊条电弧焊冷焊灰口铸铁除上述以外,在焊前应做好准备工作,彻底清理油污,焊补时裂纹两端应钻止裂孔,加工的坡口形状要保证便于焊补及减少母材熔化量。焊接时应注意焊接顺序,以降低焊接应力。

3. 灰口铸铁件的焊条电弧焊焊补技术

(1)灰口铸铁件的冷焊补方法

冷焊就是指焊件在焊前不预热,焊接过程中也不辅助加热。可以大大提高焊补生产率,降低焊补成本,改善劳动条件,减小焊件因预热时受热不均而产生的变形和焊件已加工面的氧化。但冷焊在焊补后因焊缝及热影响区的冷却速度都很大,极易形成白口组织。

目前冷焊方法有两种:一种是铸铁型焊缝电弧冷焊;另一种是非铸铁型焊缝电弧冷焊。

①铸铁型焊缝电弧冷焊。铸铁型电弧冷焊可使焊缝金属得到铸铁成分的组织,如使用 Z248(铸铁芯)等强石墨化型焊条,焊缝为铸铁。铸铁型焊缝电弧冷焊存在很多局限性:焊缝强度低、塑性差,在焊补具有较大刚度的缺陷时易出现裂纹;焊缝为铸铁型,对冷却速度敏感,当缺陷面积较大($>8cm^2$)及缺陷深度较小($<7mm$)时,由于熔池体积小,降温快,焊缝易出现白口;由于在工艺上要求采用大直径焊条、大电流连续焊工艺,所以对薄壁件缺陷的焊补有一定的困难。

②非铸铁型焊缝电弧冷焊。针对铸铁型焊缝电弧冷焊存在的上述问题,可采用非铸铁型焊缝电弧冷焊,也称为异质焊缝电弧冷焊。其基本特点是获得的焊缝都不是铸铁成分,所以白口问题并不严重。目前异质焊缝冷焊焊条种类较多,如用普通低碳钢焊条、高钒铸铁焊条、纯镍铸铁焊条、镍铁铸铁焊条、铜铁铸铁焊条等。

非铸铁型电弧冷焊补技术的要点仍然是防止裂纹和白口及淬火组织的产生,其工艺要点是:尽量降低铸铁母材在焊缝中的熔合比,以降低铸铁中的碳、硫等进入到焊缝中的含量;尽量降低焊接应力,防止裂纹产生;尽量降低热影响区的宽度,从而降低白口及淬火组织。除正确选择焊条外,施焊技术要点是:"短段、断续、分散焊,较小电流熔深浅,每段锤击消应力,退火焊道前段软"。若仍像焊接低碳钢那样,用较大电流连续焊进行铸铁焊接,其结果不仅不能把原有缺陷修复好,而且越焊越出问题。

(2)灰口铸铁件非铸铁型焊缝电弧冷焊技术

灰口铸铁件非铸铁型焊缝电弧冷焊的具体工艺要点如下:

①焊前准备工作。开坡口前应在裂纹两端钻止裂孔($\phi5\sim8mm$),以防在焊补过程中裂纹扩张。用扁铲、砂轮等将坡口加工成如图 4-43 和图 4-44 所示的坡口。焊前将坡口附近的油污清除干净,以避免焊缝产生气孔。除油方法可用气焊火焰分段加热,烧尽油污至不冒烟为止。为防止加热时引起裂纹,加热温度不宜超过 400℃。

②采用合适的最小电流焊接。冷焊时电流的大小是关键,必须严格掌握。电流小,熔深就小,铸铁中的碳、硫等有害杂质有可少进入焊缝,有利于提高焊缝质量。随着电流的减小,在焊接速度不变的情况下,减小了焊接的热输入量和焊接应力,使焊接接头出现裂纹的倾向减小,并

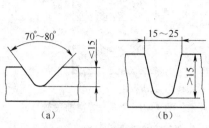

图 4-43 非穿透缺陷的坡口

(a)浅坡口 (b)深坡口

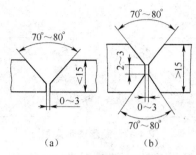

图 4-44 穿透缺陷的坡口

(a)薄壁件坡口 (b)厚壁件坡口

且也减小了整个热影响区的宽度,进而减小了最易形成白口的半熔化区宽度,使白口层变薄,如图 4-45 所示。采用小电流,应配用小直径的焊条。

③采用短段焊、断续焊、分散焊及焊后锤击的方法。焊缝越长,焊缝承受的拉应力就越大。一般每次焊缝长度可在 10～40mm 范围内选取,薄壁取 10～20mm,厚壁取 30～40mm。焊后立即用带圆角的尖头小锤快速锤击焊接处,使焊缝表面出现麻坑,以松弛焊补区应力。并使工件冷却至不烫手(50℃～60℃)再焊下一道焊缝,如图 4-46 所示。

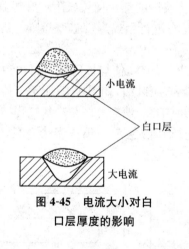

**图 4-45 电流大小对白
口层厚度的影响**

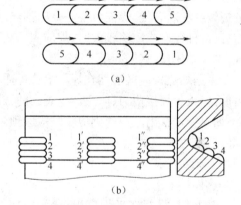

图 4-46 电弧冷焊操作方法

(a)短段、断续焊(1～2 层) (b)短段、
断续、分散焊(多层焊的第一层)

④坡口较大时,应采用多层焊,必要时可采用栽丝法,以提高接头强度。在多层焊时,后层焊缝对前层焊缝和热影响区有热处理作用,可使接头的平均硬度降低。但多层焊时焊缝收缩应力较大,易产生剥离性裂纹。因此,应注意合理安排焊接次序,绝不能像焊低碳钢那样采用宽运条、横跨坡口两侧的宽焊缝。图 4-47 为栽丝法示意图。

⑤"退火焊道前段软"。在焊补加工面的线状缺陷时,如只焊一层,由于焊道底部熔合区比较硬,可将第一层上部铲去一些再焊一层,能使先焊的一层底部受到退火作用变得软一些,以改善加工性和提高补焊质量。上述方法即所谓"退火焊道前段软",如图 4-48 所示。

(3)灰口铸铁件的热焊补技术

灰口铸铁的电弧热焊补按照焊前预热的温度分为热焊(预热温度为 600℃～700℃)和半热焊(预热温度为 400℃左右)。热焊法有利于消除白口组织,减小焊接应力,防止裂纹。但热焊成本高,工艺复杂,生产周期长,而且焊接时劳动条件差。因此,一般用于焊补缺陷被四周刚

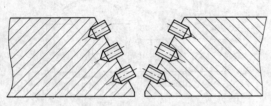

图 4-47　栽丝法示意图

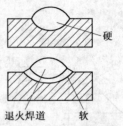

图 4-48　"退火焊道前段软"

性大的部位固定,焊接时不能自由收缩,用冷焊法会造成裂纹的工件。

热焊法使用的焊条,可按不同的铸铁材料,不同的切削加工要求以及修补件的重要与否,分别选用 EZC(Z208)、Z248 等牌号的石墨型铸铁焊条。灰铸铁件电弧热焊补的具体工艺要点如下:

①焊前准备。焊补前将铸件缺陷部位的铁渣、熔渣、油脂及残留的型砂等清除至显出金属光泽。根据缺陷的性质,采用钻孔、錾空等方法在缺陷处修制必要的坡口。为保证焊后的几何形状,不使熔融金属外流,可在铸件待焊处简单造型。

②焊补前的预热。热焊法的关键是正确选择预热部位、控制预热温度及冷却速度,并控制预热时的加热速度。预热温度最好控制在 600℃～700℃之间。补焊刚度较小、能自由胀缩部位的短裂纹和断裂处,焊前可不必专门预热,利用电弧开坡口的热量使坡口附近升温到 400℃左右;当铸件较厚或缺陷较大时,焊前应预热至 400℃左右进行半热焊;在热焊时,若灰铸铁件不大,可以整体预热到 550℃～650℃。

③采用加热减应区法。在焊件上选择适当的区域进行加热,使焊接区域有自由热胀冷缩的可能,以减少焊接应力、防止产生裂纹的方法称为加热减应区法,如图 4-49 所示。铸件尺寸较大,如果能选择出减应区则应将减应区预先加热或同时加热,使焊补区在冷却过程中与减应区同时自由收缩。如果不易选定减应区,则可对缺陷所在的整个一角或半个铸件,加热至550℃～650℃。

④热焊补工艺。

a. 焊接时,最好在平焊位置,要始终保持工件温度范围在 400℃～500℃。

b. 焊接时应采用较大的电流。焊接电流可按焊条直径的 40～50 倍选用。在焊补边角部位的缺陷及穿透缺陷时,电流应适当减小。

c. 采用中弧焊接。由于焊条药皮中的石墨是高熔点物质,短弧焊时药皮不能充分熔化,冶金反应也不充分,起不到石墨化的作用,会形成白口。因此,应采用中弧焊。对于 φ4mm 的焊条,电弧长度 4mm 较好;φ5mm 的焊条,弧长可控制在 4～6mm。总之,电弧长度不可过长,以免石墨元素大量烧损。

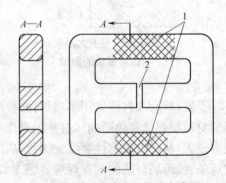

图 4-49　加热减应区焊补示意图

1. 加热区　2. 焊补区

d. 热焊时,为保持预热温度,应以最快的速度完成焊补。每条焊缝应一次焊成。焊缝尺寸大时,可轮流操作,保证焊接连续进行,直至完全填满为止。更换焊条动作要迅速,避免熔池过快冷却。如进行间断焊,应彻底清除接头处残留的石墨及熔渣等污物后再进行续焊。为保证焊缝相接处充分熔透，焊条运走到接头处要延长停留时间。由于焊缝是铸铁，塑性很差，所以一般不应锤击。

e. 在焊接中，为减少热量损失，并使操作者不受高温辐射，除焊接部位留在外面，其余部分均应用石棉板或其他隔热材料盖上。同时，注意不要在有穿堂风的地方进行焊接。

f. 焊后焊件应放在稻草灰或石棉灰中缓冷，厚大焊件可放在炉内加温后随炉冷却。为消除焊接内应力，焊后应进行退火处理。

4. 球墨铸铁件的焊条电弧焊焊补技术

球墨铸铁与灰口铸铁不同处是在熔炼过程中加入一定量的球化剂金属镁、钇等，使石墨以球状形式存在，从而使其机械性能明显提高，球墨铸铁焊接性有与灰铸铁基本相同的一面，但由于球墨铸铁的半熔化区白口倾向及淬硬倾向比灰口铸铁大，所以其焊接性要差，而且球墨铸铁的机械性能高，相应对焊接接头的机械性能要求也高。

球墨铸铁的牌号为 QT×××-××。QT 表示球墨铸铁。后面两组数字前一组表示抗拉强度，单位为 MPa(N/mm²)，后一组表示为伸长率 δ 的最小值。

球墨铸铁的电弧焊采用同质和异质焊条。同质焊条是指焊缝为球墨铸铁，如 EZCQ(Z238)、Z268 等，异质焊条则采用镍铁焊条 EZNiFe-1(Z408)和高钒焊条 EZV(Z116、Z117)。由于球墨铸铁应用于较重要的零、部件，在采用同质焊条电弧焊时，应保证焊缝铸铁球化稳定，强度及塑性等力学性能达到规定指标，并应尽量降低白口倾向，提高抗裂性。

(1)采用 EZCQ(Z238)焊条电弧热焊

Z238 焊条采用低碳钢焊芯，药皮中加入石墨化剂和球化剂，在一定工艺条件下焊缝中的石墨可成为球状，从而获得较好力学性能的铸铁焊缝。由于球化元素增加白口倾向，为避免白口，应进行 400℃～700℃预热。施焊时由于电弧温度较高，使球化元素氧化、蒸发严重，给焊缝的稳定球化带来困难，即使焊缝实现了球化，力学性能也难以保证达到球墨铸铁的指标。

(2)采用石墨球化通用铸铁焊条 Z268 焊补

这种焊条采用低碳钢芯，除在药皮中加入石墨化剂及球化剂外，还加入较多的脱氧元素和孕育剂，对水分、空气、铁锈等不敏感，球化稳定性很高，白口倾向较低。焊后状态渗碳体较少、铁素体较多，具有一定的塑性，因而抗裂性有所提高。刚度不大的部位可以采用不预热焊接工艺，但刚度很大的部位则应进行预热或采用加热减应区法。

(3)采用镍铁焊条 EZNiFe-1(Z408)或高钒焊条 EZV(Z116、Z117)电弧冷焊补

镍铁焊条是一种通用性很强的焊条，焊缝金属为镍铁合金，在焊补球墨铸铁时熔合区也产生白口，焊缝产生剥离、裂缝的倾向也较大，因此应采用严格的电弧冷焊工艺。采用镍铁焊条只能补焊要求不高的球墨铸铁或球墨铸铁件不重要的部位。采用高钒焊条焊补后加工性稍差。采用镍铁焊条和高钒焊条，虽然焊缝金属的强度比母材低些，但总的说来焊接接头性能仍比较高(如 Z408 冷焊 QT60-2 时，焊接接头抗拉强度为 441～490MPa，延伸率为 1%～3%)，焊补球墨铸铁是可以的。通常 EZNiFe-1(Z408)用于加工面的焊补，EZV(Z116、Z117)用于非加工面的焊补。

球墨铸铁毛坯件应先进行热处理，消除铸造应力以后再进行焊接，可以降低焊接裂纹倾向。由于电弧冷焊工艺本身能消除焊接残余应力，所以焊后不必再进行消除应力退火。

5. 铸钢件的焊条电弧焊焊补技术

铸钢的牌号为 ZG×××-×××。ZG 表示铸钢。后面的两组数字前一组表示屈服极限

强度,后一组数字表示抗拉极限强度,单位为 $MPa(N/mm^2)$。

同等成分的铸钢件与轧制的板材或型材相比较,具有晶粒粗大、微观组织缺陷较多的特点。此外,由于焊补件的结构较复杂,壁厚不均,刚性也较大,焊补时会形成较大的焊接应力。如果措施不当,容易在焊接热影响区产生裂纹,所以对于铸钢件的焊补应谨慎从事。铸钢件的焊补应注意的问题如下:

(1)焊前准备

铸钢件的焊补,多用于使用中的机件修补焊和堆焊。因此,施焊前应将机件表面的油污、锈蚀、氧化皮和其他污物清除干净。如遇裂纹,应先将工件的表面裂纹用砂轮打磨掉再进行焊补。

(2)焊前预热和焊后热处理

对于高强度碳钢和低合金钢铸件,由于母材碳含量和合金元素含量较多,热影响区有明显的淬硬倾向,焊接裂纹敏感性高。焊补前应计算碳当量,确定合适的预热温度。预热并在施焊时保持相同的层间温度,有助于焊缝中的氢向外扩散,减少焊缝中的扩散氢含量。焊后热处理可以达到消除应力、改善组织的效果。焊后热处理的规范主要是依据机件本身化学成分来确定。

(3)焊补工艺

焊条电弧焊焊补铸钢件,应选用低氢焊条,注意焊条的烘干和保管,以防延迟裂纹的产生。采用二氧化碳气体保护焊焊补铸钢件是一种减少扩散氢、保证焊接质量的有效方法。

对不锈钢铸钢件的焊补,应特别注意热影响区耐腐蚀性降低的问题。热影响区沿晶界析出的碳化铬,在晶界处形成贫铬层,是造成局部耐腐蚀性降低的原因。晶间碳化物的析出程度与在临界敏感温度区停留的时间长短有关。因此,不锈钢铸钢件焊补时,不要预热,应用小的焊接线能量。如有可能,在焊后对铸钢件进行固熔处理(固熔处理主要是针对不锈钢而言,一般是加热到1050℃左右,保温5~20min的处理工艺),可以有效地提高抗晶间腐蚀的能力。

七、铜和铜合金的焊条电弧焊

根据铜及其合金的成分颜色不同,可分为紫铜、黄铜、青铜和白铜四大类。

1. 铜和铜合金的焊接性

(1)紫铜的焊接性

紫铜的焊接性比较差,焊接时容易发生下列问题:

①难熔合。紫铜的导热系数大,20℃时紫铜的导热系数比铁大7倍多,1000℃时大11倍,焊接时热量迅速从加热区传导出去,使得母材和填充金属难以熔合,因此焊接时要使用大功率热源,通常在焊接前还要采取预热措施。

②易变形。紫铜的线胀系数和收缩率也比较大,铜的线胀系数比铁大15%,而收缩率比铁大1倍以上,再加上铜的导热性好,焊接热影响区宽,因此焊接时会产生较大的变形。

③易产生气孔。气孔是铜焊接时的一个主要问题。原因是铜在高温时吸收氢的能力比铁大得多,而铜的导热系数大,熔池凝固速度快,所以氢析不出来,在焊缝中形成氢气孔。另一方面,高温时的氧化亚铜、一氧化碳反应生成水蒸气和二氧化碳析不出来,在焊缝中形成反应气孔。

④热裂纹。由于铜的线胀系数和收缩率较大,而且导热性好热影响区较宽,使得焊接应力较大。另外,在熔池结晶过程中,晶界易形成低熔点的氧化亚铜-铜的共晶物。同时母材金属中的铋、铅等低熔点杂质也易在晶界上形成偏析。由于以上原因,焊缝容易形成热裂纹。

⑤焊接接头的力学性能较低。由于铜是单向组织,因此焊后焊缝的晶粒粗大,再加上晶界存在低熔点的氧化亚铜-铜的脆性共晶物,因此造成焊缝的力学性能一般低于母材金属,尤其是焊接接头的塑性和韧性,降低得更为显著。

(2)黄铜的焊接性

黄铜焊接时除了具有紫铜焊接时所存在的问题以外,还有一个问题,就是锌的蒸发。锌的熔点为420℃,燃点为906℃,所以在焊接过程中,锌极易蒸发,在焊接区形成锌的白色烟雾。锌的蒸发不但改变了焊缝的化学成分,降低焊接接头的力学性能,而且使操作发生困难,锌蒸发形成的烟尘有毒,直接影响焊工的身体健康。黄铜的导热系数比紫铜小,焊接时对预热的要求比紫铜低得多。

(3)青铜的焊接性

青铜的焊接主要用于焊补铸件的缺陷和损坏的机件。由于青铜的导热性接近钢,所以其焊接性比紫铜和黄铜都好。焊接时出现的主要问题是:

①青铜的凝固温度范围大,使得低熔点的锡产生偏析,使焊缝质量降低,而且削弱了晶间结合力,甚至可能引起裂纹。

②铝青铜焊接时的主要困难是铝的氧化。难熔的三氧化二铝薄膜覆盖在熔池表面,阻碍填充金属和熔池的结合,严重时产生夹渣。

③青铜收缩率比钢大50%左右,所以焊接应力大,刚性较大的焊件焊后易开裂。

2. 铜和铜合金的焊条电弧焊工艺

铜和铜合金的焊接方法有气焊、碳弧焊、焊条电弧焊和手工钨极氩弧焊和熔化极氩弧焊等。铜和铜合金的焊接只有小批量,无法用其他方法焊接时才考虑采用焊条电弧焊。其中紫铜和黄铜是比较难焊的材料,一般不采用焊条电弧焊的焊接方法。钨极氩弧焊和熔化极氩弧焊是应用最广泛的铜和铜合金的焊接方法,不仅使焊接质量得到保证,而且焊接的生产率也高。

(1)焊条的选择、预热、层间温度和焊后热处理

焊条电弧焊焊接铜和铜合金的焊条有紫铜(纯铜)焊条(ECu)、锡青铜焊条(ECuSn-B)和铝青铜焊条(ECuAl-C)等。上述焊条均属碱性低氢性,使用直流焊接电源,并采用直流反接。

紫铜(纯铜)焊条不宜焊接含氧铜和电解铜。焊接紫铜时,一般要求在400℃~500℃之间预热。锡青铜焊条用于焊接紫铜、黄铜、锡青铜等材料及铸铁焊补,焊接锡青铜时预热150℃~250℃,焊接紫铜时预热450℃。铝青铜焊条用于铝青铜及其他铜合金的焊接,铝锰青铜焊条用于铜合金与钢的焊接及铸铁的补焊。焊条电弧焊焊接铜和铜合金焊条的选择、预热、层间温度和焊后热处理见表4-25。

(2)焊接工艺措施

焊条电弧焊焊接铜和铜合金时,应严格控制氧、氢的来源,焊接应仔细清除待焊处的油、污、锈、垢。采取焊前预热措施。当焊件厚度不超过4mm时,可不开坡口;当焊件厚度为5~10mm时,可开单面V形和U形坡口;如果采用垫板,可获得单面焊双面成形的焊缝;若焊件厚度大于10mm,应开双面坡口,并提高预热温度。焊接时,应采用直流反接,大规范、短弧焊,焊条一般不做横向摆动,在焊接中断或更换焊条时动作要快,焊条的操作角度基本上与焊接碳钢相同。较长的焊缝,应尽量有较多的定位焊缝,并且应用分段退焊法焊接,以减小焊接应力和变形。多层焊时应彻底清除层间熔渣,避免夹渣产生。焊接结束后,应采取锤击焊缝或热处

表 4-25　铜和铜合金焊条的选择、预热、层间温度和焊后热处理

类　别	焊条型号(牌号)	预热、层间温度和焊后热处理
纯　铜	ECu(T107) ECuSi-B(T207) ECuSn-B(T227) ECuAl-C(T237)	预热 400℃~500℃
黄　铜	ECuSn-B(T227) ECuAl-C(T237)	预热 200℃~300℃,焊接性较差,一般不宜采用焊条电弧焊工艺
锡青铜	ECuSn-B(T227)	预热 150℃~200℃,焊后 480℃后快冷
铝青铜	ECuAl-C(T237)	含铝量<7%,预热温度<200℃,含铝量>7%,预热温度<620℃;当板厚 δ<3mm 时,不预热;焊后可根据焊件、结构大小进行 620℃退火,消除应力
硅青铜	ECuSi-B(T207)	不预热,层间温度<100℃,焊后锤击焊缝消除应力
白　铜	ECuAl-C(T237)	不预热,层间温度<70℃

理的方法,消除焊接应力,改善接头的组织和性能。由于铜液的流动性好,所以应尽量采用平焊的位置进行焊接。

(3)异种铜及铜合金的焊接

异种铜及铜合金焊接时,焊条应按以下原则选用:如导电结构,焊缝的导电性能要大于或等于母材;若承力结构,焊缝的综合力学性能不能低于母材;焊接工艺的难易程度及耐腐蚀性、耐磨性等要求;焊条的成本。异种铜及铜合金焊接焊条的选择见表 4-26。

表 4-26　异种铜及铜合金焊条的选择

类别	纯　铜	黄　铜	硅青铜	锡青铜	铝青铜	镍青铜
纯　铜	ECu (T107) ECuSi-B (T207)	ECuSi-B (T207) ECuSn-B (T227)	ECu (T107) ECuSi-B (T207)	ECu (T107) ECuSn-B (T227)	ECuSi-B (T207) ECuNi-B (T307)	ECuNi-B (T307) ECu (T107)
黄　铜	—	ECuSi-B (T207) ECuAl-C (T237) ECuSn-B (T227)	ECuSi-B (T207) ECuSn-B (T227)	ECuSn-B (T227) ECuAl-C (T237)	ECuSi-B (T207) ECuSn-B (T227) ECuAl-C (T237)	ECuNi-B (T307) ECuAl-C (T237)
硅青铜	—	—	ECuSi-B (T207)	ECuSi-B (T207) ECuSn-B (T227)	ECuSi-B (T207) ECuAl-C (T237)	ECuSi-B (T207) ECuNi-B (T307)
锡青铜	—	—	—	ECuSn-B (T227)	ECuAl-C (T237) ECuSn-B (T227)	ECuSn-B (T227) ECuNi-B (T307)
铝青铜	—	—	—	—	ECuAl-C (T237)	ECuSi-B (T207) ECuNi-B (T307)
镍青铜	—	—	—	—	—	ECuNi-B (T307)

八、铝和铝合金的焊条电弧焊

铝及铝合金指纯铝、防锈铝合金和普通的铸造铝合金。

1. 铝和铝合金的焊接性

铝及铝合金的焊接性较差,只有正确选用焊接材料和焊接工艺,才能获得性能满足使用要求的焊接产品。铝的焊接方法,目前常用的焊接方法有钨极氩弧焊、熔化极氩弧焊和脉冲氩弧焊等,焊条电弧焊由于铝焊条容易吸潮,以逐渐被淘汰。气焊由于设备简单、使用方便,仅用来焊接一些质量要求不高、厚度不大的结构、薄板及铸件的补焊等。铝及铝合金在焊接时容易出现以下问题:

①极易氧化。铝不论是固态或液态都极易氧化,生成三氧化二铝(Al_2O_3)的薄膜,并且氧化膜熔点很高,为2050℃,而铝的熔点仅为658℃。Al_2O_3具有很高的电阻,在电弧焊中,相当于电弧与工件之间有一层绝缘层,使电弧燃烧不稳定。氧化膜妨碍焊接过程的顺利进行,而且氧化铝的密度大于铝,因此造成焊缝夹渣和成形不良。

②易塌陷和烧穿。铝从固体到液体的升温过程中没有颜色变化,温度稍高就会造成金属塌陷和熔池烧穿。再者,由于高熔点的氧化膜覆盖在熔池表面,给观察母材的熔化、熔合情况带来困难。这样就增加了焊接工艺上控制温度的难度,稍不注意,整个接头就会塌落,所以铝的焊接比钢材焊接要困难得多。

③易变形和产生热裂纹。由于铝的导热系数是铁的2倍,凝固时的收缩率比铁大2倍,所以铝焊件变形大,如果措施不当就会产生热裂纹;并且在焊接时,因导热性好,需要较大的焊接热量才能熔化接头。因此,一般要求对焊件预热,并采用强规范,由此也恶化了焊接工艺条件。

④易产生气孔。铝及铝合金在焊接时,在空气中马上氧化生成Al_2O_3,不但阻碍金属熔合,还会吸收一定的水分。焊丝表面和母材表面氧化膜吸收的水分,在电弧作用下分解出来的氢被液态金属铝吸收。此外,焊条药皮中的潮气、空气中的水分也都是氢的来源。铝合金的一个特征是,氢在液态金属中的溶解度随温度变化的幅度大,又由于铝导热性能好,焊缝凝固速度快,因此来不及逸出的氢气便形成很多气孔。铝的纯度愈高,产生气孔的倾向就愈大。

⑤接头强度降低。铝及铝合金焊接时,由于热影响区受热而发生软化,强度降低而使焊接接头和母材不能达到等强度。

2. 铝和铝合金的焊条电弧焊工艺

铝和铝合金焊条电弧焊比较困难,对焊工的熟练程度要求较高,主要用在纯铝、铝锰、铸铝和部分铝镁合金结构的焊接和补焊。

(1) 焊前清理

焊前清理可以用化学和机械两种方法,清理完的待焊处必须在8h内焊完,否则焊前仍需重复清理待焊处。首先在去除氧化膜前,将待焊处坡口及两侧各30mm内的油污用汽油、丙酮、醋酸乙酯或四氯化碳等溶剂进行清洗。去除氧化膜主要采用化学清洗的方法。首先在温度为40℃～50℃的NaOH溶液(NaOH为6%～10%)中冲洗,冲洗时间为纯铝10～20min,铝合金5～7min。碱洗后用冷水冲洗2min,然后在室温条件下用HNO_3溶液(HNO_3为30%)冲洗2～3min。最后再用冷水冲洗2～3min。化学清洗后应对待焊处进行烘干处理,烘干温度为100℃～150℃,或进行风干。

对于尺寸较大、不易用化学清洗的焊件或化学清洗后又被局部沾污的焊件可以采用机械清理的方法。一般用丝径≤0.3mm的不锈钢钢丝轮或刮刀将待焊处表面清理,达到去除氧化膜的目的。

（2）焊条的选用

焊条电弧焊焊纯铝和铝合金时，焊条选用的原则是根据母材、焊件工作条件和对力学性能的要求而定。铝和铝合金焊条可分为纯铝焊条、铝硅焊条和铝锰焊条，纯铝焊条主要用来焊接接头性能要求不高的铝合金，铝硅焊条的焊缝有较高的抗裂性，铝锰焊条有较好的耐蚀性。焊条电弧焊铝合金焊条的选择见表4-27。

表 4-27　焊条电弧焊铝合金焊条的选择

牌　号	型　号	焊芯成分（%）			焊接接头抗拉强度（MPa）	用　途
		$w(Al)$	$w(Si)$	$w(Mn)$		
L109	TAl	约99.5	≤0.5	≤0.05	≥64	焊接纯铝及接头强度要求不高的铝合金
L209	TAlSi	余量	4.5~6	≤0.05	≥118	焊接纯铝及铝合金，不适用铝镁合金的焊接
L309	TAlMn	余量	≤0.5	1~1.5	≥118	焊接纯铝及铝合金

注：w 表示质量分数。

（3）焊接工艺措施

焊条电弧焊焊接铝和铝合金采用直流反接电源，即焊条接直流电源正极，并采用短弧快速施焊，焊接速度是焊钢时的2～3倍。焊条在焊前应150℃～160℃烘焙2h，采用大电流焊接，并对焊件进行预热，待焊处预热温度为100℃～300℃，以改善气体的逸出条件。在装配和焊接时，不应使焊缝经受很大的刚性拘束，采用分段焊法等措施。在焊缝背面增加衬垫并合理地选择坡口、钝边的大小，合理地选择线能量。

（4）焊后清洗

由于铝和铝合金焊条药皮为盐基型，对铝有腐蚀性，所以焊后仍要对焊接接头进行清洗。对于一般焊件，在60℃～80℃的热水中用硬毛刷在焊缝的正反面进行仔细清洗；对于重要的焊接结构，热水清洗后在60℃～80℃的体积分数为2％～3％的稀铬酸水溶液中浸洗5～10min，后用热水冲洗并干燥，或在体积分数为10％的15℃～20℃的硝酸溶液中浸洗10～20min，后再用冷水冲洗并干燥。

九、镍和镍合金的焊条电弧焊

可焊的镍及镍合金可分为：纯镍、镍-铜合金（常称为蒙乃尔合金）、镍-铬合金（常称为因科镍合金）、镍-钼合金（又称为哈斯特洛依合金）。

1. 镍及镍合金的焊接性

纯镍及强度较低的镍合金的焊接性良好，相当于铬-镍奥氏体不锈钢。但焊缝金属的热裂纹和气孔及焊接热影响区有晶粒长大倾向，这是镍及镍合金焊接中存在的主要问题。

（1）热裂纹

镍及镍合金焊接时，由于S（硫）、Si（硅）等杂质在焊缝金属中偏析，S（硫）和Ni（镍）形成低熔点共晶。焊缝金属凝固过程中，低熔点共晶在晶界间形成一层液态薄膜，在焊接应力的作用下形成所谓凝固裂纹。Si（硅）在焊接过程中和氧等形成复杂的硅酸盐，在晶界间形成一层脆的硅酸盐薄膜，在焊缝金属凝固过程中或凝固后的高温区，形成高温低塑性裂纹。因而，S（硫）、Si（硅）是镍及镍合金焊缝金属中最有害的元素。

（2）气孔

焊接镍及镍合金时，气孔是个较难解决的问题，特别是焊接纯镍和镍-铜合金时更为严重。

这是由于液态镍和镍合金焊缝金属黏度比较大，张力也较大，使气体上浮逸出比较困难，因此出现气孔的机会就比较多。镍合金焊缝金属的气孔有 H_2O（水）气孔、氢气孔和一氧化碳气孔，而以 H_2O 气孔为主。

(3)焊接热影响区有晶粒长大的倾向

镍和镍合金均为单相合金，有晶粒长大倾向，又由于这类合金导热性差，焊接热不易散出，容易过热，造成晶粒粗大，使晶间夹层增厚，减弱了晶间结合力，使焊缝和热影响区的塑性、抗腐蚀性能降低，并使焊缝金属的液、固相存在的时间加长，进而增强了热裂纹的形成。

2. 镍和镍合金的焊条电弧焊工艺

镍和镍合金的焊接方法常用的有焊条电弧焊、埋弧自动焊、钨极氩弧焊和等离子焊等。

(1)焊条的选用

焊条电弧焊焊接镍和镍合金采用碱性低氢焊条，焊条要充分烘干。焊条电弧焊焊接纯镍时，用 Ni112 焊条；焊接镍-铬合金时用 Ni307 焊条，在焊缝金属中含有 $2\% \sim 6\%$ 的钼，用来防止裂纹的产生；有些电炉丝为 Cr20Ni80 或 Cr15Ni60Fe 合金制成，可采用 Ni307 焊条，也可用 A407 和 A607 焊条焊接。焊条电弧焊焊接镍和镍合金焊条的选用见表 4-28。

表 4-28　焊条电弧焊焊接镍和镍合金焊条的选用

牌　号	标准型号 GB/T 13814 (AWS A5.11) DIN1736	主要特点及用途
Ni102	ENi-0	钛钙型药皮纯镍焊条。熔合性、抗裂性、力学性能及耐热、耐蚀性能较好，交、直流两用，直流反接。用于镍基合金和双金属的焊接，也可作为异种金属焊接的过渡层焊条
Ni112	ENi-1 (ENi-1)	低氢型药皮含钛纯镍焊条。抗裂、抗气孔良好。直流反接。用于纯镍焊接，或作为铜镍合金堆焊的过渡层焊接
Ni202	ENiCu-7 (ENiCu-7)	钛钙型药皮镍铜合金焊条。焊接工艺性及抗裂性能良好。交、直流两用，直流反接。用于镍铜合金与异种钢焊接，也可作为过渡层堆焊焊条
Ni207	ENiCu-7 (ENiCu-7)	低氢型药皮镍铜合金焊条。焊接工艺性及抗裂性能良好。交、直流两用，直流反接。用于镍铜合金与异种钢焊接，也可作为过渡层堆焊焊条
Ni307	ENiCrMo-0	低氢型药皮镍铬钼耐热合金焊条。抗裂性能良好。直流反接。用于有耐热、耐蚀要求的镍基合金焊接，也可用于一些难焊合金、异种钢的焊接及堆焊
Ni317	—	低氢型药皮镍铬钼耐热合金焊条。抗裂性能良好。直流反接。用于镍基合金、铬镍奥氏体钢及异种钢的焊接
Ni327	ENiCrMo-0	低氢型药皮镍铬钼耐热、耐蚀合金焊条。抗裂性能良好。直流反接。用于有耐热、耐蚀要求的镍基合金焊接，也可用于一些难焊合金、异种钢的焊接及堆焊
Ni337	—	低氢型药皮镍铬钼耐热、耐蚀合金焊条。抗裂性、耐磨、耐蚀性能及焊接工艺性能良好。直流反接。用于核容器密封面堆焊及塔内构件焊接，或复合钢、异种钢及同类型镍基合金的焊接
Ni347	ENiCrFe-0	低氢型药皮镍铬铁耐热、耐蚀合金焊条。抗裂性、耐磨、耐蚀性能良好。直流反接。可全位置焊接。用于核电站稳压器、蒸发器管板接头的焊接，或复合钢、异种钢以及相同类型镍基合金的焊接
Ni357	ENiCrFe-2 (ENiCrFe-2)	低氢型药皮镍铬铁合金焊条。因含有适量的铁、锰、钼和铌，故抗裂性能良好。直流反接。用于耐热、耐蚀要求的镍铬铁合金的焊接，也可用于异种钢焊接或过渡层焊接及堆焊
Ni307B	ENiCrFe-3 (ENiCrFe-3)	低氢型药皮镍铬铁耐热合金焊条。抗裂性能良好。直流反接。用于耐热、耐蚀要求的镍基合金、异种钢焊接或耐蚀堆焊

(2)焊前清理

焊条电弧焊焊接镍和镍合金时为获得优质的焊接接头,焊前必须对焊件及焊丝进行严格清理,去除表面油污和氧化膜。清除的办法可用机械加工和化学方法。一般采用机械加工方法即可,但在高温加热后或长时间存放后,表面的氧化膜必须采用化学清洗的方法。清洗方法见表4-29。

(3)焊接工艺要点

焊条电弧焊焊接镍和镍合金,焊接电源采用直流反接,即焊条接电源正极,选用小电流、短弧和尽可能快的焊接速度,焊接电流可参照表4-30。

表4-29　纯镍的化学清洗

酸　　　洗			冲洗	中　　　和			冲洗	干燥
溶液(质量比)	温度(℃)	时间(min)		溶液(%)	温度(℃)	时间(min)		
$H_2O : H_2SO_4 : HNO_3 =$ 1 : 1.25 : 2.25	20～40	5～20	清水	$Ca(OH)_2$ 5～8	40～50	1～3	清水	风干

表4-30　镍和镍合金焊接电流

焊条直径(mm)	2.5	3.2	4.0	5
焊接电流(A)	50～70	80～120	105～140	140～170

焊前不预热,运条时焊条一般不做横向摆动或横向摆动范围不超过焊条直径的2倍。多层焊时要严格控制层间温度,一般应控制在100℃以下。每一段焊缝接头应回焊一小段,然后沿焊接方向前进。为防止弧坑裂纹,断弧时要进行弧坑处理(将弧坑铲除或采用钩形收弧)。最终断弧时,一定要将弧坑填满或把弧坑引出。必要时应加引弧板和收弧板。

第五节　焊条电弧焊操作工艺

一、焊前的准备工作

焊条电弧焊焊前的准备工作做得好坏,与焊接金属结构的产品质量有着密切的关系。焊前的准备工作包括正确选择焊接设备和焊接规范、母材和焊接材料(电焊条)的选用、焊接用夹具的选用、装配质量的检查、坡口的选用及加工和清理、定位焊等。

1. 材料的准备

母材(焊件材料)的质量必须符合设计图纸的要求。母材应具有出厂合格证。如果焊件材料的性能、成分不清楚,应通过化学分析和机械性能试验来鉴定。根据焊件的材质来确定母材是否需要预热;选择合适的焊条;还要根据母材的材质来确定焊接生产的工艺等。

2. 焊接夹具的选用

使用合理的焊接夹具,不但能提高生产效率,还能获得优质的产品。例如,通过使用焊接夹具使接头处于平焊位置,所焊出的产品的焊缝既漂亮,又不容易产生缺陷,还能提高生产效率。总之,在焊接尺寸和形状相同的产品时,如果采用夹具固定并组装起来焊接,要比一个一个地进行测量、进行定位焊、再进行焊接的方法效率高,制造精度也均匀一致。

3. 焊接接头装配质量的检查

在焊前的装配准备中,应对坡口和焊接接头部位的精度进行检查。如果坡口过于狭窄,则可能产生未焊透,使接头的使用性能降低;如果坡口过宽,则焊后变形明显,而且消耗材多、工时多,不经济。

结构在装配时,还应检查装配间隙、错边量等是否符合图纸和工艺文件的要求。如果发现不符合要求的坡口和接头,要采取措施进行补救和修正。

对于接头装配间隙过大时,绝对不允许采用填充金属的错误方法进行修补,如图 4-50。

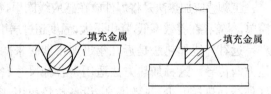

图 4-50　错误的修补方法

图 4-51 为角接头装配间隙过大时的修补方法,图 4-51a 为角接头间隙超过规定间隙 1.5mm 时的修补方法;图 4-51b 为间隙接近 4mm 时,应加大焊脚尺寸;当角接头间隙超过 4mm 时,就应使用垫板修复,如图 4-51c;图 4-51d 表示对接接头距角接头的间隔距离应不小于 300mm。对接接头的修补方法,详见图 4-52。

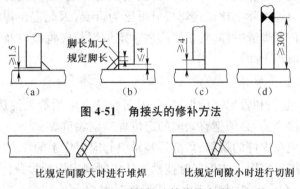

图 4-51　角接头的修补方法

图 4-52　对接接头的修补方法

4. 清理工作

接头表面上的锈、水分、油、涂料、轧制氧化皮等,在焊接时容易引起气孔等缺陷,所以,焊接前必须清理干净。在多层焊接时,必须使用钢丝刷等工具把每一层焊缝的焊渣清理干净。如果接头表面有油和水分,可用气焊枪烘烤,并用钢丝刷清除。对于铁锈和轧制氧化皮等,可采用喷砂清除,或采用砂轮机研磨的方法清除,并可在坡口面上涂上 $10\sim20\mu m$ 对焊接不会造成缺陷的防锈涂料。

5. 焊前预热

预热是降低焊后冷却速度的有效措施,主要目的在于改善金属材料的焊接性。它既可延长奥氏体转变温度范围内的冷却时间,降低淬硬倾向,又有利于氢的逸出。另外,预热还可以减少焊接应力,有利于防止冷裂纹的产生。

对于铬镍奥氏体不锈钢,预热使热影响区在危险温度区的停留时间增加,会增大晶间腐蚀倾向。因此,在焊接铬镍奥氏不锈钢时,不得进行预热。

焊件焊接时是否需要预热以及预热温度的选择,主要取决于钢材和焊接材料的成分、工件厚度、结构刚性、焊接方法以及环境温度等,要通过焊接性试验来确定。

预热的加热方法主要有火焰加热(氧乙炔、液化石油气、煤气等)法、工频感应加热法和远红外线加热法等。一般要求在坡口两侧各 $75\sim100mm$ 范围内保持均热。对于厚度较大的焊件,加热宽度要适当加大。

火焰加热法主要用于其他加热器难以放置的地方,是采用较早的一种加热方法。虽然热量损失大,控制温度难度大,但不需要专门设备,对于某些数量少、分散大的焊接接头经常采用。

工频感应加热法是将焊件放在感应线圈里,在交变磁场中产生感应电热。工频感应加热设备简单,尽管存在着效率低,耗电量大,温度超过居里点以后升温困难,还有剩磁等缺点,仍多为采用。

远红外线加热法是近几年迅速发展起来的。焊件表面吸收红外线后发热,再把热量向其他方向传导。这种加热方法适用于各种尺寸、各种形状的焊接接头,效果仅次于感应加热。远红外线加热耗电少,热效率高,设备比较耐用,容易实现自动化。

二、定位焊

定位焊是为装配和固定焊接接头的位置而进行的焊接,又称点固焊。

1. 定位焊缝

定位焊缝起到在正式焊接之前把焊件组装成整体的作用,定位焊缝要作为正式焊缝的一部分而被保留在焊件之中,其质量好坏及位置、长度是否合适,会直接影响正式焊缝的质量和焊件的变形大小。定位焊实际上比正式焊接显得更为重要,因此定位焊缝所用的焊条及对焊工技术水平的要求与正式焊缝一样,甚至更高些。定位焊前应将坡口及其两侧 20mm 范围内油污、铁锈、氧化物等清理干净。

2. 对定位焊的工艺要求

①定位焊缝短小,起头和收尾部位很接近,因而容易产生始端未焊透,收尾部分有裂缝等缺陷。要求在正式焊接之前,必须把有缺陷的定位焊缝剔除重焊。

②定位焊缝应避免在焊件的端部、角部等容易引起应力集中的地方。

③定位焊所用的焊条要用正式焊接时技术文件中所规定用的焊条。焊条的直径比正式焊接的焊条细,为 $\phi3.2\sim\phi4$mm,焊接电流比正式焊接时大 $10\%\sim15\%$。

④焊接淬硬倾向较大的低合金高强度钢和耐热钢时,定位焊缝也应预热,而且预热温度与焊正式焊缝时相同,并且应尽可能避免直接在坡口内焊接定位焊缝,可采用拉紧板、定位镶块等进行组装,正式焊接后拆除这些工艺件,并应把焊点磨平,检查有无表面裂纹。

⑤板的组对和定位焊时,使终焊端的组对间隙比始焊端略大。不得强力组装,并留有一定的反变形。组对后不得有错边。

⑥管道组对及定位焊时,对于小直径管($\leqslant\phi60$mm),一般在坡口内点固焊一点;对于中直径管($\phi60$mm$\sim\phi133$mm),一般在坡口内点固焊二点;对于大直径管($\geqslant\phi159$mm),一般在坡口内点固焊三点。对于大直径管因采用外加物方式进行定位焊,所以只要求点固牢固,但不宜过长和过厚。组对后应检查是否同心,并应预留一定的反变形。

⑦板管的组对和定位焊时,由于定位焊缝是正式焊缝的一部分,要求单面焊双面成形。

⑧定位焊缝两端尽可能焊出斜坡,也可以在组对后修出斜坡,以便方便接头。

定位焊缝的厚度(在焊缝横截面中,从焊缝正面到焊缝背面的距离)、长度和间距可参照表4-31。当焊件需要起重时,定位焊缝长度可适当加长。

表 4-31　定位焊缝尺寸

焊件厚度	定位焊缝尺寸		
	厚　度	长　度	间　距
<4	<4	5～10	50～100
4～12	3～6	10～20	100～200
>12	>6	15～30	100～300

三、薄板焊接技术

厚度不大于 2mm 的钢板称为薄板。薄板焊接时的主要困难是容易烧穿、变形较大及焊缝成形不良。薄板焊接操作技术要点主要是：

①装配间隙应越小越好，最大不要超过 0.5mm，焊口边缘的切割熔渣和剪切毛刺应清除干净。

②两板装配时，对口处的对接偏差不应超过板厚的 1/3，对某些要求高的焊件，偏差不应大于 0.2～0.3mm。

③应采用直径较小的焊条（如 $\phi1.6～\phi2.0$mm）进行焊接。定位焊的间距适当小些，定位焊缝呈点状，在间隙较大处定位焊的间距应更小一些。例如，焊接 1.5～2mm 厚的薄钢板时，采用 $\phi2.0$mm 直径焊条，70～90A 的焊接电流进行定位焊，定位焊缝呈点状，焊点间距 80～100mm。

④焊接电流应比根据焊条的直径选取焊接电流的强度值（见表 4-2）大 10～20A，但焊速应稍高，以获得小尺寸的熔池。

⑤焊接时应采用短弧快速直线焊接，焊条不需摆动，以得到小熔池和整齐的焊缝外观。

⑥对可移动的焊件，可将焊件一头垫起，使焊件倾斜呈 15°～20°进行下坡焊，这样可提高焊速度和减小熔深，对防止烧穿和减小变形极为有利。

⑦对不能移动的焊件可进行灭弧焊接法，即焊接一段后，发现熔池将要漏穿时，立即熄弧，使焊接处温度降低，然后再进行焊接。也可采用直线形前后往复焊接，向前焊时，电弧长度稍长些。

⑧有条件时可采用专用的立向下焊条进行薄板焊接。由于用立向下焊条焊接时熔深浅、焊速高、操作简便、不易焊穿，故对可移动的焊件尽量放置在立焊位置进行立向下焊。对不能移动的焊件，其立焊缝和斜立焊缝亦可采用此焊条。但应注意，平焊位置用此焊条焊接时成形不好，不宜采用。

四、低碳钢板对接的平焊、立焊、横焊的单面焊双面成形

1. 低碳钢板对接的平焊单面焊双面成形

(1)焊前准备

工件材料为 Q235，工件尺寸为 300mm × 200mm × 12mm，坡口尺寸如图 4-53 所示。焊条为 E4303，$\phi3.2$mm/$\phi4.0$mm；弧焊变压器为 BX3-300。焊前将坡口及两侧 20mm 范围内的铁锈、油污、氧化物等清理干净，使其露出金属光泽。在焊缝坡口内侧两端进行定位焊，定位焊缝长度 10～15mm。

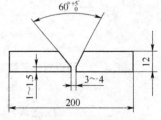

图4-53 工件坡口尺寸

组对间隙：始焊端 3mm，终焊端 4mm。预留反变形 3°～4°。错边量≤1mm。

(2)焊接工艺参数（见表 4-32）

表 4-32 低碳钢板对接的平焊单面焊双面成形焊接工艺参数

焊接层次	焊条直径（mm）	焊接电流（A）
打底层	3.2	110～120
填充层(1)	3.2	130～140
填充层(2)	4.0	170～185
盖面层	4.0	160～170

(3)操作要点

①打底焊。打底层的焊接是单面焊双面成形的关键。主要有三个重要环节。即引弧、收弧、接头。焊条与焊接前进方向的角度为40°～50°,选用断弧焊一点击穿法。

引弧。在始焊端的定位焊处引弧,并略抬高电弧稍作预热。当焊至定位焊缝尾部时,将焊条向下压一下,听到"噗"的一声后,立即灭弧。此时熔池前端应有熔孔,深入两侧母材0.5～1mm,如图4-54所示。当熔池边缘变成暗红,熔池中间仍处于熔融状态时,立即在熔池的中间引燃电弧,焊条略向下轻微的压一下,形成熔池,打开熔孔立即灭弧,这样反复击穿直到焊完。运条间距要均匀准确,使电弧的2/3压住熔池,1/3作用在熔池前方,用来熔化和击穿坡口根部形成熔池。

收弧。即将更换焊条前,应在熔池前方做一个熔孔,然后回焊10mm左右,再灭弧;或向末尾熔池的根部送进2～3滴铁水,然后灭弧更换焊条,以使熔池缓慢冷却,避免接头出现冷缩孔。

接头。采用热接法。接头时换焊条的速度要快,在收弧熔池还没有完全冷却时,立即在熔池后10～15mm处引弧。当电弧移至收弧熔池边缘时,将焊条向下压,听到击穿声,稍作停顿,然后灭弧。接下来再给两滴铁水,以保证接头过渡平整,然后恢复原来的断弧焊法。

②填充焊。填充焊前应对前一层焊缝仔细清渣,特别是死角处更要清理干净。填充焊的运条手法为月牙形或锯齿形,焊条与焊接前进方向的角度为40°～50°。填充焊时应注意:焊条摆动到两侧坡口处要稍作停留,保证两侧有一定的熔深并使填充焊道略向下凹;最后一层的焊缝高度应低于母材约0.5～1.5mm,要注意不能熔化坡口两侧的棱边,以便于盖面焊时掌握焊缝宽度,接头方法如图4-55所示,不需向下压电弧。

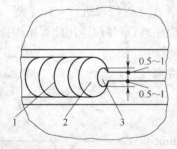

图4-54　平板对接平焊时的熔孔
1. 焊缝　2. 熔池　3. 熔孔

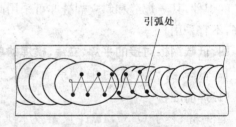

图4-55　填充层焊接头

③盖面焊。盖面层施焊的焊条角度、运条方法及接头方法与填充层相同。但盖面层施焊的焊条摆动的幅度要比填充层大。摆动时,要注意摆动幅度一致,运条速度均匀。同时,注意观察坡口两侧的熔化情况,施焊时在坡口两侧稍作停顿,以便使焊缝两侧熔合良好,避免产生咬边,以得到优良的盖面焊缝。注意保证熔池边沿不得超过表面坡口棱边2mm;否则,焊缝超宽。

2. 低碳钢板对接的立焊单面焊双面成形

(1)焊前准备

工件材料为20g,工件尺寸为300mm×200mm×12mm,坡口尺寸如图4-56所示。焊接位置立焊,要求单面焊双面成形。焊接材料为E4303。选用BX3-300型弧焊变压器。焊接前焊条应严格按照规定的温度和时间进行烘干,然后放在保温筒内随用随取。清理坡口及其正、反两面两侧 20mm 范围内的油、污、锈，直至露出金属光泽。装配间隙始端为 2.0mm，终端为 2.5mm。采用与焊接工件相应型号焊条 E4303 进行定位焊，并在工件坡口内两端定位焊，定位焊缝长度为 10～15mm，将定位焊缝接头端打磨成斜坡。预置反变形量 3°～4°。错边量≤1.2mm。

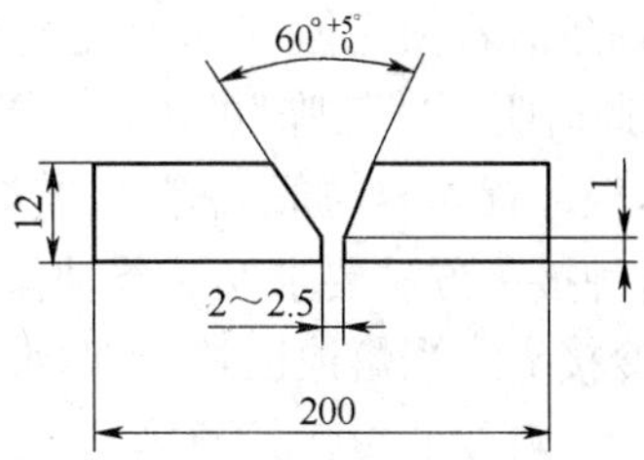

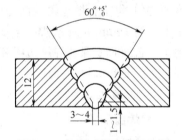

图 4-56　平板对接立焊工件及坡口尺寸

(2)焊接工艺参数(见表 4-33)

(3)操作要点

如图 4-57 所示，分四层、四道施焊。

①打底焊。可采用连弧法也可采用断弧法。本实例采用断弧法。

表 4-33　低碳钢板对接的立焊单面焊双面成形焊接工艺参数

焊接层次	焊条直径(mm)	焊接电流(A)
打底焊(第一层)	3.2	100～110
填充焊(第二、三层)	3.2	110～120
盖面焊(第四层)	3.2	100～110

a. 引弧。在定位焊缝上端部引弧，焊条与钢板的下倾角定为 75°～80°，与焊缝左右两边夹角为 90°。当焊至定位焊缝尾部时，应稍作停顿进行预热，将焊条向坡口根部压一下，在熔池前方打开一个小孔(熔孔)。此时听见电弧穿过间隙发出清脆的"哗、哗"声，表示根部已熔透。这时，应立即灭弧，以防止熔池温度过高使熔化的铁水下坠，使焊缝正面、背面形成焊瘤。

b. 焊接。运条方法采用月牙形或锯齿形横向短弧操作方法。弧长应小于焊条直径，电弧过长易产生气孔。在灭弧后稍等一会儿，此时熔池温度迅速下降，通过护目玻璃可看见原有白亮的金属熔池迅速凝固，液体金属越来越小直到消失。这个过程中可明显地看到液体金属与固体金属之间有一道细白发亮的交接线。这道交接线轮廓迅速变小直到一点而消失。重新引弧时间应选择在交接线长度大约缩小到焊条直径的 1～1.5 倍时，重新引弧的位置应为交接线前部边缘的下方

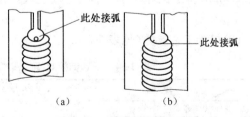

图 4-57　钢板对接立焊示意图

1～2mm 处(见图 4-58)。这样，电弧的一半将前方坡口完全熔化，另一半将已凝固的熔池的一部分重新熔化，形成新的熔池。新熔池一部分压在原先的熔敷金属上，与母材及原先的熔池形成良好的熔合。在熔池温度适当的情况下，焊条可继续送进和向上运动，不断形成根部焊透程度良好的焊缝，直到再次发现熔池温度过高，再一次灭弧等待熔池冷却。如此反复焊接便可得到整条焊缝。这就是打底层的"半击穿焊法"。

c. 收弧。打底层焊接在更换焊条前收弧时，先在熔池上方作一个熔孔，然后回焊约 10mm 再灭弧，并使其形成斜坡形状。

d. 接头。分热接头和冷接头两种。

热接头。当熔池还处在红热状态时，在熔池下方约 15mm 坡口引弧，并做横向摆动焊至收弧处，使熔池温度逐步升高，然

图 4-58　重新引弧的位置

(a)"半击穿法"接弧处　(b)"不击穿法"接弧处

后将焊条沿着预先做好的熔孔向坡口根部压一下,同时使焊条与工件的下倾角度增加到约90°。此时听到"哗、哗"的声音。然后,稍作停顿,再恢复正常焊接。停顿时间要合适。若时间过长,根部背面容易形成焊瘤;若时间过短,则不易接上接头或背面容易形成内凹。要特别注意:这种接头方法要求换焊条动作越快越好。

冷接头。当熔池已经冷却,最好是用角向砂轮或錾子将焊道收弧处打磨成长约 10mm 的斜坡。在斜坡处引弧并预热。当焊至斜坡最低处时,将焊条沿预作的熔孔向坡口根部压一下,听到"哗、哗"的声音后,稍作停顿后恢复焊条正常角度继续焊接。

打底层焊缝厚度:坡口背面 1～1.5mm,正面厚度约为 3mm。打底焊在正常焊接时,熔孔直径大约为所用焊条直径 1.5 倍,将坡口钝边熔化 0.8～1.0mm,可保证焊缝背面焊透,同时不出现焊瘤。当熔孔直径过小或没有熔孔时,就有可能产生未焊透。

②填充焊。在距焊缝始焊端上方约 10mm 处引弧后,将电弧迅速移至始焊端施焊。每层始焊及每次接头时都应按照这样的方法操作,避免产生缺陷。运条采用横向锯齿形或月牙形,焊条与板件的下倾角为 70°～80°。焊条摆动到两侧坡口边缘时,要稍作停顿,以利于熔合和排渣,防止焊缝两边未熔合或夹渣。填充焊层高度应距离母材表面低 1～1.5mm,并应成凹形,不得熔化坡口棱边线,以利盖面层保持平直。对每层焊道的熔渣要彻底清理干净,特别是边缘死角的熔渣。

③盖面焊。引弧操作方法与填充层相同。焊条与板件下倾角 70°～80°,采用锯齿形或月牙形运条。焊条左右摆动时,在坡口边缘稍作停顿,熔化坡口棱边线 1～2mm。当焊条从一侧到另一侧时,中间电弧稍抬高一点,观察熔池形状。焊条摆动的速度较平焊稍快一些,前进速度要均匀,每个新熔池覆盖前一个熔池 2/3～3/4 为佳。换焊条后再焊接时,引弧位置应在弧坑上方约 15mm 填充层焊缝金属处引弧,然后迅速将电弧拉回至原熔池处,填满弧坑后继续施焊。盖面时要保证焊缝边缘和下层熔合良好。如发现咬边,焊条稍微动一下或多停留一会,焊缝边缘要和母材表面应圆滑过渡。

3. 低碳钢板对接的横焊单面焊双面成形

(1)焊前准备

工件材料为 16Mn。工件及坡口尺寸为 300mm×200mm×12mm,如图 4-59 所示。焊接位置横焊。焊接要求单面焊双面成形。焊接材料为 E5015。选用 ZX5-400 型或 ZX7-400 型弧焊整流器,采用直流反接。焊接前焊条应严格按照规定的温度和时间进行烘干,然后放在保温筒内随用随取。装配间隙始端为 3.0mm,终端为 4.0mm。采用与焊接工件相应型号焊条 E5015 进行定位焊,并定位焊于工件坡口内两端,定位焊长度不得超过 20mm,将定位焊缝接头端打磨成斜坡。预置反变形量 6°。错边量≤1.2mm。

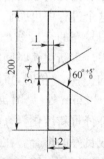

图 4-59　平板对接横焊工件及坡口尺寸

(2)焊接工艺参数(见表 4-34)

表 4-34　低碳钢板对接的横焊单面焊双面成形焊接工艺参数

焊接层次	焊条直径(mm)	焊接电流(A)
打底焊(第一层 1 道)	2.5	70～80
填充焊(第二层 2、3 道　第三层 4、5 道)	3.2	120～140
盖面焊(第四层 6、7、8 道)	3.2	120～130

(3)操作要点

可采用连弧焊或断弧焊。采用四层八道焊接,如图4-60所示。

①打底焊。

a. 连弧焊接。在工件左端定位焊缝上引弧,并稍停进行预热。将电弧上下摆动,移至定位焊缝与坡口连接处,压低电弧待坡口熔化并击穿,形成熔孔,转入正常焊接。运条过程中要采用短弧,运条要均匀,在坡口上侧停留时间应稍长些。运条方法及焊条角度如图4-61所示。

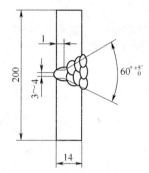

图4-60　平板对接横焊示意图

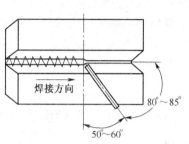

图4-61　平板对接横焊连弧打底
运条方法与焊条角度示意图

b. 断弧焊接。横焊打底层焊接时采用断弧法,焊接动作和焊条角度如图4-62所示。当电弧指向上、下坡口时,焊条角度如图4-63所示,得到的焊缝及熔孔如图4-64所示。采用两点击穿法,在坡口内引燃电弧。顺定位焊缝向前方施焊并预热和熔化坡口最低处,击穿根部。这时,听到击穿根部的电弧声,并看到熔孔出观,形成熔池,立即灭弧。下一次引弧始终在熔池上沿处引弧,迅速移动到上侧坡口根部,将其击穿后,马上再移动到下侧坡口,击穿根部。然后再灭弧。每次灭弧、击穿应压着熔池的2/3向前移动。上下根部都不能停留时间过长,如果停留时间过长,上侧根部背面容易产生咬边,下侧根部背面容易产生下坠。一般每侧根部停留约1s,保持被熔化的熔孔均匀,熔孔单侧约为0.8mm,更换焊条而灭弧时,必须填满弧坑,使熔池缓慢降温,以防止产生气孔、裂纹。

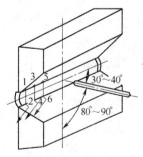

图4-62　平板对接横焊断弧打底运条
方法与焊条角度示意图

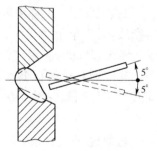

图4-63　焊条角度

打底焊需要换焊条接头时,应在距前段焊道收尾处约10mm处的坡口内引燃电弧。持续预热升温,焊至坡口根部,将焊条伸入焊缝中心击穿根部。听到击穿根部的电弧声后,看到熔化的熔孔并稍作停顿,立即灭弧,继续正常运条,完成打底焊的焊接。接头操作技术和立焊基本相同。

②填充焊。焊两层,填充层的焊条角度如图 4-65 所示。各填充层均采用连弧多道焊接。由坡口下方开始焊接,逐道向上排列。每道焊缝压上道焊缝 1/2,从左至右焊接。填充最后一层的高度距坡口边缘线 1～2mm,并不能破坏上下坡口边缘线,以它为盖面的基准线。换焊条操作技术和立焊相同。

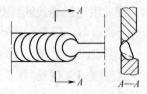

图 4-64　焊缝及熔孔

③盖面焊。盖面焊采用连弧多道焊接。由坡口下方始焊,逐道向上排列,每道焊缝之间压 1/2 左右。第一道焊道以熔化下侧坡口边缘 1～2mm 为宜,最后一道焊道以熔化上侧坡口边缘 1～2mm 为宜。焊条角度如图 4-66 所示。

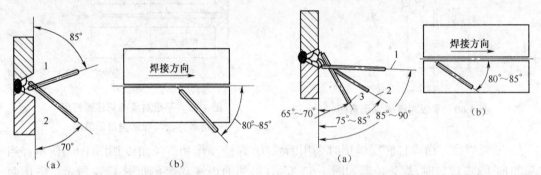

图 4-65　填充层的焊条角度
(a)焊条与工件夹角　(b)焊条与焊缝夹角

图 4-66　横焊盖面焊时焊条角度
(a)焊条与工件夹角　(b)焊条与焊缝夹角
1.下焊道　2.中间焊道　3.上焊道

五、管子的焊接技术

1. 小直径管对接单面焊双面成形技术

(1)小直径管对接垂直固定焊

①焊前准备。工件规格:16MnR;ϕ60mm×5mm。焊接材料:焊条型号 E5015,ϕ2.5mm,使用前按规定要求烘干。焊接电源:选用 ZX 型直流焊机:采用直流反接。工件清理:坡口内、外壁 15～20mm 处清除油、污、锈等杂质,要求呈金属光泽。工件坡口形式及尺寸:如图 4-67 所示。装配与点固:装配时应保证管件轴线对正不错口。工件点固采用与正式焊接相同的焊接材料 E5015 定位,定位一点,定位焊缝长 15～20mm,定位后工件间隙应保证在 3～3.5mm,且定位焊缝两侧修成缓坡状。

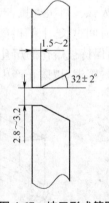

图 4-67　坡口形式简图

②焊接工艺参数(见表 4-35)

表 4-35　小直径管对接垂直固定焊焊接工艺参数

焊　　层	焊接电流(A)	焊接厚度(mm)
打底层	90～110	2.5～3.5
盖面层	80～100	2.5～3.5

③操作要点。将工件横截面分为四段,如图 4-68 所示。A 点为定位焊缝;C 点为起焊点。

先焊 $C—D—A$ 位置；后焊 $A—B—C$ 位置。同时注意各层焊接时，各个接头应互相错开。

a. 打底焊。打底层焊接采取断弧逐点焊接方法。焊条角度应保证焊条与焊接方向夹角为 $70°\sim80°$，与工件夹角为 $10°\sim20°$，如图 4-69 所示。

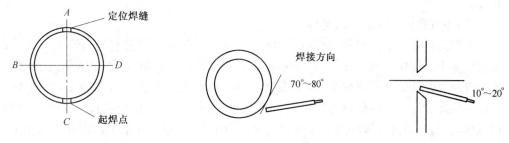

图 4-68　分段焊接示意图　　　　　　　图 4-69　焊条角度示意图

焊条在 C 点位置用划擦法在坡口内引燃电弧后，压低电弧拉至起焊处，对准管上坡口钝边处做稳弧动作，利用电弧热量击穿坡口钝边，产生熔孔形成熔池后，焊条给足一定量铁水，斜拉至下坡口钝边做稳弧动作，待下坡口钝边被击穿，产生熔孔形成完整熔池后，焊条回勾熄灭电弧。当熔池变成暗红色时，焊条在上坡口熔池 2/3 处引燃电弧，压低电弧横向拉动将上坡口钝边击穿，产生新熔孔形成熔池后，给足铁水，斜拉至下坡口钝边，形成完整熔池后回勾灭弧。以此方法逐点均匀运条焊接，如图 4-70 所示。

焊接时应注意，如果焊条角度不正确，电弧停留时间过长等，铁水极容易在焊缝背面形成下垂，产生内侧焊缝上部咬边。因此，焊接时应掌握好操作方法，以获得焊接电流、焊条角度、焊接电弧停顿时间的最佳选择。既要保证背面成形好，又要保证下面焊缝平整，不要伤及坡口外边，且打底层焊缝低于管件表面 1mm。焊条焊完熄弧前应将电弧拉至下坡口，在熔池中少量填充 $2\sim3$ 滴铁水，使熔池缩小后，快速熄灭电弧。

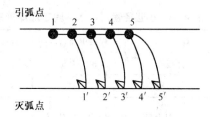

图 4-70　运条方法示意图

接头时焊条引弧点在收弧熔孔前 $5\sim10$mm 处，焊条引燃后，压低电弧横拉到管件上坡口熔孔，稳弧时间要稍长一些，看到钝边击穿形成熔孔时给足铁水做一挤压动作，斜拉至下坡口熔孔，待钝边击穿整体熔池后，即可回勾灭掉电弧。

焊至 A 点位置焊缝时，把焊条与焊接方向夹角调整为 $90°$，与管件倾角调整为 $0°$，焊条前端对准起弧点连弧焊接，待焊接熔池与起焊点形成整体熔池后，继续向前焊接 $3\sim5$mm，给足铁水把弧坑填满，即可熄灭电弧。打底焊完以后，需将坡口内熔渣、飞溅、局部铁水下垂等用扁铲修整，防止缺陷产生。

b. 盖面焊。盖面层焊接将整个表面焊接分为两层完成。第一层焊接时，焊条引燃电弧后，压低电弧拉至管件下坡口边缘处做稳弧动作，待管下坡口边缘熔化形成熔池后，焊条斜拉锯齿型运条，以保证焊缝宽度。焊接时应注意焊条与焊接方向角度为 $70°\sim80°$，与管件的倾角为 $10°\sim15°$。第一层焊缝应占整个焊缝宽度 2/3，下坡口熔化要均匀一致，从而保证焊缝宽窄一样。

第二层焊接时，采用直线运条，焊条与管件倾角调整为 $0°$，焊接速度要快，第二层焊缝要压住熔化第一层焊缝 1/3 位置,且要保证上坡口边熔合好,不产生咬边。

接头时,焊条应在收弧点后边 10～15mm 引燃电弧燃烧后,压低电弧拉至收弧熔池 2/3 处,原地停留做稳弧动作,形成整体熔池后进行正常焊接。焊至起焊点焊缝收头时,焊条应焊到起焊点焊缝高点位置,做一稳弧动作给足铁水,迅速灭弧,从而保证接头不低于正常焊缝高度。

(2)小直径管对接水平固定焊

①焊前准备。工件材料、规格:16MnR;ϕ60mm×5mm。焊接材料:E5015,ϕ2.5mm,按规定温度烘干。焊接电源:选用 ZX 系列焊机,直接反接。工件清理:坡口两侧内、外表面 20mm 范围内油、污、锈等杂质清理干净,呈金属光泽。坡口形式加工尺寸及装配:如图 4-71 所示。工件定位焊缝所用焊接材料与焊接工件时相同。定位一点,定位焊缝长 15mm,要求焊缝两端修成缓坡状,不得有焊接缺陷。障碍设置及工件固定:即将工件水平固定在焊接架上,外壁距两边障碍物距离各为 30mm,定位焊缝放在截面上相当于"时钟 12 点"位置,如图 4-72 所示。

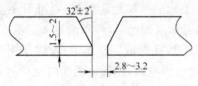

图 4-71　坡口简图

②焊接工艺参数(见表 4-36)。

表 4-36　小直径管对接水平固定焊焊接工艺参数

焊　　层	焊接电流(A)	焊接厚度(mm)
打底层	85～105	3～3.5
盖面层	75～100	2.5～3.5

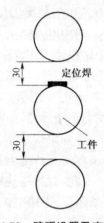

图 4-72　障碍设置及定位图

③操作要点。将焊缝分为 2 半周进行焊接。用时钟钟点位置来表示焊接位置。先焊相应于"时钟 6 点～3 点～12 点"位置,后焊相应于"时钟 6 点～9 点～12 点"位置。

a. 打底焊。采取断弧逐点焊接方法,焊条角度变化如图 4-73 所示。

焊条在相当于"时钟 6 点"位置引燃电弧,移至过中心 10～15mm 处,焊条前端对准坡口间隙内,在两钝边间做微小横向摆动。当钝边熔化与焊条熔滴连在一起时,焊条上送,使焊条端部到达坡口底边,产生第一个熔孔,形成熔池,焊条回到熔池中间,立刻灭掉电弧。当第一个熔池变成暗红色时,焊条立刻在熔池中间引燃电弧,焊条上送,使焊条端部到达坡口熔孔处,横向摆动,待两侧钝边击穿形成熔池,与焊条熔滴熔合在一起时,焊条再回到熔池中间灭掉电弧。重新引弧位置要准确。重新引弧时,焊条要对准熔池中间,新熔池要覆盖前一个熔池的 1/3 左右。

随着焊接向上进行,焊条角度变大,焊条送入深度慢慢变浅。焊接过程中,熔池的形状大小要基本保持一致,熔池

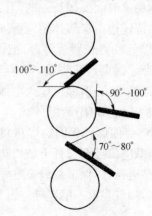

图 4-73　焊条角度示意图

铁水清晰明亮,熔孔始终深入每侧坡口 1～1.5mm 左右。收弧时,焊条先在熔池前方做一个熔孔,然后回到熔池,少量填充 1～2 滴铁水再熄弧。

接头时焊条在弧坑后面 10mm 处引燃,压低电弧,运条到弧坑根部时,向弧坑根部顶一下,稍停顿击穿钝边产生熔孔,形成熔池后即可恢复正常手法焊接。焊至相当于"时钟 12 点"位置时,运条至定位焊缝根部,应将焊条向下压一下,待焊接熔池与定位焊缝根部熔合在一起,原地停一下,给足铁水填满弧坑,即可熄灭电弧。左半圈焊接方法同右半圈相同。打底层焊完以后,要认真清除打底层熔渣,修整局部上凸接头。

b. 盖面焊。盖面焊接可选用断弧或连弧焊接两种方法。焊接时焊条角度与打底层焊相同。

断弧焊接。断弧焊接焊条与焊件相对位置与打底层焊相同。焊条在相当于"时钟 6 点"位置打底焊道上引燃电弧,移至过中心 10～15mm 处,原地横向摆动,当打底层焊道与焊条熔滴形成熔池后,即可灭掉电弧。当熔池变成暗红色时,焊条马上在熔池中间部位引燃电弧。采取月牙形运条方法向两侧摆动,焊条摆动到两侧时,要稍加停留,并熔化坡口边缘各约 1mm,避免咬边。当两侧熔化好时,焊条回到熔池中间位置灭弧。如此反复焊接,形成表面焊缝。另外,焊接时应注意,焊缝开始时,焊条不要一下就摆动到坡口边缘,而是依次建立三个熔池,一个熔池比一个熔池扩大,从而使开始处小而薄,呈马蹄状。收尾时,焊条摆动逐渐变小,使弧坑呈斜坡状,便于接头。

连弧焊接。连弧焊接焊条与工件相对位置同打底层焊相同。引燃电弧后,拉至过中心 10～15mm 处,在打底层焊道中间不动。待焊条熔滴与打底层焊道熔化形成熔池后,焊条按锯齿形运条法,一点点扩大熔池,以保证开始薄而窄。达到焊缝宽度以后,焊条在坡口两侧停留时间长一些,并熔化坡口边 0.5～1.0mm,以防止咬边。焊条摆动速度要均匀一致,在焊道中间快一些,以使焊缝表面平整。收弧时摆动宽度一点点减小,使收尾处呈斜坡状,便于接头。

接头。接头方法接头时尽量采用热接法,迅速更换焊条,在弧坑上方 10mm 处引燃电弧。然后把焊条拉至弧坑中间,沿弧坑形状压住弧坑 2/3,产生熔池后,焊条左右摆动,做稳弧动作,将弧坑填满后即可正常焊接。焊至相当于"时钟 12 点"位置接头时,焊接熔池与收弧处斜坡底部熔合在一起时,焊条给的铁水要逐渐少,横向摆幅要逐渐减小,使熔池逐渐变小,防止焊道变宽。焊到斜坡顶端,焊条少量向熔池中间填充 1～2 滴铁水,迅速熄灭电弧。

(3)小径管道的 45°倾斜固定焊

①焊前准备。工件材料、规格:16MnR;ϕ60mm×5mm。焊接材料:E5015,ϕ2.5mm,按规定温度烘干。焊接电源:选用 ZX 系列焊机,直流反接。工件清理:坡口两侧内、外表面 20mm 范围内清除油、污、锈等杂质,呈金属光泽。坡口形式加工尺寸及装配:V 形坡口,坡口角度 32°±2°;钝边 1～2mm,间隙 2.8～3.2mm,如图 4-74 所示。工件定位焊所用焊接

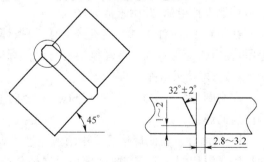

图 4-74　坡口及点固位置示意图

材料与焊接工件时相同。定位一点,定位焊缝长 15mm,要求不得有焊接缺陷,两端修成缓坡状。

②焊接工艺参数(见表 4-37)。

表 4-37 小径管道的 45°倾斜固定焊焊接工艺参数

焊 层	焊接电流(A)	焊层厚度(mm)
打底层	85~105	3~3.5
盖面层	75~100	2.5~3.5

③操作要点。45°固定管子焊接位置,它介于水平固定与垂直固定之间,它们的焊接方法有相似之处,也有不同之处。焊接时也分成两个半圈进行,每个半圈都分为斜仰、斜立、斜平三种位置,从相当于"时钟 6 点"位置起弧,至相当于"时钟 12 点"位置收弧。

a. 打底焊。采取断弧逐点焊接方法焊接,焊条角度变化如图 4-75 所示。焊条在相当于"时钟 6 点"位置引燃,拉至过中心 10mm 处,焊条前端对准坡口间隙,在两钝边间做小的横向摆动。当钝边和焊条熔滴熔化连在一起时,焊条上送坡口底边,产生第一个熔孔,形成熔池后即可灭弧。第一个熔池变成暗红色时,焊条在坡口上侧引燃电弧,横拉至熔孔,稍作停留,击穿钝边,产生新的熔孔。形成熔池后,焊条斜拉到下坡口根部,稍作停留,击穿钝边,形成整体熔池后焊条向斜前方,迅速灭掉电弧,如此反复焊接,即形成了打底焊道。

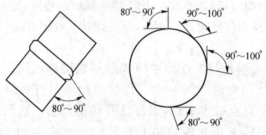

图 4-75 焊条角度示意图

焊接过程中应注意,在仰焊位焊条顶送深些,必须将铁水送到坡口根部,立焊、平焊位、焊条向熔池顶送浅些。焊条从上坡口向下坡口斜拉过渡时,一定要使熔池铁水呈水平状态。每次引弧时,焊条中心要对准熔池 2/3 左右,使新熔池覆盖前一个熔池 2/3 左右。收弧时,焊条向熔池中少量填充 2~3 滴铁水,熔池缩小后再灭掉电弧。

接头时,焊条在弧坑前 10mm(打底焊道)上引燃电弧,拉至上坡口熔孔,停留时间长一些,击穿钝边形成新的熔孔,产生熔池后斜拉至下坡口熔孔,稍加停留,击穿钝边形成的熔孔,形成整体熔池灭掉电弧,开始正常焊接。

在相当于"时钟 12 点"位置接头时,焊条焊至定位焊缝坡口底部时,焊条微微下压,并稍作停留,使电弧穿透背面。待焊接熔池与定位焊缝熔合在一起时,给足铁水,连弧向前焊过中心 10mm 处,再熄灭电弧。

左半圈焊接方法同右半圈相同。打底层焊完以后,要认真清渣,并把局部凸出铲平,进行盖面层的焊接。

b. 盖面焊。盖面焊接可采用断弧或连弧焊两种焊接方法。焊接时,焊条与工件相对位置同打底层焊相同。开始与收尾部位留出一个待焊三角区,便于接头和收尾,如图 4-76 所示。

断弧焊。焊条在打底焊道相当于"时钟 6 点"位置引燃电弧,移至过中心 10mm,在下坡口边缘压低电弧,稍加停顿,待焊条铁水与下坡口边缘熔合在一起。产生熔池后,焊条做小的斜锯齿形摆动,逐渐扩大熔池。达到焊缝宽度以后,焊条在上坡口边缘稍加停顿,焊条铁水与上坡口熔化形成整体熔池后,焊条采取月牙形运条方法,斜拉至下坡口边缘,稍加停顿,焊条铁水与下坡口熔化在一起时,迅速灭掉电弧。当熔池变成暗红色时,焊条立即在上坡口熔池处引燃,重复刚才焊接过程,斜拉至下坡口灭弧,依次循环,每个新熔池覆盖前一个熔池2/3,形成表面焊缝,焊接过程中,焊条摆动到坡口两侧时,要稍作停留,并熔化坡口边缘1～2mm,防止咬边。焊条斜拉运条时,要使熔池铁水处于水平状态,控制焊缝成形。

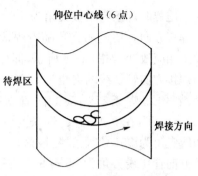

图 4-76　开始部位示意图

连弧焊。焊条在相当于"时钟6点"位置引燃电弧后,压低电弧,拉至过中心10mm处,在下侧坡口边缘稍作停顿,焊条熔滴与下坡口边缘熔化。产生熔池后,焊条采取斜锯齿形运条方法,把熔池一点点扩大,并保证下坡口边缘熔化。达到焊缝宽度后,焊条在两侧坡口边缘,停留时间长一些,并熔化坡口1～2mm。焊条摆动时,要控制熔池,使熔池的上下轮廓线基本处于水平位置。

收弧。焊条焊完或调整位置收弧时,焊条斜拉至下坡口,待下坡口边缘熔化后,焊条向熔池中少量填充2～3滴铁水,留出一个待焊三角区,熔池缩小后,迅速灭掉电弧。

接头。仰焊、立焊位置接头时,焊条引燃后,压低电弧移动到上坡口三角区尖端,稍加停顿,上坡口边熔化形成熔池后,焊条直接从三角区尖端斜拉至坡口下部边缘,下部边缘熔化形成熔池后,进行正常焊接。

在相当于"时钟12点"位置接头时,焊条焊至三角区时,待下侧坡口边与三角区尖端熔化,形成整体熔池后,逐渐缩小熔池,填满三角区后再收弧。

2. 小直径管板焊接工艺

(1)小直径管板水平固定焊

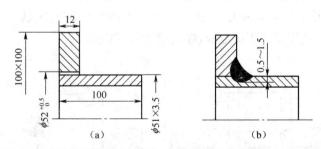

图 4-77　小直径管板水平固定焊尺寸简图
(a)焊件尺寸　(b)焊缝形式

图4-77所示为小直径管板水平固定焊尺寸简图,管的尺寸为ϕ51mm×3.5mm,管材为10,板厚为12mm,板材为20g。组对间隙为0.36～1.13mm,定位焊点为一点,定位焊缝长为8～12mm,起焊点与定位焊点相隔180°。采用单面焊双面成形技术,打底层使用一点击穿法,断弧频率在仰焊、平焊区段为35～40次/min,在立焊区段为40～45次/min。焊条直径为ϕ2.5mm,选用的焊条牌号为E4303(J422),焊条在使用前烘干温度为150℃～200℃,并保温1～2h。焊接电源为交流,焊机型号为BX3-500。

施焊时焊条与平板夹角为 40°～45°,焊条与焊接方向管切线的夹角随着焊接位置不同发生相应改变,如图 4-78 所示,仰焊区段焊条与焊接方向管切线的夹角为 80°～85°,在仰焊爬坡区段,焊条与焊接方向管切线夹角为 100°～105°,在立焊区段,焊条与焊接方向管切线夹角为 90°,在立焊爬坡区段,焊条与焊接方向管切线夹角为 85°～90°,在平焊区段,焊条与焊接方向管切线夹角为 70°～75°。施焊时焊接工艺参数和焊缝尺寸要求见表 4-38 和表 4-39。

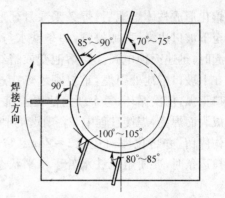

图 4-78　小直径管板水平固定焊焊条与焊接方向管切线的夹角

表 4-38　小直径管板焊接工艺参数

焊接层次(道数)	焊条直径(mm)	焊接电流(A)	电弧电压(V)
打底层(1)	2.5	65～75	22～26
盖面层(2)	2.5	65～80	22～26

表 4-39　小直径管板焊接焊缝尺寸要求

焊　缝	焊脚尺寸	焊脚尺寸差	焊脚熔入管壁深度
正　面	6～8	<2	0.5<熔入管壁深度<1.5

(2)小直径管板垂直固定焊

图 4-79 所示为 $\phi51mm\times3.5mm$ 的管与板厚为 12mm 的板垂直固定的尺寸简图,组对间隙为 0.36～1.16mm,定位焊点为一点,定位焊缝的长度为 8～12mm,起焊点与定位焊点相隔 180°。焊接方法采用连弧焊,直线运条不做横向摆动。板材牌号为 20g,管材牌号为 10,焊条直径为 3.2mm,选用的焊条型号为 E4303(J422),焊条在使用前应烘干,烘干温度 150℃～200℃,保温 1～2h。使用交流焊接电源,焊机型号为 BX3-500。

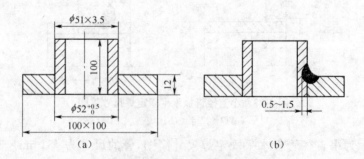

图 4-79　小直径管板垂直固定焊尺寸简图

(a)焊件尺寸　(b)焊缝形式

施焊时焊条与平板间的夹角为 40°左右,焊条与焊接方向管切线的夹角为 45°左右。仅焊一层,焊接电流为 105～115A,电弧电压为 22～26V,对焊缝的尺寸要求与小直径管水平固定焊相同,见表 4-40。

表 4-40 小直径管板垂直固定焊焊缝的尺寸要求

焊 缝 宽 度		余 高	余高差	焊缝宽度差
正 面	比坡口每侧增宽 0.5～2	0～4	<3	<2
背 面	—	通球检验 0.85$D_内$	<2	<2

3. 低碳钢水平转动管的焊接

水平转动管的焊接时,由于管子在水平位置下焊接,由全位置变为平焊或爬坡焊的位置,对焊工的操作和焊缝成形都十分有利。

(1)焊前准备

工件及坡口尺寸:材质为 20 号钢,工件尺寸为 $\phi108mm$—$8mm$,坡口尺寸如图 4-80 所示。焊接材料及设备:E4303,$\phi2.5mm$/$\phi3.2mm$,BX3-300。焊前清理:将坡口及两侧 20mm 范围内的铁锈、油污、氧化物等清理干净,使其露出金属光泽。装配与定位焊:组对间隙 2～3mm;错边量≤1mm;钝边 0.5～1mm。定位焊:定位焊缝位于管道截面上相当于"10 点钟"和"2 点钟"的位置,每处定位焊缝长度为 10～15mm。

(2)操作要点

①打底焊。打底焊道为单面焊双面成形,既要保证坡口根部焊透,又要防止烧穿或形成焊瘤。采用断弧焊,操作手法,与钢板平焊基本相同。焊条直径 $\phi2.5mm$,焊接电流 60～80 A。打底焊的操作顺序是:从管道截面相当于"10 点半钟"的位置起焊,进行爬坡焊,每焊完一根焊条转动一次管子,把接头的位置转到管道截面上相当于"10 点半钟"的位置。焊条角度如图 4-81 所示。焊条伸进坡口内让 1/3～1/4 的弧柱在管内燃烧,以熔化两侧钝边。熔孔深入两侧母材 0.5mm。更换焊条进行焊缝中间接头时,采用热焊法。与钢板平焊相同。

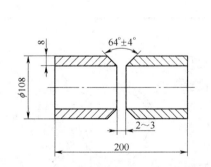

图 4-80 管道水平转动焊对口简图

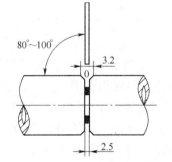

图 4-81 水平转动焊时的焊条角度示意图

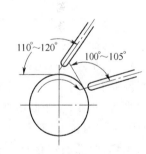

在焊接过程中,经过定位焊缝时,只需将电弧向坡口内压送,以较快的速度通过定位焊缝,过渡到坡口处进行施焊即可。

②填充焊。采用连弧焊进行焊接。施焊前应将打底层的熔渣、飞溅清理干净。焊条直径 3.2mm,焊接电流 90～120A,焊条角度与打底焊相同。其他注意事项与钢板平焊相同。

③盖面焊。盖面焊缝要满足焊缝几何尺寸要求,外形美观,与母材圆滑过渡,无缺陷。施焊前应将填充层的熔渣、飞溅清理干净。焊条直径 3.2mm,焊接电流 90～110A。施焊时焊条角度、运条方法与填充焊相同,但焊条水平横向摆动的幅度应比填充焊更宽,电弧从一侧摆至

另一侧时应稍快些,当摆至坡口两侧时,电弧应进一步缩短,并要稍作停顿以避免咬边。

4. 对接管水平固定焊

对接管水平固定焊可分为对接管水平固定向上焊接和对接管水平固定下向焊接。下向焊接工艺方法,适用于用微合金化热控机械轧制的细晶粒结构钢制造的薄壁大直径管道的焊接。它可以形成非常小的焊接热输入量,使钢材优良的塑、韧性在焊接接头上得到最大的满足。它的优点是:焊接线能量特别小、焊道背面成形好、焊接速度快、焊条抗裂纹性好、抗气孔能力强、设备简单、非常适合野外作业。缺点是:向下焊时,熔深较浅、焊道间打磨工作量大、对焊口尺寸要求较高。

(1)对接管水平固定向上焊

①焊前准备。管件材质及规格:材质 16Mn,规格 φ133mm—10mm。焊接材料:焊条 E5015,φ3.2mm,按规定要求烘干。坡口形式和尺寸:V 形坡口,坡口面角度 32°±2°;钝边 1~1.5mm。管道清理:管道坡口及距坡口不小于 20mm 的内、外壁均清理油污、锈等,呈金属光泽。焊接电源:选用直流焊机,焊条电弧焊采用反接法。装配与定位焊:采用与焊件材料成分相同的定位镶块等装配固定,管道定位焊前应检查管道轴线是否对正,尽量减少错边,保证间隙符合工艺要求。管件定位焊后间隙为 3~4mm,定位 3 点。

②焊接工艺参数(见表 4-41)。

表 4-41 对接管水平固定向上焊焊接工艺参数

层 次	焊条直径(mm)	焊接电流(A)	焊缝厚度(mm)
(焊条电弧焊)打底层	φ3.2	110~130	3~3.5
填充层 1	φ3.2	110~130	3~3.5
填充层 2	φ3.2	110~130	3~3.5
盖面层	φ3.2	100~120	3~3.5

③操作要点。管子水平固定位置焊接分两个半圆进行。右半圆由管道截面相当于"时钟 6 点"位置(仰焊)起,经相当于"时钟 3 点"位置(立焊)到相当于"时钟 12 点"位置(平焊)收弧;左半圆由相当于"时钟 6 点"位置(仰焊)起,经相当于"时钟 9 点"位置(立焊)到相当于"时钟 12 点"位置(平焊)收弧。焊接顺序是先焊右半周,后焊左半周。焊接时,焊条的角度随着焊接位置变化而变换,角度变化如图 4-82 所示。

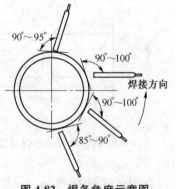

图 4-82 焊条角度示意图

a. 打底焊。采用断弧逐点击穿法焊接。焊条在坡口一侧(相当于"时钟 6 点"位置)引燃电弧后,马上压低电弧,将焊条移动到起焊点(起焊点应过相当于"时钟 6 点"位置 10~15mm)。焊条前端对准坡口中心,将焊条向上顶,并做左右稳弧动作,借助电弧吹力击穿坡口钝边,当形成熔池听到管内发出电弧穿透声以后,第一个熔孔与熔池即形成。熔池形成以后,焊条回到熔池中间位置迅速灭弧。当第一个熔池金属变成暗红色时,焊条立即在熔池中间位置引燃电弧,然后做小的横向摆动将焊条移动到熔孔,击穿两侧坡口钝边,形成新的熔孔熔池后回到熔池中间位置熄灭电弧。

用断弧法逐点进行焊接。在仰焊区段内焊接时,焊条要顶住坡口钝边外沿,电弧压的越低越好,以保证管内金属饱满,防止产生内凹。在立焊位、平焊位焊接时,焊条向坡口里面压送应浅一些,防止产生焊瘤。另外,每一根焊条焊完灭弧前,应注意向熔池少量填充2~3滴铁水再熄弧,防止产生弧坑缩孔。接头时尽量采用热接法,即快速换焊条,在熔池还有足够温度时,在熔池后面焊道上5~10mm处引燃电弧,焊至熔孔压低电弧,做一个稳弧动作,击穿坡口钝边。当听到管内焊透电弧声后,即可进行正常的断弧焊接,焊至相当于"时钟12点"位置时,应越过中心10~15mm再收弧。

右半周焊好以后,为保证接头质量,可用锯条或扁铲将起焊点和收尾处加工出一个10°~15°斜坡。左半周焊接接头时,采用搭接,即起弧点仍越过中心10~15mm,电弧引燃后压低电弧,运条至起焊点斜坡处,将焊条上顶并作稳弧动作,把熔滴送至背面,形成熔孔和熔池后即可进行正常焊接。当焊条焊到右半周收尾处要接头时,应注意将焊条角度逐步调整为90°~95°,焊条前端对准起弧点,并稍用力下压电弧做一个稳弧动作,听到背面发出电弧击穿声时,给足铁水,焊过中心线5~10mm处,可熄灭电弧。

打底层焊完以后,将打底层焊缝上的熔渣、飞溅、接头凸出等用扁铲清理干净、平整,以防止其他层焊接时出现夹渣和未熔合。

b. 填充焊。填充层采用连弧焊接,焊条角度同打底层焊相同。仰焊、平焊焊接接头都要互相错开。焊接时,焊条在相当于"时钟6点"位置附近引燃电弧,移动到过中心10~15mm打底焊缝中间,压低电弧,形成熔池后向两侧坡口摆动。运条方法采用月牙形或锯齿形均匀运条。焊条在坡口两侧停留时间长一些,在中间位置时速度要快,这样才能防止坡口两侧出现夹角和夹渣。仰焊起头一定要薄,形成一个马蹄形,这样才好接头。收头时,焊条要在焊缝中心位置,采用灭弧方法在熔池中少量填充2~3滴铁水,再熄弧。接头时,迅速更换焊条。在弧坑上方10~15mm处引燃电弧,把焊条拉至收弧处焊道中间,压住收弧处2/3熔池稍加停顿,形成熔池后横向摆动,当看到收弧处完全熔化时,即可进行正常焊接。

填充层焊接时,层与层之间清理要仔细,焊接时焊条角度随着焊件空间位置的变化要正确,最后一层焊缝应保证管件坡口边缘不要破坏,低于母材表面1mm左右,形成凹槽。

c. 盖面焊。盖面焊接方法同填充层基本一样,但焊条横向摆动的幅度比填充层要宽。焊接应注意,焊条摆动幅度要均匀,在坡口两侧电弧压的越低越好,管件坡口边缘熔化0.5~1mm,焊条在坡口两侧停留时要确保管件坡口外边熔合好,避免产生咬边,以使焊缝成形美观。

(2)对接管水平固定下向焊接

①焊前准备。管口准备(ϕ300m—8mm)修磨的管口必须达到以下要求:钝边:1~2mm。坡口角度:单面32°±2°。管两侧15mm范围清理至露出金属光泽。管内壁不得有内坡口。管组合后错边量应小于1.2mm,尽量减少在相当于"时钟6点"位置的错边量。组对间隙:相当于"时钟12点"位置为1.5mm,相当于"时钟6点"位置为2mm。

焊接电源:向下焊使用纤维素焊条时,一般焊接设备会出现断弧现象,不能满足这种工艺要求,所以最好选用管道下向焊专用焊机。

下向焊的对口及定位焊:向下焊最好采用对口器对口,直接焊接。也可以采用与管件材料成分相同的定位镶块对称点固,但点固要特别注意对口质量。

②下向焊焊接工艺参数(见表4-42)。

表 4-42　对接管水平固定下向焊焊接工艺参数

焊道名称	焊条牌号	药皮类型	直径(mm)	极性	电流范围(A)	焊接速度(cm/min)
根焊	E6010	纤维素型	φ3.2	焊条接负	70～100	10～30
热焊	E8010	纤维素型	φ4.0	焊条接正	150～170	20～30
填充焊	E8010 或 E8018	纤维素型或下向低氢型	φ4.0	焊条接正	160～180	20～30
盖面焊	E8010 或 E8018	纤维素型或下向低氢型	φ4.0	焊条接正	150～170	20～30

注:本表是按照陕西进京天然气管道的参数列出,表中填充焊和盖面焊中的 E8010 则是对一般焊接而言的。

(3)操作要点

①根焊。根焊道是整个焊缝的关键焊道,根焊道的质量直接影响整个焊道的质量及性能。在相当于"12 点～2 点"的位置时焊接,铁水由于自重有向管内下附趋势,在此段内,焊条角度过小或电弧过低,则易形成背面窄而高的焊瘤及单边未熔合并带夹渣的缺陷。焊接时在相当于"时钟 12 点"位置引燃电弧后,焊条前端对准间隙横向摆动做一个稳弧动作,击穿坡口钝边形成熔孔熔池后,采取连弧焊接,适当拉长电弧并作往返运条,以控制两侧坡口钝边熔化0.5～1mm 为宜。往返运条幅度不要太大,一般应小于焊条直径。焊条角度如图 4-83 所示。在相当于"2 点～4 点"的位置时焊接由于自重,铁水及熔渣都有顺着管子坡口面下坠的趋势,焊接时焊条应顶住熔池压低电弧,不要拉长电弧,焊条角度变化要灵活掌握,焊条角度过大易造成熔渣超前,角度过小易产生背凹及咬边,焊条角度80°～95°,如图 4-83 所示。在相当于"4 点～6 点"的位置时焊接铁水由于自重而沿管外下坠的趋势较大,焊接时应采取低电弧,将焊条前端顶住熔池,并且向上顶以促使熔滴过渡,保证仰焊位置根部不产生内凹。焊条角度 75°～90°,如图4-83所示。焊至相当于"时钟 6 点"位置最后接头时,焊条前端对准熔孔,用力向上顶,当听到"叭"的响声后,继续焊 10～20mm 后在熄弧。

每根焊条的收弧处应打磨 15～20mm,呈缓坡状,熔孔上方必须均匀打薄,否则易形成未焊透、夹渣及接头凹陷。焊接时焊条在打磨处引燃电弧,迅速压低电弧焊接,待焊条焊至熔孔处时,有意识将电弧微微下压,听到电弧击穿声音后进行正常焊接。左半周焊接与右半周焊接方法相同。根层焊完后,应彻底除去焊道凸高及焊道夹角,形成焊道与坡口面的圆滑过渡,清理时不能伤及原坡口边缘。

②热焊。在相当于"12 点～3 点"位置时焊接,直线运条可适当抬高电弧。焊接时要保证坡口边缘熔合好,无夹角和中间凸起,焊条与焊接方向成80°～90°。在相当于"3点～4 点"位置时焊接,直线运条,保持短弧焊接,焊条与焊接方向成70°～80°。在相当于"4点～6 点"位置时焊接,直线运条,电弧越短越好,焊条角度不可过大,过大则易造成夹渣,焊条与焊接方向角度为90°～100°。

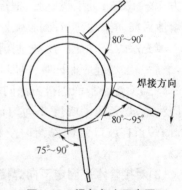

图 4-83　焊条角度示意图

接头前必须对收弧处进行打磨,焊条在收弧处引燃电弧后迅速压低电弧并稳弧,看到收弧处形成熔池且填满后再进行正常焊接。左半周焊接同右半周焊接方法相同。热焊焊道清理工作同根焊一样。

③填充焊。在相当于"12 点～3 点"位置时焊接,直线运条,焊条做轻微的两边摆动。注意坡口两侧熔化好,焊条与焊接方向角度为80°～90°。在相当于"3 点～5 点"位置时焊接,焊条

向两边做轻微快速摆动,摆动幅度以观察到熔池与坡口边缘熔合良好为宜。摆动频率若过低,则导致熔渣超前粘焊条。焊条与焊接方向角度为 70°～80°,焊条角度过小或过大均易造成电弧吹力不足,或造成熔池熔渣超前。在相当于"5 点～6 点"位置时焊接时焊条向两边做轻微摆动,电弧保持越短越好。焊条与焊接方向成 90°～100°角,焊条角度过小则造成填充层焊道过高,过大则电弧吹力不够,熔化不好。

接头处焊前必须打磨,焊条在接头处引燃电弧后必须压住电弧作稳弧动作,待接头填满后即可正常焊接。左半周焊接同右半周焊接方法相同。填充层焊后必须进行清理,清理工作同根焊一样。最后一层焊接时应注意,管件坡口外边不要破坏,低于母材表面约 1mm。

④盖面焊。在相当于"12 点～3 点"位置时焊接,可适当抬高电弧,焊条做轻微摆动,摆宽以控制熔池在两侧坡口每侧压边 1～1.5mm 为宜。并注意坡口两侧熔合好,避免产生咬边,焊条与焊接方向角度为 80°～90°。在相当于"3 点～5 点"位置时焊接,短弧焊接,焊条做快速摆动,摆宽要求同上,摆动频率若慢,熔池熔渣易超前造成夹渣、粘焊条及表面凹陷。焊条与焊接方向角度为 70°～80°。在相当于"5 点～6 点"位置时焊接,焊条做快速摆动,压低电弧,摆宽同上。当焊至近相当于"时钟 6 点"位置时,焊条端部指向前方,使部分熔滴以小颗粒状滴落,细小的熔滴过渡到熔池中去,从而起到降低余高的作用,焊条角度与焊接方向为 90°～100°。

焊接过程中的接头方法同填充层一样。这里只介绍相当于"时钟 6 点"位置接头方法。第一个焊工焊到相当于"时钟 6 点"位置时必须收弧。若焊过相当于"时钟 6 点"位置时,会形成过高的焊瘤。另一个焊工焊到相当于"时钟 6 点"位置时,焊条做划圈动作并稳住电弧,填满弧坑,然后迅速熄灭电弧。

5. 对接管垂直固定焊

(1)焊前准备

工件材料:20。工件及坡口尺寸:如图 4-84 所示。焊接材料:E4303。选用 BX3-300 型弧焊变压器,基本要求与"对接立焊"的相关内容相同。装配间隙:3.0mm。定位焊:其相对位置如图 4-85 所示。采用与焊接工件相应型号焊条 E4303 进行定位焊,并要求在工件坡口内进行定位焊,焊点长度为 10～15mm,厚度为 3～4mm,必须焊透且无缺陷,其两端应预先打磨成斜坡,以便接头。错边量:错边量≤0.8mm。

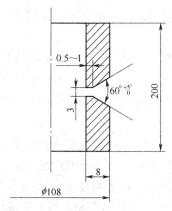

图 4-84　垂直固定管焊接工件及坡口尺寸

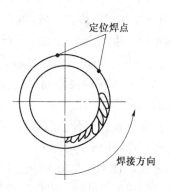

图 4-85　管子垂直固定焊位置

(2)焊接工艺参数(见表 4-43)

表 4-43　对接管垂直固定焊焊接工艺参数

焊接层次	焊条直径(mm)	焊接电流(A)
打底焊(第一层)	2.5	80～85
填充焊(第二层)	3.2	110～120
盖面焊(第三层)	3.2	110～120

(3)操作要点

采用三层六道焊接。垂直固定管焊接操作技术基本和板对接横焊相同,不同之处是管子有弧度,焊条要随时变换角度。

①打底焊。可采用连弧或断弧焊接。本实例为断弧焊接,采用逆时针方向焊接。焊条与工件下侧夹角为75°～80°,与管子切线的焊接方向夹角为70°～75°,如图 4-86 所示。

在定位焊接点对称的坡口内引弧,采用两点击穿法进行焊接。待坡口两侧熔化时,焊条向根部压送,熔化并击穿坡口根部,听到"哗、哗"的声音,并形成第一个熔池和熔孔,使两侧钝边熔化 0.5～1.0mm,立即灭弧。待熔池收缩到原熔池的 1/3 时,马上重新引弧进行焊接。电弧始终从坡口上侧引燃,并在上侧根部停留约 1s,然后向下侧运条。在下侧根部停留 1～2s 后,迅速移动焊条,使电弧沿坡口下侧后方灭弧。灭弧与接弧时间间隔要短,灭弧动作要果断,不得拉长电弧,灭弧频率每分钟 70～80 次。接弧位置要准确。焊接时应保持熔池形状大小一致,熔池铁水清晰明亮。

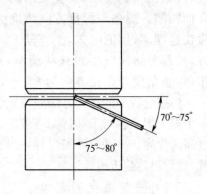

图 4-86　焊条角度

打底焊换焊条时,在距离前段焊缝收尾处后约 10mm 处引弧,连弧焊接至收弧弧坑中心坡口根部时,焊条向下压一下,听到"哗、哗"的声音,表示接头熔透并形成熔孔,立即灭弧,然后正常运条施焊。

与定位焊缝接头时,当运条到定位焊缝根部时,要留一个小孔,小孔直径与所用焊条直径相当,此时不能灭弧,并将定位焊缝端预热,继续补充铁水让小孔自由封口,在封口的同时焊条向下压一下,听到"哗、哗"的声音后,稍作停顿,继续焊接约 10mm,填满弧坑再收弧。后半圈焊接时,引弧是从定位焊缝开始,然后接头。

②填充焊。采用连弧手法,进行一层二道焊接操作。换焊条接头是从收弧处前方约 10mm 处引弧,将电弧拉回弧坑并填满,然后正常运条施焊。从下侧坡开始排列,压第一道焊道 1/3～1/2。填充层高度距离焊件表面坡口边缘线 1～1.5mm,保持坡口边缘线完整,因为这是盖面时的基准线。

③盖面焊。盖面层分三道焊接,从下侧坡口开始向上排列。焊前应将填充层的熔渣和飞溅等物清理干净,并修平局部上凸的部分。采用直线不摆动运条。第一道焊道焊条与工件下侧夹角约为 80°,使下坡口边缘熔化 1～2mm。第二道焊条与工件下侧夹角 85°～90°,并有 1/2 压在上一道焊道上。最后一道焊道焊条与焊件下侧夹角为 70°～80°,并使上坡口边缘熔化 1～2mm,达到焊缝与工件表面圆滑过渡。

第六节 碳弧气刨工艺

一、碳弧气刨工艺参数

1. 极性

碳弧气刨一般都采用直流电源,常用金属材料碳弧气刨的极性选择见表4-44。

表4-44 常用金属材料碳弧气刨的极性选择

材料	极性	备注	材料	极性	备注
碳钢	反接	正接时,刨槽表面不光	铸铁	正接	反接也可,但不如正接好
低合金钢	反接		铜及铜合金	正接	
不锈钢	反接		铝及铝合金	正接或反接	

2. 碳棒直径

碳棒直径根据被刨削的钢板厚度选择(见表4-45),还与刨槽的宽度有关,一般碳棒直径比所要求的刨槽宽度小约2mm。

表4-45 碳棒直径的选择

钢板厚度	碳棒直径	钢板厚度	碳棒直径
3	一般不刨	8～12	6～8
4～6	4	10～15	8～10
6～8	5～6	15以上	10

3. 电流强度

根据不同的碳棒直径选择适当的电流值(见表4-46),在正常电流下,碳棒发红长度约为25mm。电流过小容易产生夹碳现象。

表4-46 根据不同的碳棒直径选择适当的电流值

断面形状	规格(mm)	适用电流(A)	断面形状	规格(mm)	适用电流(A)
圆形	φ3×355	150～180	扁形	3×12×355	200～300
	φ4×355	150～200		5×10×355	300～400
	φ5×355	150～250		5×12×355	350～450
	φ6×355	180～300		5×15×355	400～500
	φ7×355	200～350		5×18×355	450～550
	φ8×355	250～400		5×20×355	500～600
	φ10×355	400～550		5×25×355	550～600
	φ12×355	450～600		6×20×355	550～600

4. 刨削速度

速度太快会造成碳棒与金属相碰,会使碳粘于刨槽顶端,形成所谓"夹碳"的缺陷。相反,速度过慢,又容易出现"粘渣"问题。随着刨削速度的增大,刨槽深度、宽度均会减小,通常刨削速度为0.5～1.2m/min较合适。

5. 压缩空气压力

常用的压缩空气压力为0.4～0.6MPa。随着电流的增大,压缩空气的压力也应相应提高

（见表4-47）。要适当控制压缩空气中的水分和油,否则会使刨槽表面质量变差。

表 4-47　压缩空气压力与电流强度的关系

电流（A）	压缩空气压力（MPa）	电流（A）	压缩空气压力（MPa）
140~190	0.35~0.4	340~470	0.5~0.55
190~270	0.4~0.5	470~550	0.5~0.6
270~340	0.5~0.55		

6. 电弧长度

碳弧气刨时,一般电弧长度以 1~2mm 为宜。电弧太短易产生"夹碳"缺陷。在刨削过程中,电弧长度的变化应尽可能小,以保证得到均匀的刨槽尺寸。

7. 碳棒伸出长度

碳棒伸出长度如图 4-87 所示。操作时,碳棒较为合适的伸出长度为 80~100mm,当烧损 20~30mm 后就要进行调整。

8. 碳棒倾角

碳棒与工件沿刨槽方向的夹角称为碳棒倾角,如图 4-88 所示。刨槽的深度与倾角有关,倾角增大,刨槽深度增加;反之,倾角减小,则槽深减小。碳棒的倾角一般为 25°~45°。

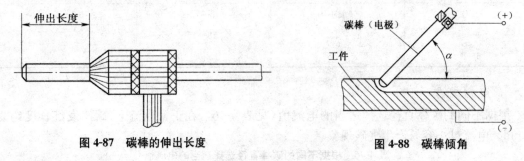

图 4-87　碳棒的伸出长度　　　　　　图 4-88　碳棒倾角

碳弧气刨工艺参数的选用以及与刨槽尺寸间的关系见表 4-48。

表 4-48　碳弧气刨工艺参数的选用

项目 类别	碳棒规格 （mm）	电流 （A）	碳弧气刨速度 （m/min）	槽的形状 （mm）	使用范围
圆碳棒	φ5	250	—	6.5 / 4	用于厚度 4~7mm 板
	φ6	280~300	—	8 / 4	
	φ7	300~350	1.0~1.2	10 / 5	

续表 4-48

类别　　项目	碳棒规格 (mm)	电流 (A)	碳弧气刨速度 (m/min)	槽的形状 (mm)	使用范围
圆碳棒	φ8	350～400	0.7～1.0		用于厚度 8～24mm 板
	φ10	450～500	0.4～0.6		
扁碳棒	4×12	350～400	0.8～1.2	—	—
	5×20	450～480	0.8～1.2		
	5×25	550～600	0.8～1.2		

二、碳弧气刨操作技术

1. 基本操作

(1)准备工作

刨削前应先检查电源的极性是否正确(见表 4-44)。检查电缆及气管是否接好。并根据工件厚度、槽的宽度选择碳棒直径和调节好电流。调节碳棒伸出长度为 80～100mm。检查压缩空气管路和调节压力,调正风口并使其对准刨槽。

(2)引弧

引弧时,应先缓慢打开气阀,随后引燃电弧,否则易产生"夹碳"和碳棒烧红。电弧引燃瞬间,不宜拉得过长,以免熄灭。

(3)刨削

因为开始刨削时钢板温度低,不能很快熔化,当电弧引燃后,此时刨削速度应慢一点,否则易产生夹碳。当钢板熔化而且被压缩空气吹去时,可适当加快刨削速度。在刨削过程中,碳棒不应横向摆动和前后往复移动,只能沿刨削方向作直线运动。碳棒倾角按槽深要求而定,倾角可为 25°～45°。刨削时,手的动作要稳,对好准线、碳棒中心线应与刨槽中心线重合。否则,易造成刨槽形状不对称。在垂直位置气刨时,应由上向下移动,便于熔渣流出。要保持均匀的刨削速度。刨削时,均匀清脆的"嘶、嘶"声表示电弧稳定,能得到光滑均匀的刨槽。每段刨槽衔接时,应在弧坑上引弧,防止碰触刨槽或产生严重凹痕。刨削结束时,应先切断电弧,过几秒钟后再关闭气阀,使碳棒冷却。刨槽后应清除刨槽及其边缘的铁渣、毛刺和氧化皮,用钢丝刷清除刨槽内炭灰和"铜斑"。并按刨槽要求检查焊缝根部是否完全刨透,缺陷是否完全清除。

2. 刨坡口

(1)刨 U 形坡口

钢板厚度较小时,U 形坡口可一次完成。一般坡口深度不超过 7mm 时,底部可以一次刨成,两侧斜边可按图 4-89a 所示进行刨削。钢板很厚时,坡口相应开大,可按图 4-89b 所示次序多次刨削。

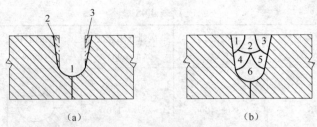

图 4-89　U 形坡口的刨削
(a)开 U 形坡口的刨削次序　(b)厚钢板开 U 形坡口的刨削次序

(2)刨单边坡口

利用碳弧气刨开单边坡口,在现场施工中可发挥其作用,对于厚度小于 12mm 的钢板开半边坡口可一次完成,对于厚度较大的钢板,可以多次刨削来完成。

(3)挑焊根

通常在焊接厚度大于 12mm 的钢板时,需要两面焊。为了保证质量,常在反面焊之前,将正面焊缝的根部刨掉,通常称为挑焊根。它与开 U 形坡口操作相同,并在生产中得到广泛的应用。对容器内、外缝挑焊根的情况如图 4-90 所示。

(4)焊缝返修时刨削缺陷

焊缝经 X 射线或超声波探伤后,发现有超标准的缺陷,可用碳弧气刨进行刨除。可根据检验人员在焊缝上做出的缺陷位置的标记来进行刨削。刨削过程中要注意一层一层地刨,每层不要太厚。当发现缺陷后,应再轻轻地往下刨一二层,直到将缺陷彻底刨掉为止,所刨槽形如图 4-91 所示。

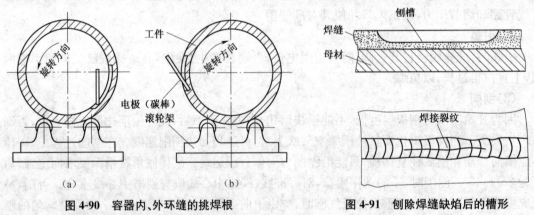

图 4-90　容器内、外环缝的挑焊根
(a)在内环缝上挑焊根　(b)在外环缝上挑焊根

图 4-91　刨除焊缝缺焰后的槽形

三、薄板和常用金属材料的碳弧气刨

(1)薄板的碳弧气刨

对于碳弧气刨薄板是指气刨小于 5~6mm 的板。薄板气刨存在的主要问题是烧穿。解决的方法是:采用直径为 3、5、4 或 5mm 的碳棒,并配合选用偏低的电流,如 φ4mm 的碳棒,选用的电流为 90~105A。此外,还应采用较高的气刨速度,合理的气刨枪喷嘴,以保证熔渣不会堆积在正前方等。

(2)低碳钢的碳弧气刨

低碳钢用碳弧气刨开坡口或铲焊根后,在刨槽表面有一硬化层,其深度为 0.54~

0.72mm,并随气刨工艺参数的变化而变化,但最深不超过 1mm。碳弧气刨后表面硬化层由于在焊接时该薄层被熔化,所以低碳钢经气刨后,焊接质量并不受到影响。

(3)合金钢的碳弧气刨

对合金钢能否采用碳弧气刨,主要取决于钢材淬火倾向的大小。如 Q345(16Mn)钢的碳弧刨,若采用正确的气刨工艺参数,刨槽表面一般没有明显的增碳层,但由于压缩空气急冷的结果,在气刨边缘有 0.5~1.2mm 的热影响区。在焊接时因该边缘金属熔入焊缝,使气刨时引起的热影响区消失。试验证明,Q345(16Mn)钢碳弧气刨后焊缝的化学成分、焊缝及接头机械性能及金相组织等,与机加工的坡口焊接情况基本相同。所以,16Mn、15MnV 钢可采用与低碳钢一样的工艺进行碳弧气刨加工,只要操作得当,就不会出现什么问题。Q345(16Mn)钢碳弧气刨工艺参数见表 4-49。

表 4-49　Q345(16Mn)钢碳弧气刨工艺参数

板厚(mm)		8~10	12~14	16~20	22~30	30 以上
碳棒直径(mm)		6	8	8	8	8
电流(A)		190~250	240~290	290~350	320~380	340~400
电压(V)		44~46	45~47	45~47	45~47	45~47
压缩空气压力(MPa)		0.4~0.6	0.4~0.6	0.4~0.6	0.4~0.6	0.4~0.6
碳棒倾角		30°~45°	30°~45°	30°~45°	30°~45°	30°~45°
有效风距(mm)		50~130	50~130	50~130	50~130	50~130
弧长(mm)		1~1.5	1~1.5	1.5~2	1.5~2.5	1.5~2.5
刨速(m/min)		0.9~1	0.85~0.9	0.8~0.85	0.7~0.8	0.65~0.7
刨槽尺寸 (mm)	槽深	3~4	3.5~4.5	4.5~5.5	5~6	6~6.5
	槽宽	5~6	6~8	9~11	10~12	11~13
	槽底宽	2~3	3~4	4~5	4~5	4.5~5.5

珠光体耐热钢,如 12CrMo、15Cr、12CrMoV 等,经预热 200℃左右再进行气刨时未发现问题。对于 15MnVN、18MnMoNb、20MnMo 等低合金高强度钢,在预热的条件下均能正常气刨,预热温度应等于或稍高于焊接时的预热温度。甚至在厚度为 20mm 的 09Mn2V 低温钢产品上使用碳弧气刨,经测试对焊接接头的低温冲击性能影响也不大。

对于一些低合金结构钢的重要焊接结构,因碳弧气刨后表面往往有很薄的增碳层及淬硬层,为保证焊接质量,刨后应用砂轮仔细打磨,打磨深度约 1mm,直到露出金属光泽且表面平滑为止。

某些强度等级高,对冷裂纹十分敏感的低合金钢厚板不宜采用碳弧气刨,此时可采用氧—乙炔割炬开槽法清理焊根。

不锈钢在碳弧气刨后,经分析,其刨槽表层基本上不出现渗碳现象。但若操作不当,有粘渣进入焊缝,就会增加焊缝的碳含量,影响不锈钢焊缝的质量。只要严格执行规范的操作工艺,避免产生粘渣,采用碳弧气刨对不锈钢的焊缝质量不会有影响。

对有抗腐蚀要求的不锈钢焊件,采用碳弧气刨,要用角向砂轮机打磨出新的金属光泽。特别是对于因气刨工艺不当造成刨槽边缘的粘渣,更要充分打磨干净,然后才可施焊。不锈钢碳弧气刨工艺与低碳钢的气刨基本相同。

四、碳弧气刨常见缺陷及其预防措施

1. 夹碳

由于刨削速度太快或碳棒送进过猛,使碳棒头部触及铁水或未熔化的金属上,电弧会因短路而熄灭。当碳棒再往上提起时,因温度很高,使碳棒端部脱落并粘在未熔化的金属上,形成夹碳缺陷。

在夹碳处电弧不能再引燃,于是阻碍了碳弧气刨的继续进行。若在焊前对夹碳不清除,焊后就易出现气孔和裂纹。清除方法是在夹碳前端引弧,将夹碳处连根一起刨掉,或用砂轮机磨掉。

2. 粘渣

碳弧气刨时,吹出来的铁水称为"渣"。它的表面是一层氧化铁,内部是碳含量很高的金属。如果渣粘在刨槽的两侧,即所谓粘渣。粘渣的产生主要是由于压缩空气压力小而引起的,但如果刨削速度与电流配合不当,刨削速度太慢亦容易粘渣,这在大电流时更为明显。其次在碳棒与工件倾角过小时也容易粘渣。粘渣可以用风铲清除。

3. 刨槽不正和深浅不均

若碳棒歪向槽的一侧就会引起刨槽不正。若碳棒移动时上下波动就会引起刨槽的深度不均。再者,碳棒与工件倾角发生变化同样能使刨槽深度发生变化。

4. 刨偏

刨削时往往由于碳棒偏离预定目标造成刨偏。碳弧气刨速度比电弧焊快 2~4 倍,技术不熟练很容易刨偏,因此刨削时注意力要集中在目标线上。刨偏与所用的气刨枪结构也有一定关系。如采用带有长方槽的圆周送风式和侧面送风式气刨枪,均不易将渣吹到正前方,不妨碍视线,因而可减少刨偏缺陷。

5. 铜斑

采用表面镀铜的碳棒时,有时因镀铜质量不好使铜皮成块剥落。剥落的铜皮呈熔化状态,在刨槽表面形成铜斑。只要在焊前用钢丝刷或风动砂轮将铜斑清除,就可以避免母材的局部渗铜。若不注意清除铜斑,铜落入焊缝金属的量达到一定数值时,就会导致热裂纹的出现。

第五章　气体保护焊

用外加气体作为电弧介质并保护电弧和焊接区的电弧焊,称为气体保护电弧焊,或简称气体保护焊。常用的气体保护焊有钨极惰性气体保护焊、溶化极惰性气体保护焊和二氧化碳气体保护焊。

第一节　CO_2 气体保护焊

二氧化碳气体保护焊是 CO_2 作为保护气体的气体保护电弧焊,简称 CO_2 焊。CO_2 焊主要用于低碳钢、低合金钢的焊接。不仅能焊薄板,也能焊中、厚板,同时可进行全位置的焊接。除了用于焊接结构制造外,还用于修理,如堆焊磨损的零件以及焊补铸铁等。因此,目前在汽车、机车车辆、机械、石油化工、冶金、造船、航空等行业中得到广泛的应用。

CO_2 焊接按不同的焊丝直径可分为细丝 CO_2 焊(焊丝直径≤1.2mm)及粗丝 CO_2 焊(焊丝直径≥1.6mm)。由于细丝 CO_2 焊的工艺比较成熟,应用最为广泛。

CO_2 焊按操作方法可分为 CO_2 半自动焊和 CO_2 自动焊两种。它们的区别在于 CO_2 半自动焊是手工操作完成热源的移动,而送丝、送气等与 CO_2 自动焊一样,是由相应的机械装置来完成的。因为 CO_2 半自动焊机动灵活,适用于各种焊缝的焊接,所以这里主要介绍 CO_2 半自动焊。

一、CO_2 气体保护焊的工艺特点和过程

1. 工作原理

二氧化碳气体保护焊是利用 CO_2 气体为保护气体的一种熔化极气体保护焊的焊接方法,如图 5-1 所示。由于 CO_2 气比空气重,因此从喷嘴中喷出的 CO_2 气可以在电弧区形成有效的保护层,防止空气进入熔池,特别是空气中氮的有害影响。熔化电极(焊丝)通过送丝滚轮不断地送进,与工件之间产生电弧,在电弧热的作用下,熔化焊丝和工件形成熔池,随着焊枪的移动,熔池凝固形成焊缝。

2. 工艺特点

(1)CO_2 焊主要优点

①生产率高。由于焊接电流密度较大,电弧热量利用率较高,焊丝又是连续送进,以及焊后不需清渣,因此提高了生产率。

②成本低。CO_2 气价格便宜、电能消耗少,所以焊接成本低,仅为埋弧自动焊的 40%,为焊条电弧焊的 37%～42%。

③焊接变形和应力小。由于电弧加热集中,工件受热面积小,同时 CO_2 气流有较强的冷却作用,所以焊接变形和应力小,一般结构焊后即可使用,这特别适用于薄板焊接。

④焊缝质量高。由于焊缝含氢量少,抗裂性能好,焊接接头的力学性能良好,故焊接质量高。

⑤操作简便。焊接时可以观察到电弧和熔池的情况,故操作容易掌握,不易焊偏,有利于实现机械化和自动化焊接。

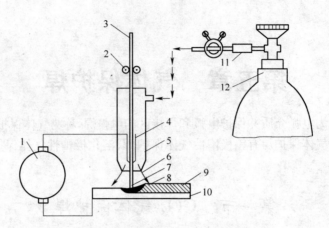

图 5-1　CO₂ 气体保护焊过程示意图

1. 焊接电源　2. 送丝滚轮　3. 焊丝　4. 导电嘴　5. 喷嘴　6. CO_2 气体
7. 电弧　8. 熔池　9. 焊缝　10. 焊件　11. 预热干燥器　12. CO_2 气瓶

(2)CO₂ 焊不足之处

①飞溅较大,并且表面成形较差,这是主要缺点。

②弧光较强,特别是大电流焊接时,电弧的光热辐射均较强。

③很难用交流电源进行焊接,焊接设备比较复杂。

④不能在有风的地方施焊;不能焊接容易氧化的有色金属。

3. CO₂ 气体保护焊的过程

(1)氧化性

CO_2 在常温下呈中性,但高温时可分解,使电弧气氛中具有强烈的氧化性,它会使合金元素氧化烧损,降低焊缝金属的力学性能,同时成为产生气孔及飞溅的主要原因。CO_2 气体在电弧高温作用下分解,化学反应式如下:

$$CO_2 = CO + O$$

温度越高,CO_2 的分解程度越大。其中,CO 在焊接条件不与金属发生反应。但原子状态的氧使铁及其他合金元素迅速氧化,反应方程式如下:

$$Fe + O = FeO$$
$$Mn + O = MnO$$
$$Si + 2O = SiO_2$$
$$C + O = CO$$

以上氧化反应即发生在熔滴过渡过程中,也发生在熔池里。反应的结果,使铁氧化生成 FeO,大量溶于熔池中,导致焊缝产生大量气孔。锰和硅氧化生成 MnO 和 SiO_2 成为熔渣浮出,使焊缝有用的合金元素减少,力学性能降低。此外,因碳氧化生成大量的 CO 气体,还会增加焊接过程的飞溅。因此,CO_2 焊要获得高质量的焊缝,必须采取有效的脱氧措施。

在 CO_2 焊接中,通常的脱氧方法是采用含有足够脱氧元素的焊丝。CO_2 焊用于焊接低碳钢和低合金高强度钢时,主要采用硅锰联合脱氧的方法,即采用硅锰钢焊丝,如 ER49-1(H08Mn2SiA)。硅锰脱氧后生成 SiO_2 和 MnO 组成复合熔渣,很容易浮出熔池,形成一层微薄的渣壳覆盖在焊缝的表面。

(2)气孔

产生的气孔有 CO 气孔、氢气孔和氮气孔。

在气体保护焊中,采用了含锰、硅脱氧元素多的 CO_2 焊丝,例如 ER49-1(H08Mn2SiA),产生 CO 气孔的可能性较小。CO_2 气体保护焊时氢的来源主要有工件和焊丝表面的锈和油污及 CO_2 气体中的水分。锈中有结晶水,水在电弧高温作用下,生成氢和氧。油是碳氢化合物,在电弧高温作用下会分解出氢。氢会生成气孔,引起裂纹,降低焊缝力学性能,使焊缝的塑性、韧性降低。因此,要清除工件坡口及两侧的锈、水、油污,清除焊丝表面的油污和锈。由于保护气体 CO_2 有氧化性等原因,CO_2 焊的焊缝含氢量是低的。生产实践表明,除非钢板表面已锈蚀有一层黄锈时,焊前一般不必除锈。CO_2 焊产生氢气孔的可能性较低。氮的来源是空气。CO_2 气保焊时,当 CO_2 气体流量太小或太大;喷嘴与工件距离过大;喷嘴被飞溅物堵塞;焊接场地有侧向风等原因造成 CO_2 焊时机械保护差,容易产生氮气孔。

(3)CO_2 焊的熔滴过渡

①熔滴过渡类型。熔化极气体保护焊时,焊丝除了作为电弧电极外,其端部还不断受热熔化,形成熔滴并陆续脱离焊丝过渡到熔池中去。熔化极气体保护焊的熔滴过渡形式大致有三种,即短路过渡、粗滴过渡和喷射过渡,如图 5-2 所示。

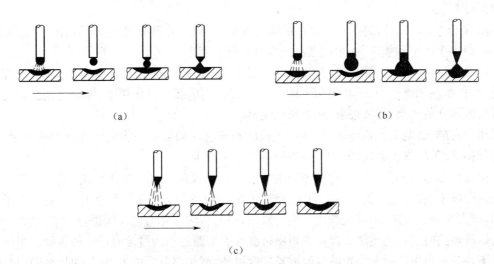

图 5-2　熔滴过渡形式示意图

(a)短路过渡　(b)粗滴过渡　(c)喷射过渡

a. 短路过渡。短路过渡是在采用细焊丝、小电流、低电弧电压焊接时出现的。因为电弧很短,焊丝末端的熔滴还未形成大滴时,即与熔池接触而短路,使电弧熄灭。在短路电流产生的电磁收缩力及熔池表面张力的共同作用下,熔滴迅速脱离焊丝末端过渡到熔池中去。以后,电弧又重新引燃。这样周期性的短路—燃弧交替的过程,称为短路过渡(图 5-2a)。要使短路过渡稳定地维持下去,主要取决于焊接电源的动特性和焊接工艺参数。对焊接电源动特性的要求是:所供给的电流和电压必须满足短路过程的变化,即应有合适的短路电流增长速度,短路最大电流值,以及足够大的空载电压恢复速度。

b. 粗滴过渡(颗粒过渡)。粗滴过渡是采用中等工艺参数以上的电流和电压时发生的,电弧较长,熔滴呈颗粒状。粗滴过渡有两种形式。一是有短路的粗滴过渡,当焊接电流和电弧电压稍高于短路过渡焊接时,由于电弧长度加大,焊丝熔化较快,而电磁收缩力不够大,以致熔滴体积不断增大,并在熔滴自身的重力作用下,向熔池过渡,同时伴随着一定的短路过渡。此时,过渡频率低,每秒只有几滴到二十几滴,如图 5-2b 所示。二是无短路的粗滴过渡。当进一步增大焊接电流和电弧电压时,由于电磁收缩力的加强,阻止了熔滴自由胀大,并促使熔滴加快过渡,同时不再发生短路过渡现象。因熔滴体积减小,故过渡频率略有增加。这两种粗滴过渡的形式,常用于中、厚板的焊接。

c. 喷射过渡。在粗滴过渡的基础上,当增大的焊接电流达到一定数值时,即会变为喷射过渡。其特点是:熔滴形成尺寸很小的微粒流,以很高的频率沿着电弧轴线射向熔池,电弧稳定,飞溅极小,如图 5-2c 所示。

②CO_2 焊熔滴过渡。CO_2 焊时,主要有两种熔滴过渡形式。一是短路过渡,另一种是粗滴过渡。而喷射过渡在 CO_2 焊中是很难出现的。当 CO_2 焊采用细丝时,一般都是短路过渡,短路频率很高,每秒可达几十次到一百多次,每次短路完成一次熔滴过渡,所以焊接过程稳定,飞溅小,焊缝成形好。而在粗丝 CO_2 焊中,则往往是以粗滴过渡的形式出现,因此飞溅较大,焊缝成形也差些。但由于电流比较大,所以电弧穿透力强,母材熔深大,这对中厚板的焊接是有利的。

(4)飞溅

飞溅是 CO_2 焊的主要缺点。一般在粗滴过渡时,飞溅程度比短路过渡焊接时严重得多。为了提高焊接生产率和质量,必须把飞溅减少到最低的程度。

①由冶金反应引起的飞溅。这种飞溅主要是 CO_2 气体造成的。由于 CO_2 气体具有强烈的氧化性,在熔滴和熔池中,碳被氧化生成 CO_2 气体。在电弧高温作用下,体积急剧膨胀突破熔滴或熔池表面的约束,形成爆破,从而形成飞溅。

采用含有硅、锰脱氧元素的焊丝,这种飞溅已不显著。如果进一步降低焊丝的碳含量,并适当增加铝、钛等脱氧能力强的元素,飞溅还可进一步减少。

②由极点压力引起的飞溅。这种飞溅主要取决于电弧的极性。采用直流正接焊接时,正离子飞向焊丝末端的熔滴,机械冲击力大,而造成大颗粒飞溅。当采用反接时,主要是电子撞击熔滴,极点压力大大减小,故飞溅比较小。所以,CO_2 焊多采用直流反接进行焊接。

③熔滴短路时引起的飞溅。这是在短路过渡和有短路的粗滴过渡时产生的飞溅。当电源动特性不好时显得更严重。当短路电流增长速度过快,或短路最大电流值过大时,熔滴刚与熔池接触,由于短路电流强烈加热及电磁收缩力的作用,结果缩颈处的液态金属发生爆破,产生较多细颗粒飞溅,如图 5-3a 所示。如果短路电流增长速度过慢,则短路时电流不能及时增大到要求的数值,缩颈处就不能迅速断裂,使伸出导电嘴的焊丝在长时间的电阻加热下,成段软化和断落,并伴随着较多的大颗粒飞溅,如图 5-3b 所示。

通过改变焊接回路中的电感数值,能够减少这种短路飞溅。若串入回路的电感值较合适时,则飞溅较小,噪声较小,焊接过程比较

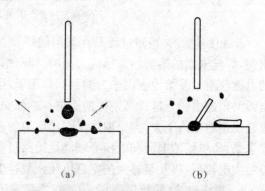

(a)　　　　　　　　(b)

图 5-3　短路电流增长速度对飞溅的影响

(a)短路电流增长过快　(b)短路电流增长过慢

稳定。

④非轴向熔滴过渡造成的飞溅。这种飞溅是在粗滴过渡焊接时由于电弧的斥力所引起的。熔滴在极点压力和弧柱中气流的压力共同作用下,被推向焊丝末端的一边,并抛到熔池外面,使熔滴形成大颗粒的飞溅。

⑤焊接工艺参数选择不当引起的飞溅。这种飞溅是在焊接过程中,由于焊接电流、电弧电压、电感值等工艺参数选择不当而造成的。因此,必须正确地选择 CO_2 焊的焊接工艺参数,以减小这种飞溅的产生。

二、CO_2 气体保护焊工艺参数

CO_2 焊时必须使用直流电源,且多采用直流反接。

CO_2 气体保护焊的焊接工艺参数包括焊丝直径、焊接电流、电弧电压、焊接速度、焊丝伸出长度、气体流量等。

1. 焊丝直径

焊丝直径根据焊件厚度、焊缝空间位置及生产率的要求等条件来选择(见表5-1)。焊接薄板或中、厚板的立焊、横焊、仰焊时,多采用直径 1.6mm 以下的焊丝;在平焊位置焊接中、厚板时,可以采用直径大于 1.6mm 的焊丝。

表 5-1　不同直径焊丝的适用范围

焊丝直径(mm)	焊件厚度(mm)	施焊位置	熔滴过渡形式
0.5~0.8	1~2.5	各种位置	短路过渡
	2.5~4	平焊	粗滴过渡
1.0~1.4	2~8	各种位置	短路过渡
	2~12	平焊	粗滴过渡
≥1.6	3~12	立、横、仰焊	短路过渡
	>6	平焊	粗滴过渡

2. 焊接电流

焊接电流对熔深、焊丝熔化速度及工作效率影响最大。如图 5-4 所示,当焊接电流逐渐增大时,熔深、熔宽和余高都相应地增加。在大电流单层焊的情况下,母材稀释率大,熔敷金属容易受到母材成分的影响。在小电流多层焊的情况下,熔深小,母材稀释率小,对熔敷金属性质的影响也就小。

焊接电流与工件的厚度、焊丝直径、施焊位置以及熔滴过渡形式有关,焊丝直径与焊接电流的关系见表5-2。通常用直径为 0.8~1.6mm 的焊丝,在短路过渡时,焊接电流在 50~230A 范围内选择,粗滴过渡时,焊接电流可在 250~500A 内选择。

3. 电弧电压

CO_2 焊时,电弧电压一般根据焊丝直径、焊接电流等来选择。随着焊接电流的增加,电弧电压也应相应加

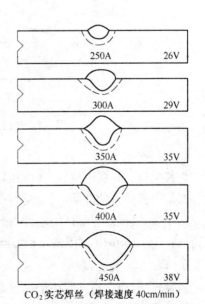

CO_2 实芯焊丝（焊接速度 40cm/min）

图 5-4　焊接电流与熔深的关系

大。一般来说,短路过渡时,电压为 16~24V,粗滴过渡时,电压为 25~40V。

表 5-2 焊丝直径与焊接电流的关系

焊丝直径(mm)	适用的电流范围(A)	焊丝直径(mm)	适用的电流范围(A)
0.8	50~120	1.2	80~350
0.9	60~150	1.6	300~500
1.0	70~180		

在 CO_2 气体保护焊焊接工艺参数中,电弧电压是一个关键的参数。电弧电压大小决定了电弧长短和熔滴过渡的形式,它对焊道外观、熔深、焊缝成形、飞溅、焊接过程的稳定和焊接缺陷及焊缝的力学性都有很大影响。短路过渡要求电弧电压低,电弧电压高了,变成颗粒过渡。但也不能过低,否则焊接过程不稳定。电弧电压必须与焊接电流匹配。表 5-3 所示为三种不同直径焊丝典型的短路过渡焊接工艺参数。采用这种典型参数焊接时飞溅最小。图 5-5 所示为四种直径焊丝短路过渡时适用的焊接电流和电弧电压的范围,参数在此范围内,焊接过程的稳定性和焊接质量均是满意的。

表 5-3 典型的短路过渡焊接工艺参数

焊丝直径(mm)	0.8	1.2	1.6
电弧电压(V)	18	19	20
焊接电流(A)	100~110	120~135	140~180

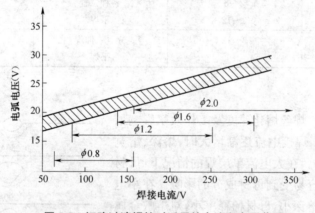

图 5-5 短路过渡焊接时适用的电流和电压范围

4. 焊接速度

焊接速度和焊接电流、电弧电压是焊接线能量的三大要素。它对熔深和焊道形状影响最大。对焊缝区的力学性能,以及是否产生裂纹、气孔等也有一定影响。焊接高强度钢时,为了防止产生裂纹,确保焊缝区的塑性、韧性,要特别注意选择适当的线能量。一般半自动焊时焊接速度在 15~40m/h 范围内,自动焊时不超过 90m/h。

5. 焊丝伸出长度

通常,焊丝伸出长度取决于焊丝直径,约以焊丝直径的 10 倍为宜。伸出长度过大,焊丝会成段熔断,飞溅严重,气体保护效果差。过小,不但易造成飞溅物堵塞喷嘴,影响保护效果,也影响焊工视线。

6. CO₂ 气体流量

CO_2 气体流量的大小，应根据焊接电流、电弧电压，焊接速度等因素来选择。通常，细丝 CO_2 焊时气体流量约为 5～15L/min；粗丝 CO_2 焊时约为 15～25L/min。

在焊接回路中，为使焊接电弧稳定和减少飞溅，一般需串联合适的电感。回路电感应根据焊丝直径、焊接电流和电弧电压等来选择（见表5-4）。

表5-4　不同直径焊丝合适的电感值

焊丝直径(mm)	0.8	1.2	1.6
电感值(mH)	0.01～0.08	0.10～0.16	0.30～0.70

7. 薄板细丝半自动 CO₂ 气体保护焊焊接规范（见表5-5）

表5-5　薄板细丝半自动 CO₂ 气体保护焊焊接规范

材料厚度 (mm)	接头形式	装配间隙 C (mm)	焊丝直径 (mm)	电弧电压 (V)	焊接电流 (A)	气体流量 (L/min)
≤1.2 1.5		≤0.3	0.6 0.7	18～19 19～20	30～50 60～80	6～7 6～7
2.0 2.5		≤0.5	0.8	20～21	80～100	7～8
3.0 4.0		≤0.5	0.8～0.9	21～23	90～115	8～10
≤1.2		≤0.3	0.6	19～20	35～55	6～7
1.5		≤0.3	0.7	20～21	65～85	8～10
2.0		≤0.5	0.7～0.8	21～22	80～100	10～11
2.5		≤0.5	0.8	22～23	90～110	10～11
3.0		≤0.5	0.8～0.9	21～23	95～115	11～13
4.0		≤0.5	0.8～0.9	21～23	100～120	13～15

CO_2 焊中除上述参数外，焊枪角度、焊枪与母材的距离等也对焊接质量有影响。图5-6显示了焊接过程中各种因素对焊接质量的影响。

三、CO₂ 气体保护焊基本操作技术

半自动 CO_2 气体保护焊通常都采用左焊法（焊接热源从接头右端向左端移动，并指向待焊部分的操作法）。左焊法有如下的特点：容易观察焊接方向，看清焊缝；抗风能力强，保护效果较好，特别适用于焊接速度较大时；电弧不直接作用于母材上，因而熔深较浅，焊道平而宽。

1. 焊枪的摆动方式及应用范围

为了减少输入线能量，减小热影响区，减少变形，通常不采用大的横向摆动采获得宽焊缝，推荐采用多层多道焊接方法来焊接厚板。当坡口小时，可采用锯齿形较小的横向摆动，而当坡口大时，可采用弯月形的横向摆动。焊枪的摆动方式及应用范围见表5-6。

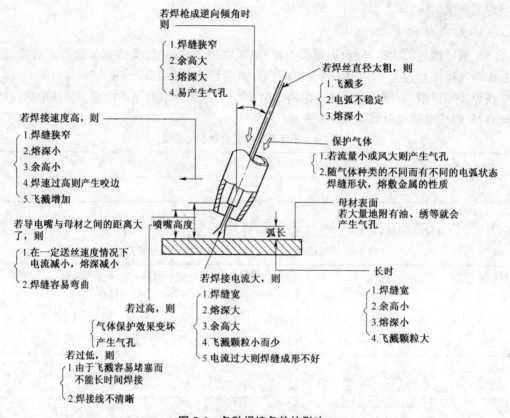

图 5-6　各种焊接条件的影响

表 5-6　CO₂ 焊焊枪的摆动方式及应用范围

摆 动 方 式	应 用 范 围
⟶	薄板及中厚板的第一层焊接
∿∿∿∿∿	小间隙及中厚板打底焊接,减少焊缝余高
∧∧∧∧∧	第二层为横向摆动送枪焊接的厚板等
ℓℓℓℓ	堆焊、多层焊接时的第一层
ꝏꝏꝏ	大间隙
⑧　⑥⑦④⑤②③　①	薄板根部有间隙焊接、坡口有钢垫板或施工物时

2. 引弧及收弧操作

(1)引弧

　　半自动 CO₂ 气体保护焊引弧,常采用短路引弧法。引弧前,首先将焊丝端头剪去,因为焊丝端头常常有很大的球形直径,容易产生飞溅,造成缺陷。经剪断的焊丝端头应为锐角。

　　引弧时,注意保持焊接姿势与正式焊接时一样。同时,焊丝端头距工件表面的距离为2～3mm。然后,按下焊枪开关,随后自动送气、送电、送丝,直至焊丝与工件表面相碰而短路起弧。此时,由于焊丝与工件接触而产生一个反弹力,焊工应紧握焊枪,勿使焊枪因冲击而回升,一定要保持喷嘴与工件表面的距离恒定。这是防止引弧时产生缺陷的关键。

重要产品进行焊接时,为消除在引弧时产生飞溅、烧穿、气孔及未焊透等缺陷,可采用引弧板,如图5-7所示。不采用引弧板而直接在焊件端部引弧时,可在焊缝始端前20mm左右处引弧后,立即快速返回起始点,然后开始焊接,如图5-8所示。

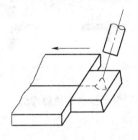

图5-7　使用引弧板示意图

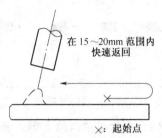

在15～20mm范围内快速返回

×:起始点

图5-8　倒退引弧法示意图

(2)收弧

焊接结束前必须收弧,若收弧不当则容易产生弧坑,并出现弧坑裂纹(火口裂纹)、气孔等缺陷。对于重要产品,可采用收弧板,将弧坑引至工件之外,可以省去弧坑处理的操作。如果焊接电源有弧坑控制电路,则在焊接前将面板上的火口处理开关扳至"有火口处理"挡,在焊接结束收弧时,焊接电流和电弧电压会自动减少到适宜的数值,将弧坑填满。如果焊接电源没有弧坑控制装置,通常采用多次断续引弧填充弧坑的办法,直到填平为止,如图5-9所示。操作时动作要快,若熔池已凝固再引弧,则容易产生气孔、未焊透等缺陷。

收弧时,特别要注意克服焊条电弧焊的习惯性动作,就是将焊把向上抬起。CO₂气体保护焊收弧时如将焊枪抬起,则将破坏弧坑处的保护效果。同时,即使在弧坑已填满,电弧已熄灭的情况下,也要让焊枪在弧坑处停留几秒钟后方能移开,保证熔池凝固时得到可靠的保护。

3. 接头操作

首先将接头处用磨光机打磨成斜面,然后在斜面顶部引弧,引燃电弧后,将电弧斜移至斜面底部,转一圈后返回引弧处再继续向左焊接,如图5-10所示。

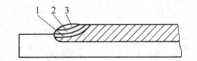

图5-9　断续引弧法填充弧坑示意图

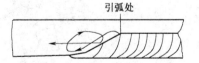

引弧处

图5-10　接头处的引弧操作

当无摆动焊接时,可在弧坑前方约20mm处引弧,然后快速将电弧引向弧坑,待熔化金属填满弧坑后,立即将电弧引向前方,进行正常操作,如图5-11a所示。

当采用摆动焊时,在弧坑前方约20mm处引弧,然后快速降电弧引向弧坑,到达弧坑中心后开始摆动并向前移动,同时,加大摆动转入正常焊接,如图5-11b所示。

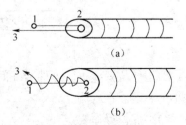

(a)

(b)

图5-11　焊接接头处理方法
(a)无摆动焊接时　(b)摆动焊时

4. 定位焊

CO₂气体保护焊时热输入较焊条电弧焊时更大,这就要求定位焊缝有足够的强度。定位焊缝将保留在焊缝中,焊接过程中也很难重熔,因此要求焊工要与焊接正式焊缝一样,不能有缺陷。对不同板厚定位焊缝的长度和间距要求如图 5-12、图 5-13 所示。

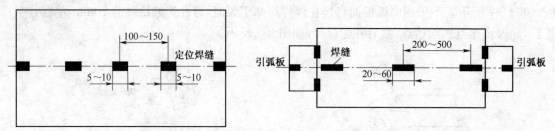

| 图 5-12　薄板的定位焊焊缝 | 图 5-13　中厚板的定位焊焊缝 |

四、CO_2 气体保护焊单面焊双面成形操作技术

1. 薄板对接 CO_2 气体保护焊单面焊双面成形

(1)焊前准备

工件材质:Q235 或 20Cr;工件尺寸:300mm×100mm×2mm;坡口形式 I 型;焊接材料:ER49-1(H08Mn2SiA)φ0.8mm;焊接设备 NBC315;焊前清理:将坡口面和靠近坡口上、下两侧 15～20mm 内的钢板上的油、锈、水分及其他污物打磨干净,直至露出金属光泽。为防止飞溅不好清理和堵塞喷嘴,可在焊件表面涂上一层飞溅防粘剂,在喷嘴上涂一层焊接喷嘴防堵剂。装配和定位焊:组对间隙为 0～0.5mm,预留反变形为 0.5～1,装配和定位焊要求如图 5-12。

(2)平焊位操作

1)焊接工艺参数(表 5-7)。

表 5-7　焊接工艺参数

焊接 层道位置	焊丝直径 (mm)	伸出长度 (mm)	焊接电流 (A)	焊接电压 (V)	焊接速度 (cm/min)	气体流量 (L/min)
1 层 1 道	0.8	10～15	60～70	17～19	40～45	8～10

2)焊枪角度和指向位置。采用左焊法,单层单道。焊枪角度如图 5-14 所示。

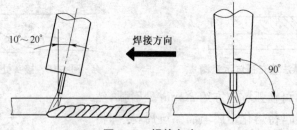

图 5-14　焊枪角度

3)工件位置检查。工件装配间隙及反变形符合要求后,将工件平放在水平位置,注意将间隙小的一端放在右侧。

4)平焊位操作要点。

①调试好焊接工艺参数后,在工件的右端引弧,从右向左方向焊接。

②焊枪沿装配间隙前后摆动或小幅度横向摆动,摆动幅度不能太大,以免产生气孔。熔池

停留时间不宜过长,否则容易烧穿。

③在焊接过程中,正常熔池呈椭圆形,如出现椭圆形熔池被拉长,即为烧穿前兆。这时应根据具体情况,改变焊枪操作方式以防止烧穿。例如,加大焊枪前后摆动或横向摆动幅度等。

④由于选择的焊接电流较小,电弧电压较低,采用短路过渡的方式进行焊接时,要特别注意保证焊接电流与电弧电压配合好。如果电弧电压太高,则熔滴短路过渡频率降低,电弧功率增大,容易引起烧穿,甚至熄弧;如果电弧电压太低,则可能在熔滴很小时就引起短路,产生严重的飞溅,影响焊接过程;当焊接电流与电弧电压配合好时,则焊接过程电弧稳定,可以观察到周期性的短路,听到均匀的、周期性的"啪、啪"声,熔池平稳,飞溅小,焊缝成形好。

(3)立焊位操作

1)焊接工艺参数(表 5-8)。

表 5-8　焊接工艺参数

焊道位置	焊丝直径(mm)	伸出长度(mm)	焊接电流(A)	焊接电压(V)	气体流量(L/min)
1 层 1 道	0.8	10~15	60~70	18~20	9~11

2)焊枪角度和指向位置。采用单层单道、向下立焊的操作方法,即从上面开始向下焊接,焊枪角度如图 5-15 所示。向下立焊的焊缝熔深较浅,成形美观,适用于薄板对接,T 形接头及角接接头。

3)工件位置检查。工件装配间隙及反变形符合要求后将工件垂直固定,注意将间隙小的一端放在上端。

4)立焊位操作要点。

①调试好焊接工艺参数后,在工件的顶端引弧,注意观察熔池,待工件底部完全熔合后,开始向下焊接。

②焊接过程采用直线法,焊枪不做横向摆动。

③由于铁水受重力作用,为了不使熔池中的铁水流淌,焊接过程中电弧应始终对准熔池的前方,对熔池起到上托的作用,如图 5-16a 所示。如果掌握不好,铁水则会流到电弧的前方,发生铁水导前现象,如图 5-16b 所示。这时候要加速焊枪的移动,并使焊枪的角度减少,靠电弧吹力把铁水推上去,避免产生焊瘤及未焊透等缺陷。

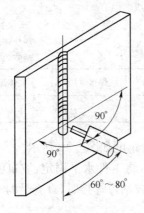

图 5-15　向下立焊焊枪角度

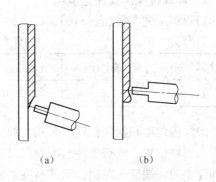

图 5-16　向下立焊焊枪与熔池关系示意
(a)正常状态　(b)铁水导前的情况

④立向下焊采用短路过渡的方式进行焊接,焊接电流较小,电弧电压较低,焊接速度较快。为了保证正反两面的焊缝成形,焊接时要焊接电流与电弧电压的良好配合,并注意观察熔池,随时调整焊接姿态。

(4)横焊位操作

1)焊接工艺参数(见表5-9)。

表 5-9　焊接工艺参数

焊道位置	焊丝直径(mm)	伸出长度(mm)	焊接电流(A)	焊接电压(V)	气体流量(L/min)
1层1道	0.8	10～15	60～70	18～20	9～10

2)焊枪角度和指向位置。采用左焊法,单层单道。焊枪角度如图5-17所示。

3)工件位置。检查工件装配间隙及反变形符合要求后,将工件垂直固定,间隙处于水平位置,注意将间隙小的一端放在右侧。

4)横焊位操作要点。

①调试好焊接工艺参数后,在工件的右端引弧,注意观察熔池,待工件底部完全熔合后,开始向左焊接。

②焊接过程采用直线法或小幅摆动法。注意焊接时摆动幅度一定要小,过大的摆幅会造成铁水下淌。焊枪的摆动图形可参如图5-18所示。焊接速度要稍快,避免引起烧穿。

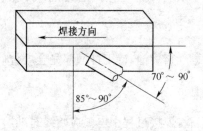

图 5-17　横焊焊枪角度

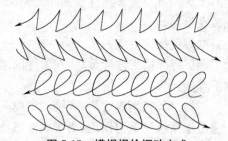

图 5-18　横焊焊枪摆动方式

③采用短路过渡的方式进行焊接,电流小、电压低,注意焊接电流与电弧电压的配合。焊接速度较快,注意观察熔池,随时调整焊接姿态。

(5)仰焊位操作及注意事项

1)焊接工艺参数(表5-10)。

表 5-10　焊接工艺参数

焊道位置	焊丝直径(mm)	伸出长度(mm)	焊接电流(A)	焊接电压(A)	气体流量(L/min)
1层1道	0.8	10～15	60～70	18～19	15

2)焊枪角度和指向位置。采用右焊法,单层单道。焊枪角度如图5-19所示。

3)工件位置。检查工件装配间隙及反变形符合要求后,将工件水平固定,坡口朝下,注意将间隙小的一端放在左侧。工件高度要保证焊工处于蹲位或站位焊接时,有充足的空间,操作不感到别扭。

4)仰焊位操作要点。

①调试好焊接工艺参数后,在工件的左端引弧,注意观察熔池,待工件底部完全熔合后,开

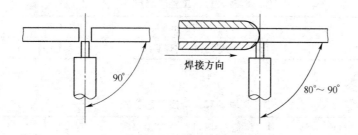

图 5-19　仰焊焊枪角度

始向右焊接。

②焊接过程采用直线法或小幅摆动法。摆动焊时,焊枪在中间位置稍快,两端稍停。

③焊枪角度和焊接速度的调整是保证焊接质量的关键。焊接时焊枪角度过大,会造成凸形焊道及咬边;焊接速度过慢,则会导致焊道表面凹凸不平。在焊接过程中,要根据熔池的具体情况,及时调整焊接速度和摆动方式,才能有效地避免咬边、熔合不良、焊道下垂等缺陷的产生。

2. 中厚板对接 CO$_2$ 气体保护焊单面焊双面成形

(1)焊前准备

材质:Q235 或 20Cr;工件尺寸:300mm×100mm×12mm;坡口形式:V 形,角度:α=60°;工件加工准备如图 5-20 所示;焊接材料:ER49-1(H08Mn2SiA),φ1.2mm;焊接设备 NBC315;焊前清理:将坡口和靠近坡口上、下两侧 15~20mm 内的钢板上的油、锈、水分及其他污物打磨干净,直至露出金属光泽。为防止飞溅不好清理和堵塞喷嘴,可在焊件表面涂上一层飞溅防粘剂,在喷嘴上涂一层喷嘴防堵剂;装配和定位焊采用与正式焊接时相同的焊接材料及工艺参数。定位焊位置在工件背部的两端处,如图 5-21 所示。定位焊必须与正式焊接一样并焊牢,防止焊接过程中因为收缩而造成坡口变窄影响焊接;预留反变形:为了保证焊后工件没有角变形,要求工件在装配完正式焊接前预留反变形,如图 5-22 所示,通过焊缝检验尺或其他测量工具来保证反变形角度。

图 5-20　工件加工准备图

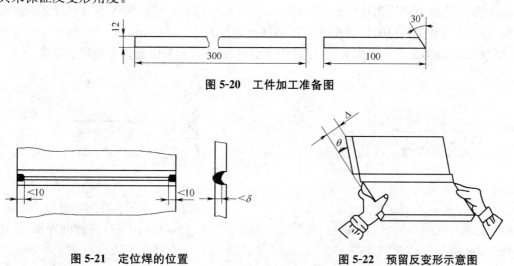

图 5-21　定位焊的位置

图 5-22　预留反变形示意图

(2)平焊位操作

1)工件装配尺寸(表 5-11)。

表 5-11 工件装配尺寸

坡口角度(°)	钝边(mm)	装配间隙(mm)		错边量(mm)	反变形(°)
60	0	始焊端:3	终焊端:4	≤1	3~4

2)焊接工艺参数(表5-12)。

表 5-12 焊接工艺参数

焊道位置	焊丝直径(mm)	伸出长度(mm)	焊接电流(A)	焊接电压(V)	气体流量(L/min)
打底焊	1.2	20~25	90~100	18~19	10~15
填充焊	1.2	20~25	210~230	23~25	15~20
盖面焊	1.2	20~25	220~240	24~25	15~20

3)工件位置。检查工件装配及反变形符合要求后,将工件平放在水平位置,注意将间隙小的一端放在右侧。

4)平焊位操作要点。

①焊枪角度和指向位置。采用左焊法,三层三道。焊枪角度如图5-23所示,焊道分布如图5-24所示。

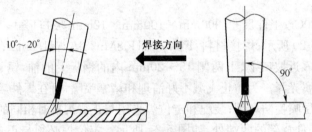

图 5-23 平焊位焊枪角度

②打底焊。首先调试好焊接工艺参数,然后在工件右端距待焊处左侧约15~20mm坡口一侧引燃电弧,快速移至工件右端起焊点,当坡口底部形成熔孔后,开始向左焊接。焊枪做小幅度横向摆动,在坡口两侧稍作停留,中间稍快,连续向左移动。熔孔的大小决定背部焊缝的宽度和余高,要求焊接过程中控制熔孔直径始终比间隙大1~2mm,如图5-25所示。若熔孔太小,则根部熔合不好;若熔孔太大,则根部焊道变宽和变高,容易引起烧穿和产生焊瘤。

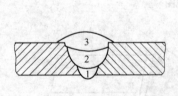

图 5-24 焊道分布

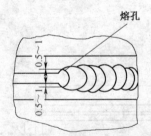

图 5-25 平焊时熔孔的控制

焊接过程中注意观察坡口面的熔合情况,依靠焊枪的摆动,电弧在坡口两侧的停留,保证坡口面熔化并与熔池边缘熔合在一起。焊接过程中,始终保持电弧在离坡口根部2~3mm处燃烧,并控制打底层焊道厚度不超过4mm,如图5-26所示。

③填充焊。焊前先将打底焊层的飞溅和熔渣清理干净,凸起不平的地方磨平。填充焊时,

焊枪的横向摆动比打底层焊时稍大些,保证两侧坡口有一定的熔深,焊道平整并有一定的下凹。填充焊时焊道的高度低于母材约 1.5～2mm,一定不能熔化坡口两侧的棱边,如图 5-27 所示,以便盖面焊时能够看清坡口,为盖面焊打好基础。

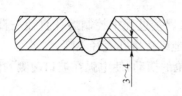

图 5-26　打底焊道图

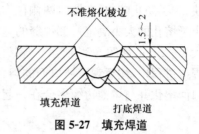

图 5-27　填充焊道

④盖面焊。焊前先将填充焊层的飞溅和熔渣清理干净,凸起不平的地方磨平。焊枪的摆动幅度比填充焊时更大一些,摆动时要幅度一致,速度均匀。注意观察坡口两侧的熔化情况,保证熔池的边缘超过坡口两侧的棱边并不大于 2mm,避免咬边。保持喷嘴的高度一致,才能得到均匀美观的焊缝表面。填满弧坑并待电弧熄灭,熔池凝固后方能移开焊枪,避免出现弧坑裂纹和产生气孔。

(3)立焊位操作

1)工件装配尺寸(表 5-13)。

表 5-13　工件装配尺寸

坡口角度(°)	钝边(mm)	装配间隙(mm)	错边量(mm)	反变形(°)
60	0	始焊端:终焊端:3.5	≤1	2～3

2)焊接工艺参数(表 5-14)。

表 5-14　焊接工艺参数

焊道位置	焊丝直径(mm)	伸出长度(mm)	焊接电流(A)	焊接电压(V)	气体流量(L/min)
打底焊	1.2	15～20	90～100	18～18	10～15
填充焊	1.2	15～20	130～140	20～21	10～15
盖面焊	1.2	15～20	130～140	20～21	10～15

3)工件位置。检查工件装配及反变形符合要求后,将工件固定到垂直位置,注意将间隙小的一端放在下侧。

4)立焊位操作要点。

①焊枪角度和指向位置。采用立向上焊法,三层三道。焊枪角度如图 5-28 所示。

②打底焊。首先调试好焊接工艺参数,然后在工件下端定位焊缝上侧约 15～20mm 处引燃电弧。将电弧快速移至定位焊缝上,停留 1～2s 后开始做锯齿形摆动,当电弧越过定位焊的上端并形成熔孔后,转入连续向上的正常焊接。为了防止熔池金属在重力的作用下下淌,除了采用较小的焊接电流外,正确的焊枪角度和摆动方式也很关键。如图 5-28 所

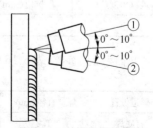

图 5-28　立焊位焊枪角度

示,焊接过程中应始终保持焊枪角度在与工件表面垂直线上下 10°的范围内。焊工要克服习惯性地将焊枪指向上方的操作方法,否则会减小熔深,影响焊透。摆动时,要注意摆幅与摆动

波纹间距的匹配。小摆幅和月牙形大摆幅可以保证焊道成形好,而下凹的月牙形摆动则会造成焊道下坠,如图 5-29 所示。

采用小摆幅时由于热量集中,要防止焊道过分凸起;为防止铁水下淌,摆动时在焊道中间要稍快;为了防止咬边,在坡口两侧稍作停留。

由于熔孔的大小决定背部焊缝的宽度和余高,要求焊接过程中控制熔孔直径一直保持比间隙大 $1\sim2$mm,如图 5-30 所示。焊接过程中,尽可能地维持熔孔直径不变。

焊接过程中,注意观察坡口面的熔合情况,依靠焊枪的摆动,使电弧在坡口两侧的停留,保证坡口面熔化并与熔池边缘熔合在一起。

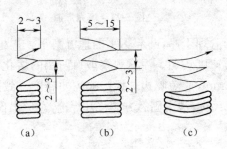

图 5-29　立焊摆动方式
(a)小摆幅　(b)月牙形大摆幅　(c)不正确

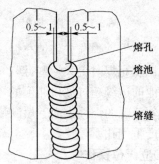

图 5-30　立焊时熔孔的控制

③填充焊。焊前先将打底焊层的飞溅和熔渣清理干净,凸起不平的地方磨平。填充焊时,焊枪的横向摆动较打底层焊时稍大些。同时,焊枪从坡口的一侧摆至另一侧时速度要稍快,防止焊道形成凸形。电弧在两侧坡口有一定的停留,保证有一定的熔深,焊道平整并有一定的下凹。填充焊时焊道的高度低于母材约 $1.5\sim2$mm。不能熔化坡口两侧的棱边,以便盖面焊时能够看清坡口,为盖面焊打好基础。

④盖面焊。焊前先将填充焊层的飞溅和熔渣清理干净,凸起不平的地方磨平。焊枪的摆动幅度比填充焊层时更大一些。做锯齿形摆动时注意幅度一致,速度均匀上升。注意观察坡口两侧的熔化情况,保证熔池的边缘超过坡口两侧的棱边并不大于 2mm,避免咬边和焊瘤。同时控制喷嘴的高度和收弧,避免出现弧坑裂纹和产生气孔。

(4)横焊位操作

1)工件装配尺寸(表 5-15)。

表 5-15　工件装配尺寸

坡口角度(°)	钝边(mm)	装配间隙(mm)	错边量(mm)	反变形(°)
60	0	始焊端:3　终焊端:4	≤1	$6\sim8$

2)焊接工艺参数(表 5-16)。

表 5-16　焊接工艺参数

焊道位置	焊丝直径(mm)	伸出长度(mm)	焊接电流(A)	焊接电压(V)	气体流量(L/min)
打底焊	1.2	$20\sim25$	$90\sim100$	$18\sim20$	$10\sim15$
填充焊	1.2	$20\sim25$	$130\sim140$	$20\sim22$	$10\sim15$
盖面焊	1.2	$20\sim25$	$130\sim140$	$20\sim22$	$10\sim15$

3）工件位置。检查工件装配及反变形,待其符合要求后,将工件垂直固定,焊缝位于水平位置,注意将间隙小的一端放在右侧。

4）横焊位操作要点。

①焊枪角度和焊接顺序。采用左焊法,三层六道,焊道分布如图5-31所示。按照图中1～6的顺序进行焊接。

②打底焊。首先调试好焊接工艺参数,然后在工件右端定位焊缝左侧15～20mm处引燃电弧,快速移至工件右端起焊点,当坡口底部形成熔孔后,开始向左焊接。打底焊焊枪角度如图5-32所示,做小幅度锯齿形横向摆动,连续向左移动。

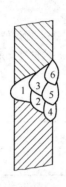

图 5-31　焊道分布图

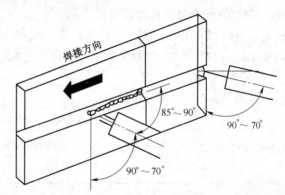

图 5-32　横焊位打底焊时焊枪角度

熔孔的大小决定背部焊缝的宽度和余高,要求焊接过程中控制熔孔直径一直保持比间隙大1～2mm,如图5-33所示。焊接过程中尽可能地维持熔孔直径不变。焊接过程中注意观察坡口面的熔合情况。依靠焊枪的角度及摆动、电弧在坡口两侧的停留时间,保证坡口面的熔化。注意焊枪角度和停留时间,避免下坡口熔化过多,造成背部焊道出现下坠或产生焊瘤。

③填充焊。先将打底焊层的飞溅和熔渣清理干净,凸起不平的地方磨平。填充焊时,焊枪的对准方向及角度如图5-34所示。焊接填充焊道2时,焊枪指向第一层焊道的下趾端部,形成0°～10°的俯角,采用直线式焊法;焊接填充焊道3时,焊枪指向第一层焊道的上趾端部,形成0°～10°的仰角,以第一层焊道的上趾处为中心做横向摆动,注意避免形成凸形焊道和咬边。

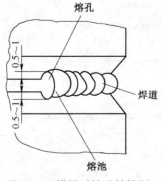

图 5-33　横焊时熔孔的控制

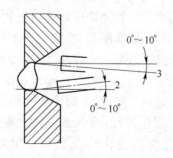

图 5-34　横焊位填充焊焊枪位置及角度

填充焊时焊道的高度应低于母材约 0.5～2mm，距上坡口约 0.5mm，距下坡口约 2mm。注意一定不能熔化坡口两侧的棱边，以便盖面时能够看清坡口，为盖面焊打好基础。

④盖面焊。焊前先将填充焊层的飞溅和熔渣清理干净，磨平凸起不平的地方。盖面焊时焊枪的对准方向及角度如图 5-35 所示。盖面焊共三道，依次从下往上焊接。摆动时注意幅度一致，速度均匀。每条焊道要压住前一焊道约 2/3。焊接盖面焊道 4 时，特别要注意坡口下侧的熔化情况，保证坡口下边缘的均匀溶化，避免咬边和未熔合。焊接盖面焊道 5 时，控制熔池的下边缘在盖面焊道 4 的 1/2～2/3 处。焊接盖面焊道 6 时，特别要注意调整焊接速度和焊枪的角度，保证坡口上边缘均匀地熔化，避免铁水下淌而产生咬边。

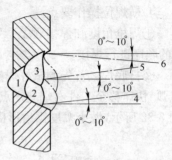

图 5-35　横焊位盖面焊焊枪位置及角度

(5)仰焊位操作

1)工件装配尺寸(表 5-17)。

表 5-17　工件装配尺寸

坡口角度(°)	钝边(mm)	装配间隙(mm)	错边量(mm)	反变形(°)
60	0	始焊端:3　终焊端:4	≤1	3～4

2)焊接工艺参数(表 5-18)。

3)工件位置。将工件水平固定，坡口朝下，注意将间隙小的一端放在左侧。工件高度要保证焊工能够处于蹲位或站位进行焊接，有足够的操作空间。

表 5-18　焊接工艺参数

焊道位置	焊丝直径(mm)	伸了长度(mm)	焊接电流(A)	焊接电压(V)	气体流量(L/min)
打底焊	1.2	15～20	100～110	18～20	10～15
填充焊	1.2	15～20	140～150	20～22	10～15
盖面焊	1.2	15～20	130～140	20～22	10～15

4)焊位操作要点。

①焊枪角度和指向位置。采用右焊法，三层三道。焊枪角度如图 5-36 所示。

②打底焊。首先调试好焊接工艺参数，然后在工件左端距待焊处右侧约 15～20mm 处引燃电弧。然后，将电弧快速移至工件左端起焊点。当坡口底部形成熔孔后，开始向右连续焊接，焊枪做小幅度锯齿形横向摆动。焊接过程中，电弧不能脱离熔池，利用电弧吹力托住熔化金属，防止铁水下淌。

打底焊的关键是保证背部焊透，下凹

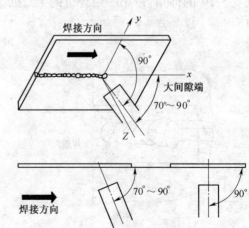

图 5-36　仰焊位焊枪角度

小,正面平。须注意观察和控制熔孔的大小,如图 5-37 所示。既要保证根部焊透,又要防止焊道背部下凹而正面下坠。这就要求焊枪的摆动幅度要小,摆幅大小和前进速度要均匀,停留时间较其他位置要短,使熔池尽可能小而浅,防止金属下坠。

③填充焊。焊前先将打底焊层的飞溅和熔渣清理干净,凸起不平的地方磨平。填充焊时,焊枪的横向摆动较打底层时稍大些。注意焊枪在两侧坡口的停留时间,保证焊道两侧既要熔合好又要防止焊道下坠。

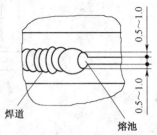

图 5-37　仰焊时熔孔的控制

填充焊时焊道的高度低于母材约 1.5～2mm,不能熔化坡口两侧的棱边,以便盖面时能够看清坡口,为盖面焊打好基础。

④盖面焊。焊前先将填充焊层的飞溅和熔渣清理干净,凸起不平的地方磨平。焊枪的摆动幅度比填充焊时更大一些。摆动时注意幅度一致,速度均匀。注意观察坡口两侧的熔化情况,避免咬边,保证熔池的边缘超过坡口两侧的棱边并不大于 2mm。焊枪在从坡口的一侧摆至另一侧时应稍快些,防止熔池金属下坠产生焊瘤。填满弧坑并待电弧熄灭,熔池凝固后方能移开焊枪,避免出现弧坑裂纹和产生气孔。

五、CO₂气体保护焊 T 形接头操作技术

1. 焊前准备

工件材质:Q235 或 20Cr;工件尺寸:200mm×100mm×6mm;坡口形式:T 形;焊接材料 ER49-1(H08Mn2SiA),ϕ1.2mm;焊接设备:NBC315;焊前清理:将坡口和靠近坡口上、下两侧 15～20mm 内的钢板上的油、锈、水分及其他污物打磨干净,直至露出金属光泽。为防止飞溅不好清理和堵塞喷嘴,可在焊件表面涂上一层飞溅防粘剂,在喷嘴上涂一层喷嘴防堵

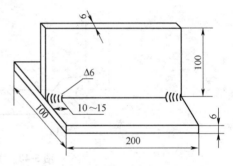

图 5-38　T 形接头工件及装配

剂;装配和定位焊:组对间隙为 0～2mm,定位焊缝长 10～15mm,焊脚尺寸为 6mm,工件两端各一处,如图 5-38 所示。

2. 水平角焊操作技术

(1)工件位置检查

工件装配符合要求后,将工件平放在水平位置。

(2)焊接工艺参数(表 5-19)

表 5-19　焊接工艺参数

焊道位置	焊丝直径 (mm)	伸出长度 (mm)	焊接电流 (A)	焊接电压 (V)	气体流量 (L/min)	焊接速度 (cm/min)
1 层 1 道	1.2	13～18	220～250	25～27	15～20	35～45

(3)水平角焊位操作要点

①焊枪角度和指向位置。采用左焊法,一层一道。焊枪角度如图 5-39 所示。

②调试好焊接工艺参数后,在工件的右端引弧,从右向左方向焊接。

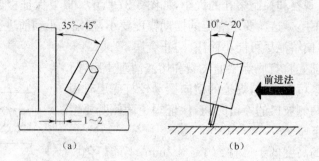

图 5-39　水平角焊位焊枪角度

(a)正面　(b)侧面

③焊枪指向距根部 1～2mm 处。由于采用较大的焊接电流,焊接速度可稍快,同时要适当地做横向摆动。

④焊接过程中,如果焊枪对准的位置不正确,引弧电压过低或焊速过慢都会使铁水的下淌,造成焊缝的下垂,如图 5-40a 所示;如果引弧电压过高、焊速过快或焊枪朝向垂直板、母材温度过高等则会引起焊缝的咬边和焊瘤,如图 5-40b 所示。

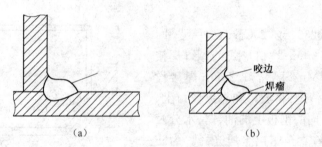

图 5-40　水平角焊缝的成形缺陷

(a)焊缝下垂　(b)咬边、焊瘤

(4)垂直立角焊操作

1)工件位置。检查工件装配符合要求后,将工件垂直位置固定。

2)焊接工艺参数(表 5-20)。

表 5-20　焊接工艺参数

焊道位置	焊丝直径(mm)	伸出长度(mm)	焊接电流(A)	焊接电压(V)	气体流量(L/min)
1层1道	1.2	10～15	120～150	18～20	15～20

3)垂直立角焊位操作要点。

①焊枪角度和指向位置。采用立向上焊法,一层一道。焊枪角度如图 5-41 所示。

②调试好焊接工艺参数后,在工件的底端引弧,从下向上焊接。

③保持焊枪的角度始终在工件表面垂直线上下约 10°左右,才能保证熔深和焊透。

④采用如图 5-42 所示的三角形送枪法摆动焊接,有利于顶角处焊透。为了避免铁水下淌,中间位置要稍快;为了避免咬边,在两侧焊趾处要稍做停留。

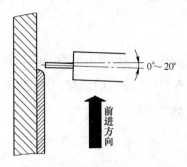

图 5-41　立角焊位焊枪角度

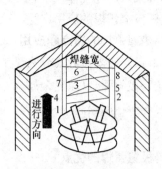

图 5-42　焊枪摆动方式

(5)仰角焊操作

1)工件位置。将工件水平位置固定,焊接面朝下。工件高度要保证焊工处于蹲位或站位焊接时,有足够的空间,操作不感到别扭。

2)焊接工艺参数(表 5-21)。

表 5-21　焊接工艺参数

焊道位置	焊丝直径(mm)	伸出长度(mm)	焊接电流(A)	焊接电压(V)	气体流量(L/min)
1 层 1 道	1.2	10～15	120～150	19～23	15～20

3)仰角焊位操作要点。

①焊枪角度和指向位置。采用左焊法,一层一道。焊枪角度如图 5-43 所示。

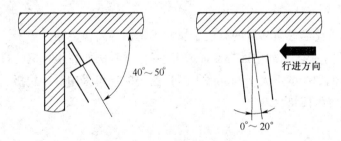

图 5-43　仰角焊位焊枪角度

②调试好焊接工艺参数后,在工件的右端引弧,待工件底部完全熔合后,开始向左焊接。

③焊接过程采用小幅摆动法。摆动焊时,焊枪在中间位置稍快,两端稍作停留。

④保持焊枪正确的角度。如果焊枪后倾角过大,则会造成凸形焊道及咬边。在焊接过程中要根据熔池的具体情况,及时调整焊接速度和摆动方式,才能有效地避免咬边、未熔合、焊道下垂等缺陷的产生。

第二节　钨极氩弧焊

钨极惰性气体保护焊(GTAW)是在惰性气体的保护下,利用钨(纯钨或活化钨)电极与工件间产生的电弧热熔化母材和填充焊丝的一种焊接方法,属于非熔化极(钨极)气体保护焊。

保护气体可采用惰性气体氩气、氦气或氩、氦的混合气体。在特殊应用场合可添加少量的氢。在工业上钨极氩弧焊的应用广泛。

一、钨极氩弧焊的特点和应用

钨极氩弧焊按操作方式分为手工钨极氩弧焊、半机械化和机械化钨极氩弧焊、钨极脉冲氩弧焊、热丝钨极氩弧焊(填充金属丝插入熔池的同时通入 100A 左右的电流,利用电阻热预热焊丝,可使焊接速度提高 3～5 倍)。其中手工钨极氩弧焊应用最多(图 5-44)。

1. 钨极氩弧焊的特点

(1)钨极氩弧焊的优点

①保护效果好,焊缝质量高,几乎能焊所有金属材料。

②小焊接电流、低电弧电压时的电弧也很稳定,容易实现单面焊双面成形。

③可全位置焊。

④手工钨极氩弧焊与自动钨极氩弧焊相比,设备简单,操作灵活方便,适应性强。

(2)钨极氩弧焊的缺点

①生产率低,焊接电流不能太大:只适于焊接薄板,一般适于焊接 6mm 以下。

②成本较高,氩气较贵。

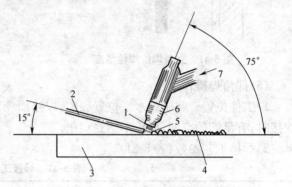

图 5-44　手工钨极氩弧焊示意图
1. 钨极　2. 填充金属　3. 焊件　4. 焊缝金属
5. 电弧　6. 喷嘴　7. 保护气体(氩气)

2. 钨极氩弧焊的应用

①焊接铝、钛等化学性质活泼的有色金属和不锈钢等高合金钢;

②接头性能质量要求高的单面焊双面成形的打底焊,例如高压管道的打底焊等;

③焊接薄板,例如厚度不大于 6mm 的焊件,必要时还可采用脉冲钨极氩弧焊(TIG)。

二、钨极氩弧焊的焊接材料

1. 氩气

氩(Ar)气是一种理想的保护气体。氩气是惰性气体,不与被焊的任何金属起化学反应;氩气是单原子气体,在电弧高温下也不分解吸热;氩气不溶解于被焊的液态金属,不会产生气孔;氩气比空气重,使用时不易漂浮失散,有利于起保护作用。

氩气在空气中含量较少,从空气中制取费时,且成本高,因此氩气比较贵。

《纯氩》(GB/T 4842—1995)规定用于焊接的氩气纯度应不小于 99.99%。只有高纯度的氩气才能在焊接活泼的有色金属和高合金钢时起很好的保护作用,避免氧化烧损,也可减轻钨极的烧损。

2. 焊丝

钨极氩弧焊用的焊丝,只起填充金属的作用。焊丝的化学成分与母材相同或相近。在焊接低碳钢时,为了防止气孔,可采用含少量合金元素的焊丝。

三、钨极氩弧焊坡口的选择

1. 铝及铝合金合金气体保护焊坡口形式及其尺寸(表5-22)

表 5-22　铝及铝合金合金气体保护焊坡口形式及其尺寸(mm)(摘自 GB/T 985.3—2008)

序号	工件厚度 t	名称	基本符号a	焊缝示意图	横截面示意图	坡口角α或坡口面角β	间隙 b	钝边 c	其他尺寸	适用的焊接方法b	备注
1	t≤2	卷边焊缝	八			—	—	—	—	141	
2	t≤4	I形焊缝	‖			—	b≤2	—	—	141	建议根部倒角
	2≤t≤4	带衬垫的I形焊缝				—	b≤1.5	—	—	131	
3	3≤t≤5	V形焊缝	V			α≥50°	b≤3	c≤2		141	
						60°≤α≤90°	b≤2			131	
		带衬垫的V形焊缝				60°≤α≤90°	b≤4	c≤2		131	
4	6≤t≤20	I形焊缝	‖			—	b≤6	—	—	131 141	
5	6≤t≤15	带钝边V形焊缝封底	⊻			α≥50°	b≤3	2≤c≤4		141 131	
6	6≤t≤15	双面V形焊缝	X			α≥60°	b≤3	c≤2		141	
	t>15					α≥70°		c≤2		131	

续表 5-22

序号	工件厚度 t	名称	基本符号[a]	焊缝示意图	横截面示意图	坡口角 α 或坡口面角 β	间隙 b	钝边 c	其他尺寸	适用的焊接方法[b]	备注
7	$6 \leqslant t \leqslant 15$	带钝边双面V形焊缝	✕			$\alpha \geqslant 50°$	$b \leqslant 3$	$2 \leqslant c \leqslant 4$	$h_1 = h_2$	141	
	$t > 15$					$60° \leqslant \alpha \leqslant 70°$		$2 \leqslant c \leqslant 6$		131	
8	—	单面角焊缝	◺			$\alpha = 90°$	$b \leqslant 2$	—	—	141 131	
9	—	双面角焊缝	▷			$\alpha = 90°$	$b \leqslant 2$	—	—	141 131	
10	$t_1 \geqslant 5$	单V形焊缝	V			$\beta \geqslant 50°$	$b \leqslant 2$	$c \leqslant 2$	$t_2 \leqslant 5$	141 131	
11	$t_1 \geqslant 8$	双V形焊缝	✕			$\beta \geqslant 50°$	$b \leqslant 2$	$c \leqslant 2$	$t_2 \geqslant 8$	141 131	采用双面焊工艺时,人工双面坡口尺寸可适当调整

a 基本符号参见 GB/T 324。

b 焊接方法代号参见 GB/T 5185。

2. 焊接碳钢、低合金钢、不锈钢、高镍合金钨极氩弧焊坡口形式及其尺寸(见表 5-23)

表 5-23 碳钢、低合金钢、不锈钢、高镍合金钨极氩弧焊坡口形式及其尺寸

坡口名称	坡口尺寸	坡口简图
Y 形	$\delta=3\sim12mm$ $b\leqslant3mm$ $p\leqslant2mm$ 碳钢、低合金钢、不锈钢:$\alpha=60°$ 高镍合金:$\alpha=80°$ 铝:$\alpha=90°$	
双Y形	$\delta>12mm$ $b\leqslant3mm$ $p\leqslant1.5mm$ $\alpha=60°\sim90°$	
双U形带钝边	碳钢、低合金钢、不锈钢:$\beta=7°\sim9°$ 高镍合金:$\beta=15°$ 铝合金:$\beta=20°\sim30°$ $R=4.5\sim8mm$ $p\leqslant3mm$ $b\leqslant2mm$	
单边V形	黑色金属:$\beta=45°$ 铝合金:$\beta=60°$ $p\leqslant3mm$ $b\leqslant2mm$	带钝边单边 V形坡口　　带钝边双边 V形坡口
J 形	$\beta=7°\sim15°$ $p\leqslant3mm$ $R=12.5mm$	带钝边J形坡口 带钝边双J形坡口
带钝边U形	$\beta=7°\sim9°$ $R=4.5\sim8mm$ $p\leqslant2.5mm$	

四、手工钨极氩弧焊焊接规范

1. 钨极氩弧焊电源种类和极性的选择

钨极氩弧焊可以使用交流和直流两种电源。采用直流电源时以正接法用得最多（见表5-24）。

直流正接时，钨极是阴极，焊件是阳极。由于阳极温度比阴极温度高，所以此时熔池深而窄，生产率高，焊件的收缩应力和变形都比较小；相反，钨极得到的热量较少，因此不易过热，烧损少，寿命长，对于同一焊接电流可以采用直径较小的钨极。

直流反接时，氩气被电离后产生的正离子会高速地撞击阴极，使表面的氧化膜被击碎，具有去除焊缝及其周围母材表面上氧化膜的作用，通常称为"阴极破碎"现象。在焊接铝、镁及其合金时，焊缝及其周围母材表面上会生成一层致密难熔的氧化膜（如 Al_2O_3，它的熔点为2050℃，而铝的熔点为657℃），如不及时消除，焊接时会形成未熔合，并使焊缝表面形成皱皮或内部产生气孔、夹渣。所以，钨极氩弧焊除铝、镁及其合金外，应尽量采用直流正接。

交流氩弧焊当电流为负半周时，相当于直流反接，焊件处于阴极，会产生"阴极破碎"现象，可用来破碎氧化膜。而电流为正半周时；相当于直流正接，钨极为负极，此时钨极的损耗要小得多，故铝、镁及其合金钨极氩弧焊时，一般选择的是交流电源。

表 5-24　钨极氩弧焊电源种类和极性的选择

焊件材料	直流		交流
	正接	反接	
低碳钢、低合金高强度钢	△①	×③	○②
高合金钢、不锈钢、镍	△	×	○
铝、镁、铝青铜	×	×	△
黄铜、铜基合金钢	△	×	○
钛	△	×	○
异种金属	△	×	○

注：①△—最佳；②○—良好；③×—最差。

2. 手工钨极氩弧焊焊接工艺参数

手工钨极氩弧焊焊接工艺参数包括焊接电流、电弧电压、焊接速度、钨极直径、喷嘴直径、氩气流量和焊接层数等，此外，还有焊丝直径、喷嘴至工作表面的距离和钨极伸出长度等。

(1)焊接电流

焊接电流主要根据焊件材质、厚度、接头形式和焊接位置选择，过大或过小的焊接电流都会使焊接成形不良或产生焊接缺陷。如果已有直径大致合适的钨极，则焊接电流还应该在该直径的钨极许用电流范围内选择（表5-25）。

(2)钨极直径

钨极的直径可根据焊件厚度、焊接电流大小和电源极性进行选择。焊接时，当电流超过允许值时，钨极就会强烈地发热致使熔化和挥发，引起电弧不稳定和焊缝中产生夹钨等缺陷。铈钨极与钍钨极相比，其最大允许电流密度可增加5%～8%。

表 5-25　按电极直径推荐的电流范围　　　　　　　　　　　　(A)

电极直径 mm	直　流				交　流	
	电极为负(—)		电极为正(+)			
	纯钨	加入氧化物的钨	纯钨	加入氧化物的钨	纯钨	加入氧化物的钨
0.5	2～20	2～20	—	—	2～15	2～15
1.0	10～75	10～75	—	—	15～55	15～70
1.6	40～130	60～150	10～20	10～20	45～90	60～125
2.0	75～180	100～200	15～25	15～25	65～125	85～160
2.5	130～230	170～250	17～30	17～30	80～140	120～210
3.2	160～310	225～330	20～35	20～35	150～190	150～250
4.0	275～450	350～480	35～50	35～50	180～260	240～350
5.0	400～625	500～675	50～70	50～70	240～350	330～460
6.3	550～675	650～950	65～100	65～100	300～450	430～575
8.0	—	—	—	—	—	650～830
10	—	—	—	—	—	—

(3)电弧电压

电弧电压由电弧长度决定。弧长增大,电弧电压增高,焊道宽度增大,焊道厚度减小。电弧电压过高,不但未焊透并使氩气保护效果变差。因此,在不短路情况下,应尽量减小电弧长度。钨极氩弧焊的电弧电压一般约为 10～20V。

(4)焊接速度

焊接速度的选择主要根据工件厚度决定,并和焊接电流、预热温度等配合以保证获得所需的焊道厚度和宽度。焊接速度加快时,氩气流量要相应加大。焊接速度过大,保护气流会严重偏后,可能使钨极端部、弧柱、熔池暴露在空气中,从而使保护效果变差。

(5)喷嘴直径

增大喷嘴直径的同时,应增加气体流量,此时保护区扩大,保护效果好。但喷嘴直径过大时,不仅使氩气的消耗增加,而且对一些焊缝位置,可能使焊炬伸不进去,或妨碍焊工视线,不便于观察操作。因此,常用的喷嘴直径取 8～20mm 为宜。喷嘴直径也可按经验公式选择:

$$D=(2.5～3.5)d$$

式中　D——喷嘴直径(一般指内径),单位为 mm;

　　　d——钨极直径,单位为 mm。一般 d 偏大,系数取偏小一点。

(6)氩气流量

为了可靠地保护焊接区不受空气污染,必须有足够流量的保护气体。但不是氩气流量越大,保护效果越好。对于一定直径(孔径)的喷嘴,气体流量可按下列经验公式确定:

$$Q=(0.8～1.2)D$$

式中　Q——氩气流量,单位为 L/min;

　　　D——喷嘴直径,单位为 mm。

氩气的保护效果可以根据焊缝表面的色泽来判断,见表 5-26。

表 5-26 焊缝表面色泽与气体保护效果

材料	最好	良好	较好	不良	最坏
不锈钢	银白、金黄	蓝色	红灰	灰色	黑色
钛合金	亮银白色	橙黄色	蓝紫(带乳白色)	青灰色	有一层白色氧化钛粉

(7)喷嘴至工件表面的距离

喷嘴离焊件越远,则空气越容易沿焊件表面侵入熔池,保护气层也越会受到流动空气的影响而发生摆动,使气体保护效果降低。通常喷嘴至焊件间的距离取 5～15mm。

(8)钨极伸出长度

钨极端头至喷嘴端面的距离为钨极伸出长度。钨极伸出长度小,可使喷嘴至工件表面距离近,气体保护效果好。通常焊接对接焊缝时,钨极伸出长度 3～6mm 较好;焊接角接接头和T 形接头的角焊缝时,钨极伸出长度 7～8mm 较好。

影响氩气保护效果除了氩气纯度和上述有关工艺参数外,还有焊接接头形式。不同的接头形式会使气体产生不同的保护效果。如图 5-45 所示,在焊接区域设置临时性的挡板,以改进保护条件。

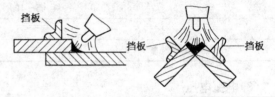

图 5-45 氩弧焊时的临时挡板

在焊接区域设置临时性的挡板,以改进保护条件,对于焊接质量要求较高的焊件,氩弧焊时,除正面受到氩气的保护外,在焊件反面也要进行保护,此时可另加附加装置。对于管子的对接焊缝,可以直接在管内通入氩气进行保护,如图 5-46a 所示;对于板状工件,可在焊件背面安放一充气罩,里面通入氩气进行保护,如图 5-46b 所示,充气罩在焊接过程中可和焊炬作同步移动。

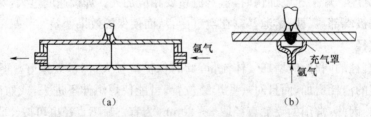

图 5-46 氩弧焊时的背面保护装置

(a)直接通入氩气进行保护 (b)利用充气罩通入氢气进行保护

3. 低碳钢、低合金钢手工钨极氩弧焊焊接规范(见表 5-27)

表 5-27 低碳钢、低合金钢手工钨极氩弧焊焊接规范

板 厚 (mm)	电流/A (直流正接)	钨极直径 (mm)	焊丝直径 (mm)	焊接速度 (mm/min)	气体流量 (L/min)
0.9	100	1.6	1.6	300～370	7～8
1.2	100～125	1.6	1.6	300～450	7～8
1.5	100～140	1.6	1.6	300～450	7～8
2.3	140～170	2.4	2.4	300～450	7～8
3.2	150～200	2.4	3.2	250～300	7～8

4. 不锈钢薄板手工钨极氩弧焊焊接规范（见表 5-28）

表 5-28　不锈钢薄板手工钨极氩弧焊焊接规范

板厚 (mm)	接头形式	钨极直径 (mm)	焊丝直径 (mm)	电流种类①	焊接电流 (A)	氩气流量 (L/min)	焊接速度 (cm/min)
1.0	对接	2	1.6	交流	35～75	3～4	15～55
1.0	对接	2	1.6	直流正接	7～28	3～4	12～47
1.2	对接	2	1.6	直流正接	15	3～4	25
1.5	对接	2	1.6	交流	8～31	3～4	13～52
1.5	对接	2	1.6	直流正接	5～19	3～4	8～32
1.0	搭接	2	1.6	交流	6～8	3～4	10～13
1.0	角接	2	—	交流	14	3～4	18
1.5	丁字接	2	1.6	交流	4～5	3～4	7～8

注：①仅在无直流钨极氩弧焊机的情况下采用交流。

5. 铝及铝合金手工钨极氩弧焊焊接规范（见表 5-29）

表 5-29　铝及铝合金手工钨极氩弧焊焊接规范

板厚 (mm)	坡口形式	焊接层数 (正面/反面)	钨极直径 (mm)	焊丝直径 (mm)	预热温度 (℃)	焊接电流 (A)	氩气流量 (L/min)	喷嘴孔径 (mm)
1	卷边	正1	2	1.6	—	45～60	7～9	8
1.5	卷边或 I形	正1	2	1.6～2.0	—	50～80	7～9	8
2	I形	正1	2～3	2～2.5	—	90～120	8～12	8～12
3		正1	3	2～3	—	150～180	8～12	8～12
4		1～2/1	4	3	—	180～200	10～15	8～12
5		1～2/1	4	3～4	—	180～240	10～15	10～12
6		1～2/1	5	4	—	240～280	16～20	14～16
8	V形 坡口	2/1	5	4～5	100	260～320	16～20	14～16
10		3～4/1～2	5	4～5	100～150	280～340	16～20	14～16
12		3～4/1～2	5～6	4～5	150～200	300～360	18～22	16～20
14		3～4/1～2	5～6	5～6	180～200	340～380	20～24	16～20
16		4～5/1～2	6	5～6	200～220	340～380	20～24	16～20
18		4～5/1～2	6	5～6	200～240	360～400	25～30	16～20
20	Y形 坡口	4～5/1～2	6	5～6	200～260	360～400	25～30	20～22
16～20	双Y形 坡口	2～3/2～3	6	5～6	200～260	200～380	25～30	16～20
22～25		3～4/3～4	6～7	5～6	200～260	360～400	30～35	20～22

注：对接、交流电源。

五、手工钨极氩弧焊基本操作技术

1. 焊前清理

对于手工钨极氩弧焊来说,焊前清理对焊接质量的影响显得更为重要。焊接时必须把填充金属丝、坡口表面及周围一定宽度范围内的油垢、污物及氧化膜等完全去除。清理方法:清除油垢,常用汽油、乙醇、丙酮等擦洗或用溶剂除油;清除氧化皮,可采用机械方法,如不锈钢等用砂纸打磨,对铝及其合金可用钢丝刷或用刮刀清除坡口表面及其附近两侧的氧化皮,再有,也可采用化学方法清除氧化皮;焊接钛合金零件时,为了减少氢脆的危险,提高焊缝塑性,必要时焊件和焊丝在焊前作真空退火。

2. 打底焊

(1)引弧

引弧的方法常用的有短路引弧、高频引弧、高压脉冲引弧等。

①短路引弧。即钨极与焊件瞬间短路,立即稍稍提起,在焊件和钨极之间产生电弧的方法。在操作上有摩擦引弧和点接触引弧之分。短路引弧法的缺点是:由于产生很大的短路电流,产生粘结,破坏了钨极端头的形状,有时会产生夹钨现象。一般钨极氩弧焊尽量不采用短路引弧,只有在焊接电流很小时通过引弧板采用这种引弧的方法。

②高频引弧。高频引弧是手工钨极氩弧焊广泛采用的引弧方法。高频引弧是利用高频引弧器把普通工频交流电转换为高频高压电,当钨极与焊件之间有 5mm 以下的间隙时即把氩气击穿电离,从而引燃电弧的方法。由于高频电流具有集肤效应,虽然电压很高,但对焊工较为安全,即使接触电极,也只会在表皮局部轻微烧伤。高频引弧的缺点是,高频高压电容易窜到焊接电源或控制系统中去,干扰或破坏元件的正常工作程序,乃至击穿元件。使用高频引弧器应注意:连接导线应尽可能短,以减少损失;在调整高频时,一定要切断电源,并使电容器放电;引弧后及时停止振荡器工作,以免影响焊工的健康。

③高压脉冲引弧。其引弧原理与高频引弧相同,但高压脉冲引弧器供给的电流是高压脉冲电流,对焊工的健康无影响。高压脉冲引弧的击穿间隙小于高频引弧。

(2)填丝焊接

手工钨极氩弧焊通常采用左焊法。运弧技术与焊条电弧焊不同,与气焊的焊炬运动相似,但要严格得多。焊接方向,直缝一般由右向左,环缝由下向上。焊炬以一定速度前移,其倾角与焊件表面呈 70°～85°,焊丝置于熔池前面或侧面与焊件表面呈 15°～20°,详见图5-47。

填丝时必须等母材熔化充分后才可填加,以免未熔透。焊丝应从熔池前沿送进,随后收回。回退动作不可太大,因为填充丝端头已呈熔化状态,若马上脱离氩气保护区时,熔化端头会氧化及吸收气体。熔丝端部待熔化一段后再提起,但不应提得过高,否则形成的熔滴自由落下,使焊缝成形不良;若填充丝触到钨极上,会使钨极粘上填充金属,则电弧会马上分散开来,破坏焊接过程。

打底焊时,采用较小的焊枪倾角和较小的焊接电流。焊丝送入要均匀,焊枪移动要平稳、速度一致,焊接时,要密切注意焊接熔池的变化,随时调节有关工艺参数,保证背面焊缝成形良好。当熔池增大、焊缝变宽并出现下凹时,说明熔池温度过高,应减小焊枪与焊件夹角,加快焊接速度;当熔池减小时,说明熔池温度过低,应增加焊枪与焊件夹角,减慢焊接速度。

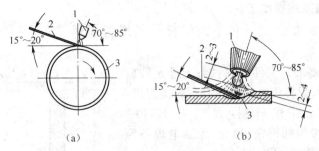

图 5-47 手工钨极氩弧焊时焊炬、焊丝的位置

1. 焊炬 2. 焊丝 3. 焊件

(a)管子 (b)平板

(3)接头

当更换焊丝或暂停焊接时,需要接头。这时松开焊枪上按钮开关并停止送丝,借焊机电流衰减熄弧,但焊枪仍需对准熔池进行保护,待其完全冷却后方能移开焊枪。若焊机无电流衰减功能,应在松开按钮开关后稍抬高焊枪,待电弧熄灭、熔池完全冷却后移开焊枪。进行接头前,应先检查接头熄弧处弧坑质量。如果无氧化物等缺陷,则可直接进行接头焊接。如果有缺陷,则必须将缺陷修磨掉,并将其前端打磨成斜面,然后在弧坑右侧 15~20mm 处引弧,缓慢向左移动,待弧坑处开始熔化形成熔池和熔孔后,继续填丝焊接。

(4)收弧

手工钨极氩弧焊的收弧方法常用的有增加焊速法、电流衰减法和采用收弧板。收弧不当会形成很大的弧坑,里面往往有缩孔,甚至会出现弧坑裂纹。

①增加焊速法。在焊接即将终止时,焊炬逐渐增加移动速度,减少填丝量,甚至不填充金属丝,使焊接熔池体积逐渐缩小,直到母材不再熔化时为止,但此方法要求焊工技术熟练。

②电流衰减法。在焊接终止时,停止填丝,使焊接电流逐渐减小,从而使熔池体积不断缩小,最后断电,这种方法最为可靠,是手工或机械化钨极氩弧焊常常采用的收弧方法。目前生产的交流氩弧焊机都有电流自动衰减装置。

③采用收弧板。即把收弧熔池引到与焊件相连的另一块板上,焊后再将收弧板去掉。

3. 填充焊、盖面焊和焊后清理检查

(1)填充焊

填充层焊接操作与打底层相同。焊接时焊枪可做圆弧"之"字形横向摆动,其幅度应稍大,并在坡口两侧停留,保证坡口两侧熔合好,焊道均匀。从工件右端开始焊接,注意熔池两侧熔合情况,保证焊缝表面平整,且稍下凹,填充层的焊道焊完后应比焊件表面低 1.0~1.5mm,以免坡口边缘熔化导致盖面层产生咬边或焊偏现象,焊完后将焊道表面清理干净。

(2)盖面焊

盖面层焊接操作与填充层基本相同,但要加大焊枪的摆动幅度,保证熔池两侧超过坡口边缘 0.5~1mm,并按焊缝余高决定填丝速度与焊接速度,尽可能保持焊缝速度均匀,熄弧时必须填满弧坑。

(3)焊后清理检查

焊接结束后,关闭焊机,用钢丝刷清理焊缝表面;用肉眼或低倍放大镜检查焊缝表面是否有气孔、裂纹、咬边等缺陷;用焊缝量尺测量焊缝外观成形尺寸。

六、手工钨极氩弧焊操作工艺

1. 小直径管垂直固定对接手工钨极氩弧焊打底焊

(1)焊前准备

①工件尺寸及要求。工件材料：20；工件及坡口尺寸如图 5-48 所示；焊接位置：垂直固定；焊接要求：单面焊双面成形；焊接材料：焊丝为 ER49-1（H08Mn2SiA），电极为铈钨极，填充、盖面电焊条为 E5015(J507)，氩气纯度为 99.99%。

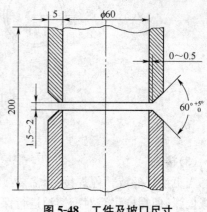

图 5-48　工件及坡口尺寸

②准备工作。选用 WS7-400 逆变式高频氩弧焊机或 ZX7-400st 逆变式直流焊条电弧焊/钨极氩弧焊两用焊机，采用直流正接。使用前，应检查焊机各处的接线是否正确、牢固、可靠，按要求调试好焊接参数。同时应检查氩弧焊系统水、气冷却有无堵塞、泄露，如发现故障应及时解决。同时应检查焊条质量，不合格者不能使用，焊接前焊条应严格按照规定的温度和时间进行烘干，而后放在保温筒内，随用随取。清除坡口及其正、反两面两侧 20mm 范围内和焊丝表面的油污、锈蚀，直至露出金属光泽，然后用丙酮进行清洗。准备好工作服、焊工手套、护脚、面罩、钢丝刷、锉刀、角向磨光机和焊缝量尺等。

③工件装配。装配间隙为 1.5～2.0mm。定位焊采用手工钨极氩弧焊一点定位，并保证该处间隙为 2mm，与它对称处间隙为 1.5mm。保持管道轴线垂直并加以固定，间隙小的一侧位于右边，定位焊缝长度为 10～15mm，将焊点接头端预先打磨成斜坡。采用与焊接工件相应型号焊接材料 ER49-1 进行定位焊。错边量≤0.5mm。

(2)焊接工艺参数（见表 5-30）

(3)手工钨极氩弧焊打底焊操作要点

按表 5-30 进行打底焊层的焊接。在右侧间隙最小处(1.5mm)引弧。先不加焊丝，待坡口根部熔化形成熔滴后，将焊丝轻轻地向熔池里送一下，同时向管内摆动，将液态金属送到坡口根部，以保证背面焊缝的高度。填充焊丝的同时，焊枪小幅度做横向摆动并向左均匀移动。在焊接过程中填充焊丝以往复运动方式间断地送入电弧内的熔池前方，在熔池前呈滴状加入。焊丝送进速度要均匀，不能时快时慢，这样才能保证焊缝成形美观。当焊工要移动位置、暂停焊接时，应按收弧要点操作。焊工再进行焊接时，焊前应将收弧处修磨成斜坡并清理干净，在斜坡上引弧，移至离接头约 10mm 处焊枪不动，当获得清晰的熔池后，即可添加焊丝、继续从右向左进行焊接。小径管道垂直固定打底焊，熔池的热量要集中在坡口下部，以防止上部坡口过热，母材熔化过多，产生咬边或焊缝背面下坠。

表 5-30　小直径管垂直固定对接焊接工艺参数

焊接方法与层次	焊接电流(A)	电弧电压(V)	氩气流量(L/min)	钨极直径(mm)	焊丝/条直径(mm)	钨极伸出长度(mm)	喷嘴直径(mm)	喷嘴至工件距离(mm)
氩弧焊打底(1层1道)	90～105	10～12	8～10	2.5	2.5	4～6	8～10	≤8
手工焊盖面(1层2道)	75～85	22～28	—	—	2.5	—	—	—

(4)焊后清理检查

焊接结束后,关闭焊机,用钢丝刷清理焊缝表面;用肉眼或低倍放大镜检查焊缝表面是否有气孔、裂纹、咬边等缺陷;用焊口检测尺测量焊缝外观成形尺寸。

2. 大直径、中厚壁管道水平固定对接钨极氩弧焊打底焊

(1)焊前准备

①工件尺寸及要求。工件材料:20;工件及坡口尺寸如图5-49所示;焊接位置:水平固定;焊接要求:单面焊双面成形;焊接材料:焊丝为ER49-1(H08Mn2SiA);电极为铈钨极;填充、盖面电焊条为E5015(J507)。

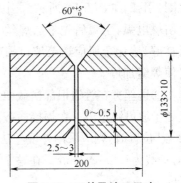

图5-49 工件及坡口尺寸

②准备工作。打底焊时,选用WS7-400逆变式高频氩弧焊机,采用直流正接,选用空冷式焊枪;盖面焊时,选用ZX7-400蚁逆变式直流焊条电弧焊/钨极氩弧焊两用焊机,采用直流反接(若使用该焊机打底,引弧应采用接触引弧),使用前,应检查焊机各处的接线是否正确、牢固、可靠;按要求调试好焊接工艺参数。同时应检查氩弧焊系统水、气冷却有无堵塞、泄露,如发现故障应及时解决。同时应检查焊条质量,不合格者不能使用,焊接前焊条应严格按照规定的温度和时间进行烘干,而后放在保温筒内随用随取。清除坡口及其正、反两面两侧20mm范围内和焊丝表面的油污、锈蚀,直至露出金属光泽,然后用丙酮进行清洗。准备好工作服、焊工手套、护脚、面罩、钢丝刷、锉刀、角向磨光机和焊口检测尺等。

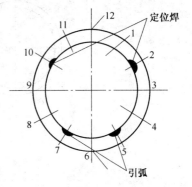

图5-50 定位焊、引弧处示意图

③工件装配。装配间隙为2.5~3mm。定位焊采用手工钨极氩弧焊两点定位,定位焊缝长度为10~15nun。定位焊位置分别位于管道横截面上相当于"时钟2点"和"时钟10点"位置,如图5-50所示。焊点接头端预先打磨成斜坡,工件装配最小间隙应位于截面上"时钟6点"位置,将工件固定于水平位置。错边量≤1.0mm。

(2)焊接工艺参数(见表5-31)

表5-31 大直径、中厚壁管道水平固定对接焊接工艺参数

焊接方法与层次	焊接电流(A)	电弧电压(V)	氩气流量(L/min)	钨极直径(mm)	焊丝/条直径(mm)	钨极伸出长度(mm)	喷嘴直径(mm)	喷嘴至工件距离(mm)
氩弧焊打底(1层)	105~120	10~13	8~10	2.5	2.5	4~6	8~10	≤10
焊条电弧焊填充(2层)	95~105	22~28	—	—	3.2	—	—	—
焊条电弧焊盖面(3层)	105~120	22~28	—	—	3.2	—	—	—

(3)手工钨极氩弧焊打底焊操作要点

焊缝分左右两个半圈进行,在仰焊位置起焊,平焊位置收弧,每个半圈都存在仰、立、平三个不同位置。

①引弧。在管道横截面上相当于"时钟 5 点"位置(焊右半圈)和"时钟 7 点"位置(焊左半圈)引弧,如图 5-50 所示。引弧时,钨极端部应离开坡口面约 1～2mm,利用高频引弧装置引燃电弧;引弧后先不加焊丝,待根部钝边熔化形成熔池后,即可填丝焊接。为使背面成形良好,熔化金属应送至坡口根部。为防止始焊处产生裂纹,始焊速度应稍慢并多填焊丝,以使焊缝加厚。

②送丝。在管道根部横截面上相当于"时钟 4 点"至"时钟 8 点"位置采用内填丝法,即焊丝处于坡口钝边内。在焊接横截面上相当于"时钟 4 点"至"时钟 12 点"或"时钟 8 点"至"时钟 12 点"位置时,则应采用外填丝法(图 5-51a、b)。若全部采用外填丝法,则坡口间隙应适当减小,一般为 1.5～2.5mm。在整个施焊过程中,应保持等速送丝,焊丝端部始终处于氩气保护区内。

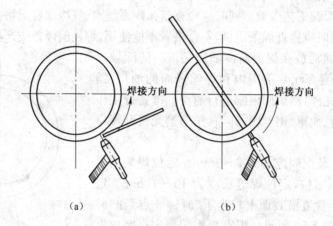

（a）　　　　　　　　　　　（b）

图 5-51　两种不同填丝方法

(a)外填丝法　(b)内填丝法

③焊枪、焊丝与管的相对位置。钨极与管子轴线成 90°,焊丝沿管子切线方向,与钨极成约 100°～110°,如图 5-51a 所示。当焊至横截面上相当于"时钟 10 点"至"时钟 2 点"的斜平焊位置时,焊枪略后倾。此时焊丝与钨极成 100°～120°。

④焊接。引燃电弧、控制电弧长度为 2～3mm。此时,焊枪暂留在引弧处,待两侧钝边开始熔化时立刻送丝,使填充金属与钝边完全熔化形成明亮清晰的熔池后,焊枪匀速上移。伴随连续送丝,焊枪同时做小幅度锯齿形横向摆动。仰焊部位送丝时,应有意识地将焊丝往根部"推",使管壁内部的熔池成形饱满,以避免根部凹坑。当焊至平焊位置时,焊枪略向后倾,焊接速度加快,以避免熔池温度过高而下坠。若熔池过大,可利用电流衰减功能,适当降低熔池温度,以避免仰焊位置出现凹坑或其他位置出现凸出。

⑤接头。若施焊过程中断或更换焊丝时,应先将收弧处焊缝打磨成斜坡状,在斜坡后约 10mm 处重新引弧,电弧移至斜坡内时稍加焊丝,当焊至斜坡端部出现熔孔后,立即送丝并转

入正常焊接。焊至定位焊缝斜坡处接头时,电弧稍作停留,暂缓送丝,待熔池与斜坡端部完全熔化后再送丝。同时,焊枪应做小幅度摆动,使接头部位充分熔合,形成平整的接头。

⑥收弧。收弧时,应向熔池送入 2～3 滴填充金属使熔池饱满,同时将熔池逐步过渡到坡口侧,然后切断控制开关,电流衰减熔池温度逐渐降低,熔池由大变小,形成椭圆形。电弧熄灭后,应延长对收弧处氩气保护,以避免氧化,出现弧坑裂纹及缩孔。

前半圈焊先后,应将仰焊起弧处焊缝端部修磨成斜坡状。后半圈施焊时,仰焊部位的接头方法与上述接头焊相同,其余部位焊接方法与前半圈相同。当焊至横截面上相当于"时钟12 点"位置收弧时,应与前半圈焊缝重叠 5～10mm,如图 5-52 所示。

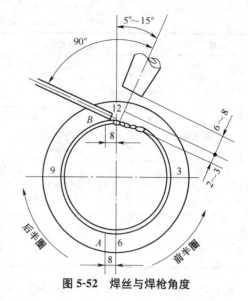

图 5-52　焊丝与焊枪角度

第三节　熔化极惰性气体保护焊

熔化极惰性气体保护焊(MIG 焊)是使用溶化电极的惰性气体保护焊,是熔化极气体保护焊(英文简称为 GMAW)的一种方法。熔化极惰性气体保护焊与钨极氩弧焊相比较,提高了焊接生产率,可以焊接中板和厚板,这种焊接方法除应用于铝、铜、钛等有色金属材料的焊接外,还应用于不锈钢等钢材的焊接。

一、熔化极惰性气体保护焊特点及保护气体的分类

1. 熔化极惰性气体保护焊特点

熔化极惰性气体保护焊由于焊丝外表没有涂料(药皮)层,电流可大大提高,因而具有母材熔深大,焊丝熔化速度快、熔敷率高的特点。

熔化极惰性气体保护焊通常采用的熔滴过渡类型为滴状过渡、短路过渡和喷射过渡。滴状过渡使用的电流较小,熔粒直径比焊丝直径大,飞溅较大,焊接过程不稳定,在生产中很少采用。短路过渡电弧间隙小,电弧电压也较低,电弧功率比较小,通常仅用于薄板焊接。生产中应用最广泛的是喷射过渡。对于一定的焊丝直径和保护气体,当电流增大到临界电流值时,熔滴过渡形式即由滴状过渡转变为喷射过渡。不同材料和不同直径的焊丝的临界电流值见表 5-32。

表 5-32　不同材料和不同直径的焊丝由滴状过渡转变为喷射过渡临界电流值

材　料	焊丝直径(mm)	保护气体	最低临界电流(A)
低碳钢	0.80	98%Ar+2%O_2	150
	0.90		165
	1.20		220
	1.60		275
不锈钢	0.90	99%Ar+1%O_2	170
	1.20		225
	1.60		285

续表 5-32

材　料	焊丝直径(mm)	保护气体	最低临界电流(A)
铝	0.80 1.20 1.60	Ar	95 135 180
脱氧铜	0.90 1.20 1.60	Ar	180 210 310
硅青铜	0.90 1.20 1.60	Ar	165 205 270
钛	0.80 1.60 2.40		120 225 320

　　熔化极氩弧焊直流反接时,只要焊接电流大于临界电流。就会出现喷射过渡。因此,熔化极氩弧焊生产上都采用直流反接。

　　采用喷射过渡焊接时,焊缝易出现深而窄的指状熔深,使两侧面熔透不良,出现气孔和裂纹等缺陷。对于铝及其合金的焊接通常采用喷射和短路相混合的过渡形式,也称为亚射流过渡。亚射流过渡的特点是弧长较短、电弧电压较低,电弧略带轻微爆破声,焊丝端部的熔滴长大到大约等于焊丝直径时便沿电弧的轴线方向一滴一滴过渡到熔池,同时间有瞬时短路发生。采用亚射流过渡焊接铝合金时,电弧的固有自调节作用特别强,当弧长受外界干扰发生变化时,焊丝的熔化速度发生相应变化,促使弧长向消除干扰的方向变化,可以迅速恢复到原来的长度。再者,采用亚射流过渡焊接时,阴极雾化区大,熔池的保护效果好,焊缝成形好,焊接缺陷较少。在相同条件下,亚射流过渡与射流过渡相比,焊丝的熔化系数显著提高。

　　熔化极气体保护焊时,由于电流密度较大,易产生较强的等离子流,容易将保护气体层破坏而卷入空气,破坏保护效果,在大电流熔化极惰性气体保护焊时尤为严重。因此,熔化极气体保护焊有时可以采用双层气体保护可以得到更好的效果。如图 5-53 所示,使保护气体分为内、外层流入保护区,一般内层气体流量为外层气体流量的 1～2 倍时可以得到较好的效果。

　　为了节约价格较高的氩气,可采用内层氩气保护电弧区,外层二氧化碳(CO_2)气体保护熔池,大幅度降低焊接成本。

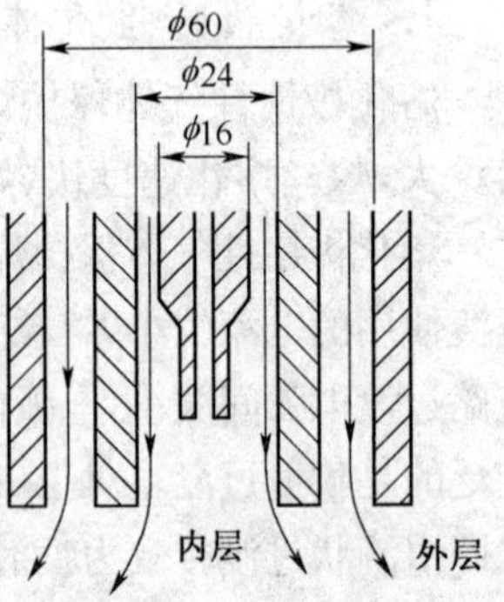

　　2. 熔化极惰性气体保护焊的保护气体的分类

　　熔化极惰性气体保护焊通常采用惰性气体氩（Ar）、氦（He）或它们的混合气体作为焊接区的保护气体。在氩气中,电弧电压和能量密度较低,电弧燃烧稳定,飞溅极小,适于焊接导热率低的薄板金属材料。氦气保护的电弧温度和能量密度高,焊接效率高,适于焊接中厚板和导热率高的金属材料。但由于氦气价格昂贵,单独采用氦气保护时成本较高。以氩气为主要气体,混合进一定数量的氦气后即可获得兼有两者优点的混合气体。

　　在焊接碳钢和低合金钢、不锈钢和高强度钢时,以氩气为主要气体混合进一定量的 CO_2

图 5-53　双层气流保护示意图

气体和微量的氧气,使保护气体具有氧化性,可以克服纯氩气保护焊接时存在的液体金属黏度大、表面张力大、易产生气孔、咬边和电弧不稳定等问题。

由于氢气(H_2)是还原性气体,在一定条件下可以使某些金属氧化物或氮化物还原,可以与氩气混合来焊接镍及其合金,抑制和清除镍焊缝中的 CO 气孔。

焊接不锈钢和银材料时,可采用加入一定量的氢气的氩气和氢气的混合气体。但在氩气与氢气的混合气体中,氢气(H_2)的含量必须低于 6%,否则会导致氢气孔的产生。

在焊接铜及其合金中,可以采用氮气(N_2)或氩气(Ar)与氮气(N_2)的混合气体作为保护气体。

二、不锈钢的熔化极惰性气体保护焊

1. 不锈钢的熔化极惰性气体保护焊的焊接方法

不锈钢的熔化极惰性气体保护焊,一般可采用直流反接短路过渡和喷射过渡焊,也可以选用脉冲熔化极气体保护焊。短路过渡适用于焊丝直径为 0.8mm,保护气体为 $Ar+O_2$ 1%~5%或 $Ar+CO_2$ 5%~25%,喷射过渡适用于焊丝直径≥1mm,保护气体为 $Ar+O_2$ 1%~2%或 $Ar+CO_2$ 5%~10%。

气体保护焊用不锈钢焊丝的牌号在不锈钢牌号的前面放置"H"表示,见《焊接用不锈钢丝》(YB/T 5092—2005)。

2. 不锈钢熔化极惰性气体保护焊短路过渡焊接工艺参数(见表 5-33)

表 5-33 不锈钢熔化极惰性气体保护焊短路过渡焊接工艺参数

板厚(mm)	接头形式	焊丝直径(mm)	焊接电流(A)	电弧电压(V)	焊接速度(cm/min)	送丝速度(cm/min)	气体流量(L/min)
1.6		0.8	85	15	42.5~47.5	460	15
2.0		0.8	90	15	32.5~37.5	480	15
1.6		0.8	85	15	37.5~52.5	460	15
2.0		0.8	90	15	28.5~31.5	480	15

3. 不锈钢熔化极惰性气体保护焊喷射过渡焊接工艺参数(见表 5-34)

表 5-34 不锈钢熔化极惰性气体保护焊喷射过渡焊接工艺参数

板厚(mm)	坡口尺寸(mm)	层次	焊接位置	焊丝直径(mm)	焊接电流(A)	电弧电压(V)	焊接速度(cm/min)	送丝速度(cm/min)	氩气流量(L/min)	备注
3	0~2	1	水平立	1.6	200~240 180~220	22~25 22~25	40~55 35~50	350~450 300~400	14~18	永久垫板
6	0~2	12 (1:1)[①]	水平立	1.6	220~260 200~240	23~26 22~25	30~50 25~45	400~500 350~450	14~18	—
12	0~2	5(4:1) 6(5:1)	水平立	1.6	240~280 220~260	24~27 23~26	20~35 20~40	450~650 400~500	14~18	—

续表 5-34

板厚 (mm)	坡口尺寸 (mm)	层次	焊接 位置	焊丝直径 (mm)	焊接电流 (A)	电弧电压 (V)	焊接速度 (cm/min)	送丝速度 (cm/min)	氩气流量 (L/min)	备注
22	0~1 2/3 1/3	11(7:4) 14(10:4)	水平 立	1.6	240~280 200~240	24~27 22~25	20~35 20~40	450~650 350~450	14~18	—
38	2~3 0~2	18(9:9) 22(11:11)	水平 立	1.6	280~340 240~300	26~30 24~28	15~30 15~30	500~700 450~700	18~22	—

注：①括弧内数字说明双面焊时每面的层数。

4. 不锈钢脉冲熔化极惰性气体保护焊焊接工艺参数（见表 5-35）

表 5-35　不锈钢脉冲熔化极惰性气体保护焊焊接工艺参数

板厚 (mm)	坡口形式	焊接位置	焊丝直径 (mm)	脉冲电流 (A)	焊接电流平均值 (A)	电弧电压 (V)	焊接速度 (cm/min)	气体流量 (L/min)
1.6	I形	水平	1.2	120	65	22	60	20
1.6	I形	横	1.2	120	65	22	60	20
1.6	90°V形	立	0.8	80	30	20	60	20
1.6	I形	仰	1.2	120	65	22	70	20
3.0	I形	水平	1.2	200	70	25	60	20
3.0	I形	横	1.2	200	70	24	60	20
3.0	90°V形	立	1.2	120	50	21	60	20
3.0	I形	仰	1.6	200	70	24	65	20
6.0	60°V形	水平	1.6	200	70	24	36	20
	60°V形	横	1.6	200 180	70 70	23 24	45 45	20 20
	60°V形	立	1.2	180 90	70 50	23 19	6 1.5	20 20
	60°V形	仰	1.2	180 120	70 60	23 20	6 2	20 20

注：保护气体为 Ar+1%O_2。

三、铝及铝合金的熔化极惰性气体保护焊

由于铝及铝合金的焊接熔池对空气的侵入特别敏感，只能采用纯惰性气体保护，而且要严格要求其纯度符合规定，同时要采用保护效果好的焊枪。对于质量要求较高的产品，还需要采取焊缝背面的保护措施。由于铝焊丝一般较软，应选用双主动的送丝轮机构的铝焊丝专用送丝机。气体保护焊用铝焊丝见表 2-19。

1. 铝及铝合金的熔化极惰性气体保护焊的焊接方法

铝及铝合金熔化极气体保护焊的焊接方法可分为短路过渡焊接、喷射过渡或亚喷射过渡焊接、脉冲焊接和大电流焊接四种方法，保护气体为氩气。对于大电流焊接当使用外喷嘴时为纯氩气，当使用内喷嘴时为 Ar50%+He50%。

短路过渡焊接适用于厚度为 1~2mm 的薄板的对接、搭接、角接及卷边接头的焊接，焊丝直径为 0.8~1.0mm，采用带有拉丝式送丝装置的焊枪。

当焊接电流超过临界电流时可实现喷射过渡,采用喷射与短路混合过渡(亚喷射过渡)可以获得更好的焊接质量和更高的焊接效率。喷射过渡或亚喷射过渡适用于焊接板厚≤25mm的铝及铝合金焊件。采用亚喷射过渡可以采用平特性电源,也可以采用陡降特性电源。

脉冲焊接可以使用比临界电流小的平均电流值得到稳定的喷射过渡。可以实现一个脉冲过渡一个熔滴,从而得到稳定的焊接过程,容易进行立焊和仰焊,减少焊缝中的气孔,使焊接接头性能提高。

大电流熔化极惰性气体保护焊适用于焊接板厚≥20mm的铝及铝合金厚件,焊丝直径采用3.2～5.6mm,电流范围为100～500A。工件厚度在25～75mm范围可采用两面各焊一道的方法获得非常满意的焊接接头。为实现可靠的保护,需要采用大直径的喷嘴,最好采用Ar50%＋He50%的混合保护气体。

2. 铝及铝合金的熔化极惰性气体保护焊短路过渡焊接工艺参数(见表5-36)

表5-36　铝及铝合金的熔化极惰性气体保护焊短路过渡焊接工艺参数

板厚 (mm)	接头形式 (mm)	焊接次数	焊接位置	焊丝直径 (mm)	焊接电流 (A)	电弧电压 (V)	焊接速度 (cm/min)	送丝速度 (cm/min)	氩气流量 (L/min)
2	0～0.5	1	全	0.8	70～85	14～15	40～60	—	15
		1	平	1.2	110～120	17～18	120～140	590～620	15～18
1	0～2	1	全	0.8	40	14～15	50	—	14
2		1	全	0.8	70 80～90	14～15 17～18	30～40 80～90	950～1050	10 14

3. 铝及铝合金熔化极惰性气体保护焊喷射过渡或亚喷射过渡焊接工艺参数(见表5-37)

表5-37　铝及铝合金的熔化极惰性气体保护焊喷射过渡或亚喷射过渡焊接工艺参数

板厚 (mm)	坡口尺寸 (mm)	焊道顺序	焊接位置	焊丝直径 (mm)	电流 (A)	电压 (V)	焊速 (cm/min)	送丝速度 (cm/min)	氩气流量 (L/min)	备注
6	0～2 $\alpha=60°$	1 1 2(背)	水平横、立、仰	1.6	200～250 170～190	24～27 (22～26)① 23～26 (21～25)	40～50 60～70	590～770 (640～790) 500～560 (580～620)	20～24	使用垫板
8	$c=0～2$ $\alpha=60°$	1 2 1 2 3～4	水平横、立、仰	1.6	240～290 190～210	25～28 (23～27) 24～28 (22～23)	45～60 60～70	730～890 (750～1000) 560～630 (620～650)	20～24	使用垫板。仰焊时增加焊道数

续表 5-37

板厚 (mm)	坡口尺寸 (mm)	焊道顺序	焊接位置	焊丝直径 (mm)	电流 (A)	电压 (V)	焊速 (cm/min)	送丝速度 (cm/min)	氩气流量 (L/min)	备注
12	α_1 / 2 / 3（背）/ 2~3 / c / α_2 $c=1\sim3$ $\alpha_1=60°\sim90°$ $\alpha_2=60°\sim90°$	1 2 3（背） 1 2 3 1~8（背）	水平横、立、仰	1.6 或 2.4 1.6	230~300 190~230	25~28 (23~27) 24~28 (22~24)	40~70 30~45	700~930 (750~1000) 310~410 560~700 (620~750)	20~28 20~23	仰焊时增加焊道数
16	α_1 / 3 / 2 / 4 / 2~3 / c / α_2 $c=1\sim3$ $\alpha_1=90°$ $\alpha_2=90°$	4道 4道 10~12道	水平横、立、仰	2.4 1.6 1.6	310~350 220~250 230~250	26~30 25~28 (23~25) 25~28 (23~25)	30~40 15~30 40~50	430~480 660~770 (700~790) 700~770 (720~790)	24~30	焊道数可适当增加或减少，正反两面交替焊接，以减少变形
25	α_1 / 6 / 3 / 7 / 1 / 4 / 5 / α_2 $c=2\sim3$（7道时） $\alpha_1=90°$ $\alpha_2=90°$	6~7道 6道 约15道	水平横、立、仰	2.4 1.6 1.6	310~350 220~250 240~270	26~30 25~28 (23~25) 25~28 (23~26)	40~60 15~30 40~50	430~480 660~770 (700~790) 730~830 (760~860)	24~30	焊道数可适当增加或减少，正反两面交替焊接，以减少变形

注：括号内所给值均为亚喷射过渡的数据。

4. 铝及铝合金脉冲熔化极惰性气体保护焊焊接工艺参数（见表 5-38）

表 5-38　铝及铝合金脉冲熔化极惰性气体保护焊焊接工艺参数

板厚 (mm)	接头形式	焊接位置	焊丝直径 (mm)	焊接电流 (A)	电弧电压 (V)	焊接速度 (cm/min)	气体流量 (L/min)
3	0~0.5	水平 横 立（下向） 仰	1.4~1.6 1.4~1.6 1.4~1.6 1.4~1.6	70~100 70~100 60~80 60~80	18~20 18~20 17~18 17~18	21~24 21~24 21~24 18~21	8~9 13~15 8~9 8~10
4~6		水平 立（上向） 仰	1.6~2.0 1.6~2.0 1.6~2.0	180~200 150~180 120~180	22~23 21~22 20~22	14~20 12~18 12~18	10~12 10~12 8~12
14~25		立（上向） 仰	2.0~2.5 2.0~2.5	220~230 240~300	21~24 23~24	6~15 6~12	12~25 14~26

5. 铝及铝合金大电流熔化极惰性气体保护焊焊接工艺参数(见表 5-39)

表 5-39 铝及铝合金大电流熔化极惰性气体保护焊焊接工艺参数

板厚 (mm)	接头形式	坡口尺寸 θ (°)	坡口尺寸 a (mm)	坡口尺寸 b (mm)	层数	焊丝直径 (mm)	焊接电流 (A)	电弧电压 (V)	焊接速度 (cm/min)	气体流量 (L/min)	保护气体[①]
25		90	—	5	2	3.2	480~530	29~30	30	100	Ar
25		90	—	5	2	4.0	560~610	35~36	30	100	Ar+He
38		90	—	10	2	4.0	630~660	30~31	25	100	Ar
45		60	—	13	2	4.8	780~800	37~38	25	150	Ar+He
50		90	—	15	2	4.0	700~730	32~33	15	150	Ar
60		60	—	19	2	4.8	820~850	38~40	20	180	Ar+He
50		60	30	9	2	4.8	760~780	37~38	20	150	Ar+He
60		80	40	12	2	5.6	940~960	41~42	18	180	Ar+He

注:①Ar+He:内喷嘴 50%Ar+50%He;外喷嘴 100%Ar。

四、铜及铜合金的熔化极惰性气体保护焊

1. 铜及铜合金的熔化极惰性气体保护焊的焊接方法

铜及铜合金采用喷射过渡熔化极惰性气体保护焊、脉冲熔化极惰性气体保护焊进行焊接。厚度≥12mm 的铜及铜合金,都采用熔化极氩弧焊焊接。铜及其合金厚板可采用大电流熔化极气体保护焊。

铜及铜合金熔化极惰性气体保护焊的过程中,熔滴过渡形式与焊接电流密度有很大的关系。在氩气保护焊的过程中,当焊接电流增加时,熔滴会由短路过渡形式转变为喷射过渡,只有达到喷射过渡才会获得最稳定的电弧和最良好的焊缝成形。不同成分的焊丝进入喷射过渡的近似条件见表 5-40。

表 5-40 不同成分的焊丝进入喷射过渡的近似条件

焊丝材料	焊丝直径 (mm)	送丝速度 (m/min)	电弧电压 (V)	最小焊接电流 (A)	最小电流密度 (A/mm²)
锡青铜 HSCuSn	1.6	4.18	27	270	134
铝青铜 HSCuAl	0.8	7.5	25	160	260
	1.2	6.6	25	210	203
	1.6	4.7	26	280	139
硅青铜 HSCuSi	0.8	10.7	24	165	268
	1.2	7.5	26~27	205	199
	1.6	4.82	27~28	270	134
白铜 HSCuNi	1.6	4.45	26	280	139

为防止黄铜中锌元素的蒸发引起焊工中毒,在焊接过程中应尽量采用低电压和小电流。

对于铝青铜、镍白铜、硅青铜等流动性较差的铜合金,应采用细丝熔化极氩弧焊,并使焊缝处于立焊或仰焊位置。

由于搭接、角接及丁字接头使散热速度增加,所以,铜结构的主要接头形式是对接。为了防止铜液从焊缝背面流失,并获得背面成形良好的焊缝,焊接时可在工件背面加铜垫板,石墨垫板等加以承托。此外,焊前应去除工件和填充金属表面的杂质、水分、油和氧化膜,通常还需要将工件预热到300℃以上。

铜及铜合金气体保护焊用焊丝见表2-18。

2. 铜及铜合金熔化极惰性气体保护焊喷射过渡焊接工艺参数(见表 5-41)

表 5-41　铜及铜合金熔化极惰性气体保护焊喷射过渡焊接工艺参数

板厚 (mm)	坡口尺寸 (mm)	焊丝直径 (mm)	层数	预热温度 (℃)	焊接电流 (A)	焊接速度 (cm/min)	送丝速度 (cm/min)	保护气体	气体流量 (L/min)
≤4.8	0~0.5	1.2	1~2	38~93	180~250	35~50	450~787	Ar	15
6.4	80°~90° 1.6~2.4	1.6	1~2	93	250~325	24~45	375~525	3:1 He:Ar	23
12.5	80°~90° 2.4~3.2 2.4~3.2	1.6	2~4	316	330~400	20~35	525~675	3:1 He:Ar	23
≥16	90° 1/4R 3.2 间隙=0	1.6	—	472	330~400	15~30	525~675	3:1 He:Ar	23
		2.4	—	472	500~600	20~35	375~475	3:1 He:Ar	30

3. 铜及铜合金大电流熔化极惰性气体保护焊焊接工艺参数(见表 5-42)

表 5-42　铜及铜合金大电流熔化极惰性气体保护焊焊接工艺参数

板厚 (mm)	坡口尺寸 熔化区形状	层次	焊丝直径 (mm)	焊接电流 (A)	电弧电压 (V)	焊接速度 (cm/min)
15	60° R4 8 7 15	1	4.0	850	36	24
19	60° R4 12 7 19 G=2.5	1	4.8	900	33	30
		2		900	37	30

续表 5-42

板厚 (mm)	坡口尺寸 熔化区形状	层次	焊丝直径 (mm)	焊接电流 (A)	电弧电压 (V)	焊接速度 (cm/min)
25		1	4.8	1000	33	27
		2		1000	37	20

注：保护气体，内侧 75% He+25% Ar，外侧 100% Ar；衬垫材料为玻璃丝板；预热温度为室温；焊丝为脱氧铜。

五、钛及钛合金的熔化极惰性气体保护焊

氩弧焊是钛及钛合金在焊接生产中应用最广泛的焊接方法。通常厚度≤3mm 的薄板，采用钨极氩弧焊，厚度>3mm 的板材多采用熔化极氩弧焊。

1. 钛及钛合金的熔化极惰性气体保护焊焊接方法

钛及钛合金的熔化极惰性气体保护焊应选择能量集中的喷射过渡熔化极气体保护焊或脉冲熔化极惰性气体保护焊直流反接进行焊接。为了保证焊接质量，焊前应仔细清除母材和焊丝表面的杂质，采用高纯度氩气（纯度≥99.99%）；正确选择焊丝和焊接工艺参数（其他参数合适时尤其应当注意焊接速度）及必要的焊接热处理；加强保护措施，对于 400℃ 以上的熔池后方的焊缝及热影响区，在焊缝背面均应采取相应的保护措施。钛及钛合金的最佳焊接冷却速度范围见表 5-43。

表 5-43　钛及钛合金的最佳焊接冷却速度范围

名　称	工业纯钛	TC1	TC4	TA7
冷却速度(℃/s)	10～200	12～150	2～40	10～200

2. 钛及钛合金熔化极惰性气体保护焊的焊接工艺参数（见表 5-44）

表 5-44　钛及钛合金熔化极惰性气体保护焊的焊接工艺参数

板厚(mm)	3	6	12	15
焊丝直径(mm)	1.6			
焊接电流(A)	250～260	300～320	340～360	350～390
电弧电压(V)	20	24～26	40	45
送丝速度(mm/min)	550～650	750～800	950～1000	1000～1100
焊接速度(mm/min)	380	380	380	380
喷嘴内径(mm)	20～25			
焊枪氩气流量(L/min)	40～45			
拖斗氩气流量(L/min)	23	28		
衬垫氩气流量(L/min)	15	23	28	28
衬垫材料	铜			
衬槽尺寸(mm)(宽×深)	10×1.5	13×2	15×3	15×3
电源极性	直流反接			

第六章 埋 弧 焊

埋弧焊是电弧在焊剂层下燃烧进行焊接的方法。埋弧焊的电弧是在一层颗粒状的可熔化焊剂覆盖下燃烧，电弧不外露，所用的金属电极是不间断送进的裸焊丝。埋弧焊分为机械化埋弧焊和半机械化埋弧焊。半机械化埋弧焊，焊丝行走靠手工操作，生产效率低。机械化埋弧焊的送丝、行走完全由机械装置完成，是一种生产效率较高的机械化焊接方法，应用普遍。

第一节 埋弧焊的工作原理、特点和应用

一、埋弧焊的工作原理

埋弧焊的工作原理见图 6-1。焊接时，在焊接部位覆盖着一层颗粒状的焊剂。焊剂在常温下不导电，在开始引弧时作为电极的焊丝与工件接触，通电后短路，焊丝反抽后形成电弧。电弧的辐射热使焊丝末端周围的焊剂熔化，形成液态熔渣，部分焊剂分解、蒸发成气体，气体排开熔渣，使熔渣在电弧周围形成一个封闭的空腔。电弧在空腔中稳定燃烧，并与外界空气隔绝。

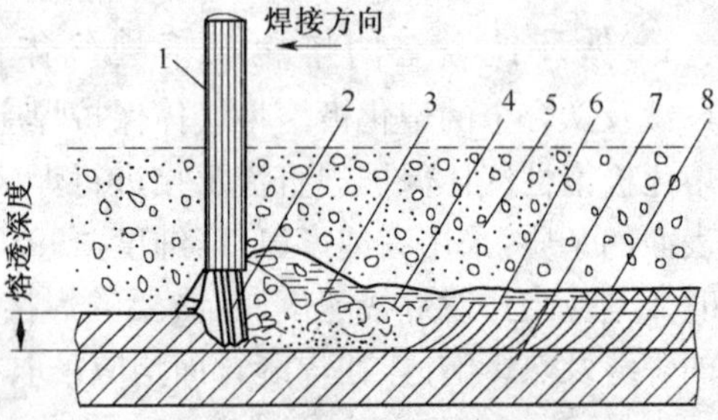

图 6-1 埋弧焊过程示意图

1. 焊丝 2. 电弧 3. 金属熔池 4. 熔渣
5. 焊剂 6. 焊缝 7. 焊件 8. 渣壳

连续进入电弧的焊丝以熔滴状态过渡，与焊件被熔化的液态金属混合形成焊接熔池。在埋弧焊的过程中，由于金属熔池上覆盖着液态溶渣，熔渣外层是未熔化的焊剂，共同保护着金属熔池和电弧区。熔渣能部分地脱除熔池金属中的氧和硫、磷等有害杂质，并能调节熔化金属的成分。随着电弧向前移动，熔池金属凝固成焊缝，液态熔渣也接着在焊缝表面凝固成一层渣壳，去除渣壳后就能得到一个具有良好力学性能、外表光滑平整的纯净的焊缝。

二、埋弧焊的特点

(1)埋弧焊的优点

与焊条电弧焊相比，埋弧焊有以下优点：

①生产率高。单丝埋弧焊在工件为 I 形坡口的情况下，双面焊可熔透 20mm。以厚度 8～10mm 的钢板对接为例，单丝埋弧焊速度可达到 50～80cm/min，而焊条电弧焊则仅为 10～13cm/min。特别是双丝或多丝以及带状电极的采用，更加提高了埋弧焊的生产率。

②焊缝质量好且稳定，焊缝表面美观。焊缝的质量主要取决于焊机调整的优劣，以及焊件、焊接材料的质量，埋弧焊在正确的焊接工艺参数下，可以获得化学成分均匀、表面平整美观的优质焊缝。

③节省焊接材料和电能。

④工人劳动条件得到改善。机械化的焊接使工人劳动强度减轻。由于电弧在焊剂层下燃

烧,消除了弧光、飞溅及烟尘对焊工的危害。

⑤对焊工的操作技术要求较低。

(2)埋弧自动焊的缺点

①焊接设备较复杂,设备投资较大。

②只适用于平焊和平角焊。

③对坡口精度、组装间隙等要求较严格。

④只适合于焊接长焊缝、较厚的板材,不适合于焊接厚度小于 1mm 的薄板。

三、埋弧焊的应用范围

由于埋弧焊的焊剂的主要成分是氧化锰(MnO)、二氧化硅(SiO_2)等氧化性较强的金属和非金属氧化物,因而很难用于焊接铝及铝合金、钛及钛合金,主要用于焊接钢材。机械化埋弧焊主要用于中厚板的平焊和平角焊、有规则的长焊缝,适用于焊接低碳钢、低合金钢、不锈钢和纯铜等。

第二节 埋弧焊焊接工艺

一、埋弧焊焊接工艺参数

机械化埋弧焊最主要的焊接工艺参数有焊接电流、电弧电压、焊接速度、焊丝直径、电流种类和极性,其次是焊丝伸出长度、焊剂粒度和焊剂层厚度、上坡焊或下坡焊的倾角等。

1. 焊接电流

对于同一直径的焊丝来说,熔深与焊接电流成正比,焊接电流对熔池宽度的影响较小。若焊接电流过大,容易产生咬边和成形不良,使热影响区增大,甚至造成烧穿;若焊接电流过小,使熔深减小,容易产生未焊透,而且电弧的稳定性也差。焊接电流值主要取决于焊丝直径(表6-1)。

表 6-1 埋弧焊焊接电流值的选择

焊丝直径(mm)	2	3	4	5	6
焊接电流(A)	200～400	350～600	500～800	700～1000	1000～1200

2. 电弧电压

电弧电压与电弧长度成正比。电压增高,弧长增加,熔宽增大,同时焊缝余高和熔深略有减小,使焊缝变得平坦。电弧电压增大后,焊剂熔化量增多。若随着焊接电流的增加,而电弧电压不随之增加,易出现截面呈蘑菇状的焊缝,严重时在焊缝表面会产生焊瘤,这主要是由于熔宽太小造成的。所以,随着焊接电流的增加,电弧电压也要适当增加,两者之间的配合关系见表6-2。

表 6-2 埋弧焊焊接电流与电弧电压的关系

焊接电流(A)	520～600	600～700	700～850	850～1000	1000～1200
电弧电压(V)	34～36	36～38	38～40	40～42	42～44

3. 焊接速度

焊接速度对熔宽和熔深有明显的影响。当焊接速度较低时,焊接速度的变化对熔深影响较小。但当焊接速度较大时,由于电弧对母材的加热量明显减小,熔深显著下降。焊接速度过高,会造成咬边、未焊透、焊缝粗糙不平等缺陷。适当降低焊接速度,熔池体积增大,存在时间变长,有利于气体浮出熔池,减小气孔生成的倾向。但焊接速度过低会形成易裂的蘑菇形焊缝或产生烧穿、夹渣、焊缝不规则等缺陷。

4. 焊丝直径

焊丝直径主要影响熔深,直径较细,焊丝的电流密度较大,电弧的吹力大,熔深大,易于引弧。焊丝越粗,允许采用的焊接电流就越大,生产率也越高。焊丝直径的选择应取决于焊件厚度和焊接电流值。

5. 焊丝伸出长度

一般由导电嘴下端到焊件表面的距离定为焊丝伸出长度。伸出长度决定导电嘴的高度,也决定焊剂层的厚度,最短伸出长度以不产生明弧为准,但也不能过长,过长会使焊丝受电流电阻热的预热作用增强,造成焊缝成形不良,同时也影响焊缝的平直性。若伸出长度太短时,易烧坏导电嘴。导电嘴熔化使铜过渡到焊缝中去。形成大块的铜夹渣,而且铜还会引起焊接热裂纹,危害性很大。所以,一旦发现导电嘴熔化,应立即停止焊接,铲除混铜的焊缝。焊丝伸出长度的确定见表6-3。

表6-3　焊丝伸出长度的确定　　　　　　　　　　　　　(mm)

焊丝直径	2	3	4	5	6
伸出长度	15～20	25～35	25～35	30～40	30～40

6. 焊剂粒度和堆高

一般工件厚度较薄、焊接电流较小时,可采用较小颗粒度的焊剂。埋弧焊时焊剂的堆积高度称为堆高。当堆高合适时,电弧被完全埋在焊剂层下,不会长时间出现电弧闪光,保护良好。若堆高过厚,电弧受到焊剂层的压迫,透气性变差,使焊缝表面变得粗糙,容易造成焊缝成形不良。

7. 电流种类和极性

采用含氟焊剂焊接时,直流反极性(反接法)形成熔深大、熔宽较小的焊缝;直流正极性(正接法)形成扁平的焊缝,而且熔深小;交流时介于上述两者之间。

8. 焊丝倾斜角度和焊件倾斜角度

单丝埋弧焊时,焊丝都要垂直于焊件表面。

焊丝后倾时,如图 6-2a 所示,电弧对熔池底部作用加强,熔深增加,熔宽减小,导致焊缝成形严重变坏,而且焊缝易产生气孔和裂纹,所以一般不采用焊丝后倾。焊丝前倾时,如图6-2b所示,电弧对熔池底部液态金属排开作用减弱,由于电弧指向焊接方向,对熔池前面焊件母材金属的预热作用加强,而且熔宽较大,但熔深有所减小,焊缝平滑,不易发生咬边。所以,在高速焊时,应将焊丝前倾布置。

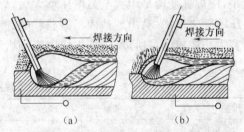

图6-2　焊丝后倾及前倾的影响
(a)后倾　(b)前倾

上坡焊时,形成窄而高的焊缝,严重时出现咬边。下坡焊时,易产生未焊透和边缘未熔合的缺陷。所以,埋弧焊时,应尽量在平焊位置焊接。如果不能实现时,无论是上坡焊或下坡焊,焊件与水平面的倾角不得超过8°。

二、埋弧焊前的准备工作

埋弧焊前准备工作包括坡口准备、焊件装配、布置焊剂垫、检查并核对焊机及焊接材料等。埋弧焊焊接电流较大,电弧穿透能力强,因此,埋弧焊的坡口与焊条电弧焊有很大的差别。

焊接厚度小于16mm的钢板时,一般不开坡口,进行双面焊。当厚度在16~20mm时,多开V形坡口,坡口角度一般为50°~60°,既可以保证焊缝根部能焊透,又可以减少填充金属。当厚度大于20mm时,可开X形坡口,坡口角度为50°~60°。对于一些要求较高的焊缝,用U形坡口代替V形坡口,用双U形坡口代替X形坡口,以确保焊缝根部焊透并无夹渣。坡口加工要求按《埋弧焊推荐坡口》(GB/T 985.2—2008)执行,可使用刨边机、机械化和半机械化气割机及碳弧气刨等。

在埋弧焊前必须将坡口及接头部位的表面锈蚀、油污、氧化皮、水分等清除干净,以防止焊缝产生气孔。清除铁锈的方法有:用砂轮打磨、用风动钢丝轮打磨、喷砂等。在焊前用氧—乙炔火焰加热坡口表面,有利于去除坡口表面的油污及水分。

焊件装配工作的好坏直接影响埋弧焊焊接质量。焊件装配时必须保证间隙均匀,高低平整。在装配时使用的焊条与焊接材料的性能要相符。定位焊的位置一般应在第一道焊缝背面,长度应大于30mm。在直缝焊件装配时,要加焊引弧板和收弧板,这样可增大焊件在装配后的刚性,使容易出现缺陷和小熔深的引弧和收弧引到焊件以外进行,焊后再割去,从而保证焊件不容易出现缺陷。

三、单面焊双面成形机械化埋弧焊

单面焊双面成形机械化埋弧焊是采用较大的焊接电流,将焊件一次熔透,由于埋弧焊熔池(宽度)较大,只有采用强制成形的衬垫,使熔池在衬垫上冷却凝固,才能达到一次成形。采用这种焊接工艺可提高生产率,减轻劳动强度,改善劳动条件,单丝焊可焊透14mm厚的板材;双丝焊可焊透40mm厚的板材。在单面焊双面成形埋弧焊中,衬垫是非常重要的,目前生产中常采用的衬垫有焊剂衬垫、铜衬垫、焊剂铜衬垫和热固化焊剂衬垫等。

1. 焊剂衬垫无坡口单面焊双面成形埋弧自动焊

(1)焊剂垫法

焊剂垫法是将焊剂均匀地承托在焊件背面,在埋弧焊时,电弧将焊件熔透,并使焊剂垫表面的部分焊剂熔化,形成一层液态薄层,把熔池金属与空气隔开,熔池则在该液态焊剂层上凝固成形,形成焊缝。

焊剂衬垫承托金属熔池及焊剂的压力,对焊缝的成形有显著的影响。若焊剂衬垫内的压力较小,就会造成焊缝下塌;若压力较大,则会使焊缝背面上凹;当压力过大时,甚至会造成焊缝穿孔。

焊剂衬垫的结构如图6-3。焊剂垫应尽可能采用压缩空气膜(软管)式焊剂垫,并对所通入的压缩空气进行严格的控制。

采用焊剂垫法时,为使焊接过程稳定,最好使用直流反接法焊接。焊剂垫中的焊剂颗粒要细。当使用小直径焊丝时,应严格控制焊丝伸出长度。若伸出过长,焊丝熔化太快:会使焊缝成形不良,伸出长度一般为17~20mm。

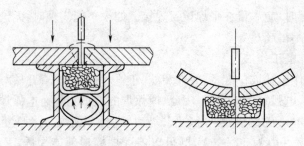

图 6-3　焊剂衬垫的结构

（2）焊剂衬垫无坡口单面焊双面成形机械化埋弧焊焊接工艺参数（见表 6-4）

表 6-4　焊剂衬垫无坡口单面焊双面成形机械化埋弧焊焊接工艺参数

焊件厚度 （mm）	装配间隙 （mm）	焊丝直径 （mm）	焊接电流 （A）	电弧电压 （V）	焊接速度 （m/h）	焊剂垫压力
2	0～1.0	1.6	120	24～28	13.5	0.8
3	0～1.5	2	275～300	28～30	44	0.8
		3	400～425	25～28	70	
4	0～1.5	2	375～400	28～30	40	1.0～1.5
		4	525～550	28～30	50	
5	0～2.5	2	425～450	32～34	35	1.0～1.5
		4	575～625	28～30	46	
6	0～3.0	2	475	32～34	30	1.0～1.5
		4	600～650	28～32	40.5	
7	0～3.0	4	650～700	30～34	37	1.0～1.5
8	0～3.5	4	725～775	30～36	34	1.0～1.5

2. 龙门压力架—焊剂铜垫法机械化埋弧焊

（1）龙门压力架—焊剂铜垫法

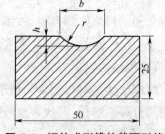

图 6-4　铜垫成形槽的截面形状

在龙门架上装有多个气缸，通入压缩空气后，气缸带动压紧装置将焊件压紧在焊剂铜垫上进行焊接。焊缝的背面成形装置采用焊剂铜垫，在铜垫上开有一成形的槽，在带圆弧的槽内放有焊剂，成形槽截面形状和几何尺寸详见图 6-4 和表 6-5。

在铜垫板两侧各有一块同样长度的水冷铜块，当铜垫板由于长时间焊接而过热时可以通水间接冷却。铜垫板和水冷铜块装在下气缸上，可以上下升降。这种方法的优点是焊缝的背面成形稳定。

表 6-5　铜垫成形槽的几何尺寸　　　　　　　　　　　　　（mm）

焊件厚度	槽宽 b	槽深 h	槽曲率半径 r
4～6	10	2.5	7.0
6～8	12	3.0	7.5
8～10	14	3.5	9.5
12～14	18	4.0	12

（2）龙门压力架—焊剂铜垫法机械化埋弧焊的焊接工艺参数（见表6-6）

表6-6　龙门压力架—焊剂铜垫法机械化埋弧焊的焊接工艺参数

焊件厚度 （mm）	装配间隙 （mm）	焊丝直径 （mm）	焊接电流 （A）	电弧电压 （V）	焊接速度 （m/h）
3	2	3	380～420	27～29	47
4	2～3	4	450～500	29～31	40.5
5	2～3	4	520～560	31～33	37.5
6	3	4	550～600	33～35	37.5
7	3	4	640～680	35～37	34.5
8	3～4	4	680～720	35～37	32
9	3～4	4	720～780	36～38	27.5
10	4	4	780～820	38～40	27.5
12	5	4	850～900	39～41	23
14	5	4	880～920	39～41	21.5

3. 水冷滑块式—铜垫法机械化埋弧焊

（1）水冷滑块式—铜垫法

水冷滑块式—铜垫法机械化埋弧焊是将水冷铜垫滑块装在焊件接缝的背面，并使其位于电弧下方，随同电弧一起移动，对焊缝的背面强制成形。铜滑块是由焊接小车上的拉紧弹簧通过焊件的装配间隙将其强制紧贴焊缝背面的。如图6-5为拉紧滚轮架与移动式水冷滑块的结构。装配间隙的大小视焊件厚度而定，一般为3～6mm，在焊缝两端应焊接引弧板和收弧板。

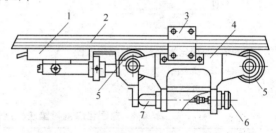

图6-5　拉紧滚轮架与移动式水冷滑块结构
1. 铜滑块　2. 钢板　3. 拉片　4. 拉紧滚轮架
5. 滚轮　6. 夹紧调节装置　7. 顶杆

水冷滑块式—铜垫法机械化埋弧焊适于板厚为6～20mm的对接平焊接头。若为双丝焊时，焊丝为纵向前后排列，主焊丝（粗丝）在前，辅焊丝（细丝）在后。两丝之间的距离应随板厚的增加而增大，一般在60～150mm之间。

（2）双丝单面焊双面成形机械化埋弧焊焊接工艺参数（见表6-7）

表6-7　双丝单面焊双面成形机械化埋弧焊焊接工艺参数

焊件厚度 （mm）	间隙 （mm）	焊丝直径（mm）		焊接电流（A）		电弧电压（V）		焊接速度 （m/h）
		主	辅	主	辅	主	辅	
6	3	4	3	500～550	250	30～31	33	37
8	3	4	3	600	250	31～32	33	37
10	4	4	3	700～750	250～350	31～32	35	33
12	4	4	3	800	300～350	32～33	35	31
14	5	5	3	850	350～400	33～35	37	27
16	5	5	3	850～900	350～400	33～35	37	25
18	6	5	3	900～1050	400～450	36～37	40	21
20	6	5	3	950～1050	400～450	36～37	40	21

4. 热固化焊剂衬垫法机械化埋弧焊

以上叙述的单面焊双面成形埋弧自动焊的焊接方法仅适用于固定位置的水平面的焊接，而对焊件位置不固定的曲面焊缝和立面焊缝则不适用。热固化焊剂衬垫可解决这一问题。这种焊接方法是在焊剂中加入一部分热固化物质，并制成板条状。在焊接时，将热固化焊剂板条紧贴在焊缝的背面。通常焊剂中的热固化物质是酚醛或苯酚树脂等，当被加热到 80℃～100℃时树脂软化，将周围焊剂粘连在一起，当温度继续升高时，树脂固化，使焊剂垫变成具有一定刚度的板条。在焊接的过程中，热固化焊剂垫仅生成少量的熔渣，能够有效地阻止熔池金属的流溢并帮助焊缝成形。

热固化焊剂衬垫长约 600mm，可使用磁铁夹具固定在焊件上，详见图 6-6。热固化焊剂垫的构造详见图 6-7。为提高生产率，坡口内可堆敷一定高度的铁合金粉末。热固化焊剂衬垫法机械化埋弧焊焊接工艺参数见表 6-8。

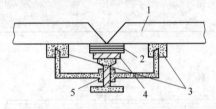

图 6-6 热固化焊剂衬垫装配示意图
1. 焊件 2. 热固化焊剂衬垫 3. 磁铁
4. 托板 5. 调节螺丝

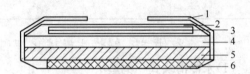

图 6-7 热固化焊剂衬垫的构造
1. 双面粘结带 2. 热收缩薄膜 3. 玻璃纤维布
4. 热固化焊剂 5. 石棉布 6. 弹性垫

表 6-8 热固化焊剂衬垫法机械化埋弧焊焊接工艺参数

焊件厚度 (mm)	V 形坡口		焊件倾斜度(°)		焊道顺序	焊接电流 (A)	电弧电压 (V)	金属粉末高度 (mm)	焊接速度 (m/h)
	角度 (°)	间隙 (mm)	竖直	横向					
9	50	0～4	0	0	1	720	34	9	18
12	50	0～4	0	0	1	800	34	12	18
16	50	0～4	3	3	1	900	34	16	15
19	50	0～4	3	3	1	850	34	15	15
					2	810	36	0	
19	50	0～4	3	3	1	850	34	15	15
					2	810	36	0	
19	50	0～4	5	5	1	820	34	15	15
					2	810	34	0	
19	50	0～4	7	7	1	800	34	15	15
					2	810	34	0	
19	50	0～4	3	3	1	960	40	15	12
22	50	0～4	3	3	1	850	34	15	15
					2	850	36		12

续表 6-8

焊件厚度 (mm)	V形坡口		焊件倾斜度(°)		焊道顺序	焊接电流 (A)	电弧电压 (V)	金属粉末高度 (mm)	焊接速度 (m/h)
	角度 (°)	间隙 (mm)	竖直	横向					
25	50	0～4	0	0	1	1200	45	15	12
32	45	0～4	0	0	1	1600	53	25	12
22	40	2～4	0	0	前 后	960 810	35 36	12	18
25	40	2～4	0	0	前 后	990 840	35 38	15	15
28	40	2～4	0	0	前 后	990 900	35 40	15	15

注：＊采用双丝焊，"前、后"为焊丝顺序。

四、对接焊缝双面机械化埋弧焊

对接焊缝双面埋弧焊是指分别从接头正面和反面各用埋弧焊焊接一道焊缝的方法，而且中间不需要清除焊根。采用这种方法时，焊接工艺参数应能够保证正面焊缝和反面焊缝之间有 2～3mm 的重叠区。这种方法较容易保证焊接质量，广泛用于中等厚度板材的焊接。

1. 不开坡口预留间隙双面机械化埋弧焊

首先在焊剂垫上焊正面焊缝，此时所采用的焊接工艺参数要使熔深大于焊件厚度的 60%～70%。然后翻转焊件，焊反面焊缝，此时，采用的焊接工艺参数可略小些。有时为了避免反面焊缝的余高过高，在焊反面焊缝之前，用碳弧气刨刨出一条一定深度和宽度的沟槽，然后再焊反面焊缝。这种方法一般用于焊接厚度在 20mm 以内的板材。不开坡口预留间隙双面埋弧焊对焊剂垫有较高的要求。为防止液态金属及熔渣从间隙流失和烧穿，要求焊剂垫与焊件紧密接触，压力均匀。也可采用铜垫板或耐热纸带等托住装配间隙内的焊剂。不开坡口双面机械化埋弧焊焊接低碳钢的焊接工艺参数见表 6-9。

表 6-9　低碳钢不开坡口双面机械化埋弧焊焊接工艺参数

焊件厚度 (mm)	预留间隙 (mm)	焊丝直径 (mm)	焊接电流 (A)	电弧电压(V)		焊接速度 (m/h)
				交流	直流	
10～12	2.0～3.0	5.0	700～750	34～36	32～34	32
14～16	3.0～4.0	5.0	750～800	34～36	32～34	30
18～20	4.0～5.0	5.0	800～850	36～40	34～36	25
22～24	4.0～5.0	5.0	850～900	38～40	36～38	23
26～28	5.0～6.0	5.0	900～950	38～42	36～38	20

2. 开坡口双面机械化埋弧焊

开坡口双面埋弧焊应根据焊件的厚度来确定坡口的类型。当焊件厚度小于 22mm 时，开单面 V 形坡口；大于 22mm 时，一般应开 X 形坡口。低碳钢开坡口双面机械化埋弧焊焊接工艺参数见表 6-10。

表 6-10 低碳钢开坡口双面机械化埋弧焊焊接工艺参数

焊件厚度 (mm)	坡口 类型	焊缝名称	焊丝直径 (mm)	坡口角度 (°)	钝边厚度 (mm)	焊接电流 (A)	电弧电压 (V)	焊接速度 (m/h)
14	单V	正	5	80	8	830～850	36～38	25
		反	5	—	—	600～620	36～38	45
16	单V	正	5	70	9	830～850	36～38	20
		反	5	—	—	600～620	36～38	45
18	单V	正	5	60	10	830～860	36～38	20
		反	5	—	—	600～620	36～38	45
22	单V	正	6	55	10	1050～1150	36～40	18
		反	5	—	—	600～620	36～38	45
30	X	正	6	80	10	1000～1100	36～40	18
		反	6	60	—	900～1000	36～38	20

3. 悬空双面机械化埋弧焊

所谓悬空焊,就是指在焊接正面焊缝时不用焊剂垫。这种方法对焊件的装配、装配间隙、坡口加工均要求较高。装配间隙要求小于1mm,可以不留间隙或只留很小的间隙,但必须保证工件完全焊透。坡口钝边面必须加工平整,开坡口时钝边的厚度要在8mm以上。板厚在18mm以下时,不开坡口;板厚在20mm以上时,要开坡口。悬空双面机械化埋弧焊焊接正面焊缝时,熔深要达到焊件厚度的40%～50%;焊接反面焊缝时,熔深要达到焊件厚度的60%～70%。用高锰高硅焊剂焊接低碳钢悬空双面机械化埋弧焊焊接工艺参数见表6-11,其焊接的条件为:装配间隙0～1mm,采用MZ1-1000焊机、直流电源。

表 6-11 低碳钢悬空双面机械化埋弧焊焊接工艺参数

焊接厚度 (mm)	焊缝名称	焊丝直径 (mm)	焊接电流 (A)	电弧电压 (V)	焊接速度 (m/h)
12	正	4	560～600	36～38	36～40
	反	4	700～750	36～38	36～40
14	正	5	720～780	36～38	34～38
	反	5	820～860	36～38	34～38
16	正	5	720～780	38～40	26～30
	反	5	820～860	38～40	26～30
18	正	5	720～780	38～40	26～30
	反	5	820～870	38～40	26～30
22	正	5	820～860	38～40	24～28
	反	5	900～950	38～40	24～28

五、多层机械化埋弧焊

对于较厚的钢板,常采用开坡口多层埋弧焊,且无论单面或双面埋弧焊,都必须留有钝边(一般大于4mm)。对于厚度大于40mm的焊件,多采用U形坡口多层焊,背面开较小的V形坡口,用焊条电弧焊封底,此时钝边为2mm左右,详见图6-8。

多层焊的质量,很大程度取决于第一层焊缝焊接时的焊接工艺参数,以及以后各层焊缝的焊接顺序。由于第一层焊缝位置较深,而宽度较小,所以要求焊接电流不能过大,同时电弧电压也要低些,这样能避免产生咬肉和夹渣等缺陷。

一般多层焊在焊接第一层、第二层焊缝时,焊丝位置应位于接头中心,但随着层数的增加,若焊丝仍对准接头中心就有可能造成边缘未熔合和夹渣现象,此时应采用同一层分几道焊接,详见图6-8b。当焊接接近坡口侧边的焊道时,焊丝应与侧边保持一定距离,一般约等于焊丝的直径,这样使焊缝与坡口侧边形成稍具凹形的圆滑过渡,既保证熔合

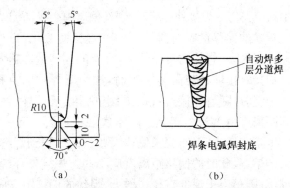

图 6-8 厚板焊接接头及其多层焊的情况
(a)U形与V形组合坡口 (b)多层焊焊道分布

又利于脱渣。在焊接过程中,随着层数的增加,焊接电流和电弧电压应适当增大,以利于提高焊接生产率,但当焊件的温度过高时,不宜增大,并稍待冷却后,再进行焊接。低碳钢厚板多层机械化埋弧焊的焊接工艺参数见表6-12。

表 6-12 低碳钢厚板多层机械化埋弧焊的焊接工艺参数

焊缝层次	焊接电流(A)	电弧电压(V)	焊接速度(m/h)
第一、二层	600～700	35～37	28～32
中间各层	700～850	36～38	25～30
盖面	650～750	38～42	28～32

注:焊丝直径5mm。

六、对接环缝机械化埋弧焊

圆形筒体的对接环缝,若需进行双面机械化埋弧焊,则先在焊剂垫上焊接内环缝。如图6-9所示,焊剂垫可采用运输带式,带上均匀铺满焊剂与工件的背面紧贴,通过圆形焊件与焊剂之间的摩擦力,使皮带带动工件一起转动,并不断地向焊剂垫上填加焊剂。

圆形筒体对接环缝的埋弧机械化焊,目前常用倾斜转盘式焊剂垫,倾斜转盘一侧弧线与焊缝背面紧贴,焊件转动时,靠摩擦力带动转盘转动,并不断向盘中添加焊剂。这种焊剂垫使用维护方便,不易焊穿,详见图6-10。

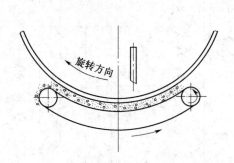

图 6-9 运输带式焊剂垫

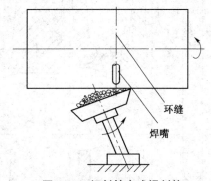

图 6-10 倾斜转盘式焊剂垫

在对接环缝机械化埋弧焊时,除焊接工艺参数对焊接质量有直接影响外,焊丝与焊件之间的相互位置也起着重要的作用。如图6-11所示,埋弧焊焊接内环缝时,焊丝应偏离圆筒中心线一定的距离a,一般a为50～70mm,形成上坡焊位置。这样可以将熔池稳定地保留在筒体底部,使

之不致流失。在焊接外环缝时,焊丝偏离中心线,成下坡焊的位置,这样会有利于焊缝成形。

　　焊丝的偏移量应随筒形焊件的直径而变化,也可根据焊缝成形而定。一般来说,焊件的直径越大,焊丝的偏移量也越大。

　　焊接对接环缝若需多层焊时,相当于焊件的直径发生了变化。焊接内环缝时,随着焊接过程的继续,则相当于焊件直径在减小,焊丝的偏移距离应由大到小变化。由于底层焊缝要求有一定的熔深,而且焊缝宽度不宜过大,因而要求偏移大些。而当焊到焊缝表面时,则要求有较大的熔宽,此时的偏移距离就应小些。焊接外环缝时,随着焊接过程的继续,则相当于焊件直径在增大,焊丝的偏移距离应由小到大变化。

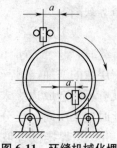

图 6-11　环缝机械化埋弧焊时焊丝位置的偏移

　　对接环缝机械化埋弧焊,在环缝的起弧处和收弧处应相互重叠,重叠长度应至少超过一个熔池的长度。

七、其他机械化埋弧焊

1. 窄间隙机械化埋弧焊

　　窄间隙机械化埋弧焊主要用于厚板的焊接,其特点是坡口截面面积小(见表 6-13),因此需要的热量就少,热影响区小,使材料性能变化非常小,变形也比一般机械化埋弧焊小。同时,窄间隙机械化埋弧焊可以少用很多填充金属,一般用直径 3mm 焊丝。窄间隙机械化埋弧焊由于焊缝窄,尤其是焊接厚板,在底层进行焊接时,焊渣不易脱落。所以要求使用的焊剂在焊接时形成的焊渣容易脱落去除。

表 6-13　窄间隙埋弧焊坡口(GB/T 985.2—2008)　　　　　　(mm)

序号	工件厚度 t	名称	基本符号	焊缝示意图	横截面示意图	坡口角 α 或坡口面角 β	间隙 b,圆弧半径 R	钝边 c	坡口深度 h	焊接位置	备注
1	$t \geqslant 30$	UY 形坡口				$1° \leqslant \beta \leqslant 1.5°$ $85° \leqslant \alpha \leqslant 95°$	$0 \leqslant b \leqslant 2$	$c \approx 2$	$4 \leqslant h \leqslant 10$	PA	适用于环缝,V 形坡口侧焊条电弧焊封底
						$1.5° \leqslant \beta \leqslant 2°$ $85° \leqslant \alpha \leqslant 95°$	$0 \leqslant b \leqslant 2$	$c \approx 2$	$4 \leqslant h \leqslant 10$	PA	适用于纵缝,V 形坡口侧焊条电弧焊封底
2	$t \geqslant 30$	陡边 V 形坡口				$1.5° \leqslant \beta \leqslant 2°$	$b \approx 20$	—	—	PA	带衬垫,衬垫厚度至少:10mm

2. 锁底连接法机械化埋弧焊

在埋弧焊接时,对于无法使用焊剂衬垫的焊件,可采用锁底连接法,详见图6-12。焊后根据设计要求可保留或车去锁底的凸出部分。

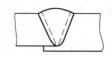

图 6-12　锁底连接的接头

3. 焊条电弧焊封底机械化埋弧焊

对于厚度 16~24mm 的低碳钢板对接焊缝,当无法使用衬垫进行埋弧自动焊时,可以在埋弧焊前先用焊条电弧焊封底,封底厚度可以掌握在 6~8mm 之间。

4. 角接焊缝的机械化埋弧焊

角接焊缝主要出现在 T 形接头和搭接接头中,采用机械化埋弧焊时一般可采用船形焊和斜角焊两种形式。

易于翻转的焊件,应尽量采用船形焊。船形焊时,焊丝为垂直状态,熔池处于水平位置,因而容易保证焊缝质量。但当存在焊接间隙时,很容易烧穿或出现熔池溢漏的现象,所以要求装配严格,无间隙或背面设焊剂垫。

斜角焊时,焊丝倾斜布置。斜角焊对装配间隙要求较低,但由于熔池不在水平位置,所以要求单道焊的焊脚尺寸不宜超过 8mm,对于更大的焊脚宜采用多道焊。斜角焊的主要困难是不易对正焊缝,稍有偏移,就会对焊缝成形和质量产生较大的影响。低碳钢角接焊缝机械化埋弧焊的焊接工艺参数见表 6-14。

表 6-14　低碳钢角接焊缝机械化埋弧焊的焊接工艺参数

焊接方式	焊脚尺寸(mm)	焊丝直径(mm)	焊接电流(A)	电弧电压(V)	焊接速度(m/h)
船形焊	6	2	450~475	34~38	40
	8	3	550~600	34~36	30
	8	4	575~625	34~36	30
	10	3	600~650	34~36	23
	10	4	650~700	34~36	23
	12	3	600~650	34~36	15
	12	4	725~775	36~38	20
	12	5	775~825	36~38	18
斜角焊	3	2	220~220	25~28	60
	4	2	280~300	28~30	55
	4	3	350	28~30	55
	5	2	375~400	30~32	55
	5	2	450	28~30	55
	7	2	375~400	30~32	28
	7	3	500	30~32	28

5. 多丝机械化埋弧焊

多丝埋弧焊是一种既能保证合理的焊缝成形和良好的焊缝质量,又可提高焊接速度的有效方法。多丝焊(主要是双丝埋弧焊)依焊丝的排列有纵列式、横列式和直列式,详见图6-13。纵列式的焊缝深而且较窄,横列式的焊缝较宽大,直列式的焊缝熔合比小(即母材熔化量小)。

双丝焊可合用一个电源或分别采用两个电源。前者设备简单,但对每一个电弧功率单独

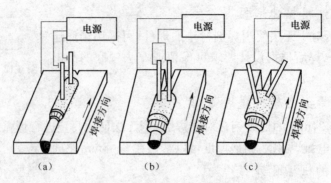

图 6-13　双丝机械化埋弧焊
(a)纵列式　(b)横列式　(c)直列式

调节较困难;后者设备复杂,但对两个电弧都可以进行独立地调节其功率,而且还可以采用不同电流种类(交流、直流)和极性,以便获得更为理想的焊缝成形。

双丝焊用得较多的是纵列式的焊接方式。纵列式根据焊丝间的距离不同又可分为单熔池和双熔池两种,如图 6-14 所示。单熔池两焊丝间的距离为 10～30mm,两个电弧形成一个熔池,此时焊缝成形过程不仅决定于各电弧的相对位置和各焊丝的倾角,而且也决定于各电弧的电流强度和电压。前导电弧主要保证熔深,后续电弧调节熔宽,从而使焊缝具有适当的熔池形状及焊缝形状,并大大提高了焊接速度。双熔池两焊丝间的距离大于 100mm,每个电弧具有各自的熔化空间,后续电弧不是作用在基本金属上,而是作用在前导电弧已熔化而后凝固的焊道上,因而后续电弧必须冲开已被前导电弧熔化而尚未凝固的焊渣层;这种方法适用于水平位置平板对接的单面焊双面成形工艺。三丝或三丝以上的多丝埋弧焊,可进一步提高单程焊接速度。

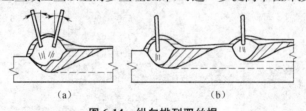

图 6-14　纵向排列双丝焊
(a)单熔池　(b)双熔池(分列电弧)

6. 预热焊丝埋弧焊

预热焊丝机械化埋弧焊,是采用附加交流预热电源,增加焊丝的伸出长度,利用焊丝本身的电阻在焊丝进入电弧前对焊丝加热,从而在不增加对母材的热输入的情况下,提高焊丝的熔化速度,增加熔敷量,达到提高效率的目的。预热焊丝埋弧焊原理如图 6-15。

7. 带极埋弧堆焊

带极埋弧堆焊是用长方形断面的带状电极取代圆截面的丝状电极。在焊接过程中,电弧热分布在整个电极宽度上,带极熔化形成熔滴过渡到熔池,冷凝后形成焊道,如图 6-16 所示。

带极埋弧堆焊主要用于碳素钢上堆焊铬镍不锈钢耐腐蚀层,带极截面尺寸为 30mm×0.5mm,也有使用更宽带极的,宽度可达 200mm。目前,带极埋弧堆焊正向宽带极、并列电弧双带极堆焊的方向发展。带极埋弧堆焊具有熔敷率高,稀释率低,熔敷面积大,焊边平整,熔合线整齐,焊剂消耗量小等优点。

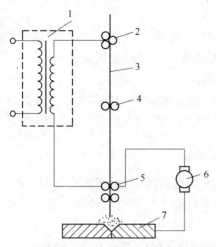

图 6-15 预热焊丝埋弧焊

1. 交流预热电源 2. 上导电轮 3. 焊丝 4. 送丝轮
5. 下导电轮 6. 直流焊接电源 7. 焊件

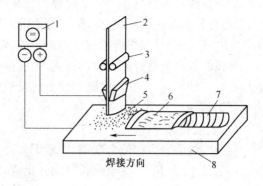

图 6-16 带极埋弧堆焊

1. 电源 2. 带状电极 3. 带状送进装置 4. 导电嘴
5. 焊剂 6. 熔渣 7. 焊道 8. 基本金属

八、埋弧焊的主要缺陷及其防止措施

埋弧焊时可能产生的缺陷除因焊接工艺参数选用不当造成未焊透、烧穿、成形不良等以外,比较突出的问题有气孔、裂纹和夹渣等。

1. 气孔

(1)埋弧焊焊缝产生气孔的主要原因

①焊剂吸潮或不干净;

②焊接时焊剂覆盖不充分;

③焊剂的熔渣黏度过大;

④电弧偏吹;

⑤工作环境因素和工件焊接部位被污染。

(2)防止产生气孔的措施

①焊剂在使用前应按说明规定的参数进行烘焙,采用真空式焊剂回收器可以较有效地分离焊剂与尘土。

②应采取防止焊剂在使用中散落的措施。

③焊剂中加入有效的脱氧剂,如 SJ402 焊剂抗气孔能力优于 HJ431,这是由于 SJ402 熔渣碱度偏低,熔渣有较高的氧化性,有助于防止氢气孔的产生。

④尽可能采用交流电源,工件上焊接电缆的连接位置尽可能远离焊缝终端,避免部分焊接电缆在工件上产生次级磁场。

⑤焊接之前清除焊件坡口及其附近的铁锈、油污或其他污染物,用气焊火焰对焊件坡口进行烘干,使水分蒸发。

2. 裂纹

通常情况下,埋弧焊焊接接头可能产生两种类型的裂纹,即结晶裂纹和氢致裂纹。结晶裂纹发生在焊缝金属,氢致裂纹可能发生在焊缝金属或热影响区。

(1)结晶裂纹

钢材在焊接时,焊缝中的硫、磷等杂质在结晶过程中形成低熔点共晶,随着结晶过程的进行,低熔点共晶被排挤在晶界,形成"液态薄膜"。在凝固收缩时焊缝金属受拉应力的作用,因此,产生"液态薄膜"和焊缝的拉应力是形成结晶裂纹的两个方面的原因。

埋弧焊焊缝的熔合比通常都较大,因而母材的杂质含量和焊缝的形状对于结晶裂纹的形成均有明显的影响。一般,控制焊缝金属杂质的含量,增大增宽与熔深比是防止产生结晶裂纹的主要措施。

(2)氢致裂纹

氢致裂纹多发生在低合金钢、中碳钢和高强度钢的热影响区中,可能焊后立即出现,也可能在焊后几小时、几天,甚至更长时间才出现,焊后若干时间才出现的裂纹称为延迟裂纹。氢致裂纹是焊接接头含氢量、接头显微组织、接头拘束情况等因素相互作用的结果。在焊接厚度10mm 以下的工件时,一般很少发现有氢致裂纹。预防氢致裂纹产生的主要措施有:

①减少氢的来源及其在焊缝金属中的溶解。采用低氢焊剂,使用前严格烘干,对焊丝、工件坡口附近的锈、油污、水分在焊前必须清理干净。

②正确选择焊接工艺参数。降低钢材的淬硬程度并有利于氢气的逸出和改善应力状态。必要时可采用焊前预热。

③采用后热或焊后热处理。焊后后热有利于焊缝中的溶解氢顺利地逸出。一般采用回火处理,一方面可消除焊接残余应力,另一方面使已产生的马氏体高温回火,改善组织,同时使接头中的氢进一步逸出。

④改善接头设计。在焊接接头设计上,应尽可能消除引起应力集中的因素,降低焊接接头的拘束力。坡口的形状应尽量对称,降低裂纹的敏感性。避免缺口,防止焊缝分布过于密集等。在满足焊缝强度的基本要求下,尽量减少填充金属。

(3)夹渣

埋弧焊时焊缝的夹渣与焊剂的脱渣性能、工件的装配情况和焊接工艺有关。如 SJ101 比 HJ431 的脱渣性好,特别是窄间隙埋弧焊和小角度坡口焊接时,SJ101 对防止夹渣的产生更为有利。

焊接深坡口时,由较多的小焊道组成的焊缝,夹渣的可能性小;而由较少的大焊道组成的焊缝,夹渣的可能性大。

第三节　常用金属材料的埋弧焊

一、低碳钢的埋弧焊

低碳钢埋弧焊一般选用实芯焊丝 H08A 或 H08E,它们与高锰高硅低氟熔炼焊剂 HJ430、HJ431、HJ433 或 HJ434 配合,应用较广。焊剂中的 MnO 和 SiO_2 在高温下与铁反应,Mn 与 Si 得以还原,过渡到焊接熔池。熔池冷却时 Mn 和 Si 既成为脱氧剂,使焊缝脱氧,同时又可以有足够数量的锰和硅余留下来,成为合金剂,保证焊缝的力学性能。如果焊剂为无锰、低锰和中锰型,则焊丝应选用 H08MnA 或其他合金钢焊丝。若焊接时无足够数量的 Mn 和 Si 过渡入熔池,不能保证焊缝良好脱氧和力学性能。

在焊接生产中,HJ431 应用较广。HJ430 同样可以普及使用,但与 HJ431 相比 CaF_2 和

MnO 含量较高,因而抗铁锈、抗气孔能力较强,但熔渣的熔点较低,黏度较低,所以不利小直径筒体环形焊缝的焊接(熔渣容易沿筒壁下淌),而且因 CaF_2 较多,有害气体略多,稳弧性也较差。HJ433 的 SiO_2 含量较高,CaF_2 较低,因而熔化温度和黏度都较高,宜于快速焊接。HJ434 与 HJ431 相比,加入了 TiO_2,且 CaO 和 CaF_2 含量略高,因而脱渣容易,抗锈能力较强。

HJ430、HJ431、HJ433 焊前均需 250℃烘焙 2h,HJ434 则需 300℃烘焙 2h。烘干后焊剂含水量都不得超过 1%;焊接处必须清除铁锈、油污、水分等杂质,以防焊缝出现气孔等缺陷。

埋弧焊焊接低碳钢采用烧结焊剂也日益广泛,有的烧结焊剂附加铁粉,可以在衬垫上单面焊双面成形,而且焊缝美观,生产效率高。低碳钢埋弧焊常见的焊丝与焊剂的匹配见表 6-15。

表 6-15 低碳钢埋弧焊常见的焊丝与焊剂的匹配

钢 号	埋弧焊焊接材料选用	
	焊 丝	焊 剂
Q235(A₃)	H08A	HJ430、HJ431
Q255(A₄)	H08A	
Q275(A₅)	H08MnA	
15、20	H08A、H08MnA	HJ430、HJ431、HJ330
25、30	H08MnA、H10Mn2	
20g、22g	H08MnA、H08MnSi、H10Mn2	
20R	H08MnA	

二、低合金钢的埋弧焊

1. 热轧、正火钢埋弧焊

高强度钢按钢材的屈服强度极限和热处理状态可分为热轧、正火钢、低碳调质钢和中碳调质钢。热轧、正火钢属于非热处理强化钢,应用最为广泛。埋弧焊是热轧、正火钢的常用焊接方法。

(1)热轧、正火钢埋弧焊用焊丝与焊剂的匹配(见表 6-16)

表 6-16 热轧、正火钢埋弧焊用焊丝与焊剂的匹配

钢材牌号	σ_s(MPa)	焊丝牌号	焊剂牌号
Q295 (09Mn2、09MnV)	295	H08A H08MnA	HJ430 HJ431 SJ301
Q345 (16Mn、16MnCu、14MnNb)	345	薄板:H08A、H08MnA	SJ501
		无坡口:H08A 开坡口:H08MnA、H10Mn2	HJ430、HJ431、SJ301
		厚板:H10Mn2、H08MnMoA	HJ350
Q390 (15MnV、15MnVCu、16MnNb)	390	无坡口:H08MnA 开坡口:H10Mn2、H10MnSi	HJ430、HJ431
		厚板:H08MnMoA	HJ250、HJ350、SJ101
Q420 (15MnVN、14MnVTiRe、15MnVNbCu)	420	H10Mn2	HJ431
		H08MnMoA、 H08Mn2MoA	HJ350、 HJ250、SJ101
18MnMoNb 14MnMoV 14MnMoVCu	490	H08Mn2MoA、 H08Mn2MoVA、 H08Mn2NiMo	HJ250 HJ350 SJ101

(2)埋弧焊焊接热轧、正火钢的工艺要点

①焊接线能量的选择。热轧、正火钢的脆化倾向和冷裂倾向，一般随碳当量和板厚的增加而加大。碳含量低的热轧钢如 Q295(09Mn2.09MnNb)钢以及碳含量偏下限的 Q345(16Mn)钢在焊接时，对于焊接线能量没有严格的限制，因为这些钢的脆化、冷裂倾向小。当焊接碳含量偏高的 Q345(16Mn)钢时，焊接线能量应偏大些。但对于含有 V、Nb、Ti 的钢，为降低热影响区粗晶区脆化所造成的不利影响，应选择较小的焊接线能量，如 Q420(15MnVN)钢的焊接线能量最宜在 40～45kJ/cm 以下。对于碳及合金元素含量较高、屈服极限为 490MPa(50kgf/mm²)的正火钢，如 18MnMoNb 钢等，因这种钢淬硬倾向大，应选择较大的焊接线能量，但线能量不能过大，以免增大过热倾向。如果采用了焊前预热防止裂纹的措施，就可以不必采用大的线能量。

②预热温度的选择。预热是防止裂纹的有效措施，也有助于改善接头性能，是低合金钢焊接时常用的工艺措施。表 6-17 为不同环境下焊接热扎、正火钢的预热温度。

表 6-17　为不同环境下焊接热扎、正火钢的预热温度

钢材牌号	σ_s 级别(MPa)	预热温度(℃)
Q295(09Mn2、09MnV)	295	不预热(一般供货板厚≤16mm)
Q345(16Mn、14MnNb)	345	100～150(δ≥30mm)
Q390(15MnV、15MnTi、16MnNb)	390	100～150(δ≥28mm)
Q420(15MnVN、14MnVTiRe)	420	100～150(δ≥25mm)
14MnMoV 18MnMoNb	490	150～200

③焊后后热及消氢处理。焊后后热是指焊接结束或焊完一条焊缝后，将焊件或焊接区立即加热到 150℃～250℃的范围内，并保温一段时间。焊后后热有利于降低冷裂纹。消氢处理则是在 300℃～400℃加热范围内进行，它将加速焊接接头中氢的扩散逸出，其消氢效果优于焊后低温后热，消氢处理是防止焊后出现焊接冷裂纹的有效措施之一。热轧、正火钢一般焊后不进行消氢处理。

2. 低温用钢的埋弧焊

低温用钢主要用于低温工作的容器、管道和结构。低温用钢可分为无镍及含镍两大类。钢中加入镍(Ni)，能显著改善钢的低温韧性。16Mn 钢可扩大使用作为—40℃低温用钢。

(1)无镍低温用钢埋弧焊

无镍低温用钢埋弧焊焊丝与焊剂的匹配见表 6-18。

表 6-18　无镍低温用钢埋弧焊焊丝与焊剂的匹配

钢种牌号	板厚(mm)	工作温度(℃)	焊丝牌号	焊剂牌号
Q345DR (16MnDR)	6～20 21～38	—40 —30	H08A、 H06MnNiMoA	HJ431、 SJ603
09MnTiCuReDR	6～20 21～30 32～40	—60 —50 —40	H08Mn2MoVA	HJ250
09Mn2VDR	6～20	—70	H08Mn2MoVA	HJ250
20Mn23Al	—	—196	Fe-Mn-Al1	HJ173
15Mn26Al4	—	—253	Fe-Mn-Al2	HJ173

注：DR 表示低温容器用钢。

无镍低温用钢由于碳含量低,其淬硬倾向和冷裂倾向小,低温用钢具有良好的焊接性。为避免焊缝金属及近缝区形成粗晶组织而降低低温韧性,要求采用小的焊接线能量。机械化埋弧焊时,焊接线能量应控制在28~45kJ/cm。焊接电流不宜过大,采用快速多道焊,并控制层间温度≤200℃~300℃,以防焊道过热。无镍低温用钢埋弧焊焊接工艺参数见表6-19。

表6-19　无镍低温用钢埋弧焊焊接工艺参数

工作温度(℃)	焊丝直径(mm)	焊接电流(A)	电弧电压(V)
−40	2	260~400	36~42
−40	5	750~820	35~43
−70	3	320~450	32~38
−196~−253	4	400~420	32~34

(2)镍低温钢的埋弧焊

Ni3.5镍钢广泛用于乙烯、化肥、橡胶、液化石油气及煤气等工程中低温设备的制造。由于Ni3.5碳含量较低,淬硬倾向不大,仅当板厚在25mm以上且刚性较大时,焊前要预热150℃左右,Ni9镍钢要求焊前预热100℃~150℃。其余低温用钢焊前一般不需预热。

Ni3.5及其他铁素体—珠光体类低温用钢,当板厚或其他因素造成焊接残余应力状态时,要进行消除应力的热处理以改善韧性。Ni9镍钢及其他奥氏体类低温钢,一般不进行消除应力热处理。

埋弧焊接镍低温钢可采用特殊型碱性烧结焊剂(SJ603)配合镍(Ni)焊丝(H3.5Ni、H5Ni、H9Ni)。

3. 低合金耐热钢的埋弧焊

由于机械化埋弧焊具有较高的熔敷率,在压力容器、管道、梁柱结构、大型铸件以及汽轮机转子等低合金耐热钢的焊接中都得到了广泛的应用,是低合金耐热钢焊接的主要方法。

低合金耐热钢最常用的有Cr-Mo和Mn-Mo型耐热钢及Cr-Mo基多元合金耐热钢,如12Cr2MoWVTiB等。

(1)低合金耐热钢埋弧焊用焊丝与焊剂的匹配(见表6-20)

表6-20　低合金耐热钢埋弧焊用焊丝与焊剂的匹配

钢　　种	钢　　号	焊丝牌号	焊剂牌号
0.5Cr-0.5Mo	12CrMo	H10MoCrA	HJ350
1Cr-0.5Mo 1.25Cr-0.5Mo	15CrMo	H08CrMoA	HJ350
1Cr-0.5Mo-V	12CrMoV	H08CrMoVA	HJ350
2.25Cr-1Mo	Cr2Mo	H08Cr3MoMnA	HJ350、SJ101
2Cr-MoWVTiB	12Cr2MoWVTiB	H08Cr2MoWVNbB	HJ250
Mn-Mo	14MnMoV	H08MnMoA	HJ350
	18MnMoNb	H08Mn2MoA	SJ101
Mn-Ni-Mo	13MnNiMoNb	H08Mn2NiMo	HJ350、SJ101

(2)低合金耐热钢埋弧焊焊接工艺要点

①焊前准备。焊前准备主要内容是坡口加工,一般可用火焰切割法,为防止厚板火焰切割

边缘的开裂,对于所有厚度的 2.25Cr-Mo～3Cr-Mo 钢和 15mm 以上厚度的 1.25Cr-Mo 钢板,切割前应预热 150℃以上,切割边缘应机械加工并用磁粉探伤法检查是否存在表面裂纹;对于厚度为 15mm 以下的 1.25Cr-0.5Mo 钢板和厚度在 15mm 以上的 0.5Mo 钢板,切割前应预热到 100℃以上,切割边缘应机械加工并用磁粉探伤法检查是否存在表面裂纹;对于 15mm 以下的 0.5Mo 钢板,切割前可不必预热,切割边缘最好经机械加工。

低合金耐热钢埋弧焊使用碱性焊剂,为防止焊剂吸潮带入焊缝水分形成氢致裂纹,应严格执行焊剂的存放、烘干等保管制度。一般熔炼焊剂烘干温度为 400℃～450℃,烘干时间为 2～3h,保存温度为 120℃～150℃;烧结焊剂烘干温度为 300℃～350℃,烘干时间为 2～3h,保存温度为 120℃～150℃。

②预热和焊后热处理。预热是防止低合金耐热钢焊接冷裂纹和消除应力裂纹的有效措施。预热温度作为焊接工艺参数的重要组成部分应与层间温度和焊后热处理一起考虑。在大型焊接结构的制造中,对焊件进行整体预热不仅费时而且耗能。实际上对焊件进行局部预热可以取得与整体预热相近的效果。但必须保证预热区宽度大于焊件壁厚的 4 倍,且至少不能小于 150mm。为防止氢致裂纹产生,低合金耐热钢焊前预热的温度不低于表 6-21 的数值。

对于低合金耐热钢来说,焊后热处理的目的不仅是消除残余应力,更重要的是改善组织和提高接头的综合力学性能,包括提高接头的高温蠕变强度和组织稳定性,降低焊缝及热影响区硬度等。但低合金耐热钢焊后热处理的温度应尽量避开所处理钢材回火脆性敏感和对裂纹倾向敏感的温度范围。低合金耐热钢的最低焊后热处理温度见表 6-22。

表 6-21 低合金耐热钢焊前预热的温度

钢 种	厚度(mm)	温度(℃)	钢 种	厚度(mm)	温度(℃)
0.5Mo	≥20	80	1Cr-Mo-V	≥10	150
1Cr-0.5Mo	≥20	120	2Cr-MoWVTiB	所有厚度	150
1.25Cr-0.5Mo	≥20	120	Mn-Mo	≥30	150
2.25Cr-1Mo	≥10	150	Mn-Ni-Mo	≥30	150

表 6-22 低合金耐热钢的最低焊后热处理温度

钢 种	热处理温度(℃)	钢 种	热处理温度(℃)
0.5Mo	600～620	2.25Cr-1Mo	680～700
0.5Cr～0.5Mo	620～640	1Cr-Mo-V	720～740
1Cr-0.5Mo	640～680	2Cr-MoWVTiB	760～780
1.25Cr-0.5Mo	640～680		

三、奥氏体不锈钢的埋弧焊

1. 奥氏体不锈钢埋弧焊用焊丝和焊剂的匹配

埋弧焊焊接不锈钢主要应用于奥氏体不锈钢的焊接,通常适用于中厚板的焊接,有时也用于薄板。在埋弧焊中,铬、镍元素的烧损,可在焊剂或在焊丝中给予补偿。奥氏体不锈钢机械化埋弧焊的坡口结构和形式与结构钢机械化埋弧焊时相似,但应选择细焊丝和较低的焊接线能量。奥氏体不锈钢埋弧焊用焊丝和焊剂的匹配见表 6-23。

表 6-23 奥氏体不锈钢埋弧焊用焊丝和焊剂的匹配

焊 丝	焊 剂	焊 丝	焊 剂
H06Cr21Ni10 (H0Cr21Ni10)	HJ151、HJ260、SJ601、SJ641	H06Cr20Ni10Ti (H0Cr20Ni10Ti)	HJ172、HJ151、HJ260、SJ601、SJ641
H022Cr21Ni10 (H00Cr21Ni10)	HJ151、HJ260、SJ601、SJ641	H06Cr20Ni10Nb (H0Cr20Ni10Nb)	HJ172、HJ151、HJ260、SJ601、SJ641

2. 奥氏体不锈钢埋弧焊工艺要点

焊接奥氏体不锈钢的主要问题是热裂纹、脆化、晶间腐蚀和应力腐蚀。奥氏体不锈钢埋弧焊工艺要点如下：

(1) 防止热裂纹的措施

①严格限制焊缝金属中的硫（S）、磷（P）等杂质元素的含量。

②使焊缝金属产生 $\gamma+\delta$ 的两相组织具有较高的抗裂性。对于 Ni 含量<15％的 Cr18Ni8 型不锈钢，δ 铁素体在焊缝金属中含量控制在 3％～8％。

③提高焊缝金属中 Mn、Mo 的含量，降低 C、Cu 的含量。在必须保证焊缝金属为纯奥氏体组织的情况下，加入 Mn 至 4％～6％对防止奥氏体焊缝热裂纹相当有效。

④采用较小的焊接能量，如短弧焊、窄间隙焊，采用无氧焊剂等，在工艺上采取相应措施，加快熔池冷却。

(2) 防止 475℃脆化和 σ 相析出脆化的措施

①选择的焊接工艺参数，使焊接接头在 400℃～600℃和 650℃～850℃两个温度区内有较快的冷却速度。如在焊接过程中，采取反面吹风及正面及时水冷的措施，快速冷却焊缝。

②当发生脆化时，可以用热处理方法消除。600℃以上短时加热后空冷，可消除 475℃脆化，加热到 930℃～980℃急冷，可消除 σ 相脆化。

(3) 防止晶间腐蚀的措施

①选用含 Ti 或 Nb 稳定的奥氏体焊丝或超低碳焊丝，使焊缝金属的碳含量小于 0.03％。

②对于某些腐蚀介质，最经济的措施是采用使焊缝金属有少量的 δ 铁素体组织的焊丝，δ 铁素体散布在奥氏体晶粒的晶界，对减少晶间腐蚀是有效的，δ 铁素体含量的最佳范围一般控制在 4％～12％。

③采用较小的焊接线能量，多焊道，以及焊接过程中采用强制焊接接头快冷的工艺措施，缩短焊接区在 450℃～850℃的停留时间。

④对焊后不再经受 450℃～850℃加热的结构，进行固溶处理，对含稳定元素 Ti、Nb 的不锈钢采用稳定化处理。奥氏体不锈钢埋弧焊焊后热处理规范见表 6-24。

表 6-24 奥氏体不锈钢埋弧焊焊后热处理规范

热处理内容	工艺参数	热处理内容	工艺参数
完全退火	加热到 1065～1120℃，缓冷	消除应力处理	加热到 850～900℃，空冷或急冷
退火	加热到 850～900℃，缓冷	稳定化处理	加热到 850～900℃，空冷
固溶处理	加热到 1065～1120℃，水冷或急冷		

(4)防止应力腐蚀的措施

①合理地布置焊缝位置和焊接顺序、单 V 形坡口改用双 V 形坡口、适当减少坡口角度,采用较低的焊接线能量等,减少残余应力。

②采用完全退火、退火、消除应力处理等焊后热处理(见上表),可消除或减小残余应力。

③采用 $\gamma + \delta$ 的两相组织的焊缝金属,必要时采用高镍,即质量分数 $\omega(Ni)$ 为 40% 的焊缝金属。

3. 奥氏体不锈钢埋弧焊焊接工艺参数(见表 6-25)

表 6-25　奥氏体不锈钢埋弧焊焊接工艺参数

板厚(mm)	坡口形式	焊丝直径(mm)	正面焊缝			背面焊缝		
			焊接电流(A)	电弧电压(V)	焊接速度(cm/min)	焊接电流(A)	电弧电压(V)	焊接速度(cm/min)
6	I	4	400	28	80	450	30	70
9	I	4	550	29	70	600	30	60
12	V	4	450~500	34~36	50~53		34~36	47~53
16	X	4	500	32		650	32	40
20	X	4	600	32	50	800	32	40
65	U	4	480~520	36~38	43~50	550~600	36~38	42~43

四、有色金属的埋弧焊

1. 镍和镍合金埋弧焊

镍与镍基耐蚀合金是化工、石油、有色金属冶炼、航天航空、核能等工业领域中耐高温、高压、高浓度或混有不纯物等各种苛刻腐蚀环境的比较理想的金属结构材料。在镍中加入 Cr、Mo、Cu、W 等耐蚀金属元素,可获得耐蚀性优异的镍基耐蚀合金。固溶强化的镍基耐蚀合金很适合用埋弧焊接,特别是厚板,与其他焊接方法相比,焊接稀释率较高,达 30%~50%,每道焊缝较高,达 3~5mm,电弧燃烧稳定,焊缝表面光滑且无刺眼。和低碳钢、不锈钢相比,镍基耐蚀合金的焊接有奥氏体不锈钢焊接发生的相类似的问题,如有焊接热裂纹倾向、焊缝气孔、焊接接头的晶间腐蚀倾向等。

(1)焊丝与焊剂

镍和镍合金埋弧焊和熔化极气体保护焊用相同的焊丝,见《镍及镍合金焊丝》(GB/T15620—2008)。

焊剂 HJ131 可用于焊接镍基合金薄板结构,常用的焊剂还有 IncoFlux4 号、IncoFlux5 号和 IncoFlux6 号焊剂。其中 4 号焊剂是与 SNi6062、SNi6082、SNi6625[因康镍(镍-铬-铁合金)62、82、625]焊丝相匹配的焊剂,该焊剂配 SNi6062(因康镍 62)焊丝焊接因康镍 600 合金。5 号焊剂是配 SNi4060[蒙镍尔(镍-铜合金)60]焊丝的埋弧焊专用焊剂。该焊剂配 SNi4060(蒙镍尔 60)焊丝适用于蒙镍尔 400 的埋弧堆焊和对接焊,也适用于两种合金的对接接头的埋弧焊。6 号焊剂是配 SNi2061(镍 6l)、SNi6082、SNi6625(因康镍 82、625)焊丝用的埋弧焊剂,该种焊剂配 SNi2061(镍 61)焊丝适用于埋弧堆焊和镍 200、201 的对接接头的同材或异材的埋弧焊。镍基耐蚀合金埋弧焊剂有吸潮的性质,应放置在干燥容器内储存。吸潮的焊剂可以烘干,常用烘干温度 580℃～880℃,烘干时间为 2h。

(2)接头形式

埋弧焊焊接镍基耐蚀合金的典型接头形式与熔化极气体保护焊的接头形式一致,见图 6-17。接头形式的选择应尽量减少熔化金属,减少焊接变形与残余应力。各种 V 形或 V 形加垫板的单面焊接头适于厚 25mm 以下的板材的焊接。U 形坡口和双 U 形坡口适合于 20mm 以上或更厚的板材。在接头设计上应尽可能选用双 V 形坡口,以减少焊接熔化金属、减少焊接变形或残余应力。

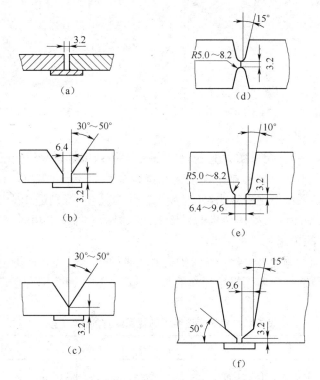

图 6-17 镍基耐蚀合金埋弧焊的典型接头形式

(3)工艺要点

镍基耐蚀合金埋弧焊前对焊件的清理是防止裂纹特别是防止气孔产生的极其重要的措施,必须严格执行。污物、油脂可用蒸汽脱脂或用丙酮清洗,油漆可用碱、专用洗涤剂清洗,标记墨水可用甲醇清洗。

当母材温度低于 15℃时,为防止空气中的湿气吸附在母材表面导致气孔产生,应将坡口两侧 250～300mm 范围内加热到 15℃～20℃。

轧制镍基合金一般不需要焊前预热,也不推荐焊后热处理,但有时为保证使用中不发生晶间腐蚀或应力腐蚀,需要焊后热处理。

对于经过弯曲、冷拔或其他复杂成形的强化合金,在焊后必须作退火热处理。对于结构复杂的强化镍基合金,为了有效地减少焊接应力,焊前预热是有利的,但预热不能代替焊后热处理。铸造镍基耐蚀合金的焊接需要预热到 100℃～250℃,以减少焊缝裂纹的倾向,焊后还需要消除应力,如采用锤击或退火消除应力。

(4)焊接工艺参数(见表 6-26)

表 6-26 对接接头镍基耐蚀合金埋弧焊典型焊接工艺参数

项 目	SNi2061(镍 61) 焊丝＋6 号焊剂	SNi4060(蒙镍尔 60) 焊丝＋5 号焊剂	SNi6082(因康镍 82) 焊丝＋4 号焊剂
母材	镍 200	蒙镍尔 400	因康镍 600
焊丝直径(mm)	1.6	1.6	1.6 或 2.4
干伸长(mm)	22～25	22～25	22～25
电源	直流恒压	直流恒压	直流恒压
极性	反	反	反
电流(A)	250	260～280	250(φ1.6) 250～300(φ2.4)
电压(V)	28～30	30～33	30～33
焊接速度(m/min)	0.25～0.30	0.20～0.28	0.20～0.28

2. 铜及铜合金埋弧焊

埋弧焊电弧热效率高、能采用大电流、对熔池的保护效果好、焊丝熔化系数大,因此具有熔深大、生产率高、变形小等明显特点。焊接铜及铜合金时,20mm 厚度以下的工件可以在不预热和不开坡口的工艺下获得优质接头,使焊接工艺大为简化,特别适用于中、厚板的长焊缝焊接。埋弧焊焊接大、中厚度大型铜结构的焊接工艺与焊接钢件基本相同。

(1)焊丝与焊剂的选择

铜及铜合金埋弧焊和熔化极气体保护焊用相同的焊丝,见《铜及铜合金焊丝》(GB/T 94600—2008)。铜及铜合金埋弧焊用焊丝的牌号见表 2-18。铜及铜合金埋弧焊用焊丝的化学成分见表 6-27。

表 6-27 铜及铜合金埋弧焊用焊丝的化学成分

焊丝牌号	焊丝型号	Cu	Sn	Si	Mn	P	Pb	Al	Zn	杂质
HS201	SCu1898 (HSCu)	≥98.0	≤1.0	≤0.5	≤0.5	≤0.15	≤0.02	≤0.01	—	总和 ≤0.50
HS202	SCu1898 (HSCu)	99.8～ 99.6	—	—	—	0.20～ 0.40	—	—	—	—
HS220	SCu4700 (HSCuZn-1)	57～61	0.5～1.5	—	—	—	≤0.05	—	余量	总和 ≤0.5
HS221	SCu6810A (HSCuZn-3)	56.0～ 62.0	0.5～1.5	0.1～ 0.5	—	—	≤0.05	≤0.01	—	总和 ≤0.50
—	SCu1898 (HSCu)	≥98.0	≤1.0	≤0.5	≤0.5	—	—	—	—	—

采用埋弧焊与电渣焊焊接铜及铜合金时,可借用焊接低碳钢所用的焊剂,如 HJ431、HJ260、HJ150 等。其中高硅锰焊剂 HJ431 工艺性能好,但氧化性较强,容易向焊缝过渡 Si、Mn 等元素,造成接头导电性、耐蚀性及塑性下降。HJ260、HJ150 氧化性较弱,和普通紫铜焊丝配合使用时,焊缝金属的延伸率可达 38%～45%,因此,对于接头性能要求较高的工件宜选用 HJ260、HJ150 或陶质焊剂。

(2)焊接工艺参数的选择

铜及铜合金的埋弧焊通常采用单道焊进行焊接。厚度小于 20～25mm 的铜及铜合金可采用不开坡口的单面焊或双面焊。厚度更大的工件最好开 U 形坡口(钝边为 5～7mm),并采用并列双丝焊接(丝距约为 20mm),以获得比较合理的焊缝,避免热裂纹的出现。在焊接紫铜时,选用较大的电流和较高的电压,可获得良好的焊缝。在焊接黄铜时,则应选择较小的电流(减少 15%～20%)和较低的电压,这样会有利于减少锌的蒸发和烧损。

紫铜焊丝的伸出长度与熔化速度无关,选择范围较大。黄铜、青铜焊丝的熔化速度随伸出长度的增大而增加,一般取 20～40mm。厚度在 20mm 以下的铜件焊前可以不预热,超过 20mm 可以局部预热至 300℃～400℃进行焊接。铜及铜合金机械化埋弧焊焊接工艺参数见表 6-28。

(3)垫板及引弧板的选择

由于埋弧焊使用的线能量较大,焊缝熔化金属多,为防止铜液的流失和获得理想的背面成形,无论是单面焊还是双面焊,反面均采用各种形式的垫板。常用的有石墨垫板、不锈钢垫板和槽型焊剂垫及布带焊剂垫等。一般紫铜、黄铜、青铜焊接时使用石墨垫板。白铜的导热率几乎和碳钢相同,有些铜镍合金的导热率甚至比碳钢还低,因而焊接时需要使用铜垫板。

厚大工件或环缝,比较适合选用焊剂垫,特别是选用柔性充气的焊剂垫。为了保证焊剂垫层有一定的透气性,以利于焊接过程中焊缝气体的析出,又不对反面成形造成很大的压力,造成焊缝底部向下凹,宜选颗粒度稍大的焊剂(2～3mm)作焊剂垫层,而焊剂垫层应有一定的厚度,一般不小于 30mm。

表 6-28　铜及铜合金机械化埋弧焊焊接工艺参数

材料	板厚 (mm)	接头、坡口形式	焊丝直径 (mm)	焊接电流 (A)	电弧电压 (V)	焊接速度 (m/h)	备　注
紫铜	5～6	对接不开坡口	—	500～550	38～42	45～40	
	10～12		—	700～800	40～44	20～15	
	16～20		—	850～1000	45～50	12～8	
	25～30	对接 U 形坡口	—	1000～1100	45～50	8～6	
	35～40		—	1200～1400	48～55	6～4	
	16～20	对接、单面焊	—	850～1000	45～50	12～8	
	25～30		—	1000～1100	45～50	8～6	
	35～40	角接 U 形坡口	—	1200～1400	48～55	6～4	
	45～60		—	1400～1600	48～55	5～3	
黄铜	4	—	1.5	180～200	24～26	20	单面焊
	4	—	1.5	140～160	24～26	25	双面焊
	8	—	1.5	360～380	26～28	20	单面焊
	8	—	1.5	260～300	28～30	22	封底焊缝
	12	—	2.0	450～470	30～32	25	单面焊
	12	—	2.0	360～375	30～32	25	封底焊缝
	18	—	3.0	650～700	32～34	30	封底焊缝
	18	—	3.0	700～750	32～34	30	第二道

续表 6-28

材料	板厚 (mm)	接头、坡口形式	焊丝直径 (mm)	焊接电流 (A)	电弧电压 (V)	焊接速度 (m/h)	备　　注
铝青铜	10	不开坡口	焊剂层厚度 (mm) 25	450	35～36	25	双面焊
	15	V形坡口	25	550	35～36	25	第一道
	15	V形坡口	30	650	36～38	20	第一道
	15	V形坡口	30	650	36～38	25	封底焊缝
	26	X形坡口	30	750	36～38	25	第一道
	26	X形坡口	30	800	36～38	20	第二道(外层)

　　为保证焊缝的始末端都具有良好的成形和性能,应在工件两端焊上铜引弧板和收弧板。也可采用石墨板作为焊缝的引弧板和收弧板。收弧板和引弧板与工件的结合要好,间隙不得大于 1mm。引弧板和收弧板的尺寸一般为 100mm×100mm×δ(δ 即工件厚度,mm)即可。

第七章 等离子弧焊与等离子弧切割

第一节 等 离 子 弧

一、等离子弧的形成

现代物理学把电离度大于 0.1％的气体归属于物质的第四态—等离子态,电弧经过压缩,弧柱横截面减小,电流密度加大,使电离程度提高,压缩电弧的弧柱较充分地处于等离子状态,因此通常把这种压缩电弧称为等离子弧。

如图 7-1 所示,等离子弧的形成是电弧通过机械压缩、热收缩和电磁收缩三种压缩效应实现的。首先电弧通过喷嘴的细孔道,由于受到孔道的约束,使弧柱的直径小于喷嘴孔径,受到"机械压缩";因喷嘴被强制水冷,使通过孔道的工作气体在贴近孔道壁处温度不可能太高,所以在孔道壁处的工作气体电离度极低,导电困难,这样就迫使带电粒子流向高温高电离度的喷孔中心集中,相当于孔道壁处的冷气流层对弧柱进一步压缩,通常称为"热收缩";带电的粒子流在弧柱中可以看成无数条平行通电的导体,在自身磁场的作用下,产生相互的吸引力,通电导体之间的距离越近,相互间的吸引力就越大,上述的机械压缩和热收缩效应使等离子弧的电流密度更大,造成的电磁吸引力更为加强,从而使弧柱进一步收缩,通常称为"电磁收缩"。

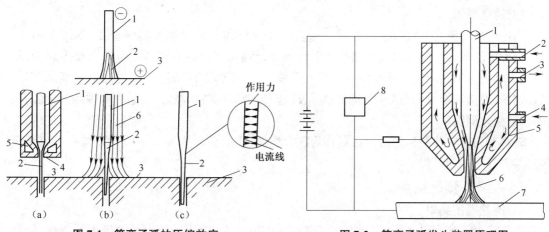

图 7-1 等离子弧的压缩效应

(a)机械压缩效应 (b)热收缩效应 (c)磁收缩效应
1. 钨极 2. 电弧 3. 工件 4. 喷嘴 5. 冷却水 6. 冷却气流

图 7-2 等离子弧发生装置原理图

1. 钨极 2. 进气管 3. 出水管 4. 进水管
5. 喷嘴 6. 弧焰 7. 工件 8. 高频振荡器

等离子弧仍是一种电弧放电的气体导电现象,目前所用的电极主要是钨极,一般采用直流正接,即钨极接负极。如图 7-2 所示为等离子弧发生装置原理图。等离子焊接、切割和喷涂时,作为产生等离子弧的气体称为等离子气。焊接等离子弧通常用氩气(Ar)为离子气,但也可以采用 95％Ar(氩)＋5％H2(氢)、75％He(氦)＋25％Ar、50％Ar＋50％He 及 100％He。在等离子弧焊接时,还需另外通入保护气体。切割等离子弧通常采用富 N2(氮)的 N2＋H2

(氢)混合气体作为离子气,也可以用 Ar+H₂、空气及水蒸气。

二、等离子弧的分类、应用及其特点

1. 等离子弧的分类、应用

根据电源电极的不同接法和等离子弧产生的形式不同,等离子弧可分为非转移型弧、转移型弧、联合型弧三种形式,如图 7-3 所示。

(1)非转移型弧

非转移型弧是钨极接负极,喷嘴接正极。等离子弧产生在钨极和喷嘴之间,然后由喷嘴喷出,如图 7-3a 所示。它依靠从喷嘴喷出的等离子焰流来加热熔化工件。但加热能量和温度较低,故不宜用于较厚材料的切割,主要用于非金属材料的切割。

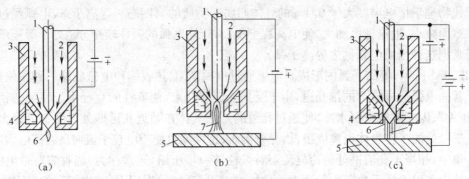

图 7-3　等离子弧的分类
(a)非转移型弧　(b)转移型弧　(c)联合型弧
1. 钨极　2. 等离子气　3. 喷嘴　4. 冷却水　5. 焊件　6. 非转移弧　7. 转移弧

(2)转移型弧

当钨极接负极,工件接正极,等离子弧产生在钨极和工件之间称转移型弧,如图 7-3b 所示。这种接法通常需先在电极和喷嘴间引燃电弧,然后再转移形成,所以叫转移型等离子弧。转移后,电极与喷嘴间的电弧就熄灭。由于阳极斑点直接落在工件上,工件热量很高,所以可用作切割、焊接和堆焊的热源,尤其在中厚板以上的金属材料切割时,均采用此种等离子弧。

(3)联合型弧

转移型和非转移型弧同时存在就称为联合型弧,如图 7-3c 所示。主要用于微束等离子焊接和粉末等离子的喷焊。

2. 等离子弧的特点

(1)能量高度集中

由于等离子弧有很高的导电性,能承受很大的电流密度,因而可以通过极大的电流,故具有极高的温度;又因其截面很小,能量高度集中,故一般等离子弧在喷嘴出口中心温度达20000K,而用于切割的等离子弧在喷嘴附近温度可达 30000K。

(2)极大的温度梯度

由于等离子弧横截面积很小(直径一般小于 3mm),从温度最高的中心到温度低的边沿,温度变化非常大,所以说其温度梯度极大。

(3)具有很强的吹力

等离子发生装置内通入的常温压缩气体,由于受到电弧的高温而膨胀,使气体压力增高,通过喷嘴细孔的气体流速甚至可超过声速,故等离子体具有较强的冲刷力。

(4)良好的电弧稳定性

由于等离子弧电离程度很高,所以放电过程稳定,弧柱呈圆柱形,挺度好,使焊件受热面积几乎不变,当弧长变化时,电弧电压和焊接电流变化都很小。

等离子弧焊接与钨极氩弧焊相比,可明显提高焊接生产率,减少填充金属用量;焊缝的深宽比大,热影响区小,适合焊接某些可焊性差的材料和双金属等;焊接电流的下限可以使用得很低,已获得0.1A以下的微束等离子弧,适合于焊接超薄工件;对焊炬高度变化的敏感性明显降低,保证焊缝成形和焊透均匀性。

等离子弧切割具有切割厚度大、切割速度高、切口宽度较窄、切口平直、热影响区小、变形小、切口质量高等优点。目前已成为切割不锈钢、耐热钢、铝、铜、钛、铸铁以及钨、锆等难熔金属的主要方法。采用非转移型等离子弧还可以切割各种非金属材料,如耐火砖、混凝土、花岗岩、碳化硅等。

等离子弧喷涂涂层的结合强度和致密性均高于火焰喷涂和一般电弧喷涂。当采用非转移型等离子弧喷涂时,工件不与电源连接,因而特别适合喷涂不导电的非金属材料。

第二节 等离子弧焊接

一、等离子弧焊的原理、特点和应用

1. 等离子弧焊接的基本原理

等离子焊接根据不同的原理可以分为穿透型等离子弧焊接、微束等离子弧焊接和熔透型等离子弧焊接三种。

(1)穿透型等离子弧焊接

穿透型等离子弧焊接也称等离子弧穿孔(小孔)焊接。它是采用转移型弧,由于压缩程度较强的等离子弧能量集中,等离子气流喷出速度较大,故穿透力很强,图7-4a是这种弧的示意图。穿透等离子弧焊接是利用等离子弧本身的高温和冲力,将工件完全熔透并在等离子流的作用下形成一个穿透工件的小孔,并由母材背面喷出,熔化金属被排挤在小孔周围,随着焊枪向前移动,熔化金属依靠其表面张力的承托,在母材正面、背两面均形成熔池,就好像在正、背面同时有电弧进行焊接一样,母材在背面也形成有焊波的焊道,如图7-4b所示。由于这类电弧刚柔适中,虽能穿透焊件(厚度8~10mm以下)但不会形成切割,只在焊接部位穿透一个小孔,即所谓"小孔效应"(小孔面积保持在7~8mm² 以下)。稳定的小孔焊接过程是焊缝完全焊透的一个标志:有利于保证焊缝完全焊透。目前,一般大电流等离子弧(100~300A)焊接大都采用该方法。

(2)微束等离子弧焊接

微束等离子弧的产生与一般等离子弧相同,但其电流仅为0.1~15A,由于电流较小,为使电弧稳定燃烧:采用了联合型等离子弧,如图7-5所示。即除了在钨极与工件之间的转移弧外,需要在整个焊接过程中始终保持钨极与喷嘴之间的非转移弧,称为"维持电弧"。它不单是为了引出转移弧,更重要的是不断提供足够数量的电离气体,以维持转移型弧。当某种原因使等离子弧中断时,可以依靠维持电弧立即使等离子弧复燃,两个电弧分别由两个电源来供电。微束等离子弧焊接的焊缝形成过程,仅是一般的熔化—凝固的过程,没有电弧的穿透过程,既

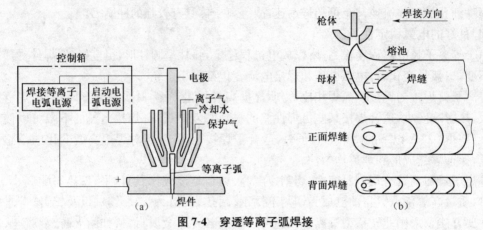

图 7-4　穿透等离子弧焊接

(a)穿透等离子弧焊接示意图　(b)穿透等离子弧焊接过程

无"小孔效应"。

(3)熔透型等离子弧焊接

熔透型等离子弧焊接是介于穿透型和微束等离子弧焊接之间的一种焊接方法。当等离子弧的离子气流量减小时,焊接时只熔透焊件,但不产生小孔效应。使用的电流范围为 15～100A,焊接时也是采用联合型等离子弧。

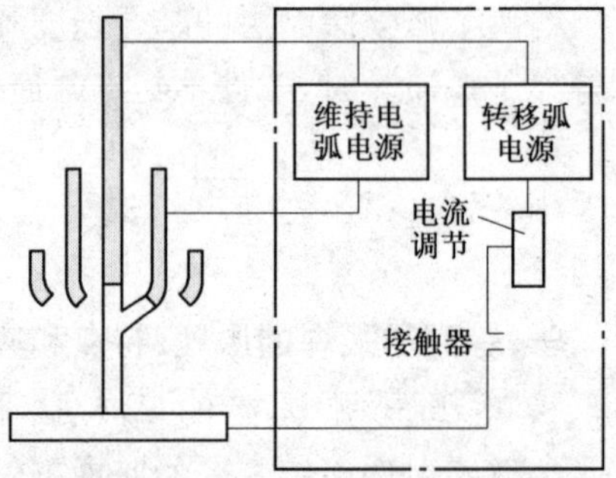

图 7-5　微束等离子焊接的联合型弧

2. 等离子弧焊接特点

①由于等离子弧的穿透性强,故对大于 8mm 或更厚一些的金属焊接可不开坡口,不加填充焊丝,穿透型等离子弧焊接目前可一次焊透 12mm 对接不开坡口的不锈钢,水平位置的钛板一次焊透 20mm。

②可在任意位置焊接不锈钢、钛、镍、铜、钨、钼、钴等金属及蒙乃尔、因科镍等特种金属。

③等离子弧焊因弧柱温度高,能量密度大,故可用比钨极氩弧焊高得多的焊接速度施焊,焊接生产率高。

④等离子弧的形态近似圆柱形,挺直度好。因而当焊接过程中弧长波动时,熔池表面的加热面积变化不大,容易获得均匀的焊缝成形。

⑤等离子弧工作稳定,特别是联合型微束等离子弧焊接时,由于电弧仍具有较平的静特性曲线,因此电弧和电源系统仍能建立稳定的工作点,保证焊接过程稳定。在生产中可用小电流(大于 0.1A)等离子弧焊接超薄物件,而钨极氩弧焊则不能。

⑥由于有保护气体的保护,焊后焊缝质量好,热影响区小,变形小。

⑦等离子弧焊接设备较复杂和昂贵,工作地需适当通风和保护。

3. 等离子弧焊接的应用

穿透等离子弧焊接最适用于焊接 3～8mm 不锈钢、钛合金(可比不锈钢更厚些),2～6mm 的低碳钢或低合金钢、铜、镍及镍基合金的不开坡口一次焊透或多层焊第一道焊缝的场合。

目前直流微束等离子焊主要用来焊接厚度在 0.01～0.5mm 的超薄板和金属丝、箔。在电子工业、仪表工业以及精密仪器制造中得到广泛的应用。

熔透型等离子弧焊可焊的焊件厚度为 0.5～3mm。此法与钨极氩弧焊相似,适用于薄板、多层焊缝的盖面及角焊缝的焊接,但生产率高于钨极氩弧焊。

二、等离子弧焊的接头形式

用于等离子弧焊接的通用接头形式为:I 形坡口、单面 V 形和 U 形坡口及双面 V 形和 U 形坡口。这些坡口形式用于从一侧或两侧进行对接接头的单道焊或多道焊。等离子弧还适合于焊接角焊缝和 T 形接头,而且均具有良好的熔透性。

厚度大于 1.6mm 且小于表 7-1 所列厚度值的工件可不开坡口,采用穿透(小孔)型等离子焊单面一次焊成。

表 7-1　等离子焊一次焊透的厚度　　　　　　　　　(mm)

材料	不锈钢	钛及钛合金	镍及镍合金	低合金钢	低碳钢
焊接厚度范围	≤8	≤12	≤6	≤7	≤8

对厚度较大的工件,需要开坡口对接焊时,与钨极氩弧焊相比,可采用较大的钝边和较小的坡口角度。第一道焊缝采用小孔法焊接,填充焊道则采用熔透法焊接。图 7-6 为等离子弧焊和钨极氩弧焊两种焊法所需 V 形坡口几何形状的比较。

焊件厚度如果在 0.05～1.6mm 之间,通常使用熔透法焊接,常用接头形式如图 7-7 所示。当焊件厚度小于 0.25mm 时,对接接头则需要卷边,如图 7-7b 所示。

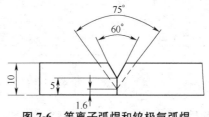

**图 7-6　等离子弧焊和钨极氩弧焊
V 形坡口形状的对比**

75°为钨极氩弧焊　　60°为等离子弧焊

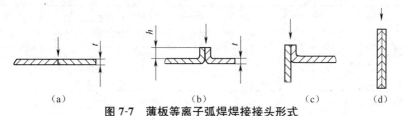

图 7-7　薄板等离子弧焊焊接接头形式

(a)I 形对接接头　(b)卷边对接接头　(c)卷边角接接头　(d)端接接头

t—板厚(0.025～1mm)　h—卷边高度(2～5mm)

三、等离子弧焊件的装配与夹紧

小电流等离子弧焊对接接头的装配要求和钨极氩弧焊相同,引弧处坡口边缘必须紧密接触,间隙不应超过被焊金属厚度的 10%,难以保证上述要求时必须填加填充金属。等离子弧焊接接头的装配和夹紧要求及允许偏差见图 7-8 和图 7-9 和表 7-2。

四、等离子弧焊的工艺参数

影响等离子弧压缩程度比较敏感的参数有:喷嘴孔径和孔道长度、钨极内缩量、焊接电流、等离子气流量、焊接速度、喷嘴端面到焊件表面的距离、保护气体及其流量等,应合理地进行选定。

(1)喷嘴孔径的选定

喷嘴孔径和孔道长度的选定,应根据焊件金属材料的种类和厚度以及需用的焊接电流值来决定。当需用的焊接电流值大时,就必须选用较大的喷嘴孔径和小的孔道长度。

(2)钨极内缩量

钨极内缩量对等离子弧的压缩性和熔透能力均有影响。在其他参数和工艺条件不变的情况下,若内缩量小,等离子弧的压缩性就弱,其熔透能力也弱。反之,内缩量过大,等离子弧的压缩性和熔透能力过强,又会造成焊缝成形恶化,产生咬边和反面焊漏等缺陷。一般取 3～6mm 为宜。

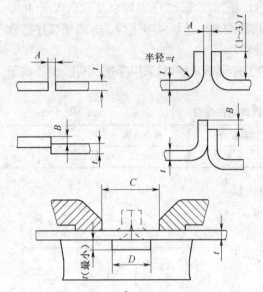

图 7-8　厚度小于 0.8mm 的薄板对接接头装配要求

t(最小)—板厚小于 0.25mm 的对接接头推荐采用卷边焊缝

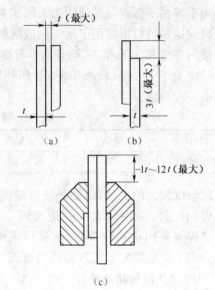

图 7-9　厚度小于 0.8mm 的薄板端面接头装配要求

(a)间隙　(b)错边　(c)夹紧距离

表 7-2　厚度小于 0.8mm 的薄板对接接头装配要求

焊缝形式	间隙 A（最大）	错边 B（最大）	压板间距 C		垫板凹槽宽 D	
			最小	最大	最小	最大
I 形坡口焊缝	0.2t	0.4t	10t	20t	4t	16t
卷边焊缝	0.6t	1t	15t	30t	4t	16t

注:1. 背面用 Ar 或 He 保护。

2. A、B、C、D 含义见图 7-8。

(3)焊接电流、离子气流量和焊接速度

在穿透型等离子弧焊接时,在一定的喷嘴结构形状和尺寸情况下,等离子弧的主要参数是焊接电流、离子气流量和焊接速度。离子气流量主要影响电弧的穿透能力,焊接电流和焊接速度主要影响焊缝的成形,特别是焊接速度对焊缝成形的影响更显著。

①焊接电流。应根据焊件厚度来选择,适当提高焊接电流,可提高穿透能力。但是电流过大则"小孔"直径过大;使熔池下坠不能形成焊缝;电流过小则不产生小孔效应。

②离子气流量。原则上应保证等离子弧具有一定程度的压缩和最小的机械吹力,即刚能吹透被焊金属。流量过小焊不透,过大会产生咬边,甚至焊穿。

③焊接速度。焊接速度增加,焊件热输入量减小,小孔直径减小,所以焊接速度不宜太快。

在生产中,焊接电流、等离子气流量和焊接速度在一定的规范区内可采用多种合理的匹配组合,均能获得满意的焊缝成形。这三个参数相匹配的一般规律是:在焊接电流一定时,要增加等离子气流量,就要相应地增大焊接速度;在等离子气流量一定时,要增加焊接速度,就要相应地增大焊接电流;在焊接速度一定时,要增加等离子气流量,就要相应地减小焊接电流。

如果这三者匹配不当,就会影响到焊缝成形和质量。但在匹配选定时,应采用能反映等离

子弧焊具有高能量密度和高生产率特点的匹配组合。否则，就失去采用这种焊接方法的意义。

（4）喷嘴端面到焊件表面距离

喷嘴端面到焊件表面的距离一般保持在 3～5mm 范围内，能保证获得满意的焊缝成形和保护效果。距离过大会使熔透能力降低；距离过小将影响到焊接过程中对熔池的观察，并易造成喷嘴上飞溅物的粘污，且易诱发双弧。

（5）保护气体

等离子弧焊时，虽然离子气体常用氩气，但由于流量小，不足以对焊接区产生有效地保护作用，因而焊接时要另加保护气体。一般焊接不锈钢或镍基高温合金，常选用纯氩或氩中加少量氢的混合气体作为保护气体；焊接钛及其合金，可用纯氩或氩氦混合气体作为保护气体；焊接铜可用氮作为保护气体。

五、双弧现象

在采用转移弧时，由于某些原因，有时除了在钨极和工件之间燃烧的等离子弧外，另外还会产生在钨极—喷嘴—工件之间燃烧的串列电弧，即双弧现象，如图 7-10 所示。双弧形成后，主弧电流降低，使正常的焊接或切割过程被破坏，严重时将导致喷嘴烧毁。防止产生双弧的措施有：正确选择电流和离子气流量；喷嘴孔道不要太长；电极和喷嘴应尽可能对中；电极的内缩量不能太大；喷嘴至工件的距离不要太近。

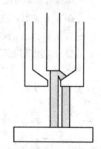

图 7-10　双弧现象

六、常用材料的等离子弧焊

1. 常用金属穿透型等离子弧焊（见表 7-3）

表 7-3　常用金属穿透型等离子弧焊

材料	厚度 （mm）	接头形式及 坡口形式	电流（直 流正接） （A）	电弧电压 （V）	焊接速度 （cm/min）	气体成分	气体流量 （L/min） 离子气	保护气体	备注①
碳钢和 低合金钢	3.2	I 形对接	185	28	30	Ar	6.1	28	小孔技术
	4.2	I 形对接	200	29	25	Ar	5.7	28	小孔技术
	6.4	I 形对接	275	33	36	Ar	7.1	28	小孔技术②
不锈钢③	2.4	I 形对接	115	30	61	Ar95％＋$H_2$5％	2.8	17	小孔技术
	3.2	I 形对接	145	32	76	Ar95％＋$H_2$5％	4.7	17	小孔技术
	4.8	I 形对接	165	36	41	Ar95％＋$H_2$5％	6.1	21	小孔技术
	6.4	I 形对接	240	38	36	Ar95％＋$H_2$5％	8.5	24	小孔技术
	9.5： 根部焊道	V 形坡口④	230	36	23	Ar95％＋$H_2$5％	5.7	21	小孔技术
	填充焊道		220	40	18	He	11.8	83	填充丝⑤
钛合金⑥	3.2	I 形对接	185	21	51	Ar	3.8	28	小孔技术
	4.8	I 形对接	175	25	33	Ar	3.5	28	小孔技术
	9.9	I 形对接	225	38	25	He75％＋Ar25％	15.1	28	小孔技术
	12.7	I 形对接	270	38	25	He50％＋Ar50％	12.7	28	小孔技术
	15.1	V 形坡口⑦	250	39	18	He50％＋Ar50％	14.2	28	小孔技术

续表 7-3

材料	厚度(mm)	接头形式及坡口形式	电流(直流正接)(A)	电弧电压(V)	焊接速度(cm/min)	气体成分	气体流量(L/min)		备注①
							离子气	保护气体	
铜和黄铜	2.4	I形对接	180	28	25	Ar	4.7	28	小孔技术
	3.2	I形对接	300	33	25	He	3.8	5	一般熔化技术⑧
	6.4	I形对接	670	46	51	He	2.4	28	一般熔化技术
	2.0(Cu70-Zn30)	I形对接	140	25	51	Ar	3.8	28	小孔技术③
	3.2(Cu70-Zn30)	I形对接	200	27	41	Ar	4.7	28	小孔技术⑥

注：①碳钢和低合金钢焊接时喷嘴高度为 1.2mm，焊接其他金属时为 4.8mm，采用多孔喷嘴。

②预热到 316℃，焊后加热至 399℃，保温 1h。

③焊缝背面须用保护气体保护。

④60°V 形坡口，钝边高度 4.8mm。

⑤直径 1.1mm 的填充金属丝，送丝速度 152cm/min。

⑥要求采用保护焊缝背面的气体保护装置和带后拖的气体保护装置。

⑦30°V 形坡口，钝边高度 9.5mm。

⑧采用一般常用的熔化技术和石墨支撑衬垫。

2. 常用金属熔透型等离子弧焊（见表 7-4）

表 7-4　常用金属熔透型等离子弧焊

材料	板厚(mm)	焊接电流(A)	电弧电压(V)	焊接速度(cm/min)	离子气Ar(L/min)	保护气(L/min)	喷嘴孔径(mm)	注
	0.025	0.3	—	12.7	0.2	8(Ar+H₂1%)	0.75	
	0.075	1.6	—	15.2	0.2	8(Ar+H₂1%)	0.75	
	0.125	1.6	—	37.5	0.28	7(Ar+H₂0.5%)	0.75	卷边焊
	0.175	3.2	—	77.5	0.28	9.5(Ar+H₂4%)	0.75	
	0.25	5	30	32.0	0.5	7Ar	0.6	
	0.2	4.3	25	—	0.4	5Ar	0.8	
	0.2	4	26	—	0.4	6Ar	0.8	
不锈钢	0.1	3.3	24	37.0	0.15	4Ar	0.6	
	0.25	6.5	24	27.0	0.6	6Ar	0.8	对接焊(背后有铜垫)
	1.0	8.7	25	27.5	0.6	11Ar	1.2	
	0.25	6	—	20.0	0.28	9.5(H₂1%+Ar)	0.75	
	0.75	10	—	12.5	0.28	9.5(H₂1%+Ar)	0.75	
	1.2	13	—	15.0	0.42	7(Ar+H₂8%)	0.8	
	1.6	46	—	25.4	0.47	12(Ar+H₂5%)	1.3	
	2.4	90	—	20.0	0.7	12(Ar+H₂5%)	2.2	手工对接
	3.2	100	—	25.4	0.7	12(Ar+H₂5%)	2.2	
	0.15	5	22	30.0	0.4	5Ar	0.6	
	0.56	4~6	—	15.0~20.0	0.28	7(Ar+H₂8%)	0.8	
镍合金	0.71	5~7	—	15.0~20.0	0.28	7(Ar+H₂8%)	0.8	对接焊
	0.91	6~8	—	12.5~17.5	0.33	7(Ar+H₂8%)	0.8	
	1.2	10~12	—	12.5~15.0	0.38	7(Ar+H₂8%)	0.8	
	0.15	3	—	15.0	0.2	8Ar	0.75	
	0.2	5	—	15.0	0.2	8Ar	0.75	
钛	0.37	8	—	12.5	0.2	8Ar	0.75	手工对接
	0.55	12	—	25.0	0.2	8(He+Ar25%)	0.75	

续表 7-4

材料	板厚 （mm）	焊接电流 （A）	电弧电压 （V）	焊接速度 （cm/min）	离子气 Ar （L/min）	保护气 （L/min）	喷嘴孔径 （mm）	注
哈斯特洛依合金	0.125	4.8	—	25.0	0.28	8Ar	0.75	对接焊
	0.25	5.8	—	20.0	0.28	8Ar	0.75	
	0.5	10	—	25.0	0.28	8Ar	0.75	
	0.4	13	—	50.0	0.66	4.2Ar	0.9	
不锈钢丝	ϕ0.75	1.7	—	—	0.28	7（Ar+$H_2$15%）	0.75	搭接时间 1s
	ϕ0.75	0.9	—	—	0.28	7（Ar+$H_2$15%）	0.75	搭接时间 0.6s
镍丝	ϕ0.12	0.1	—	—	0.28	7Ar	0.75	
	ϕ0.37	1.1	—	—	0.28	7Ar	0.75	搭接热电偶
	ϕ0.37	1.0	—	—	0.28	7（Ar+$H_2$2%）	0.75	
钽丝与镍丝	ϕ0.5	2.5	—	焊一点为 0.2s	0.2	9.5Ar	0.75	点焊
紫铜	0.025	0.3	—	12.5	0.28	9.5（Ar+$H_2$0.5%）	0.75	卷边
	0.075	10	—	15.0	0.28	9.5（Ar+He75%）	0.75	对接

3. 常用金属微弧等离子弧焊（见表 7-5）

表 7-5　常用金属微弧等离子弧焊

焊件材料	板厚 （mm）	喷嘴孔径 （mm）	接头形式	焊接电流 （A）	焊接速度 （mm/min）	离子气流量 （L/min）	保护气流量 （L/min）
不锈钢	0.03	0.8	弯边对接	0.3	130	0.3（Ar）	10（Ar+$H_2$1%）
	0.10	0.8	弯边对接	2.5	130	0.3（Ar）	10（Ar+$H_2$1%）
	0.10	0.8	平头对接	1.5	100	0.3（Ar）	10（Ar+$H_2$1%）
	0.4	0.8	平头对接	10	150	0.3（Ar）	10（Ar+$H_2$1%）
	0.8	0.8	平头对接	10	130	0.3（Ar）	10（Ar+$H_2$5%）
钛	0.08	0.8	弯边对接	3	150	0.3（Ar）	10（Ar）
	0.20	0.8	平头对接	7	130	0.3（Ar）	10（Ar）
铜	0.08	0.8	弯边对接	10	150	0.3（Ar）	10（Ar+He75%）
	0.10	0.8	弯边对接	13	200	0.3（Ar）	10（He）

七、等离子弧焊工艺实例

以 1mm 厚的不锈钢板为例，说明等离子弧焊接操作中应注意的问题。

1. 焊前准备

①采用 LH-300 型自动等离子弧焊机，焊接工艺参数见表 7-6。

表 7-6　等离子弧焊焊接 1mm 厚的不锈钢板工艺参数

材料厚度 （mm）	氩气充量 （L/min）		焊接电流 （A）	电弧电压 （V）	焊接速度 （mm/min）	钨极直径 （mm）	喷嘴孔长/ 喷嘴孔径 （mm）	钨极 内缩量 （mm）	喷嘴至 工作距离 （mm）
	离子气	保护气							
1	1.9	15	100	19.5	930	2.5	2.2/2	2	3~3.4

②首先清除焊缝正反面两侧 20mm 范围内的油、锈及其他污物，至露出金属光泽，并再用丙酮清洗该区。

③为保证焊接过程的稳定性，装配间隙、错边量必须严格控制，装配间隙 0~0.2mm，错边量≤0.1mm。

④进行定位焊,采用上表所列的焊接工艺参数进行定位焊,也可采用手工钨极氩弧焊进行定位焊。定位焊缝应以中间向两头进行,焊点间距 60mm 左右,定位焊缝长约 5mn 左右,定位焊后焊件应矫平。

2. 操作要点

薄板的等离子弧焊可不加填充焊丝,一次焊接双面成形。由于板较薄可不用穿透型等离子弧焊接,而采用熔透型等离子弧焊接。

①将工件水平夹固在定位夹具上,以防止焊接过程中工件的移动。为保证焊透和背面成形,可采用铜垫板。

②调整好焊接的各工艺参数。在焊前要检查气路、水路是否畅通;焊炬不得有任何渗漏;喷嘴端面应保持清洁;钨极尖端包角为 30°~45°。

③由于采用不加填充焊丝的焊接,焊缝的熔化区域比较小,等离子弧的偏离,将严重影响背面焊缝的成形和产生未熔合等缺陷,故要求等离子弧严格对中。焊接前要进行调正。可通过引燃维持电弧,通过小弧来对准焊缝。

④引弧焊接,在焊接过程中应注意各焊接工艺参数的变化。特别要注意电弧的对中和喷嘴到工件的距离,并随时加以修正。

⑤收弧停止焊接,当焊接熔池达到离焊件端部 5mm 左右时,应按停止按钮结束焊接。

八、常见的等离子弧焊缺陷及防止措施

等离子弧焊缝的缺陷可分为表面缺陷和内部缺陷两大类,其中以咬边、气孔、裂纹为最常见。

1. 咬边

等离子弧焊接,不加填充金属时最容易出现咬边,等离子弧焊缝咬边缺陷可分为单侧和双侧咬边。

产生咬边的原因有:离子气流量过大,电流过大或焊速过高;焊炬在施焊时向一侧偏斜;装配错边,坡口两侧边缘高低不平,则使高位一侧发生咬边;电极与压缩喷嘴不同心;采用多孔喷嘴时,两侧辅助孔位置偏斜;在焊接磁性材料时,电缆连接位置不当,导致磁偏吹,造成单侧咬边。

预防咬边产生的措施包括:对焊接工艺参数应进行逐项检查,找出最佳方案进行焊接;调整电极与压缩喷嘴的同心度,并将电极对准焊缝位置中心;正确连接电缆线,防止出现磁偏吹;对焊件的装配错位处进行修整。

2. 裂纹

裂纹的产生与被焊金属的材质成分、物理性能和冶金性能有关,在焊接过程中,胎具、卡具对焊件拘束力过大,气体保护不善也是产生裂纹的直接原因。裂纹的防止措施包括:对焊件焊前预热和保温;改善气体保护条件;调整焊接热输入,适当降低胎、卡具对焊件造成的拘束力。

3. 气孔

等离子弧焊出现的气孔常见于焊缝根部。产生气孔的原因有:焊件在焊前清理不彻底;焊接速度过高,当焊接电流和电压一定时,焊接速度过高会产生气孔,穿透型等离子弧焊接时甚至会产生贯穿焊缝方向的长气孔;电弧电压过高;填充金属丝送进速度过快;起弧和收弧时工艺参数配合不当。防止气孔产生的主要措施是调整等离子弧焊的焊接工艺参数,使焊接电流、电弧电压、焊接速度、送丝速度等处于最佳状态,同时还应注意彻底做焊前清理。在施焊时,随时注意调整焊炬位置,使之适当后倾。

第三节　等离子弧切割

一、等离子弧切割的原理、特点和应用

1. 等离子弧切割的原理

等离子弧切割原理与氧-乙炔焰切割原理有本质上的不同。它主要是依靠高温高速的等离子弧及其焰流作热源，把被切割的材料局部熔化及蒸发，并同时用高速气流将已熔化的金属或非金属材料吹走，随着等离子弧割炬的移动而形成狭窄切口的一个过程。这与氧-乙炔焰主要依靠金属氧化和燃烧来实现切割的实质是完全不同的。因此，它可以切割用氧-乙炔焰所不能切割的所有材料。

切割金属用的等离子弧是转移型弧，能量集中，温度及热效率都很高，尽管由于在切口断面上、中、下各部分的温度分布是不太均匀的，但它作为一种切割金属的热源还是比较理想的。

2. 等离子弧切割的特点和应用

①可以切割任何黑色和有色金属。等离子弧可以切割各种高熔点金属及其他切割方法不能切割的金属，如不锈钢、耐热钢、钛、钼、钨、铸铁、铜、铝及其合金。切割不锈钢、铝等厚度可达 200mm 以上。

②可切割各种非金属材料。采用非转移型电弧时，由于工件不接电，所以在这种情况下能切割各种非导电材料，如耐火砖、混凝土、花岗石、碳化硅等。

③切割速度快、生产率高。在目前采用的各种切割方法中，等离子切割的速度比较快，生产率也比较高。例如，切 10mm 的铝板，速度可达 200～300m/h；切 12mm 厚的不锈钢，割速可达 100～130m/h。

④切割质量高。等离子弧切割时，能得到比较狭窄、光洁、整齐、无粘渣、接近于垂直的切口，而且切口的变形和热影响区较小，其硬度变化也不大。

等离子弧切割存在的问题有：设备比氧-乙炔切割复杂、投资较大；电源的空载电压较高，应注意安全；等离子弧切割时产生的气体对人体健康有害，在操作时应注意通风。

二、等离子弧切割工艺

1. 等离子弧切割工艺参数

等离子弧切割的主要工艺参数为空载电压、切割电流和工作电压、气体流量、切割速度、喷嘴到工件距离、钨极端部到喷嘴的距离。

①空载电压。为使等离子弧易于引燃和稳定燃烧，一般空载电压约在 150V 以上。切割厚度在 20～80mm 范围内，空载电压须在 200V 以上。若切割厚度更大时，空载电压可达 300～400V。由于空载电压较高，需特别注意操作安全。

②切割电流和工作电压。这两个参数决定等离子弧的功率。提高功率可以提高切割厚度和切割速度。但是，如果单纯增加电流，会使弧柱变粗、割缝变宽，喷嘴也容易烧坏。为防止喷嘴的严重烧损，对不同孔径的喷嘴有其相应的许用极限电流见表 7-7。

表 7-7　不同孔径的喷嘴对应的许用极限电流

喷嘴孔直径(mm)	2.4	2.8	3.0	3.2	3.5	>4.0
许用最大电流(A)	200	250	300	340	360	>400

　　用增加等离子弧的工作电压来增加功率,往往比增加电流有更好的效果,这样不会降低喷嘴的使用寿命。工作电压可以通过改变气体成分和流量来实现。氮气的电弧电压比氩气高,氢气的散热能力强,可提高工作电压。但是,当工作电压超过空载电压的65%时,会出现电弧不稳的现象,故提高空载电压才能最大限度地提高工作电压。等离子弧的切割功率主要依据切割材料的种类和厚度来选择,见表7-8。

表 7-8 等离子弧切割功率的选择

材 料	切割厚度(mm)	选用切割功率(kW)	选用气体
铝	<50	<70	
	<100	<80	
	>100	>100	
不锈钢	<50	<75	氮气
	<100	<100	
	>100	>120	
铜	<20	<30	
	>50	>80	

　　③气体流量和切割速度。气体流量和切割速度选择不当,会使切口和工件产生毛刺(或称粘渣、熔瘤)。如图7-11所示,在切割不锈钢时,由于熔化金属流动性差,不易被气流吹掉,又因为不锈钢导热性差,切口底部容易过热,没有被吹

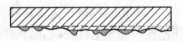

图 7-11 切口底部形成的毛刺

掉的熔化金属与切口底部熔合在一起,从而形成不易剔除的非常坚韧的毛刺。毛刺的形成除了与等离子弧的功率大小有关外,主要与气体流量和切割速度有关。

　　a. 气体流量对切割质量的影响。增加气体流量,有利于提高生产率和切割质量。但是气体流量过大,一方面高速气流带走了部分热量,另一方面也会造成电弧不稳,影响切割质量。一般切割100mm以下的不锈钢,气体流量为2500～3500L/h;切割 100～250mm 时,气体流量为 3000～8000L/h。引弧时气流量为400～800L/h。

　　b. 切割速度对切割质量的影响。在电弧功率不变的情况下,提高切割速度能提高生产率,并能使割缝变窄,热影响区缩小。合适的切割速度能消除割口背面的毛刺。但切割速度过大,使电

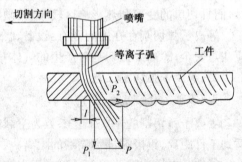

图 7-12 切割速度过大形成毛刺的原因
P—电弧吹力 P_1—电弧吹力的垂直分力
P_2—电弧吹力的水平分力 l—割缝的后拖量

弧吹力出现水平分量,使熔化金属沿切口底部向后流,形成毛刺,甚至造成割不透,如图7-12所示。增加切割速度会导致切口变斜,在一般情况下,切口倾斜角不大于3°是允许的。但如果切割速度过低,造成切口下端过热,甚至熔化,也会造成毛刺。若割件已被切透,又无粘渣,即使切口下部有适当的后拖量,也表明切割速度是正常的。切割速度对切割质量的影响见表7-9。

表 7-9 等离子弧切割速度对切割质量的影响

切割电流（A）	工作电压（V）	切割速度（m/h）	割缝宽度（mm）	割缝表面质量
160	110	60	5.0	少渣
150	115	80	4.0～5.0	无渣
160	110	104	3.4～4.0	光洁无渣
160	110	110	—	有渣
160	110	115	—	割不透

④喷嘴与工件的距离。合适的距离既能充分利用等离子弧功率，也有利于操作。一般不宜过大，否则切割速度下降，切口变宽。但距离过小，易引起喷嘴与工件短路。对于切割一般厚度的工件，距离以 6～8mm 为宜。当切割厚度较大的工件时，距离可增大到 10～15mm。割炬与切割工件表面应垂直，有时为了有利于排除熔渣，割炬也可以保持一定的后倾角。

⑤钨极端部与喷嘴的距离。钨极端部与喷嘴的距离也称为钨极内缩量，钨极内缩量是一个很重要的参数，它极大地影响着电弧压缩效果及电极的烧损。内缩量越大，电弧压缩效果越强。但内缩量太大时，电弧稳定性反而差。内缩量太小，不仅电弧压缩效果差，而且由于电极离喷嘴孔太近或者伸进喷孔，使喷嘴容易烧损，而不能连续稳定地工作。为提高切割效率，在不致产生"双弧"及影响电弧稳定性的前提下，尽量增大电极的内缩量，一般取 8～11mm 为宜。

在等离子弧切割时，为了防止双弧的产生（见图 7-10），除应设计合理的喷嘴外，还应正确选择切割参数，尤其要保证切割电流、气体流量、和切割速度匹配得当，同时还应选择好喷嘴到工件的距离。

2. 等离子弧气体的选择

目前等离子弧切割在生产中通常采用的工作气体有氮气、氮＋氢和氮＋氩。氩气和氢气通常不单独作为切割的工作气体，氮、氢、氩中任意两种气体混合使用可以获得更好的效果。另外也有使用压缩空气作为产生等离子弧介质的空气等离子弧切割，空气等离子弧切割与一般等离子弧切割相比较具有操作灵便、安全、切割范围广、切割速度快和节约电能等优点，但由于采用空气作为离子气，因而电极在工作中要受到氧化，所以不能使用一般的钨电极，必须采用锆或铪电极，并要制成镶嵌形式，便于装卸更换。

采用空气等离子弧切割方式，可切割 4～60mm 厚的低碳钢板，对厚 10mm 板的切割速度可达 3m/min。另一种功率为 4.4kW 的空气等离子弧切割机，用于切割 0.6～10mm 厚的低碳钢板。压缩空气的压力为 0.5MPa，电流为 20A 或 40A，空载电压为 260V，切割电压为 110V。国外近几年生产的空气等离子弧切割机大多已采用逆变式电源。

使用氮-氢混合气体进行切割时，为保证引弧容易，一般应先开通氮气，引燃电弧后再打开氢气阀。由于氢气是一种易燃烧的气体，与空气混合很容易爆炸，所以储存氢气的钢瓶应专用，严禁用装氧气的瓶子改装。再者，通氢气的管路、接头、阀门一定不能漏气。在切割结束时，应先关闭氢气阀。

一般等离子弧切割采用的离子气体种类及其切割效果见表 7-10。

表 7-10　等离子弧切割采用的离子气体种类及其切割效果

工件厚度(mm)	气体种类	空载电压(V)	切割电压(V)	切割情况	备　注
≤120	N₂	250～350	150～200	可以	常用
≤150	N₂＋Ar(N₂　10%～80%)	200～350	120～200	很好	切口较好
≤200	N₂＋H₂(N₂　50%～80%)	300～500	180～300	尚好	大厚度切割用
≤200	Ar＋H₂(H₂　0～35%)	250～500	150～300	很好	薄、中、厚板都可用

三、常用材料的等离子弧切割

1. 不锈钢的等离子弧切割（见表 7-11）

表 7-11　不锈钢的等离子弧切割

割件厚度 (mm)	喷嘴孔径 (mm)	工作电压 (V)	工作电流 (A)	氮气流量 (L/h)	切割速度 (m/h)	割缝宽度 (mm)
12	2.8	120～130	200～210	2300～2400	130～157	4.2～5
16	2.8	120～130	210～220	2800～3000	85～95	4.5～5.5
20	2.8	120～130	230～240	2600～2700	70～80	4.5～5.5
25	3.0	125～135	260～280	2500～2700	45～55	5～6
30	3.0	125～135	260～280	2500～2700	35～40	5.5～6.5
40	3.2	140～145	320～340	2500～2700	28～35	6.5～8
45	3.2	145	320～340	2400～2500	20～25	6.5～8
100	4.5	140	380	(H₂ 和 Ar 混合 35∶65)3000	4.5	—

2. 铝和铝合金的等离子弧切割（见表 7-12）

表 7-12　铝和铝合金的等离子弧切割

厚度 (mm)	电焊机串联台数	喷嘴孔径 (mm)	空载电压 (V)	工作电流 (A)	工作电压 (V)	氮气流量 (L/h)	切割速度 (m/h)
12	3	2.8	215	250	125	4400	＞84
21	3	3.0	230	300	130	4400	75～80
25	3	3.0	230	300	130	4400	70
34	3	3.2	240	350	140	4400	35
80	3	3.5	245	350	150	4400	10

3. 铸铁、紫铜和其他材料的等离子弧切割（见表 7-13）

表 7-13　铸铁、紫铜和其他材料的等离子弧切割

材料	割件厚度 (mm)	喷嘴孔径 (mm)	工作电压 (V)	工作电流 (A)	氮气流量 (L/h)	切割速度 (m/h)
紫铜	18	3.5	96	330	1570	30
紫铜	38	3.5	106	364	1570	11.3
铬钼钢	85	3.5	110	300	1050	5
铸铁	130	4.5	160	355	(H₂∶Ar＝15∶85) 2300	3.6
钼板	5	2.4	85	190	2200	75
钨板	3	2.4	80	160	1760	30

四、常见的等离子弧切割质量和切割缺陷及防止措施

1. 小厚度板的切割质量

等离子弧切割的切口宽度比氧-乙炔焰切割的切口宽 1.5～2 倍,随板厚增大,切口宽随之增大。等离子弧切割一般切口的上部比下部切去的金属多,使切口端面略微倾斜,上部边缘一股呈方形,但有时稍呈圆形。

对于板厚在 25mm 以下的不锈钢或铝,应采用小电流等离子弧切割,其切口的平直度较高。特别是切割 8mm 以下的板材时,可以切出小的棱角,甚至不需加工就可以直接进行焊接,而大电流等离子弧切割难以做到。小电流等离子弧切割为薄板的不规则曲线下料及切割非规则孔提供了新的途径。如切割含镁 5% 的铝合金时,虽然在切口表面存在约 0.25mm 厚的熔化层,但切口表面的化学成分并没有改变,也未出现氧化物,若用切割表面直接进行焊接可以得到致密的焊缝。

等离子弧切割不锈钢,由于受热区很快通过晶间腐蚀的温度范围,使碳化铬不会沿晶界析出,因而用等离子弧切割不锈钢不会影响其耐腐蚀性能。

2. 大厚度板的切割质量

生产中已采用等离子弧切割 100～200mm 厚的不锈钢板,为保证大厚度板的切割质量,必须注意以下工艺措施:

①随切割厚度的增加,需熔化的金属量也增加,因而要求增大等离子弧的功率。切割厚度为 80mm 以上板材时,功率一般在 50～100kW。为减少喷嘴与钨极的烧损,在相同功率时,应以提高等离子弧的切割电压为宜。为此,在切割大厚度板时,要求切割电源的空载电压在 220V 以上。

②要求等离子弧呈细长形、挺直性好,而且弧柱维持高温的距离要长。即轴向温度梯度要小,弧柱上温度分布要均匀。这样使切口底部能得到充足的热量以保证割透。同时,在切割大厚度板时,采用的等离子气应为热熔值高、热传导率大的氮、氢混合气体。

③预热。预热时间应根据被割材料的性能和厚度而定,对于不锈钢,当工件厚度为 200mm 时,应预热 8～20s,当厚度为 50mm 时,要预热 2.5～3.5s。大厚度工件切割开始后,要等沿工件厚度方向都割透后再移动割炬,实现连续切割。收尾时,要等完全割开后才断弧。

④由于等离子弧功率较大,因而在转弧时,由小电弧转为转移型等离子切割电弧(大电弧),使得电流发生突变,往往会引起转弧过程中电弧中断、喷嘴烧坏等现象。因此,要求切割设备必须有可靠的电流递增装置;也可以在切割回路中串入限流电阻(约 0.4Ω),以降低转弧时的电流值,然后再将电阻短路。等离子弧切割大厚度工件的切割工艺参数见表 7-14。

表 7-14 等离子弧切割大厚度工件的切割工艺参数

材料	厚度 (mm)	空载电压 (V)	切割电流 (A)	切割电压 (V)	功率 (kW)	切割速度 (m/h)	气体流量 (L/h)		气体混合比 (%)		喷嘴直径 (mm)
							氮	氢	氮	氢	
铸铁	100	240	400	160	64	13.2	3170	960	77	23	5
	120	320	500	170	85	10.9	3170	960	77	23	5.5
	140	320	500	180	90	8.56	3170	960	77	23	5.5
不锈钢	110	320	500	165	82.5	12.5	3170	960	77	23	5.5
	130	320	550	175	87.5	9.75	3170	960	77	23	5.5
	150	320	440～480	190	91	6.55	3170	960	77	23	5.5

3. 防止切口熔瘤的措施

等离子弧切口的表面质量介于氧-乙炔焰切割和带锯切割之间,当板厚在 100mm 以上时,则会由于较低的切割速度下熔化较多的金属而造成粗糙的切口。等离子弧切割时切口的缺陷有:上表面切口呈圆形,上表面有熔瘤,上表面粗糙;侧面呈凹形或凸形;背面边缘呈圆形,背面有熔瘤,背面粗糙等。

等离子弧切割不锈钢时,消除熔瘤是保证切割质量的较为关键的问题。消除熔瘤的具体措施如有:保证钨极与喷嘴的同心度;保证等离子弧有足够的功率;选择合适的气流量和切割速度;避免双弧的产生。

双弧的存在导致喷嘴的迅速烧损,轻者则会改变喷嘴孔道的几何形状,从而破坏电弧的稳定,影响切割质量;重者则导致喷嘴烧毁而漏水,迫使切割过程中断。

当喷嘴结构确定时,电流过大,会导致双弧。采用混合气体时,引起双弧的临界电流降低。适当地加大气体流量,双弧形成的可能性减小。采用切向进气的等离子弧发生器,也有利于防止双弧的形成。

钨极和喷嘴不同心常常是导致双弧的主要原因。喷嘴冷却不良,温度提高,或表面有氧化物粘污,或金属飞溅物沾粘形成垂瘤、凸起物时,也是造成双弧的原因。

第八章　焊接应力和焊接变形

第一节　焊　接　应　力

一、焊接应力及其分布

1. 焊接应力

应力定义为材料单位面积上所承受的附加内力。焊接构件由焊接而产生的内应力称为焊接应力。焊接应力实质上包括热应力、相变应力、装配应力和焊接残余应力等方面。

(1)热应力

热应力又称为温度应力，是在对焊件不均匀加热和冷却过程中所产生的应力。热应力与焊件的加热温度、加热不均匀程度、焊件的刚度以及焊件材料的热物理性能等因素有关。

(2)相变应力

相变应力也称为组织应力，是在金属发生相变时，由于体积发生变化而引起的应力。例如熔化焊时，焊缝金属由奥氏体转变为珠光体或转变为马氏体时，都会发生体积膨胀，这种膨胀受到周围金属的约束，结果在焊件内部产生应力。

(3)装配应力

焊接结构或构件在装配和安装过程中产生的应力。例如紧固螺栓的紧固、夹具的夹持、模具和胎具等均可引起装配应力。

(4)焊接残余应力

指焊后残留在焊件内的焊接应力。按照焊接应力在空间的方向可分为单向、双向和三向应力。一般来说，焊接残余应力属于单向应力的情况是很少的。薄板对接时，可以认为是双向应力，大厚度焊件的焊缝，三个方向焊缝的交叉处以及存在裂纹、夹渣等缺陷处通常出现三向应力。三向应力使材料的塑性降低、容易导致脆性断裂，是一种最危险的应力状态。

2. 焊接残余应力的分布

(1)薄板焊接件焊接残余应力的分布

薄板焊接残余应力可分为平行于焊缝纵向应力和垂直于焊缝的横向应力。

①纵向残余应力的分布。如图 8-1 为长板对接焊后横截面上的纵向应力即沿焊缝方向应力 σ_x 的分布图。低碳钢、普通低合金钢和奥氏体钢焊接结构中，焊缝及其附近的压缩塑性变形区内的 σ_x 为拉应力，其数值除焊件尺寸过小外一般达到材料的屈服点 σ_s。自由状态下焊接钛合金和铝合金构件，σ_x 与焊接规范有关，一般约为 $0.5 \sim 0.8\sigma_s$。

圆筒环形焊缝所引起的纵向(沿圆筒切向)应力的分布规律与平板

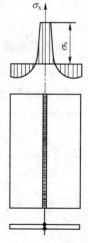

图 8-1　长板对接焊后横截面上的纵向应力 σ_x 的分布

对接焊缝有所不同,如图 8-2 所示。其数值取决于圆筒直径、厚度以及焊接压缩塑性变形区的宽度,一般环缝上的纵向应力 σ_x 随圆筒直径的增大而增大,同时随塑性变形区的扩大而降低。当圆筒直径不断增大,σ_x 的分布也逐渐与平板对焊焊缝相似。

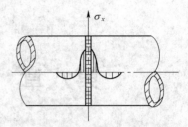

图 8-2　圆筒环形焊缝的纵向应力 σ_x 的分布

②横向残余应力的分布。横向残余应力即垂直焊缝方向的应力 σ_y 的分布,为焊缝及其附近塑性变形区的纵向收缩引起的 $\sigma_{y'}$ 和因焊接方向和焊接顺序不同所引起的 $\sigma_{y''}$ 两方面的合成。如图 8-3 所示,平板对接时,焊缝截面中心上的 $\sigma_{y'}$ 在焊缝两端为压应力,在焊缝中间为拉应力,并且与对接焊缝的长度有关。

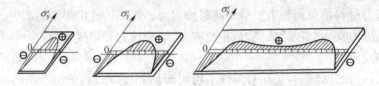

图 8-3　不同长度平板对接焊时 σ_y' 的分布

如图 8-4 所示,按图 8-4a 中箭头方向焊接时,$\sigma_{y''}$ 在焊缝两端为拉应力,在焊缝中间为压应力,若按图 8-4b 箭头方向焊接时,$\sigma_{y''}$ 的分布正好与图 8-4a 情况相反。σ_y 为 $\sigma_{y'}$ 和 $\sigma_{y''}$ 两者的叠加。一般,分段焊法的 σ_y 有多次正负反复,拉应力峰值高于直通焊。

(2)厚板焊接件残余应力的分布

厚板焊接接头中除纵向和横向残余应力外,还存在厚度方向的残余应力 σ_z,σ_z 在厚度方向上的分布状况与焊接工艺方法密切相关。在多层焊时,焊缝表面的 σ_x 和 σ_y 比中心部位大,σ_z 数值与 σ_x 和 σ_y 相比较小,可能为压应力,也可能为拉应力。

(3)在拘束状态下焊接残余应力的分布

与自由状态不同,如图 8-5 中板的对接焊缝中段的横向收缩因受到框架的阻碍,将出现附加的横向应力 σ_f,这部分应力在整个框架上平衡,故称为反作用内应力。反作用内应力 σ_f 与 σ_y(自由状态时的横向应力)叠加形成以拉应力为主的应力分布。

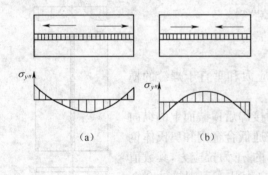

图 8-4　不同焊接方向时 σ_y'' 的分布
(a)由中心向两端　(b)由两端向中心

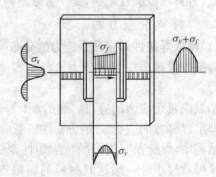

图 8-5　拘束状态下的焊接应力的分布

（4）相变残余应力分布

焊接高强度钢时,热影响区和与母材金属化学成分相近的焊缝金属发生奥氏体转变为马氏体的相变,比容增大。由于相变温度较低,此时材料已处于弹性状态,焊件中将出现相变应力。相变时的体积膨胀不仅会在长度方向上引起纵向压应力,还会在厚度方向上引起压应力,上述两个方向的相变膨胀,可以在某些部位引起相当大的横向拉应力,这是产生冷裂纹的原因之一。

3. 焊接应力的危害性

（1）引起裂纹的产生

焊接应力是形成各种焊接裂纹的原因之一。在温度、金属组织状态和焊接结构拘束程度等各种因素的相互作用下,当焊接应力达到一定值时,就会形成热裂纹、冷裂纹或再热裂纹。其结果造成了焊接结构的潜在危险。

（2）造成应力腐蚀开裂

应力腐蚀开裂是拉应力和化学腐蚀共同作用下产生裂缝的现象,在一定材料和介质的组合下发生。应力腐蚀开裂所需的时间与应力大小有关。一般拉应力越大,应力腐蚀开裂的时间就越短。在腐蚀介质中工作的焊接结构,如果具有拉伸残余应力,就会造成应力腐蚀开裂。

（3）降低结构的承载能力

焊接结构中的焊接残余应力与工作应力叠加后,对结构的刚度、稳定性和疲劳强度构成直接影响。当焊接应力超过材料的屈服点时,将会造成该区域的拉伸塑性变形。降低了结构的强度、稳定性和刚度,实际上降低了结构的承载能力和使用性能。

（4）使焊接结构焊后加工精度和尺寸稳定性受到影响

机械加工把焊件一部分材料切除时,此处的焊接残余应力也被释放,这样焊接内应力的原来平衡状态被破坏,焊件产生变形,使加工精度受到影响。

对于组织稳定的低碳钢和奥氏体钢焊接结构在室温下应力松弛较微弱,焊接残余内应力随时间变化较小,焊件尺寸比较稳定。对于如 20CrMnSi、30Cr13(3Cr13)、12CrMo 和铝合金等焊后产生不稳定组织的材料,由于不稳定组织随时间而转变,因而内应力变化较大,焊件尺寸的稳定性就差。

二、焊接应力的降低和调整

焊接应力对焊接性差的金属,往往是引起焊接裂纹的原因之一,即使焊接性良好的一般低碳钢,如果结构刚性太大,而且焊接顺序和方法不当,在焊接过程中也会发生焊接应力造成的裂纹。因而在焊接时应设法减少和调整焊接应力,焊后要消除焊接残余应力。

1. 设计措施

①在焊缝设计方面,应尽量减少焊缝的数量和尺寸,采用填充金属少的坡口形式。

②焊缝布置应避免过分集中,焊缝与焊缝之间应保持足够的距离,如图 8-6 所示。尽量避免三轴交叉的

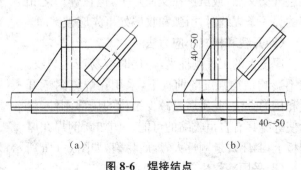

图 8-6　焊接结点

(a)不合理　(b)比较合理

焊缝,如图8-7所示。不应把焊缝布置在工作应力最严重的区域。

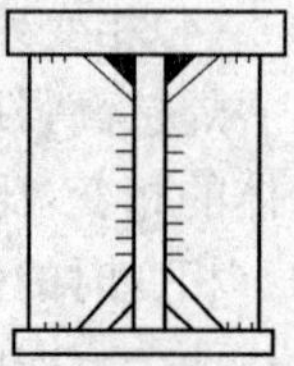

③采用刚度较小的接头形式,降低焊缝的拘束程度,使焊缝能自由地收缩。在残余应力的区域内,应当避免几何不连续性,避免应力集中。

2. 工艺措施

(1)采用合理的焊接顺序和方向

①平面上的焊缝在焊接时,要保证焊缝的纵向和横向收缩都比较自由,而不是受先焊完焊缝的较大约束。例如焊对接焊缝时,从中间依次向两自由端进行焊接时,使焊缝能较好地自由收缩。再如大型容器底部钢板的拼接,可先焊所有的横向焊缝Ⅰ,再焊所有的纵向焊缝Ⅱ,并从中间依次向外进行焊接,如图8-8所示。

②收缩量最大的焊缝应先焊,因为先焊的焊缝收缩时受阻较小,故应力较小。一个结构上既有对接焊缝,又有角接焊缝,应先焊对接焊缝,因为对接焊缝的收缩量较大。例如工字梁的焊接顺序,首先焊腹板的对接焊缝,然后焊翼板的对接焊缝,最后焊腹板和翼板的角焊缝,如图8-9所示。

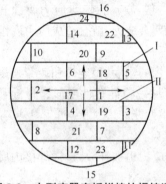

图8-8 大型容器底板拼接的焊接顺序
Ⅰ. 横焊缝 Ⅱ. 纵焊缝

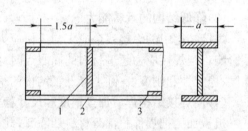

图8-9 工字梁的焊接顺序
1. 腹板焊缝 2. 翼板焊缝 3. 腹板和翼板的角接焊缝

③在对接平面上带有交叉焊缝的接头时,必须采用保证交叉点部位不易产生缺陷的焊接顺序。例如,T字焊缝和十字焊缝应按图8-10所示的焊接顺序,才能使焊缝收缩比较自由,避免在焊缝交点处产生裂纹。同时应注意焊缝的起弧和收尾避开交叉点,或虽然在交叉点上,但在焊与之相交的另一条焊缝时,引弧和收尾处事先应被铲净。

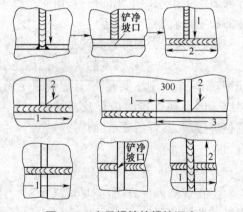

图8-10 交叉焊缝的焊接顺序

(2)开缓和槽减小应力法

厚度大的工件刚性大,焊接时容易产生裂纹。在不影响结构强度的前提下,采用在焊缝附近开缓和槽的方法,其实质是减少结构的局部刚性,尽量使焊缝具有自由收缩的可能。例如圆钢焊在厚钢板上,封闭焊缝刚性大,焊后易裂,如图8-11a所示,采取8-11b的措施即可避免。

(3)采用冷焊法

冷焊法的原理是使整个结构上的温度分布尽可能均匀,即焊缝和高温受热区的宽度尽可

図中 右上角:
图8-7 工字梁
肋板接头

能窄些,温度尽可能低些。这样收缩所造成的应力就可以小些,采用较小的焊接线能量、合理的焊接顺序和操作方法可以实现上述要求。采用冷焊法的具体做法是:采用小直径焊条、小电流多层多道无摆动焊接法;每次焊接的焊缝长度要短些;尽可能提高焊接环境温度。

(4)焊前预热

通常焊前预热是减少焊件焊接应力的最普遍的方法。预热的目的是使焊接部分的金属和周围基本金属的温差减小,达到焊缝和母材同时冷却收缩的目的,从而可以减少焊缝金属的拉伸,降低焊接内应力。

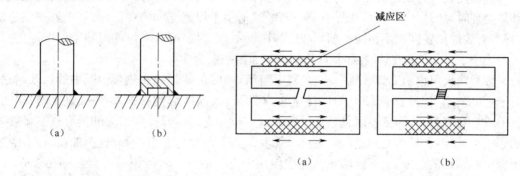

图 8-11　开缓和槽减小应力法　　　　图 8-12　加热"减应区"法示意图
(a)未开减应力槽　(b)开减应力槽　　　(a)加热减应区时　(b)焊接后

(5)采用加热"减应区"法

在焊接刚性较大的焊缝之前,选择焊件的适当部位进行低温或高温加热,使之产生膨胀,然后焊接刚性较大的焊缝。焊缝冷却时,被加热区也冷却,两者同时收缩,使焊接应力大大降低,这种方法就称为加热"减应区"法。被加热的部位叫减应区,在焊缝收缩时它起到了补偿作用。焊接结构不同,减应区的位置也不同,具体的结构要通过具体分析确定。如图 8-12 为采用加热"减应区"法的示意图。

(6)降低接头的刚度

焊接封闭焊缝或刚度较大的焊接接头时,可采用反变形法来降低接头的刚度,以减少焊后的残余应力。如图 8-13 所示,在焊接镶块的封闭焊缝时可采用翻边和压凹的措施,从而减少焊缝的拘束度。

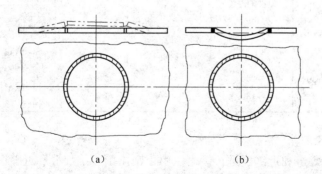

图 8-13　降低局部刚度减少焊接残余应力
(a)平板少量翻边　(b)镶块压凹

三、消除焊接残余应力的方法

焊后热处理是消除焊接残余应力最有效的方法。此外,还可以采用机械方法消除焊接残余应力,通常采用锤击法、施加外力法(机械拉伸法、温差拉伸法)和振动法。

1. 焊后热处理法

焊后热处理是把焊件整体或局部(焊接接头)均匀地加热到一定温度、保温一段时间、然后冷却的过程。通过焊后热处理可以达到下述目的:其一,改善焊接接头的组织和性能,使淬硬区软化,降低硬度,提高冲击韧性和蠕变极限,防止焊接结构的脆性破坏;其二,使焊接残余应力松弛,防止产生延迟裂纹,提高焊件的可靠性和寿命;其三,提高焊接接头的抗腐蚀性能。

焊后热处理常用的方法有高温回火、正火及提高铬镍不锈钢耐腐蚀性能的固熔处理。局部热处理时,加热区的宽度,从焊缝中心至每侧不小于焊缝宽度的 3 倍,而且随着加热方法的不同,有效加热宽度也不相同。加热和冷却速度不宜过快,应力求焊件内外壁温度均匀,其温差不大于 50℃。对于厚壁容器其加热和冷却速度一般为 50℃～150℃/h。

焊后回火可以消除焊接残余应力、稳定组织,同时可使焊缝和热影响区中的氢及时逸出。对于强度较高、淬硬倾向较大的焊接接头,焊后回火还能起到提高塑性和韧性的作用。在 300℃ 以下的回火称为低温回火。低温回火适用于预先经过淬火和回火的具有较高硬度构件的焊后热处理,其目的是防止产生裂纹。低温回火不能降低原有的硬度,不能改善加工性能,不会引起结构的变形,也不能防止结构在使用中发生变形。将碳钢和低合金钢在 400℃ 左右回火,称为中温回火。回火温度为 500℃～650℃,称为高温回火。高温回火和中温回火,主要用来提高焊接接头的冲击韧性和消除焊接残余应力,也可以降低焊缝硬度,改善机械加工性能。高温回火和中温回火时,其结构可能会发生变形,对于精加工后的结构不宜采用。单一的中温回火只适用于工地拼装的大型普通低碳钢容器的组装焊缝,可以达到部分消除残余应力和去氢的目的。对于重要结构,要求提高焊接接头的塑性和韧性时,必须采用先正火随后立即高温回火的热处理方法,既能消除内应力和改善接头组织,又能提高接头的韧性和疲劳强度。

正火用来改善钢的组织、细化晶粒和均匀化学成分,从而提高焊接接头的各种机械性能。

固熔处理是将铬镍不锈钢加热至 920℃～1150℃,并以较快的速度冷却,从而消除晶间腐蚀,使焊接接头的耐腐蚀性能提高。固熔处理一般是整体均匀加热,而不采用局部加热方法。

焊后热处理方法和热处理规范,应根据结构材料、焊缝化学成分和焊件的用途来选择(见表8-1)。

表 8-1　常用低合金钢的焊后热处理规范

钢材牌号	需要热处理焊件的厚度(mm)	热处理温度(℃)	保温时间(min/mm)	说　明
Q345(16Mn、16MnCu)	≥30	550～650	3～4	1. 厚度指焊件的最大厚度
Q390(15MnV、15MnTi)	≥30	600～650	3～4	2. 消除内应力的保温时间按接头最大厚度计算
Q420(15MnVN、15MnTiCu)	≥30	600～650	3～4	3. 碳钢焊后消除内应力温度可
Q490(14MnMoV、18MnMoNb)	≥30	620～680	4～5	略低于 550℃,但保温时间应延长

2. 锤击法

焊件焊完后,沿焊缝和近缝区进行锤击。由于锤击引起了焊缝和近缝区的延伸变形,补偿了高温时产生和积累的压缩塑性变形,故焊接残余应力得以部分消除。但由于锤击同时对金属具有加工硬化作用,会引起金属的硬化。第一层焊缝因处在比较严重的应力状态下,锤击时易破裂。为避免硬化的影响,一般规定最后一层焊缝边不进行锤击。这样就大大降低了用锤击法来消除应力的效果。

3. 施加外力的方法

即把已经焊好的整体结构,根据实际工作情况进行加载,使结构的内应力接近屈服极限,然后卸载,能够达到部分消除焊接残余应力的目的。如容器结构在焊后进行水压试验,能消除部分残余应力。

第二节 焊 接 变 形

一、焊接变形的种类

焊件由焊接产生的变形称为焊接变形。焊接变形可分为局部变形和整体变形两大类。局部变形指仅发生在焊接结构的某一局部,如角变形、波浪形;整体变形指焊接时产生的遍及整个结构的变形,如弯曲变形和扭曲变形。焊接变形按变形的基本形式可分为:

1. 收缩变形

在收缩变形中,变形又可分为纵向缩短和横向缩短。如图 8-14a 所示的两板对接焊以后发生了长度缩短和宽度变窄的变形,这种变形是由于焊缝的纵向收缩和横向收缩引起的。

2. 角变形

如图 8-14b 所示,V 形坡口对接焊后发生了角变形,这种变形是由于焊缝截面上宽下窄,使焊缝的横向收缩量上大下小而引起的。

3. 弯曲变形

焊接梁及柱产生的弯曲变形的主要原因是焊缝的位置在构件上不对称时引起的。如图 8-14c 所示的 T 型梁,焊缝位于梁的中心线下方,焊后由于焊缝纵向收缩造成了弯曲变形。

4. 波浪变形

波浪变形又称失稳变形,主要出现在薄板焊接结构中,产生的原因是由于焊缝的纵向收缩对薄板边缘造成了压应力;另一种是由于焊缝的横向收缩造成了角变形,如图 8-14d 所示。

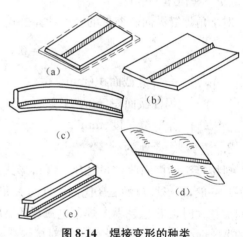

图 8-14 焊接变形的种类

(a)收缩变形 (b)角变形
(c)弯曲变形 (d)波浪变形 (e)扭曲变形

5. 扭曲变形

扭曲变形如图 8-14e 所示。由于装配质量不好,工件搁置不当,焊接顺序和焊接方向不合理,都可能引起扭曲变形,但根本原因还是由于焊缝的纵向收缩和横向收缩所致。

通过上述分析,说明了焊后焊缝的纵向收缩和横向收缩是引起各种变形和焊接应力的根本原因。同时还说明,焊缝的收缩能否转变成各种形式的变形还和焊缝在结构上的位置、焊接顺序和焊接方向以及结构的刚性大小等因素有直接的关系。

二、焊接残余变形的估算方法

1. 纵向残余变形的估算

细长构件如梁、柱等纵向焊缝所引起的纵向收缩量 ΔL 取决于焊缝的长度 L、截面积 F、焊接工艺参数和焊接工艺。在同样的焊接工艺参数下预热会增加收缩量 ΔL,只有在很高温度的

整体预热下,才能使 ΔL 减少。单道焊缝的纵向收缩量 ΔL 可由下式粗略估算:

$$\Delta L = 0.86 \times 10^{-6} q_v L \ (\text{mm})$$

式中　q_v——焊接线能量（J/cm）；

　　　L——焊缝长度（mm）。

$$q_v = \frac{\eta U I}{\upsilon}(\text{J/cm})$$

式中　U——焊接电压（V）；

　　　I——焊接电流（A）；

　　　η——电弧热效率（焊条电弧焊为 0.7～0.8，埋弧焊为 0.8～0.9，CO_2 焊为 0.7）；

　　　υ——焊接速度（cm/s）。

对于单道焊缝、多道焊缝也可以采用经验估算公式计算其纵向收缩量 ΔL 为:

$$\Delta L = 0.006 \times \frac{l}{\delta} \ (\text{mm})$$

式中　l——焊缝长度（mm）；

　　　δ——板厚（mm）。

对于角焊缝纵向收缩量的经验计算公式为:

$$\Delta L = 0.05 \times \frac{A_w l}{A} \ (\text{mm})$$

式中　A_w——角焊缝截面积（mm^2）；

　　　A——焊件截面积（mm^2）；

　　　l——角焊缝长度（mm）。

2. 横向收缩量的估算

对接接头的横向收缩量 ΔB 与坡口形式、板厚、焊接线能量、金属材料的物理性能等因素有关。一般，V 形坡口的 ΔB 比同厚度的 X 形坡口和双 U 形坡口对接接头的要大。坡口角度和间隙越大时，ΔB 也越大。焊条电弧焊的 ΔB 值比埋弧焊的大。高能量密度束流焊如电子束焊的 ΔB 远小于常用的熔化焊。板对接焊缝横向收缩量的经验计算公式为:

$$\Delta B = 0.18 \times \frac{A_w}{\delta} + 0.05b \ (\text{mm})$$

式中　δ——板厚（mm）；

　　　A_w——焊缝截面积（mm^2）；

　　　b——坡口根部间隙（mm）。

角焊缝的横向收缩量 ΔB 小于对接接头的横向收缩量。角焊缝横向收缩量计算公式为:

$$\Delta B = C \frac{K^2}{\delta}(\text{mm})$$

式中　C——系数，单面焊时 $C = 0.075$，双面焊时 $C = 0.083$；

　　　K——焊脚尺寸（mm）；

　　　δ——翼板厚度（mm）。

3. 焊缝纵向收缩引起的弯曲变形

偏离构件截面中性轴的纵向焊缝不仅会引起构件的纵向收缩，还会引起构件的弯曲，如图

8-15 所示,焊缝纵向收缩造成的挠度可以按下式估算:

$$f = 0.86 \times 10^{-6} \times \frac{e q_v l^2}{8I} \text{(mm)}$$

式中　e——焊缝塑性变形中心(一般取焊缝中心)与截面中性轴的距离(mm);

　　　　q_v——焊接线能量(J/cm);

　　　　l——构件纵向焊缝长度(mm);

　　　　I——构件截面惯性矩(mm^4)。

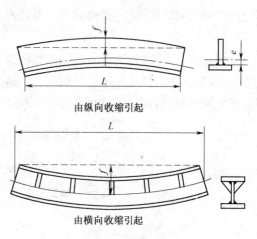

由纵向收缩引起

由横向收缩引起

图 8-15　弯曲变形

4. 角变形的估算

对接接头的角变形随坡口角度增大而增大。一般,多层焊的角变形比单层焊要大,多道焊的角变形比多层焊要大。焊接 X 形坡口,先焊的一面的角变形一般大于后焊一面的角变形。对接接头的角变形对于单层埋弧自动焊、电渣焊及电子束焊的焊缝都比较小。

T 形接头的角变形取决于角焊缝的焊脚尺寸 K 和板厚δ。如图 8-16 为低碳钢和铝镁合金 T 形接头的角变形 β 与 δ 以及 K 的关系图,可按该图估算 T 形接头的角变形。

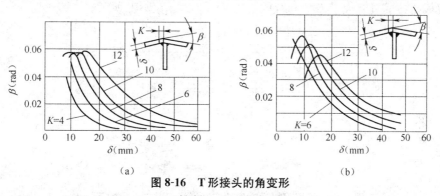

（a）　　　　　　　　　　　　　　　　　　　　（b）

图 8-16　T 形接头的角变形

(a)低碳钢　　(b)铝镁合金

三、防止焊接变形的措施

为了减少和防止焊接变形,一是设计合理的焊接结构;二是采取适当的工艺措施。

设计合理的焊接结构包括合理安排焊缝位置,减少不必要的焊缝;合理选择焊缝的形状和尺寸等。如对于梁、柱一类结构,为减少其弯曲变形,应尽量使焊缝对称布置。焊缝的形状和尺寸不仅关系到焊接变形,而且还决定焊接工作量的大小,如常用于肋板与腹板连接的角焊缝,焊脚的尺寸不宜过大。下表为低碳钢焊接时最小焊脚尺寸的推荐值。焊接低合金钢时,因对冷却速度比较敏感,焊脚尺寸可稍大于表 8-2 中的推荐值。

表 8-2　低碳钢最小焊脚尺寸　　　　　　　　　　　(mm)

板厚	≤6	7～13	19～30	31～35	51～100
最小焊脚	3	4	6	8	10

注:表中板厚指两被焊钢板中较薄者。

在焊接时采取适当的工艺措施,具体包括反变形法、利用装配顺序和焊接顺序控制焊接变形、热调整法、对称施焊法、刚性固定法及锤击焊缝法等。

1. 反变形法

在焊前进行装配时,为抵消或补偿焊接变形,先将工件向与焊接变形的相反方向进行人为的变形,这种方法叫做反变形法。如图 8-17 为 8～12mm 厚的钢板 V 形坡口单面对焊时,如将工件预先反向斜置,焊接后,由于焊缝本身的收缩,使焊件恢复到预定的形状和位置。

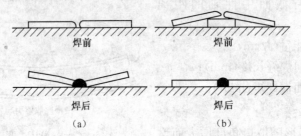

图 8-17　8～12mm 厚的钢板对接焊反变形法
(a)没有反变形　(b)采取反变形法

一般在对较大刚性的工件下料时,也可将构件制成预定大小和方向的反变形。如桥式起重机的主梁焊后要引起下挠的弯曲变形,而对桥式起重机的主梁,要求在焊后应具有 $L_k/1000$ 的上挠(L_k—桥式起重机的跨度)。通常采用腹板预制上拱的方法来解决,在下料时,应预先把两块腹板拼接成具有大于 $L_k/1000$ 的上拱顶(f_m),如图 8-18 所示。

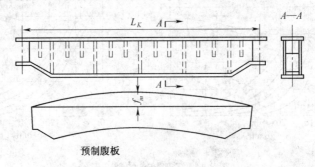

预制腹板

图 8-18　采用下料反变形法控制桥式起重机主梁的下挠度

2. 利用装配顺序和焊接顺序控制焊接变形

同样的焊接结构如果采用不同的装配、焊接顺序,焊后产生的变形则不相同。为正确地选择装配顺序和焊接顺序,一般应依照下述原则:

①收缩量大的焊缝应当先焊。结构中既有对接焊缝,又有角焊缝,则应先焊对接焊缝,后焊角焊缝。一般来说对接焊缝比角焊缝的收缩量大。

②采取对称的焊接顺序,能有效地减少焊接变形,如图 8-19 所示。

③长焊缝焊接时,应采取对称焊、逐步退焊、分中逐步退焊、跳焊等焊接顺序(见表 4-4)。

3. 热调整法

焊接变形主要是由于不均匀加热造成的。若能减少焊接热影响区的宽度,降低不均匀加热的程度,就会有利于减少焊接变形。减少受热区宽度的工艺措施有:小电流快速不摆动焊代替大电流慢速摆动焊;小直径焊条代替大直径焊条;多层焊代替单层焊;采用线能量高的焊接方法,如用二氧化碳气体保护焊代替焊条电弧焊等。

采取强制冷却来减少受热区的宽度和焊前预热减少焊接区的温度和结构的温度差,均能达到减少焊接变形的目的。强制冷却,可将焊缝四周的焊件浸在水中,也可用铜块增加焊件的热量损失。但强制冷却的方法对淬火倾向大的钢材不适用,容易引起裂纹。对于焊接性较差的材料,如中碳钢、铸铁等通常采用预热来减少焊接变形和焊接应力。

4. 对称施焊法

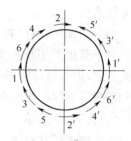

图8-19　圆筒体对称焊焊接顺序

对于对称焊缝,可以同时对称施焊,少则2人,大的结构可以多人同时施焊,使所焊的焊缝相互制约,使结构不产生整体的变形。如在安装现场组合钢架大梁时,采用效果较好的方法是双人对称焊,能有效地防止大梁的角变形。图8-19为圆筒体的环缝焊接,由两名焊工采取对称施焊的焊接顺序。

5. 刚性固定法

一般刚性大的构件,焊后变形都较小。如果焊接之前能加大焊件的刚性,构件焊后的变形就可以减小,这种防止变形的措施称为刚性固定法。加大刚性的办法有:夹具和支撑、专用胎具,临时将焊件点固在刚性平台上,采用压铁等。

图8-20为薄板拼接时用刚性固定法防止波浪变形,其方法是:先将2～3mm厚的钢板在平台上对好,然后用焊条电弧焊点固;再在焊缝两侧放上压铁,压铁离焊缝越近越好,每块压铁重约30kg;焊接时采取分段退焊法,焊后完全冷却,撤去压铁,铲去临时点固焊缝,这样就可避免变形。

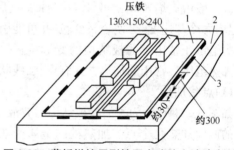

图8-20　薄板拼接用刚性固定法防止波浪变形
1. 工件　2. 平台　3. 临时焊缝

刚性固定法对减少变形很有效,并且在焊接时可以不考虑焊接顺序。但焊后撤除固定仍有较小的变形。由于在焊接时,焊件不能自由变形,所以焊接残余应力较大,故不能用于高碳钢和淬硬性大的合金钢的焊接。

6. 锤击焊缝法

用圆头小锤敲击焊缝金属,能促使焊缝金属塑性变形,使焊缝适当地延展,以补偿焊缝的缩短,避免和减少焊接应力及焊接变形。敲击时应注意:底层和表面焊缝一般不捶击,以免焊缝金属表面冷作硬化;其余各层焊缝焊完一层后立刻捶击,保证捶击在热状态下进行,因为这时金属具有较高的塑性,捶击时必须均匀,直至将焊缝表面捶到出现均匀致密的麻点为止。捶击一般采用1～1.5磅重的手锤,其端部的圆弧半径为3～5mm。

在实际生产中防止变形的方法很多,应用时往往不是单独使用,而是几种方法结合使用,才能获得控制焊接变形的最好效果。

四、焊接变形的矫正

尽管焊接结构在焊接的过程中采取了一些防止变形的措施,但在焊后仍会出现焊接变形。如果焊件产生了超出技术要求所允许的变形时,就必须给予矫正。常用的矫正方法有机械矫正法和火焰矫正法。各种矫正方法就其本质来说,都是设法造成新的变形去抵消已经产生的焊接变形。

1. 机械矫正法

机械矫正法是利用机械力的作用来矫正变形。可采用辊床、液压压力机、矫直机和锤击方法等。机械矫正的基本原理是将焊件变形后尺寸缩短的部分加以延伸，并使之与尺寸较长的部分相适应，恢复到所要求的形状，因此只有对塑性材料才能适用。

如图 8-21 为利用机械矫正法矫正弯曲变形的实例。对于薄板波浪形变形，主要是由于焊缝区的纵向收缩所致，因而沿焊缝进行锻打，使焊缝得到延伸即可达到消除薄板焊后波浪变形的目的。

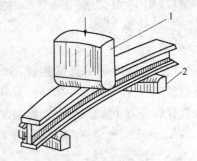

图 8-21　机械矫正法
1. 压头　2. 支承

2. 火焰矫正法

火焰矫正法是利用气焊火焰在焊件适当的部位加热，利用金属局部的收缩所引起的新变形，去矫正各种已产生的焊接变形，从而达到使焊件恢复正确形状、尺寸的目的。火焰矫正法主要用于低碳钢和低合金钢，一般加热温度在 600℃～800℃，不应超过 850℃，但温度太低时矫正的效果不显著。气焊火焰一般采用中性焰。一般说火焰矫正的效果与工件加热后的冷却速度关系不大，但增大冷却速度，会使金属变脆，并可能引起裂缝。

火焰矫正常用于薄板结构的变形矫正，关键在于选择加热位置和加热范围。常用的加热方式有点状、线状和三角形加热三种。

(1)点状加热

如图 8-22 所示，为了消除板结构的波浪变形，可在凹起或凸出部位的四周加热几个点。加热处的金属受热膨胀，但周围冷金属阻止其膨胀，加热点的金属便产生塑性变形；然后在冷却过程中，在加热处的金属体积收缩，将相邻的冷金属拉紧，这样凹凸部位周围各加热点的收缩就能将波浪形拉平。加热点的大小和数量取决于板厚和变形的大小。板厚时，加热点的直径要大些；板薄时，要小些，但不应小于 15mm。变形量大时，点距要小些，在 50～100mm 范围内。

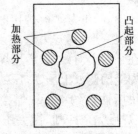

图 8-22　点状加热

(2)线状加热

加热火焰作直线运动，或者同时作横向摆动，从而形成一个加热带。线状加热主要用于矫正角变形和弯曲变形。首先找出凸起的最高处，用火焰进行线状加热，加热深度不超过板厚的三分之二，使钢板在横向产生不均匀的收缩，从而消除角变形和弯曲

图 8-23　均匀弯曲厚钢板线状加热矫正法

变形。如图 8-23 所示为均匀弯曲厚钢板线状加热矫正实例，在最高处进行线状加热，加热温度为 500℃～600℃，当第一次加热未能完全矫平时，可再加热，直到矫平为止。

对于直径和圆度都有严格要求的厚壁圆筒，矫正方法是在平台上用木块将圆筒垫平竖放。先矫正圆筒的周长，当周长过大时，用两个气焊火焰同时在筒体内、外沿纵缝进行线状加热；每加热一次，周长可缩短 1～2mm。矫正椭圆度时，先用样板检查，如圆筒外凸，则沿该处外壁进行线状加热，若一次不行，可再次加热，直至矫圆为止。如圆筒弧度不够，则沿该处内壁加热。

如图 8-24 为厚壁圆筒火焰矫正时的加热位置。

（3）三角形加热

加热区呈三角形，利用其横向宽度不同产生收缩不同的特点矫正变形。三角形加热常用于矫正厚度较大、刚性较大的构件的弯曲变形，可用多个气焊火焰同时进行加热。如 T 形梁由于焊缝不对称产生弯曲时，可在腹板外缘处进行三角形加热，如图 8-25 所示。若第一次加热还有上拱，则进行第二次加热，第二次加热应选在第一次加热区之间。

火焰矫正是一项技术性很强的操作，要根据结构特点和矫正的变形情况，确定加热方式和加热位置，并能目测控制加热区的温度，才能获得较好的矫正效果。

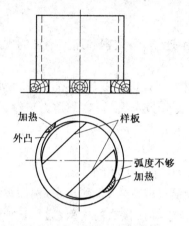

图 8-24 厚壁圆筒矫圆

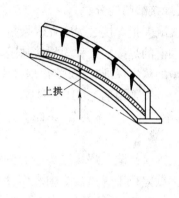

图 8-25 三角形加热法
矫正 T 形梁的弯曲

3. 强电磁脉冲矫正法

强电磁脉冲矫正法又称为电磁锤法。其过程如下：把一个由绝缘的圆盘形线圈（电磁锤）放置于待矫正处：如图 8-26 所示，从已充电的高压电容向线圈放电，于是在线圈与工件的间隙中出现一个很强的脉冲电磁场。由此产生一个比较均匀的压力脉冲，使该处产生反向变形。

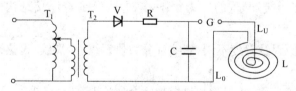

图 8-26 电磁锤工作原理图

T_1. 调压器　T_2. 高压变压器　V. 整流元件　R. 限流元件

C. 贮能电容器　G. 隔离间隙　L. 矫形线圈　L_0. 传输电缆

强电磁脉冲矫正法适用于导电系数高的材料如铝、铜等板壳结构的矫形，对导电系数低的材料则需在工件与电磁锤之间放置铝或铜质薄板。强电磁脉冲矫正法的优点是：工件表面没有锤击的锤痕；矫正所需的能量可精确控制，从而达到精确控制矫正形状的目的；无需挥动锤头，可以在比较窄小的空间内工作。

第九章　焊接缺陷和焊接检验

第一节　焊接缺陷

一、焊接缺陷的分类

焊接缺欠指焊接过程中在焊接接头中产生金属的不连续、不致密和连接不良的现象。超过规定限值的焊接缺欠称为焊接缺陷。

我国的国家标准《金属熔化焊接头缺欠分类及说明》(GB/T6417.1—2005)、《金属压力焊接头缺欠分类及说明》(GB/T6417.2—2005)将焊接缺欠分为六大类：第一类为裂纹；第二类为孔穴；第三类为固体夹杂；第四类为末熔合和未焊透；第五类为形状和尺寸不良；第六类为其他缺欠。

根据焊接缺陷在焊接接头中的位置，焊接缺陷可分为内部缺陷和外部缺陷。

外部缺陷位于焊接接头的表面，用肉眼或低倍放大镜可以观察、检测出来，例如焊缝尺寸偏差、焊瘤、咬边、弧坑及表面气孔、裂纹等。内部缺陷位于焊接接头的内部，通常必须借助检测仪器或破坏性试验才能发现，例如未焊透、未熔合、气孔、裂纹及夹渣等。

二、焊接缺陷的产生原因、危害和防止措施

1. 裂纹

裂纹是指在焊接应力及其他致脆因素共同作用下，焊接接头中局部地区的金属原子结合力遭到破坏而形成的新界面所产生的缝隙。裂纹是最危险的焊接缺陷，裂纹末端的尖锐缺口和大长宽比的特征，将引起严重的应力集中，严重地影响着焊接结构的使用性能和安全可靠性。

根据裂纹产生的原因及温度不同，裂纹可分为热裂纹、冷裂纹、再热裂纹、层状撕裂等。

(1)热裂纹

热裂纹是指在焊接过程中，焊缝和热影响区金属冷却到固相线附近的高温区产生的焊接裂纹。热裂纹较多的贯穿在焊缝表面，在弧坑中产生的裂纹多为热裂纹。宏观见到的热裂纹，其断面有明显的氧化色彩。微观观察，焊接热裂纹主要沿晶粒边界公布，属于沿晶界断裂性质。综合考虑热裂纹产生的原因、裂纹的形态、裂纹产生的温度区间，可将热裂纹分为结晶裂纹和高温液化裂纹两大两类。

①结晶裂纹。焊缝金属在结晶过程中，处于固相线附近的范围内，由于凝固金属的收缩，残余液相补充不足，在承受拉力时，致使沿晶界开裂。这种在焊缝金属结晶过程中产生的裂纹称结晶裂纹。结晶裂纹主要出现在含杂质硫、磷、硅较多的碳钢、单相奥氏体钢、铝及其合金焊缝中。

②高温液化裂纹。液化裂纹主要是晶间层出现液相，并由应力作用而产生的。这种类型的裂纹多产生于含铬镍的高强钢、奥氏体钢的热影响区。

　　产生热裂纹的主要原因是,焊缝金属中含硫量较高,形成硫化铁,硫化铁与铁作用形成低熔点共晶。在焊缝金属凝固过程中,低熔点共晶物被排挤到晶间面形成液态间膜。当受到拉伸应力作用时,液态间膜被拉断而形成热裂纹。

　　防止热裂纹的措施是:控制焊缝中有害杂质含量,特别是硫、磷、碳的含量,也就是控制焊件及焊丝中的硫、磷含量,降低碳含量;选择合适的焊接规范,适当提高焊缝成形系数;采用碱性焊条或焊剂,可有效地控制有害杂质含量;采用多层多道焊可避免产生中心线偏析;收弧时注意填满弧坑等。

　　(2)冷裂纹

　　焊接接头冷却到较低温度下(对于钢来说在 Ms 温度以下)时产生的焊接裂纹称冷裂纹。冷裂纹是一种在焊接低合金高强度钢、中碳钢、合金钢时经常产生的一种裂纹。冷裂纹与热裂纹的主要区别是:

　　①冷裂纹在较低的温度下形成。冷裂纹一般在 200℃～300℃ 以下形成;冷裂纹不是在焊接过程中产生的,而是在焊后延续到一定时间后才产生。如果钢的焊接接头冷却到室温后并在一定时间(几小时、几天、甚至十几天以后)才出现的冷裂纹就称为延迟裂纹。

　　②冷裂纹多在焊接热影响区内产生。沿应力集中的焊缝根部所形成的冷裂纹称为焊根裂纹。沿应力集中的焊趾处所形成的冷裂纹,称为焊趾裂纹。在靠近堆焊焊道的热影响区内所形成的裂纹称为焊道下裂纹。冷裂纹有时也在焊缝金属内发生。一般焊缝金属的横向裂纹多为冷裂纹。冷裂纹与热裂纹相比,冷裂纹的断口无氧化色。

　　产生冷裂纹的主要条件有三个,即焊接应力、淬硬组织及氢的影响因素(扩散氢的存在和聚集)。

　　防止冷裂纹的措施主要应从降低扩散氢含量、改善接头组织和降低焊接应力等方面考虑。具体措施为:焊前预热和焊后缓冷可降低焊后冷却速度,避免淬硬组织,减小焊接应力;采取减少氢来源的工艺措施,焊条、焊剂严格按规范烘干,随用随取;认真清理坡口及其两侧的油污、铁锈、水分及污物等;采用低氢型药皮焊条,提高焊缝金属的抗裂能力;采用合理的焊接工艺,正确选用焊接工艺参数以及焊后热处理,以改善焊缝及热影响区的组织和性能,去氢和减少焊接应力,焊后热处理可改善接头组织,消除焊接残余应力;采用合理的装焊顺序,以改变焊件的应力状态等。

　　(3)再热裂纹

　　再热裂纹是指焊后焊件在一定温度范围内再次加热(消除应力热处理或其他加热过程)而产生的裂纹。高温下工作的焊件,在使用过程中也会产生这种裂纹。尤其是含有一定数量的铬、钼、钒、钛、铌等合金元素的低合金高强度钢,在焊接热影响区有产生再热裂纹的倾向。再热裂纹一般位于母材的热影响区中,往往沿晶界开裂,在粗大的晶粒区,并且是平行于熔合线分布。

　　产生再热裂纹的原因是:焊接时,在热影响区靠近熔合线处被加热到 1200℃ 以上时,热影响区晶界的钒、钼、钛等的碳化物熔于奥氏体中;当焊后热处理重新加热,加热温度在 500℃～700℃ 的范围内时,这些合金元素的碳化物呈弥散状重新析出,晶粒内部强化,而晶界相对地被削弱。这时,若焊接接头中存在较大的焊接残余应力,而且应力超过了热影响区熔合线附近金属的塑性,便产生了裂纹。

　　防止再热裂纹产生的措施如下:焊前工件应预热至 300℃～400℃,且应采用大规范进行施焊；改进焊接接头形式，合理地布置焊缝，减小接头刚度，减小焊接应力和应力集中，如将 V 形坡口改为 U 形坡口等；选择合适的焊接材料。在满足使用要求的前提下，选用高温强度低于母材的焊接材料，这样在消除应力热处理的过程中，焊缝金属首先产生变形，对防止再热裂纹的产生就十分有利；合理选择消除应力热处理的温度和工艺，比如：避开再热裂纹敏感的温度，加热和冷却尽量慢，以减少温差应力，也可以采用中间回火消除应力措施，以使接头在最终热处理时有较低的残余应力。

（4）层状撕裂

层状撕裂指在焊接时，在焊接结构中沿钢板轧层形成的呈阶梯状的一种裂纹。层状撕裂是一种低温裂纹，主要在厚板的 T 形接头或角形接头里产生，见图 9-1。

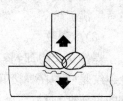

图 9-1　层状撕裂

层状撕裂往往在整个结构焊接完毕以后才产生，一旦产生层状撕裂，就要大面积更换钢板，有时甚至整个结构报废。

层状撕裂产生的原因是：在轧钢过程中，钢中的非金属夹杂物（硫化物、硅酸盐）被轧成薄片状，呈层状分布。由于这些片状的夹杂物与金属的结合强度很低，在焊后冷却时，焊缝收缩在板厚的方向上造成一定的拉应力，或者在板厚的方向上有拉伸荷载作用，使片状夹杂物与金属剥离，随着拉应力的增加形成了沿轧层的裂纹；随后沿轧层的裂纹之间的金属又在剪切作用下发生剪切破坏，形成与上述沿轧层的裂纹相垂直的裂纹，并把裂纹之间连接起来，呈阶梯状的裂纹即层状撕裂。

防止产生层状撕裂的措施如下：

①焊接结构应设计合理，减少钢板在板厚方向上的拉应力，应避免把许多构件集中焊在一起；在焊接接头设计和坡口类型的选择上，不应使焊缝熔合线与钢材的轧制平面相平行，这一点是防止产生层状撕裂的重要设计原则。

②选用抗层状撕裂性能好的母材。钢材的含硫量越低，抗层状撕裂性能越好。常用钢板板厚方向的拉伸试样的断面收缩率评定其抗层状撕裂性能，如大于 25%，就比较安全。

③采取合理的工艺措施：减少装配间隙；采用低氢型超低氢型焊条或气体保护焊施焊和其他扩散氢含量低的焊接材料；采用低强度焊条在 T 形接头、十字接头、角接接头坡口内母材板面上先堆焊一层或两层塑性好的过渡层；采用双面坡口对称焊代替单面坡口非对称焊接；Ⅱ类及Ⅱ类以上钢材箱形柱角接头当板厚大于等于 80mm 时，板边火焰切割面宜用机械方法去除淬硬层，如图 9-2 所示；多层焊时，应逐层改变焊接方向；提高预热温度施焊，进行中间消除应力热处理；捶击焊道表面等。

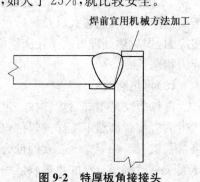

焊前宜用机械方法加工

图 9-2　特厚板角接接头防止层状撕裂的工艺措施

2. 气孔

气孔是焊接时，熔池中的气泡在凝固时未能逸出而残留下来所形成的空穴。气孔可分为密集气孔、条虫状气孔和针状气孔。对焊缝金属有害的气体是氧、氢和氮。气孔有氢气孔、一氧化碳气孔和氮气孔。

氢气孔是由于金属在不同状态下对氢的溶解度不同而产生的。当熔池金属由液态凝固成固态金属时，氢的溶解度急剧下降。当熔池中溶入较多的氢时，结晶时就会在结晶前沿析出很多气泡,如果冷却速度过快,气泡来不及浮出而存留在焊缝中就会形成气孔。氢气孔的形态有两种,表面气孔的形状类似螺旋状的喇叭,内壁光滑;内部气孔是呈球形的有光滑内表面的孔洞。

一氧化碳气孔是因为液态金属中的氧化铁与碳反应生成一氧化碳气体而产生的。由于上述反应是放热反应,因此一氧化碳气孔总是在结晶前沿产生并附着于树枝状结晶上而不能排出熔池。因此,一氧化碳气孔总是产生于焊缝根部并呈条虫状,一氧化碳气孔内壁较为光滑。一氧化碳气孔产生的原因一是母材、焊接材料碳含量越高越易产生一氧化碳气孔;二是熔池中氧浓度较高,如使用酸性焊条脱氧效果较差,电弧过长,周围空气侵入熔池,坡口内壁的油、锈等含氧污物。

氮气孔是由于熔池中溶入较多的氮时,在快速的冷却过程中,氮来不及逸出而产生的。氮气孔大多成堆出现,形状与蜂窝相似。

气孔会减少焊缝受力的有效截面积,降低焊缝的承载能力,破坏焊缝金属的致密性和连续性,容易造成泄漏。条虫状气孔和针状气孔比圆形气孔危害性更大,在这种气孔的边缘有可能发生应力集中,致使焊缝的塑性降低。因此在重要的焊件中,对气孔应严格地控制。

(1)气孔产生的主要原因

①焊条或焊剂受潮,使用前未按规范烘干,焊条药皮脱落、变质,焊芯或焊丝生锈或有污物。

②焊接工艺参数不合理,焊接电流小,焊接速度快使熔池存在时间短。焊接电流过大,焊条尾部发红,削弱机械保护作用。电弧电压过高,电弧过长,使熔池失去保护而产生气孔。

③坡口及其两侧表面存在油污、铁锈和水分等。

③焊工操作方法不正确,焊条角度不当等使熔池保护不良。

④气体保护焊时,气体不纯等。

(2)气孔的防止措施

气孔的防止措施主要从工艺方面和冶金措施方面考虑:

①工艺措施主要是消除产生气孔的气体来源。应严格按规范烘干焊条、焊剂,认真清理焊丝表面油污、铁锈和水分,认真清理坡口及其两侧 10～20mm 范围内的铁锈、水分及污物;选用合适的焊接工艺参数,使用短电弧焊,采用正确操作方法;使用合格的保护气体等。

②冶金措施主要是根据焊条药皮的酸、碱性,适当控制药皮的氧化性和还原性,以限制氢的溶解和防止产生一氮化碳气孔;适当降低熔渣黏度,有利于气体的逸出。限制母材和焊丝的碳含量,可减少一氧化碳气孔。

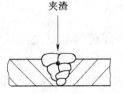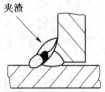

图 9-3　夹渣

3. 夹渣

夹渣是指焊后残留在焊缝中的焊渣。如图 9-3 所示。夹渣与夹杂物不同,夹杂物是由于焊接冶金反应产生的,焊后残留在焊缝金属中的非金属杂质,如氧化物、硫化物、硅酸盐等。夹杂物尺寸很小,呈分散分布。夹渣一般尺寸较大,常为一毫米至几毫米长。夹渣在金相试样磨片上可直接观察到,用射线探伤也可检查出来。标准对夹渣的尺寸和数量有详细规定,不允许有表面夹渣。

夹渣外形很不规则,大小相差也极悬殊,对接头性能影响比较严重。夹渣会降低焊接接头的塑性和韧性;夹渣的尖角处,造成应力集中;特别是对于淬火倾向较大的焊缝金属,容易在夹渣尖角处产生很大的内应力而形成焊接裂纹。

(1)夹渣产生的原因

熔渣未能上浮到熔池表面就会形成夹渣。夹渣产生的原因有:

①在坡口边缘有污物存在。定位焊和多层焊时,每层焊后没将熔渣除净,尤其是碱性焊条脱渣性较差,如果下层熔渣未清理干净,就会出现夹渣。

②坡口太小,焊条直径太粗,焊接电流过小,因而熔化金属和熔渣由于热量不足使其流动性差,会使熔渣浮不上来造成夹渣。

③焊接时,焊条的角度和运条方法不恰当,对熔渣和铁水辨认不清,把熔化金属和熔渣混杂在一起。

④冷却速度过快,熔渣来不及上浮。

⑤母材金属和焊接材料的化学成分不当,如当熔渣内含氧、氮、锰、硅等成分较多时,容易出现夹渣。

⑥焊接电流过小,使熔池存在时间太短。

⑦焊条药皮成块脱落而未熔化,焊条偏心,电弧无吹力、磁偏吹等。

(2)防止夹渣产生的措施

①认真将坡口及焊层间的熔渣清理干净,并将凹凸处铲平,然后施焊。

②适当地增加焊接电流,避免熔化金属冷却过快,必要时把电弧缩短,并增加电弧停留时间,使熔化金属和熔渣分离良好。

③根据熔化情况,随时调整焊条角度和运条方法。焊条横向摆动幅度不宜过大,在焊接过程中应始终保持轮廓清晰的焊接熔池,使熔渣上浮到铁水表面,防止熔渣混杂在熔化金属中或流到熔池前面而引起夹渣。

④正确选择母材和焊接材料;调整焊条药皮或焊剂的化学成分,降低熔渣的熔点和黏度,能有效地防止夹渣。

在手工钨极氩弧焊时,由于引弧不当或焊接电流过大,使钨极局部熔化而留在金属熔池中形成夹钨缺陷。对于夹钨的防止,主要应从选择正确的焊接工艺规范和提高焊工操作技能两方面考虑。

4. 未熔合与未焊透

(1)未熔合

未熔合指熔焊时,焊道与母材之间或焊道与焊道之间,未完全熔化结合的部分;电阻点焊指母材与母材之间未完全熔化结合的部分,见图9-4。

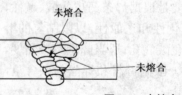

图9-4　未熔合

未熔合不仅使焊接接头的机械性能降低,而且在未熔合处的缺口和端部形成应力集中点,承载后会引起裂纹。

产生未熔合的原因有:焊接线能量太低;电弧发生偏吹;坡口侧壁有锈垢和污物;焊层间清渣不彻底等。

防止未熔合的方法主要是熟练掌握操作手法。焊接时注意运条角度和边缘停留时间,使坡口边缘充分熔化以保证熔合。多层焊时底层焊道的焊接应使焊缝呈凹形或略凸,为焊下一层焊道创造避免未熔合的条件。焊前预热对防止未熔合有一定的作用,适当加大焊接电流可防止层间未熔合,适当拉长电弧可以减少生成表面未熔合的机会。

(2)未焊透

焊接时接头根部未完全熔透的现象称为未焊透,对焊焊缝也指焊缝深度未达到设计要求的现象,如图 9-5 所示。

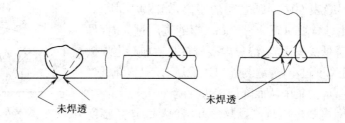

图 9-5 未焊透

未焊透常出现在单面焊的根部和双面焊的中部。未焊透产生的危害大致与未熔合相同。

未焊透产生的原因是焊接电流太小;运条速度太快;焊条角度不当或电弧发生偏吹;坡口角度或对口间隙太小;焊件散热太快;氧化物和熔渣等阻碍了金属间充分的熔合等。凡是造成焊条金属和基本金属不能充分熔合的因素都会引起未焊透的产生。

防止未焊透的措施包括:正确选择坡口形式和装配间隙,并清除掉坡口两侧和焊层间的污物及熔渣;选用适当的焊接电流和焊接速度;运条时,应随时注意调整焊条的角度,特别是遇到磁偏吹和焊条偏心时,更要注意调整焊条角度,以使焊缝金属和母材金属得到充分熔合;对导热快、散热面积大的焊件,应采取焊前预热或焊接过程中加热的措施。

5. 形状和尺寸不良

形状和尺寸不良是焊缝的外观缺陷,主要表现为焊缝的尺寸不符合要求。如果焊缝尺寸不符合标准规定,其内部质量再好也认为该焊缝不合格。对焊缝尺寸的要求主要有以下几个指标:余高、宽度、背面余高、焊缝不直度、焊脚高。

(1)余高过高和不足

如图 9-6 所示,余高指超出表面焊趾连线上面的焊缝金属高度。对接焊缝的余高标准为 0～4mm。余高过高会造成接头截面的突变,在焊趾处产生应力集中,降低焊接接头的承载能力。余高不足会使焊缝的有效截面积减小,同样也会使承载能力降低。

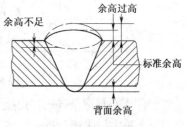

图 9-6 焊缝余高

焊缝余高过高和过低是由于焊接工艺参数不合理,尤其是焊接速度快慢及运条方法不当产生的。在同等条件下,焊接电流过小和电弧电压过低时,焊缝越窄越高,电弧电压越高,焊缝越宽越平。焊接速度越低,焊缝越高,焊接速度越快,焊缝越低。焊条摆动幅度越大,焊缝越宽越平,摆动幅度越小,焊缝越窄越高。焊条后倾焊缝变高,焊条前倾焊缝变低。多层焊时填充不饱满,立即焊接表面层也会造成焊缝余高不足。立焊时如熔池过大或运条方法不当也会使余高过高。横焊时如焊道位置不正确也会使余高不符合要求。仰焊时如弧长过长会使熔池变大,铁水下坠而使余高过高。防止焊缝余高过高和过低的方法即采用适当的焊接工艺参数和正确的运条方法。

单面焊双面成形时,焊缝背面高出母材的部分为背面余高,标准要求不超过 3mm。背面余高过大使焊缝根部截面变化过大,造成应力集中,降低接头承载能力。管道内部焊缝余高过大时还会使管道截面变小。在相同条件下,焊接电流越大、焊接速度越低,背面余高越大;电弧电压过高,在平焊时可能使背面余高变大;断弧焊时,燃弧时间及击穿部位对背面余高有很大影响。防止背面余高过大的方法是选用适当的焊接工艺参数和采用正确的运条方法。

(2)焊缝宽度过大和过小

焊缝宽度是焊缝表面两焊趾之间的距离,如图 9-7 所示。标准焊缝的宽度比母材坡口宽 1～5mm。焊缝宽度过大时,母材热影响区变宽,降低接头性能,浪费焊接材料并增加产生焊接缺陷的机会。焊缝宽度过小,焊缝与坡口边缘熔合不足,降低焊缝有效截面,易产生应力集中从而降低接头性能。

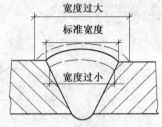

图 9-7　焊缝宽度

在同等条件下,电弧电压越高,焊缝宽度就越大;运条幅度越大焊缝越宽,运条幅度越小焊缝越窄;焊条前倾和焊接速度过高对焊缝过窄有一定的影响。防止焊缝过宽或过窄的方法是采用适当的焊接工艺参数和正确的运条方法。

(3)焊缝不直度

焊缝不直度指焊缝中心线偏离直线的距离。对不开坡口的对接焊缝标准要求不大于 2mm。焊缝不直容易造成未焊透等缺陷,降低焊接接头的承载能力且不美观。焊缝不直主要原因是焊工操作不熟练所致。机械化焊时因设备故障或轨道偏离致使焊缝不直。

(4)焊脚过大或过小

焊脚指角焊缝上某上一面上的焊趾与另一面的垂直距离,如图 9-8 所示。焊脚一般要求等于两构件中薄件的厚度,锅炉和压力容器管板焊缝要求管壁厚 δ 为 3～6mm。焊脚过大会增大变形和加大焊接应力且浪费材料;焊脚过小则使焊缝强度不够,影响结构的承载能力。

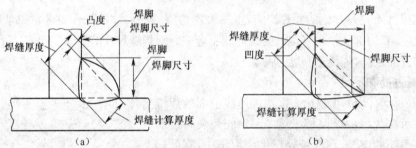

(a)　　　　　　　　　　　(b)

图 9-8　焊脚尺寸和焊缝厚度示意图

焊脚的大小与运条方法和焊接工艺数有直接关系。焊条角度、运条轨迹和焊接电流对焊脚尺寸的影响最大。采用合适的焊接工艺参数和掌握正确的运条方法,即可得到理想的焊脚尺寸。

6. 其他缺陷

(1)咬边

由于焊接参数选择不当,或操作工艺不正确,沿焊趾的母材部位产生的沟槽或凹陷即为咬边,详见图 9-9。标准规定咬边深度不得超过 0.5mm,累计长度不大于焊缝长度的 10%。

咬边使母材金属的有效截面减少,减弱了焊接接头的强度,同时在咬边处容易引起应力集中,承

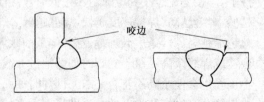

图 9-9　咬边

载后有可能在咬边处产生裂纹,甚至引起结构的破坏。

产生咬边的原因是操作工艺不当、焊接工艺参数选择不正确,如焊接电流过大,电弧过长,焊条角度不当等。

(2)焊瘤

焊接过程中,熔化金属流淌到焊缝之外未熔化的母材上所形成的金属瘤即为焊瘤,详见图9-10。焊瘤不仅影响焊缝外表的美观,而且焊瘤下面常有未焊透缺陷,易造成应力集中。对于管道接头来

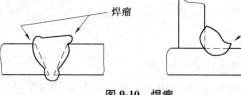

图 9-10 焊瘤

说,管道内部的焊瘤还会使管内的有效面积减少,严重时使管内产生堵塞。焊缝间隙过大、焊条位置和运条方法不正确、焊接电流过大或焊接速度太慢等均可引起焊瘤的产生。焊瘤常在立焊和仰焊时发生。

(3)下塌和烧穿

单面熔化焊时,由于焊接工艺不当,造成焊缝金属过量透过背面,而使焊缝正面塌陷,背面凸起的现象称为下塌。焊接过程中,熔化金属自坡口背面流出,形成穿孔的缺陷称为烧穿。下塌和烧穿详见图9-11。

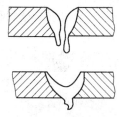

图 9-11 烧穿和下塌

烧穿在焊条电弧焊中,尤其是在焊接薄板时,是一种常见的缺陷。烧穿是一种不允许存在的焊接缺陷。产生烧穿的主要原因是焊接电流过大,焊接速度太低,当装配间隙过大或钝边太薄时,也会发生烧穿现象。为了防止烧穿,要正确设计焊接坡口尺寸,确保装配质量,选用适当的焊接工艺参数。单面焊可采用加铜垫板或焊剂垫等办法防止熔化金属下塌及烧穿。焊条电弧焊焊接薄板时,可采用跳弧焊接法或断续灭弧的焊接法。

(4)凹坑

焊后在焊缝表面或焊缝背面形成低于母材表面的局部低洼部分称为凹坑。弧坑是凹坑的一种,是指焊缝结尾处产生的凹陷现象。是由于电弧焊断弧或收弧不当,在焊接末端形成的低凹部分,如图 9-12 所示。凹坑产生的原因是:焊工操作技能差、焊接电流过大、焊条摆动不当及焊接层次安排不合理等。弧坑主要是由于熄弧过快或薄板焊接时电流过大所致。

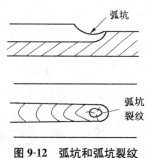

图 9-12 弧坑和弧坑裂纹

弧坑是一种不允许的缺陷,焊接时必须避免。弧坑不仅会降低焊缝的有效截面,而且会由于弧坑部位未填满熔化的焊缝金属,使熔池反应不充分易造成严重的偏析而伴生弧坑裂纹。另外弧坑处往往保护不良,熔池易氧化而降低弧坑部位焊缝金属的机械性能。焊条电弧焊应注意在收弧的过程中,使焊条在熔池处作短时间的停留,或做环形运条,以避免在收弧处出现弧坑。对于重要的焊接结构应采用引出板,在收弧时将电弧过渡到引出板上,以避免在焊件上出现弧坑。

(5)飞溅

焊接过程中向周围飞散的金属颗粒称为飞溅。较严重的飞溅成为焊接缺陷。对于不锈钢等要求耐腐蚀的焊接结构,飞溅缺陷会降低抗晶间腐蚀的性能。

焊条药皮变质、开裂会造成严重飞溅;不按规定烘干和使用焊条也会使飞溅程度增加;焊接

电源动特性差或极性用错、使用碱性焊条时电弧较长、CO_2 焊时未采用防止飞溅的措施等均会出现严重飞溅。对于不允许有飞溅的结构应在焊缝两侧覆盖一层厚涂料，这一点对不锈钢来说尤其重要。选用适当的焊接电流也可以防止飞溅。

第二节　焊　接　检　验

一、焊接检验的内容

焊接检验指在焊前和焊接过程中对影响焊接质量的因素进行系统的检查。在整个焊接结构产生中，焊接检验占有很重要的地位。焊接检验的目的在于发现焊接缺陷，检验焊接接头的性能，以确保产品的焊接质量和安全使用。焊接检验包括焊前检验和焊接过程中的质量控制，其主要内容有：

1. 原材料的检验

原材料指被焊金属和各种焊接材料，在焊接前必须查明牌号及性能，要求符合技术要求，牌号正确，性能合格。如果被焊金属材质不明时，应进行适当的成分分析和性能实验。必须对焊接材料(电焊条)的质量、工艺性能等进行鉴定，做到合理选用、正确保管和使用。

2. 焊接设备的检查

在焊接前，应对焊接电源和其他焊接设备进行全面仔细的检查。检查的内容包括其工作性能是否符合要求，运行是否安全可靠等。

3. 装配质量的检查

一般焊件焊接工艺过程主要包括备料、装配、点固焊、预热、焊接、焊后热处理和检验等工作。确保装配质量，焊接区应清理干净，特别是坡口的加工及其表面状况会严重地影响焊接质量。坡口尺寸在加工后应符合设计要求，而且在整条焊缝长度上应均匀一致，坡口边缘在加工后应平整光洁，采用氧气切割时，坡口两侧的棱角不应熔化；对于坡口上及其附近的污物，如油、铁锈、油脂、水分、气割的熔渣等应在焊前清除干净。点固焊时应注意检查焊接的对口间隙、错口和中心线偏斜程度。坡口上母材的裂纹、分层都是产生焊接缺陷的因素。只有在确保装配质量、符合设计规定的要求后才能进行焊接。

4. 焊接工艺和焊接规范的检查

焊工在焊接的过程中，焊接工艺参数和焊接顺序及焊前预热和焊后热处理都必须严格按照工艺文件规定的焊接规范执行。焊工的操作技能和责任心对焊接质量有直接的影响，按规定经过培训、考试合格并持有焊工合格证书的焊工才能焊接正式产品。在焊接过程中应随时检查焊接规范是否变化，如焊条电弧焊时，要随时注意焊接电流的大小；气体保护焊时，应特别注意气体保护的效果。

对于重要工件的焊接，特别是新材料的焊接，焊前应进行工艺性能试验，并制定出相应的焊接工艺措施。焊工需先进行练习，在掌握了规定的工艺措施和要求并在操作熟练后，才能正式参加焊接。

5. 焊接过程中的质量控制

为了鉴定在一定工艺条件下焊成的焊接接头是否符合设计要求，应在焊前和焊接过程中焊制样品，有时也可以从实际焊件中抽出代表性试样，通过作外观检查和探伤试验，然后再加工成试样,进行各项性能试验。在焊接过程中,若发现有焊接缺陷,应查明缺陷的性质、大小、位置,找出原因及时处理。对于全焊接结构还要做全面强度试验。对于容器要进行致密性实验和水压实验等。

在整个焊接过程中都应有相应的技术记录,要求每条重要焊缝在焊后都要打上焊工钢印,作为技术的原始资料,便于今后检查。

通常所指的焊接检验主要是针对成品检验来说的。

二、焊接检验方法

焊接质量的检验方法可分为非破坏性检验和破坏性检验两大类。非破坏性检验包括焊接接头的外观检查、密封性试验和无损探伤。破坏性检验包括断面检查、力学性能试验、金相组织检验和化学成分分析及抗腐蚀试验等。常用的焊接检验方法如图9-13所示。

1. 非破坏性检验

(1)焊接接头的外观检查

外观检查是通过对焊接接头直接观察或用低倍放大镜检查焊缝外形尺寸和表面缺陷的检验方法。在检查前应先清除表面熔渣和氧化皮,必要时可作酸洗。外观检查的主要目的是把焊接缺陷消灭在焊接的过程中,所以从点固焊开始,每焊一层都要进行外观检查。

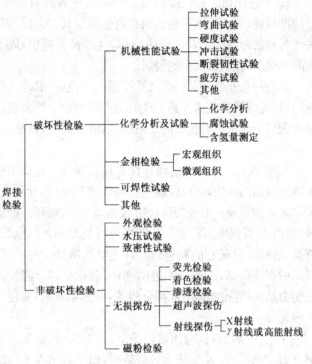

图 9-13　焊接检验方法

外观检查的内容包括焊缝外形尺寸是否符合设计要求,焊缝外形是否平整,焊缝与母材过渡是否平滑等;检查的表面缺陷有裂纹、焊瘤、烧穿、未焊透、咬边、气孔等。并应特别注意弧坑是否填满,有无弧坑裂纹等。对于有可能发生延迟裂纹的钢材,除焊后检查外,隔一定时间还要进行复查。有再热裂纹倾向的钢材,在最终热处理后也必须再次检查。

通过外观检查,可以判断焊接规范和工艺是否合理,并能估计焊缝内部可能产生的缺陷。例如电流过小或运条过快,则焊道的外表面会隆起和高低不平,这时在焊缝中往往有未焊透的可能;又如弧坑过大和咬边严重,则说明焊接电流过大,对于淬透性强的钢材,则容易产生裂纹。

(2)无损检测

无损检测除渗透探伤外还包括磁粉探伤、射线探伤和超声波探伤等检验手段。

①渗透探伤。渗透法探伤是利用某些液体的渗透性等物理特性来发现和显示缺陷的。它可用来检查铁磁性和非铁磁性材料的表面缺陷。随着化学工业的发展,渗透探伤的灵敏度大大提高,因此使得渗透探伤得到更广泛的应用。渗透探伤包括荧光探伤和着色探伤两种方法。

a. 荧光探伤。荧光探伤用来发现各种材料焊接接头的表面缺陷。常作为非磁性材料工件的检查。荧光探伤是一种利用紫外线照射某些荧光物质,使其产生荧光的特性来检查表面缺陷

的方法,如图 9-14 所示。就是将发光材料(如荧光粉等)与具
有很强渗透力的油液,如松节油、煤油等按一定比例混合,将
这些混合而成的荧光液涂在焊件表面,使其渗入到焊件表面
缺陷内,待一定时间后,将焊件表面擦干净,再涂以显像粉,此
时使焊件受到紫外线的辐射作用,便能使渗入缺陷内的荧光
液发光,缺陷就被发现了。

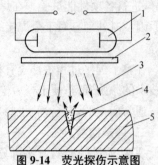

图 9-14   荧光探伤示意图
1. 光源 2. 滤光片 3. 紫外线
4. 充满荧光物质的缺陷 5. 焊件

　　b. 着色探伤。着色探伤也是用来发现各种材料特别是
非磁性材料(如奥氏体不锈钢和有色金属及其合金)的焊接接
头的各种表面缺陷。着色探伤操作方便,设备简单,成本低,
同时不受工件形状、大小的限制。

　　着色探伤是利用某些渗透性很强的有色(一般是红色)油
液,利用毛细管现象渗入到工件的表面缺陷中。除去表面油液后,涂上吸附油液的显像剂,就在
显像剂层上显示出有色彩的缺陷形状和图像。从其显现出来的图像情况,可以判别出缺陷的位
置和大小。

　　②射线探伤。焊缝射线探伤是检验焊缝内部缺陷的一种
准确而可靠的方法,它可以显示出缺陷的种类、形状和大小,并
可作永久的记录。射线探伤包括 X 射线、γ 射线和高能射线三
种,而以 X 射线应用较多。X 射线与可见光和无线电波一样,
都是电磁波,只是它的波长短。其主要性质是一种不可见光,
只能做直线传播;能透过不透明物体,包括金属。波长越短穿
透能力越强;穿过物体时被部分吸收,使能量衰减;能使照相胶
片感光等。

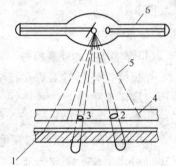

图 9-15   X 射线照相法探伤
1. 底片 2、3. 内部缺陷
4. 焊件 5. X 射线 6. 射线管

　　X 射线探伤目前应用最广的是照相法。其原理示意图如
图 9-15 所示。当 X 射线透过焊缝时,由于其内部不同的组织
结构(包括缺陷)对射线的吸收能力不同,使通过焊缝后射线
强度也不一样,由于射线透过有缺陷处的强度比无缺陷处的强度大。因而,射线作用在胶片上
使胶片感光的程度也较强。经过显影后,有缺陷处就较黑。从而根据胶片上深浅不同的影像,
就能将缺陷清楚的显示出来,以此来判断和鉴定焊缝内部的质量。

　　对于母材厚度在 200mm 以下的工件,用 X 射线检查裂纹、未焊透、气孔和夹渣等焊接缺
陷;对于厚度小于 300mm 的工作,可用 γ 射线透视来识别焊接缺陷。对于厚度小于 1000mm
的工作,可用高能 X 射线透视来识别焊接缺陷。

　　③超声波探伤。超声波探伤是利用超声波材料内部缺陷的无损检验法。超声波探伤也是
应用很广的无损探伤方法。它不仅可检验焊缝缺陷,且可检验钢板、锻件、钢管等金属材料内
部存在的缺陷。

　　超声波是一种机械波,同人耳听到的声音一样,都是机械振动在弹性介质中的传播过程。
所不同的是它们的频率不一样,通常把引起听觉的机械波称为声波,频率在 20~20000Hz 之
间。频率超过 20000Hz 的机械波则称为超声波。

　　超声波探伤检验时利用一个探头(直探头或斜探头)将高频脉冲电讯号转换成脉冲超声波
并传入工件。当超声波遇到缺陷和零件底面时,就分别发生反射。反射波被探头所接收,并被

转换成电脉冲讯号,经放大后由荧光屏显示出脉冲波形,根据这些脉冲波形的位置和高低来判断缺陷的位置和大小。

超声波探伤较射线探伤具有较高的灵敏度,尤其对裂纹更为灵敏,并具有探伤周期短、成本低、安全等优点。缺点是要求零件表面粗糙度较低,判断缺陷性质直观性差,对缺陷尺寸判断不够准确,近表面缺陷不易发现,且要求操作人员具有较高的技术水平和工作经验。

④磁粉探伤。利用在强磁场中,铁磁性材料表层缺陷产生的漏磁场吸附磁粉的现象而进行的无损检验法叫做磁粉探伤,如图 9-16 所示。当铁磁材料在外磁场感应作用下被磁化,若材料中没有缺陷,磁导率是均匀的,磁力线的分布也是均匀的。若材料中存在缺陷,则有缺陷部位的磁导率发生变化,磁力线发生弯曲。如果缺陷位于材料表面或近表面,弯曲的磁力线一部分泄漏到空气中,在工件的表面形成漏磁通,漏磁通在缺陷的两端形成新的 S 极和 N 极,即漏磁场。漏磁场就会吸引磁粉,在

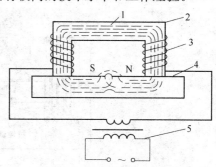

图 9-16　磁粉探伤原理图
1. 磁力线　2. 铁心
3. 线圈　4. 工件　5. 变压器

有缺陷的位置形成磁粉堆积,探伤时可根据磁粉堆积的图形来判断缺陷的形状和位置。

磁粉探伤方法可检测铁磁性材料的表面和近表面的缺陷(裂纹、夹渣、白口等),而且仅适用于导磁性材料。对于有色金属、奥氏体钢、非金属与非导磁性材料则无能为力。

(3)密封性检验

密封性检验指检查有无漏水、漏气和渗油、漏油等现象的实验。对于压力容器和管道焊接接头的缺陷,一般采用密封性实验的方法有:渗透性实验(渗透探伤)、水压实验、气密性实验及质谱检漏法等。水压试验是用来对锅炉压力容器和管道进行整体严密性和强度检验。一般来说,对锅炉压力容器和压力管道焊后都必须做水压试验。水压试验时,首先将容器充满清洁的工业用水,试验用的水温低碳钢和 16MnR 钢不低于 5℃,其他低合金钢不低于 15℃。实验水温要高于周围空气温度,以防外表面凝结露水。用水泵向容器内加压前要彻底排除空气,否则试验中压力不稳定。试验压力一般为工作压力的 1.25～1.5 倍。在升压过程中要分级升压,中间应作暂短停压,并对容器进行检查。当压力达到试验压力后,要恒压一定时间,根据不同技术要求,一般为 5～30min(如给水管道为 10min,球罐为 30min),观察是否有落压现象,没有落压则容器为合格。气密性实验是将压缩空气(或氨、氟利昂、氦、卤素气体)压入焊接容器,利用容器内外气体的压力差检查有无泄漏的实验法。

2. 破坏性检验

(1)折断面检验

焊缝的折断面检查简单、迅速,不需要特殊设备,在生产中和安装工地现场广泛地采用。为保证焊缝在纵剖面处断开,可先在焊缝表面沿焊缝方向刻一条沟槽,铣、刨、锯均可,槽深约为焊缝厚度的 1/3,然后用拉力机械或锤子将试样折断,即可观察到焊接缺陷,如气孔、夹渣、未焊透和裂纹等。根据折断面有无塑性变形的情况,还可判断断口是韧性破坏还是脆性破坏。

(2)钻孔检验

在无条件进行非破坏性检验的情况下,可以对焊缝进行局部钻孔检验。一般钻孔深度约为焊件厚度的 2/3,为了便于发现缺陷,钻孔部位可用 10% 的硝酸水溶液浸蚀,检查后钻孔处予以补焊。钻头直径比焊缝宽度大 2～3mm,端部磨成 90°角。

(3)力学性能试验

①拉伸试验。拉伸试验是为了测定焊接接头或焊缝金属的抗拉强度、屈服极限、断面收缩率和延伸率等力学性能指标。拉伸试样可以从焊接试验板或实际焊件中截取，试样的截取位置及形式见图 9-17 和图 9-18。焊接接头的拉伸实验方法按国家标准《焊缝及熔敷金属拉伸试验方法》(GB/T2652—2008)的规定进行。

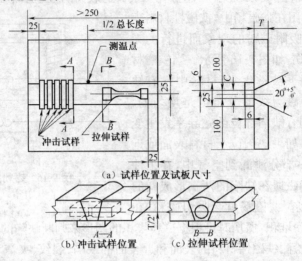

（a）试样位置及试板尺寸

（b）冲击试样位置　　　（c）拉伸试样位置

焊接直径 mm	最小板厚 T mm	根部间隙 C mm	每层焊道数 （道）	焊层数 （层）
2.5	12	10		—
3.2	12	13		5～7
4.0		16		7～9
5.0	20	20	2	
5.6	20	23		6～8
6.0				
6.4	25	25		9～11
8.0	32	28		10～12

图 9-17　射线探伤和力学性能试验的工件制备

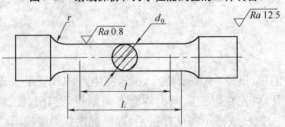

焊接直径	d_0	r 最小	l	L
≤3.2	6±0.1	3	30	36
≥4.0	10±0.2	4	50	60

图 9-18　熔敷金属拉伸试样

②冲击试验。冲击试验是为测定焊接接头或焊缝金属在受冲击荷载时的抗折断能力。根据产品使用要求应在不同的实验温度（如0℃、－20℃、－40℃等）下进行实验，以获得焊接接头不同温度下的冲击吸收功。把有缺口的冲击试样放在试验机上，测定试样的冲击功值。冲击试样可以从焊接试验板或实际焊件中截取，试样的截取位置及形式见图9-17和图9-19。冲击实验方法按国家标准《焊接接头冲击试验方法》（GB/T2650—2008）的规定进行。

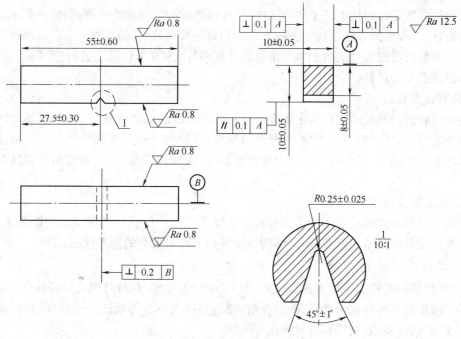

图 9-19　夏比 V 形缺口冲击试样

③弯曲试验。弯曲试验的目的是测定焊接接头的塑性，以试样任何部位出现第一条裂缝时的弯曲角度作为评定标准。也可以将试样弯到技术条件规定的角度后，再检查有无裂纹。弯曲试样的取样位置和弯曲试验的示意图详见图9-20和图9-21。弯曲实验方法按国家标准《焊接接头弯曲及压扁试验方法》（GB2653—2008）的规定进行。

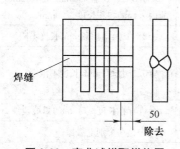

图 9-20　弯曲试样取样位置

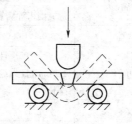

图 9-21　弯曲实验

④硬度实验。硬度实验是用来检测焊接接头各部位的硬度情况，了解区域偏析和近焊缝区的淬硬倾向。由于热影响区最高硬度与焊接件之间有一定的联系，故硬度实验结果还可以作为选择焊接工艺时的参考。硬度实验方法按国家标准《焊接接头硬度试验方法》（GB/T2654—2008）的规定进行。

(4)化学分析试验

焊缝的化学分析试验是检查焊缝金属的化学成分。其试验方法通常用直径为 6mm 的钻头,从焊缝中钻取试样。一般常规分析需试样 50～60g。碳钢分析的元素有碳、锰、硅、硫和磷等;合金钢或不锈钢焊缝,需分析铬、钼、钒、钛、镍、铝、铜等;必要时还要分析焊缝中的氢、氧或氮的含量。化学分析实验按照国家标准 GB223—2008 有关规定进行。

(5)焊接接头的金相组织检验

其检验方法是在焊接工件上截取试样,经过打磨、抛光、浸蚀等步骤,然后在金相显微镜下进行观察,可以观察到焊缝金属中各种夹杂物的数量及其分布、晶粒的大小以及热影响区的组织状况。必要时可把典型的金相组织摄制成金相照片,为改进焊接工艺、选择焊条、制定热处理规范提供必要的资料。

(6)腐蚀实验

腐蚀实验的目的是确定在给定条件(介质、浓度、湿度、腐蚀方法、应力状态等)条件下,金属抗腐蚀的能力,估计其使用寿命,分析腐蚀原因,找出防止或延缓腐蚀的方法。腐蚀实验常用的方法有不锈钢晶间腐蚀实验、应力腐蚀实验、腐蚀疲劳实验、大气腐蚀实验和高温腐蚀实验等。

三、焊接质量检验

焊接质量是指焊缝或焊接接头在各种复杂环境工作中能满足某种使用性能要求的能力。焊接质量决定着产品的质量,是焊接结构在使用和运行中安全的基本保证。

1. 焊缝外观质量的检查

根据《建筑钢结构焊接技术规程》(JGJ81—2002)的规定,焊缝外观质量应符合下列要求:

①一级焊缝不得存在未焊满、根部收缩、咬边和接头不良等缺陷,一级焊缝和二级焊缝不得存在表面气孔、夹渣、裂纹和电弧擦伤等缺陷。

②二级、三级焊缝的外观质量除应符合上述的要求外,还应满足表 9-1、表 9-2、表 9-3 的有关规定。

表 9-1　焊缝外观质量允许偏差

检验项目 / 焊接质量等级	二级	三级
未焊满	$\leq 0.2+0.02t$ 且 ≤ 1mm,每 100mm 长度焊缝内未焊满累积长度 ≤ 25mm	$\leq 0.2+0.4t$ 且 ≤ 2mm,每 100mm 长度焊缝内未焊满累积长度 ≤ 25mm
根部收缩	$\leq 0.2+0.02t$ 且 ≤ 1mm,长度不限	$\leq 0.2+0.04t$ 且 ≤ 2mm,长度不限
咬边	$\leq 0.05t$ 且 ≤ 0.5mm,连续长度 $\leq$ 100mm,且焊缝两侧咬边总长 $\leq 10\%$ 焊缝全长	$\leq 0.1t$ 且 ≤ 1mm,长度不限
裂纹	不允许	允许存在长度 ≤ 5mm 的弧坑裂纹
电弧擦伤	不允许	允许存存在个别电弧擦伤
接头不良	缺口深度 $\leq 0.05t$ 且 ≤ 0.5mm,每 1000mm 长度焊缝内不得超过 1 处	缺口深度 $\leq 0.1t$ 且 ≤ 1mm,每 1000mm 长度焊缝内不得超过 1 处
表面气孔	不允许	每 50mm 长度焊缝内允许存在直径 $<0.4t$ 且 ≤ 3mm 的气孔 2 个,孔距应 ≥ 6 倍孔径
表面夹渣	不允许	深 $\leq 0.2t$,长 $\leq 0.5t$ 且 ≤ 20mm

表 9-2　焊缝的焊脚尺寸允许偏差

序号	项　目	示　意　图	允许偏差(mm)	
1	一般全焊透的角接与对接组合焊缝	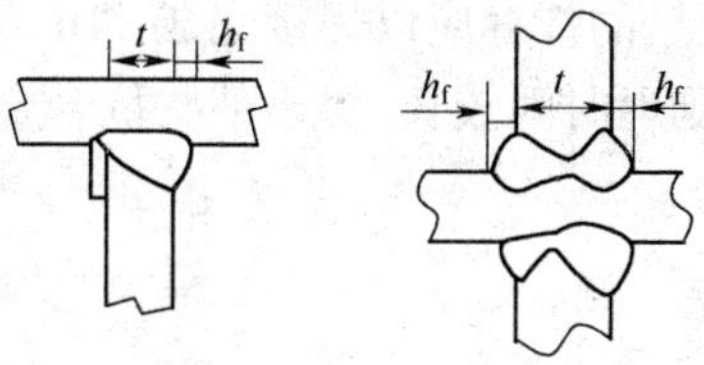	$h_f \geqslant (\frac{t}{4})^{+4}_{0}$ 且$\leqslant 10$	
2	需经疲劳验算的全焊透角接与对接组合焊缝	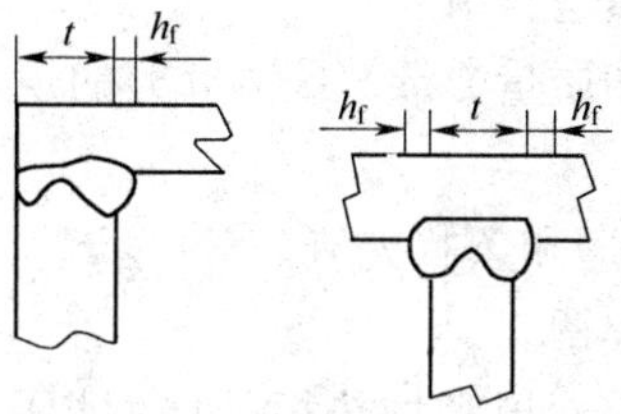	$h_f \geqslant (\frac{t}{2})^{+4}_{0}$ 且$\leqslant 10$	
3	角焊缝及部分焊透的角接与对接组合焊缝	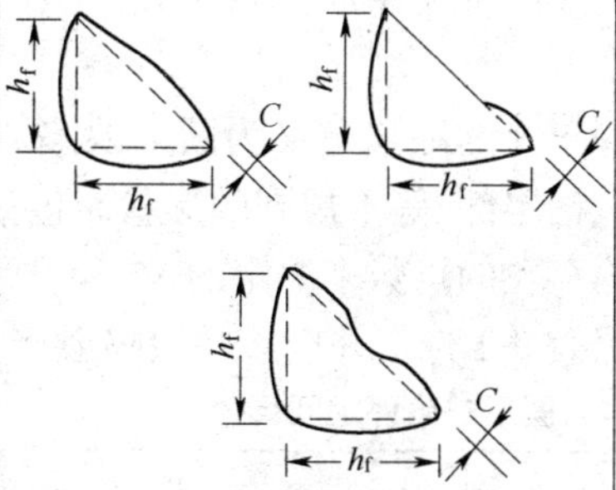	$h_f \leqslant 6$ 时 $0 \sim 1.5$	$h_f > 6$ 时 $0 \sim 3.0$

注:1. $h_f > 8.0$mm 的角焊缝其局部焊脚尺寸允许低于设计要求值 1.0mm,但总长度不得超过焊缝长度的 10%;

　　2. 焊接 H 形梁腹板与翼缘板的焊缝两端在其两倍翼缘宽度范围内,焊缝的焊脚尺寸不得低于设计要求值。

表 9-3　焊缝的余高及错边允许偏差

序号	项　目	示　意　图	允许偏差(mm)	
			一、二级	三级
1	对接焊缝余高(C)	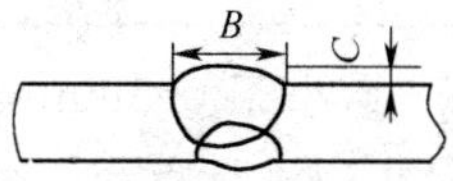	$B < 20$ 时, C 为 $0 \sim 3$; $B \geqslant 20$ 时, C 为 $0 \sim 4$	$B < 20$ 时, C 为 $0 \sim 3.5$; $B \geqslant 20$ 时, C 为 $0 \sim 5$
2	对接焊缝错边(d)	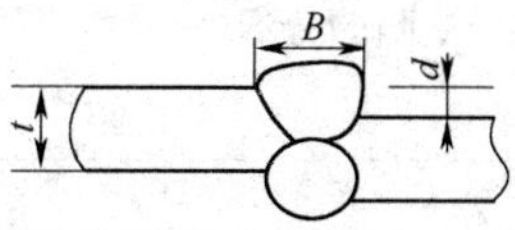	$d < 0.1t$ 且$\leqslant 2.0$	$d < 0.15t$ 且$\leqslant 3.0$
3	角焊缝高(C)	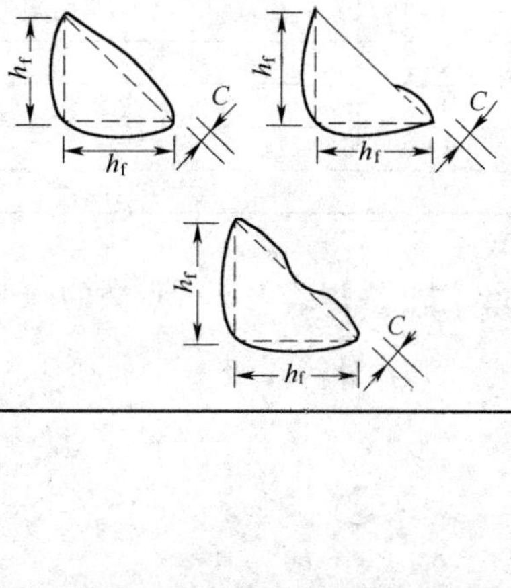	$h_f \leqslant 6$ 时 C 为 $0 \sim 1.5$ $h_f > 6$ 时 C 为 $0 \sim 3.0$	

对焊缝外观检查一般用目测,裂纹的检查应使用 5 倍放大镜并在合适的光照条件下进行,必要时可采用磁粉探伤或渗透探伤,尺寸的测量应使用专用量具和卡规。所有焊缝应冷却到环境温度后才能进行外观检查。一般钢材的焊缝应以焊接完成 24h 后的检查结果作为验收依据,由于低合金结构钢焊缝的延迟裂纹延迟时间较长,对于某些低合金结构钢(Ⅳ类钢)应在焊接完成后 48h 的检查结果作为验收依据。

2. 焊缝的无损检测

(1)钢熔化焊对接接头射线照相和质量分级

根据《钢熔化焊对接接头射线照相和质量分级》(GB3323)的规定,焊缝质量的分级根据缺陷的性质和数量、焊缝质量分为四级:

Ⅰ级焊缝内应无裂纹、未熔合、未焊透和条状夹渣。

Ⅱ级焊缝内应无裂纹、未熔合和未焊透。

Ⅲ级焊缝内应无裂纹、未熔合以及双面焊和加垫板的单面焊中的未焊透。不加垫板的单面焊中的未焊透允许长度按条状夹渣长度的Ⅲ级评定。

焊缝缺陷超过Ⅲ级者为Ⅳ级。

①圆形缺陷分级。长宽比小于或等于 3 的缺陷定义为圆形缺陷。它们可以是圆形、椭圆形、锥形或带有尾巴(在测定尺寸时应包括尾部)等不规则的形状。包括气孔、夹渣和夹钨。圆形缺陷分级是根据评定区域内圆形缺陷存在的点数来决定的。

评定区域的大小根据母材厚度依照表 9-4 选定并应选在缺陷最严重的部位。

表 9-4　圆形缺陷评定区尺寸

母材厚度 δ(mm)	≤25	>25~100	>100
评定区尺寸(mm)	10×10	10×20	10×30

评定圆形缺陷时应将缺陷尺寸换算成缺陷点数,见表 9-5。

表 9-5　缺陷点数换算表

缺陷长度(mm)	≤1	>1~2	>2~3	>3~4	>4~6	>6~8	>8
点数	1	2	3	6	10	15	25

当圆形缺陷的长径:在母材厚度 T≤25mm 时,小于 0.5mm;25mm<T≤50mm 时,小于 0.7mm;T>50mm,缺陷的长径小于 1.4%T 时,可以不计点数。圆形缺陷的分级见表 9-6。

表 9-6　圆形缺陷的分级

缺陷点数　　母材厚度(mm)　　质量等级	评定区					
	10×10		10×20			10×30
	≤10	>10~15	>15~25	>25~50	>50~100	>100
Ⅰ	1	2	3	4	5	6
Ⅱ	3	6	9	12	15	18
Ⅲ	6	12	18	24	30	36
Ⅳ	缺陷点数大于Ⅲ级者					

注:表中数字是允许缺陷点数的上限。

Ⅰ级焊缝和母材厚度等于或小于 5mm 的Ⅱ级焊缝内不计点数的圆形缺陷,在评定区域内不得多于 10 个,圆形缺陷长径大于 $\frac{1}{2}$ 板厚(δ)时,评为Ⅳ级。

②条状夹渣的分级。长宽比大于3的夹渣定义为条状夹渣。条状夹渣的分级见表9-7。

表 9-7　条状夹渣的分级

质量等级	单条状夹渣长度	条状夹渣总长
Ⅱ	$T\leqslant12$：4 $12<T<60$：$\frac{1}{3}T$ $T\geqslant60$：20	在任意直线上，相邻两夹渣间距不超过 $6L$ 的任何一组夹渣，其累计长度在 $12T$ 焊缝长度内不超过 T
Ⅲ	$T\leqslant9$：6 $9<T<45$：$\frac{2}{3}T$ $T\geqslant45$：30	在任意直线上，相邻两夹渣间距均不超过 $3L$ 的任何一组夹渣，其累计长度在 $6T$ 焊缝长度内不超过 T
Ⅳ		大于Ⅲ级者

注：1. 表中"L"为该组夹渣中最长者的长度；"T"为母材厚度。

2. 长宽比大于3的长气孔的评定与条状夹渣相同。

3. 当被检焊缝长度小于 $12T$（Ⅱ级）或 $6T$（Ⅲ级）时，可按比例折算。当折算的条状渣总长小于单个夹渣长度时，以单个条状夹渣长度为允许值。

如果在圆形缺陷评定区域内，同时存在圆形缺陷和条状夹渣或未焊透时，应各自评级，将级别之和减1作为最终级别。

③焊缝内部缺陷的辨认。X 射线适于焊件厚度在 50mm 以下使用，γ 射线适于厚度较大的工件。

如图 9-22 所示，检验后在照相底片上淡色影像的焊缝中所显示的深色斑点和条纹即是缺陷。

a. 裂纹的辨认。裂纹在底片上一般呈现为略带曲折的、波浪状的黑色细条纹，有时呈直线细纹，轮廓较为分明，两端较为尖细，中部稍宽，一般无分支，两端黑线较浅，最后消失。裂纹在底片上的影像如图 9-22b 所示。

b. 未焊透的辨认。未焊透在底片上常是一条

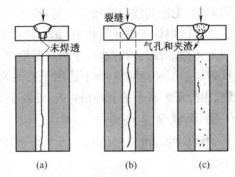

图 9-22　照相底片上缺陷的辨认
(a)未焊透　(b)裂纹　(c)气孔和夹渣

断续或连续的黑直线。在不开坡口的对接焊缝中，宽度常是较均匀的。V 形坡口焊缝中未焊透在底片上的位置，多偏离焊缝中心，呈断续的线状，宽度不一致，黑度不均匀。V 形、X 形坡口双面焊缝中的中部或根部未焊透在底片上呈现为黑色较规则的线状，详见图 9-22a 所示。

c. 气孔的辨认。气孔在底片上的特征是分布不一致，有稠密的，也有稀疏的，详见图9-22c所示。焊条电弧焊产生的气孔多呈现圆形或椭圆形黑点，其黑度一般是在中心处较大，随之均匀地向边缘减小。

d. 夹渣的辨认。夹渣在底片上多呈现为不同形状的条或条纹。点状夹渣呈单独的黑点，外部不太规则，带有棱角，黑色较均匀。条状夹渣呈宽而短的粗线条状。长条形夹渣线条较宽，宽度不太一致。各种夹渣在底片上的影像如图 9-22c 所示。

(2)钢焊缝手工超声波探伤质量分级

根据《钢焊缝手工超声波探伤方法及质量分级法》（GB11345）的规定，焊缝缺陷的等级分为Ⅳ级。最大反射波幅位于Ⅱ区的缺陷，根据缺陷指示长度按表9-8评定。

表 9-8　按缺陷指示长度评定缺陷等级

评定等级 ＼ 检验等级 ／ 板厚(mm)	A 8~50	B 8~300	C 8~300
Ⅰ	$\frac{2}{3}\delta$, 最小 12	$\frac{1}{3}\delta$, 最小 10 最大 30	$\frac{1}{3}\delta$, 最小 10 最大 20
Ⅱ	$\frac{3}{4}$ 最小 12	$\frac{2}{3}\delta$, 最小 12 最大 50	$\frac{1}{2}\delta$, 最小 10 最大 30
Ⅲ	$<\delta$ 最小 20	$\frac{3}{4}\delta$, 最小 16 最大 75	$\frac{2}{3}\delta$, 最小 12 最大 50
Ⅳ	超过Ⅲ级		

注:1. δ 为母材加工侧母材厚度,母材厚度不同时,以较薄侧板厚为准;

　　2. 圆管座角焊缝 δ 为焊缝截面中心线高度。

如果最大反射波幅位于Ⅱ区的缺陷,其指示长度小于 10mm 时,按 5mm 计。当相邻两缺陷各向间距小于 8mm 时,两缺陷指示长度之和作为单个缺陷的指示长度。最大反射波幅不超过评定线的缺陷,均评为Ⅰ级,最大反射波幅超过评定线的缺陷,检验者判定为裂纹等危害性缺陷时,无论其波幅和尺寸如何,均评为Ⅳ级。反射波幅位于Ⅰ区的非裂纹性缺陷,均评为Ⅰ级。反射波幅位于Ⅲ区的缺陷,无论其指示长度如何,均评为Ⅳ级。

上述标准及其内容适用于母材厚度不小于 8mm 的铁素体类型钢、全焊透熔化焊对焊缝脉冲反射法手工超声波检验,不适用于铸钢及奥氏体型不锈钢焊缝、外径小于 159mm 的钢管对接焊缝、内径≤200mm 的管座角焊缝、外径小于 250mm 和内外径之比小于 80％的纵向焊缝。

3. 焊缝质量检验

钢结构的焊缝质量检验分为三个级别,各级检验项目、检查数量和检验方法应符合表表 9-9 的规定。

表 9-9　检验级别、项目、数量和方法

级别	检验项目	检查数量	检查方法
1	外观项目	全部	检查外见缺陷及几何尺寸,有疑点时用磁粉复验
	超声波检验	全部	
	X 射线检验	抽查焊缝长度的 2%,至少应有一张底片	缺陷超出规定时,应加倍透照,如不合格应 100%的透照
2	外观检查	全部	用焊缝卡尺检查外观缺陷及几何尺寸
	超声波检验	抽查焊缝长度的 50%	有疑点时,用 X 射线透照复验,如发现有超标缺陷,应用超声波全部检验
3	外观检查	全部	用焊接卡尺检查外观缺陷及几何尺寸

4. 焊缝的抽样检查

根据《建筑钢结构焊接技术规程》(JGJ81—2002)的规定,对焊缝抽样检查时,应符合下列要求:

(1)焊缝处数的计算方法

工厂制作的焊缝长度小于等于 1000mm 时,每条焊缝为 1 处;长度大于 1000mm 时,将其划分为每 300mm 为 1 处;现场安装时,每条焊缝为 1 处。

(2)确定检查批

应按焊接部位或接头形式分别组成批,批的大小宜为300～600处。工厂制作的焊缝可以同一工区(车间)按一定的焊缝数量组成批;多层框架结构可以每节柱的所有构件组成批;现场安装焊缝可以区段组成批;多层框架结构可以每层(节)的焊缝组成批。抽样检查除设计指定的焊缝外应采取随机取样方式取样。

(3)验收合格的标准

抽样检查的焊缝数如果不合格率小于2％时,该批验收应定为合格,不合格率大于5％时,该批验收定为不合格;不合格率为2％～5％时,应加倍抽验,且必须在原不合格部位两侧的焊缝延长线上各增加1处,如在所有抽检焊缝中不合格率不大于3％时,该批验收定为合格,大于3％时,该批验收定为不合格。当批量验收不合格时,应对该批余下焊缝的全数进行检查。当检查出1处裂纹缺陷时,应加倍抽查,如在加倍抽检焊缝中未检查出其他裂纹缺陷时,该批验收定为合格;当检查出多处裂纹缺陷或加倍抽查又发现裂纹缺陷时,应对该批余下焊缝的全数进行检查。

对于所有查出的不合格焊接部位应按《建筑钢结构焊接技术规程》(JGJ81—2002)熔化焊缝缺陷返修的规定予以补修,直至检查合格。

第十章 电弧焊安全技术

焊接与切割属于特种作业,不仅对操作者本人,也对他人和周围设施的安全构成重大影响。国家制定的《特种作业人员安全技术考核管理规则》(GB5306—85)和1999年公布的"中华人民共和国国家经济贸易委员会13号令"对特种作业的人员应具备的条件、培训、考核、发证、复审和工作变迁等都作了具体的规定,明确指出从事焊接与切割的人员,必须经安全教育、安全技术培训,取得操作证才能上岗。

现行国家标准《焊接与切割安全》(GB9448—1999)是电焊工及焊接设备的操作安全、劳动保护、改善焊接与切割工业卫生条件等的基本依据,也是对焊工操作的基本要求。

第一节 电弧焊作业环境中的职业性有害因素

电弧焊作业环境中的职业有害因素包括:触电、电弧辐射、焊接烟尘、有害气体、放射性物质、噪声、高频电磁场、燃烧和爆炸等。

一、触电

触电是指人体触及带电体、电流通过人体的事故。触电是电弧焊操作的主要危险。高处作业的人员,因触电、痉挛而摔倒,形成坠落等二次事故。

触电事故的类型主要有电击和电伤两种,电击是指电流通过人体内部,破坏人体器官的过程。频率为50Hz的工频电流对人体是最危险的,通过人体的电流超过50mA,对人就有致命的危险。电伤是由于电流的热效应、化学效应、机械效应等而造成对人体外部的伤害过程,如烧伤和烫伤等。

触电的方式主要有单相触电、两相触电和跨步电压触电三种。单相触电是人体与大地之间相互不绝缘时,人体某部触及到三相电源线中任意一根相线,电流经带电导线通过人体流入大地而造成的触电伤害。两相触电是当人体同时接触到两根不同的相线,或者人体同时触及到电器设备两个不同相的带电部位时,电流由一根相线经过人体到另一根相线,形成闭合回路而造成的触电伤害。跨步电压触电 是当高压电接地时,电流流入地下造成人体两脚之间有一定电压而产生触电事故。

焊机的空载电压大多超过安全电压,电弧焊操作时,一旦发生设备绝缘损坏等故障,极易发生触电事故。焊条电弧焊焊工更换焊条时,手一旦接触钳口,身体其他部位直接接触金属结构而连通电焊机的另一极,更易发生触电事故。

二、电弧辐射

焊条电弧焊电弧温度可达3000℃以上,等离子弧的电弧温度在其弧柱中心可达18000~24000K。在此高温下可产生强的弧光,电弧弧光主要包括红外线、紫外线和可见光线。弧光辐射到人体上被体内组织吸收,引起组织的热作用、光化学作用或电离作用,致使人体组织发生急性或慢性的损伤。

皮肤受电弧焊弧光强烈紫外线作用时,可引起皮炎,电弧焊弧光紫外线作用严重时,还伴有头晕、疲劳、发烧、失眠等症。因电弧焊弧光紫外线过度照射引起眼睛的急性角膜炎、结膜炎，称为电光性眼炎。若长期受紫外线照射会引起水晶体内障眼疾。

焊条电弧焊可以产生全部波长的红外线($760\sim1500\mu m$)。红外线波长越短，对机体危害作用就越强。长波红外线可被皮肤表面吸收，使人产生热的感觉，短波红外线可被组织吸收，使血液和深部组织被加热，产生灼伤。眼睛长期接受短波红外线的照射，可产生红外白内障和视网膜灼伤。

焊接电弧的可见光亮度，比肉眼通常能承受的光度约大 10000 倍。被照射后眼睛疼痛，看不清东西，通常叫电弧焊"晃眼"。不带防护面罩禁止观看电弧焊弧光。

三、焊接烟尘

焊接操作中的金属烟尘包括烟和粉尘。焊条和母材金属熔融时所产生的蒸气在空中迅速冷凝及氧化形成的烟，其固体微粒直径往往小于 $0.1\mu m$。直径 $0.1\sim10\mu m$ 的微粒称为粉尘。飘浮于空气中的粉尘和烟等微粒，统称气溶胶。焊条电弧焊的金属烟尘还来源于焊条药皮的蒸发和氧化。

有关现场调查的测定结果表明，在没有局部抽风装置的情况下，室内使用碱性焊条单支焊钳焊接时，空气中焊接烟尘浓度可达 $96.6\sim246mg/m^3$。采用 E4303(J422)焊条在通风不良的罐内进行焊接时，空气中烟尘浓度为 $186.5\sim286mg/m^3$，采用 E5015(J507)焊条时为 $226.4\sim412.8mg/m^3$。以上数字说明：使用碱性焊条比使用酸性焊条，焊接烟尘的浓度有明显的增高，通风不良的罐、舱内比一般厂房内空气中焊接烟尘的浓度有明显的增高，而且远远高于国家规定车间空气中电弧焊烟尘最高允许浓度 $6mg/m^3$ 的标准。

焊接烟尘是造成焊工尘肺的直接原因。锰中毒也由焊接烟尘引起，锰的化合物和锰尘通过呼吸道和消化道侵入人体。电焊工锰中毒发生在使用高锰焊条以及高锰钢的焊接中，锰及其化合物主要作用于末梢神经和中枢神经系统，轻微中毒可引起头晕、失眠及舌、眼睑和手指轻微振颤。中毒进一步发展，表现出转弯、跨越、下蹲困难，甚至走路左右摇摆或前冲后倒，书写时振颤不停等。

此外，焊接烟尘还引起焊工金属热，其主要症状是工作后发烧、寒战、口内金属味、恶心、食欲不振等。翌晨经发汗后症状减轻。一般在密闭罐、船舱内使用碱性焊条，易引起焊工金属热。

四、有害气体

焊接、切割时，在电弧的高温和强烈的紫外线的作用下，在弧区周围形成多种有害气体。其中主要有：臭氧、氮氧化物、一氧化碳、二氧化碳和氟化氢等。

臭氧是由于紫外线照射空气，发生光化学作用而产生的。臭氧产生于距离电弧约 1m 远处，而且气体保护焊比焊条电弧焊产生的臭氧要多得多。臭氧浓度超过允许值时，往往引起咳嗽、胸闷、乏力、头晕、全身酸痛等，严重时可引起支气管炎。

氮氧化物是由于焊接高温的作用，使空气中的氮、氧分子氧化而成。电弧焊有害气体中的氮氧化物主要为二氧化氮和一氧化氮。一氧化氮不稳定，很容易继续氧化为二氧化氮。氮氧化物为刺激性气体，能引起激烈咳嗽、呼吸困难和全身无力等。

焊接、切割中产生一氧化碳的原因大体有三种：一种是二氧化碳与熔化了的金属元素发生反应而生成；二是由于二氧化碳在高温电弧作用下分解而产生；三是气焊时，氧、乙炔等可燃气体燃烧比例不当而形成的。一氧化碳经呼吸道由肺泡进入血液与血红蛋白结合成碳氧血红蛋白,使人体缺氧,造成一氧化碳(煤气)中毒。

二氧化碳气体保护焊和气焊作业都会出现和产生大量二氧化碳气体。二氧化碳是一种窒息性气体,人体吸入过量二氧化碳引起眼睛和呼吸系统刺激,重症者可出现呼吸困难、知觉障碍、肺水肿等。

氟化氢的产生主要是由于碱性焊条药皮中含有萤石(CaF_2)在电弧高温下分解形成。氟化氢极易溶于水而形成氢氟酸,具有较强的腐蚀性。吸入较高浓度的氟化氢,强烈刺激上呼吸道,还可引起眼结膜溃疡以及鼻黏膜、口腔、喉及支气管黏膜的溃疡,严重时可发生支气管炎、肺炎等。

五、放射性物质

钨极氩弧焊和等离子弧焊、切割使用的钍钨极,这种钍钨极含有的氧化钍质量分数为1%～2.5%。钍是天然的放射性物质。但从实际检测结果可以认为,焊接、切割时产生的放射性剂量对焊工健康尚不足以造成损害。但钍钨极磨尖时放射性剂量超过卫生标准,大量存放钍钨极应采取相应的防护措施。人体长时间受放射性物质射线照射,或放射性物质进入并积蓄在体内,则可造成中枢神经系统、造血器官和消化系统的疾病。

六、高频电磁场

非熔化极氩弧焊和等离子弧焊接、切割等,采用高频振荡器来激发引弧,因而在引弧瞬间(2～3s)有高频电磁场存在。经测定电场强度较高,超过了卫生标准(20V/m)。高频振荡器所产生的高频电磁场,对人体有一定影响,虽危害不大,但长期接触较大的高频电磁场,会引起头晕、头痛、疲乏无力、记忆力减退、心悸、胸闷和消瘦等症状。此外,在不停电更换焊条时,高频电磁场会使焊工产生一定的麻电感觉,这在高处作业是很危险的。

七、噪声

在等离子弧喷枪内,由于气流的压力起伏、振动和摩擦,并从喷枪口高速喷射出来,产生噪声。噪声的强度与成流气体的种类、流动速度、喷枪的设计以及工艺性能有密切关系。等离子弧喷涂时声压级可达123dB,常用功率(30kW)等离子弧切割时为111.3dB,大功率(150kW)等离子弧切割时则可达118.3dB。上述检测结果均超过了卫生标准90dB。噪声对中枢神经系统和血液循环系统都有影响,能引起血压升高、心动过快、厌倦和烦躁等。长期在强噪声环境中工作,还会引起听觉障碍。

第二节　电弧焊安全技术

一、焊接安全用电技术

1. 安装焊接电源的安全措施

①安装焊接电源时,要注意配电系统开关、熔断器、漏电保护开关等是否合格、齐全;导线绝缘是否完好;电源功率是否够用。当电焊机空载电压较高,或在高空、水下、容器、管道和船舱等处焊接作业时,则必须采用空载自动断电装置,使焊接引弧时电源开关自动闭合,停止焊接、更换焊条时,电源开关自动断开。

②焊接变压器的一次线圈与二次线圈之间、引线与引线之间、绕组和引线与外壳之间,其绝缘电阻不得小于1MΩ。绕组或线圈引出线穿过设备外壳时应设绝缘板;穿过设备外壳的铜螺栓接线柱,应加设绝缘套和垫圈,并用防护盖盖好。有插销孔分接头的焊机,插销孔的导体

应隐蔽在绝缘板之内。

③安装多台焊接变压器时,应分接在三相电网上,尽量使电网中三相负载平衡。

④空载电压不同的电焊机不能并联使用。因并联时在空载情况下各焊接变压器间出现不均衡环流。焊接变压器并联时,应将它们的初级绕组接在电网的同一相,次级绕组也必须同相相联,详见图10-1。

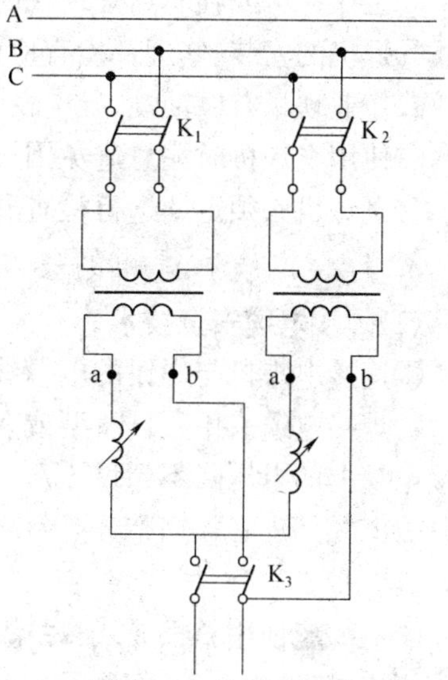

图 10-1 并联运行图

⑤硅整流焊机通常都有风扇,以便对硅整流元件和内部线圈进行通风冷却。接线时要保证风扇转向正确,通风窗离墙壁和其他挡物之间不应小于300mm,以使电焊机内部热量顺利排出。

⑥焊机接地或接零装置。为防止焊机外壳带电,在电源为三线三相制对地绝缘系统或单相制系统中,应安设保护接地线。在电网为三相四线制中性点接地系统中,应安设保护接零线。对电焊机保护接地和保护接零的安全要求如下:

a. 接地电阻应不得大于 4Ω。

b. 正确选用接地体,常用铜棒或无缝钢管,打入地下深度不少于1m。严禁用氧气、乙炔管道以及其他可燃易爆物品的容器和管道作为自然接地体。接地体与建筑物的距离一般不应小于1.5m。

c. 不应同时存在的接地或接零;二次绕组的一端接地或接零,则焊件不应再接地或接零。

d. 用于接地或接零的导线应有足够的截面积。

e. 所有电焊设备的接地线或接零线,不得串联接入接地体或接零线干线。

f. 注意接线顺序:安装时应首先将导线接到接地线上或零线干线上,然后将另一端接到电焊机外壳上。拆除时反之。

2. 焊机的安全使用

①焊机一次线(动力线)要有足够截面积,最大允许电流等于或稍大于电焊机初级额定电流,其长度不宜超过2~3m。

②电焊机必须绝缘良好,使用前除去灰尘并检查其绝缘电阻。

③电焊机外露的带电部分应设有完好的防护(隔离)装置。电焊机裸露接线柱必须设有防护罩,以防人员或金属物体(如货车、起重机吊钩等)与之相接触。

④电焊机平稳地安放在通风良好、干燥的地方,焊机的工作环境应与技术说明上规定相符(相对湿度不超过90%,周围空气温度不超过40℃)。

⑤防止电焊机受到碰撞或剧烈振动。室外使用的电焊机必须有防雨雪的防护措施。

⑥电焊机必须有独立的专用的电源开关,其容量应符合要求。禁止多台电焊机共用一个电源开关。电源控制装置应装在电焊机附近便于操作的地方,周围应留有安全通道。当焊机超负荷运行时,应能自动切断电源。

⑦室外作业的电焊机,临时动力线应沿墙或立柱用瓷瓶隔离布设,其高度必须距地面2.5m以上,不允许将电源线拖在地面上,焊接工作完毕后应立即拆除。

⑧禁止在电焊机上放置任何物件和工具。

⑨起动电焊机时,焊钳与焊件不能短路;暂停工作时,也不得将焊钳直接搁在焊件或焊机上。

⑩工作完毕或临时离开现场时,必须切断焊接电源。

⑪焊机的安装、修理及检查应由电工负责进行。

⑫作业现场有腐蚀性、导电性气体或飞扬粉尘,必须对电焊机进行隔离防护。

⑬使用电焊机时注意避免因飞溅或漏电引起的火花造成火灾事故。

⑭电焊机必须定期进行检查和保养。

3. 焊接电缆和焊钳的安全技术

(1)焊接电缆安全技术

①连接电焊机与焊钳的电缆线的长度应根据工作需要,不宜超过 20～30m。

②焊接电缆采用 YHH 型或 YHHR 型,其截面选择根据电焊机额定输出电流,见表3-8。焊接电缆上的电压降不超过 4V。

③电缆外皮必须完整、绝缘良好,绝缘电阻不得小于 1MΩ。电缆外皮破损时,应及时修补完好。

④电缆应使用整根导线:尽量不带有连接接头。因工作需要接长导线时,应使用接头连接器牢固连接(见表 3-9),接头不宜超过 2 个,连接处应保持绝缘良好。

⑤安装电缆之前必须将电缆铜接头、焊钳或地线夹头可靠地装在焊接电缆两端。铜接头要灌锡卡在电缆端部的铜线上,保证电缆铜接头与电焊机输出端或焊钳接触良好。

⑥焊接电缆不要放在钢板或工件上。焊接电缆横过马路或通道时,必须采取外套保护措施。严禁搭在气瓶或易燃物品的容器和材料上。

⑦不应利用厂房的金属结构、轨道、管道、暖气等设施或其他金属物体搭接起来作为焊接电缆。

⑧严禁焊接电缆与油脂等易燃物料接触。

(2)焊钳(焊枪)安全技术

①电焊钳必须具有良好的绝缘性能与隔热能力,手柄要有良好的绝缘层。

②焊钳的导电部分应采用纯铜材料制成,焊钳与焊接电缆的连接应简便牢靠、接触良好。

③焊条位于水平 45°、90° 等方向时,焊钳应都能夹紧焊条,并保证更换焊条安全方便。

④电焊钳应保证操作灵便,焊钳质量不得超过 600g,结构轻便、操作灵活。

⑤禁止将过热的焊钳浸在水中冷却后使用。

⑥焊枪密封性能良好,等离子焊枪应保证水冷系统密封,不漏气、不漏水。

二、焊条电弧焊安全技术

焊条电弧焊最容易引起的安全事故有:火灾、爆炸、触电、烧伤、烫伤、有毒气体中毒和眼睛被弧光伤害等。应加强安全教育,落实安全措施和安全检查。在焊接车间和场地必须有消防设备和消防器材。要求焊工必须持证上岗,严格遵守和执行安全操作规程,工作完毕后,应仔细清理和检查焊接现场,确认没有事故隐患方可离开。

1. 防爆、放火、防毒的安全措施

①禁止在储有易燃、易爆物品的场地或仓库附近进行焊割作业。在距焊接操作中心 10m 之内不允许有易燃、易爆物品,焊接场所的空气中不允许有可燃气体、液体燃料的蒸汽及爆炸性粉尘。

②一般情况下,禁止焊接有液体压力、气体压力及带电的设备。

③对于存有残余油脂或可燃液体、可燃气体的容器,焊接前应先用蒸汽和热碱水冲洗,并打开盖口,确定容器确实清洗干净后方可进行焊接。密封的容器不准焊接。

④在车间,特别是在锅炉或容器内工作时,应有监护人员,必须注意通风,及时将烟尘和有害气体排出。在焊接黄铜、铅等有色金属时必须要有通风除尘装置,以免中毒。

⑤焊接工人在容器内工作,严禁将漏气的焊炬、割炬及乙炔胶管携带到容器内,防止形成混合气体,发生爆炸。

⑥在锅炉或容器内工作时,应有监护人员。

⑦在露天焊接时必须设置挡风装置,以免火星飞溅引起火灾。风力六级以上的天气,不宜在露天焊接。

⑧登高焊割作业时,作业点下方必须放遮板,以防火星落下,10m 内不能有易燃、易爆物品,同时下方不能有停留人员。作业现场应有专人监护。

⑨焊工工作时,应穿棉白帆布或其他不易燃的工作服,戴焊工手套。工作服要扣好纽扣,不要束在裤子里,口袋应盖好。在仰焊、切割时,焊工应在颈部围毛巾穿着用防燃材料制成的护肩、长套袖、围裙和鞋盖。

⑩焊工焊接时,应注意不要超负荷使用焊机(即焊接电流过大、焊接时间过长),以免焊机过热,发生火灾。

⑪焊接工作完毕,应仔细清理和检查现场,消除火种防止留下事故隐患。

⑫焊割作业现场,应备有消防器材。

2. 防止触电的安全措施

①焊接工作前,应先检查电焊机和工具是否安全,不允许未进行安全检查就开始操作。特别应检查焊机外壳接地、接零是否安全可靠。

②电焊设备接通电源后,人体不应接触带电部分。检修工作应在切断电源后进行。

③应经常检查焊接电缆,保证电缆有良好的绝缘,如果发现电缆线损坏,应立即进行修理或更换。

④经常检查电焊钳,使其具有良好的绝缘和隔热能力。

⑤做好个人防护,焊接操作时,应按劳动保护要求穿好工作服(焊条电弧焊穿帆布工作服)、焊工防护鞋(不得穿带有铁钉的鞋或布鞋,在金属容器内操作时必须穿绝缘套鞋)、戴电焊手套(不得短于 300mm,应用较柔软的皮革或帆布制作),并保持干燥和清洁。

⑥在特殊情况下(如夏天身体大量出汗、衣服潮湿等)工作时,切勿将身体依靠在带电的工作台、焊件上或接触焊钳的带电部分。在潮湿的地方焊接时,应在脚下垫干燥的木板或橡胶板,以保证绝缘。

⑦在夜间或较暗处工作,使用照明行灯时,其电压不应超过 36V。在潮湿·金属容器等危险环境,照明行灯电压不得超过 12V。

⑧下班以后电焊机必须拉闸断电,以防止触电或出现意外,发生火灾。

⑨焊机的安装、修理和检查应由电工负责,焊工不得擅自拆修。

⑩下列操作应在切断电源开关后进行:改变焊机接头;更换焊件需要改接二次线路;移动工作地点:检修焊机故障和更换熔断丝。

3. 防止眼睛被弧光伤害的安全措施

①焊接工作地点应有遮光板,避免其他人员受到弧光伤害。

②焊工工作时,必须使用合格的焊接防护面罩,并配有合适的护目镜片。

三、碳弧气刨安全技术

碳弧气刨安全技术除焊条电弧焊安全技术的相关规定外,还包括以下内容:

①碳弧气刨时电流较大,要防止焊机过载发热。

②碳弧气刨时烟尘大,因碳棒使用沥青粘结而成,表面镀铜,在烟尘中含有质量分数为1%～1.5%的铜,并在产生的有害气体中含有毒性较大的苯类有机化合物,所以操作者应佩戴送风式面罩。在作业场地必须采取排烟除尘措施,加强通风。为了控制烟尘的污染,可应用水弧气刨,即在碳弧气刨的基础上增加供水系统,并对碳弧气刨枪进行改动,保证碳弧气刨枪喷出挺拔的水雾,达到消烟除尘的目的。

四、气体保护焊安全技术

1. 二氧化碳气体保护焊安全技术

二氧化碳气体保护焊安全技术除焊条电弧焊安全技术的相关规定外,还包括以下内容:

①保证工作环境有良好的通风。由于二氧化碳气体保护焊是以 CO_2 作为保护气体,在高温下有大量的 CO_2 气体将发生分解,生成 CO 以及产生大量的烟尘。极易和人体血液中的血红蛋白结合,造成人体缺氧。空气中只有很少量的 CO 时,会使人感到身体不适、头痛,而当 CO 的含量超过一定范围会造成人呼吸困难、昏迷等,严重时甚至引起死亡。如果空气中 CO_2 气体浓度超过一定的范围,也会引起上述的反应。这就要求焊接工作环境应有良好的通风条件,在不能进行通风的局部空间施焊时,应佩戴能供给新鲜氧气的面具及氧气瓶。

②注意选用容量恰当的电源、电源开关、熔断器及辅助设备,以满足高负载率持续工作的要求。

③采用必要的防止触电措施与良好的隔离防护装置和自动断电装置;焊接设备必须保护接地或接零并经常进行检查和维修。

④采用必要的防火措施。由于二氧化碳气体保护焊金属飞溅引起火灾的危险性比其他焊接方法大,要求在焊接作业的周围采取可靠的隔离、遮蔽或防止火花飞溅的措施;焊工应有完善的劳动防护用具,防止人体灼伤。焊接工作结束后,必须切断电源和气源,并仔细检查作业场所周围及防护设施,确认无起火危险后方能离开。

⑤由于二氧化碳气体保护焊比焊条电弧焊的弧光更强,紫外线辐射更强烈,应选用颜色更深的滤光片。

⑥采用 CO_2 气体电热预热器时,电压应低于 36V,外壳要可靠接地。

⑦由于 CO_2 是以高压液态盛装在气瓶中,要防止 CO_2 气瓶直接受热,气瓶不能靠近热源,也要防止剧烈振动。

⑧加强个人防护。戴好面罩、手套,穿好工作服、工作鞋。

⑨当焊丝送入导电嘴后,不允许将手指放在焊枪的末端来检查焊丝送出情况;也不允许将焊枪放在耳边来试探保护气体的流动情况。

⑩使用水冷系统的焊枪,应防止绝缘破坏而发生触电。

2. 钨极氩弧焊安全技术

钨极氩弧焊安全技术除焊条电弧焊安全技术的相关规定外,还包括以下内容:

①在移动电焊机时,应取出机内易损电子器件单独搬运。

②电焊机应有可靠接地。电焊机内的接触器、继电器等元件,焊枪夹头的夹紧力以及喷嘴的绝缘性能等,应定期检查。

③高频引弧焊机或装有高频引弧装置时,焊接电缆都应有铜网编织屏蔽套并可靠接地。

④电焊机使用前应检查供气、供水系统,不得在漏水、漏气的情况下运行。

⑤应防止焊枪被磕碰,严禁把焊枪放在工件或地上。焊接作业结束后,禁止立即用手触摸焊枪导电嘴,避免烫伤。

⑥盛装保护气体的高压气瓶应小心轻放、竖立固定,防止倾倒。氩气瓶与热源距离一般应大于5m。

⑦排除施焊中产生的臭氧、氮氧化物等有害物质,应采取局部通风措施或供给焊工新鲜空气。

⑧钍钨极应放在铅盒里保存,或放在厚壁钢管中密封。焊工打磨钍钨极,应在专用的有良好通风装置的砂轮上或在抽气式砂轮上进行,并穿戴好个人防护用品。打磨完毕,立即洗净手和脸。

3. 熔化极氩弧焊安全技术

熔化极氩弧焊安全技术除焊条电弧焊安全技术和钨极氩弧焊安全技术的相关规定外,还包括以下内容:

①为使电弧稳定。减少飞溅,熔化极氩弧焊均采用直流焊接电源。

②熔化极氩弧焊要有冷却水系统和水压开关,以保证冷却水未流经焊枪时,焊接系统不能自动焊接,避免焊枪未经冷却而烧坏。

③焊枪不得漏气、漏水、漏电。作业结束后,禁止立即用手触摸焊枪导电嘴,避免烫伤。

④熔化极氩弧焊的弧光比焊条电弧焊更为强烈,产生的臭氧和氮氧化物等有毒气体也比焊条电弧焊多,应特别注意采取相应的防护措施。

五、埋弧焊安全技术

埋弧焊安全技术除遵守焊条电弧焊的有关规定外,还应注意以下几点:

①埋弧焊机控制箱外壳和接线板上的罩壳必须盖好。

②埋弧焊用电缆必须符合焊机额定焊接电流的容量,连接部分要拧紧,并应经常检查焊机各部分导线的接触点是否良好,绝缘性能是否可靠。

③半机械化化埋弧焊悍接手把应放置妥当,以防止短路。

④埋弧焊机发生电气故障时,必须切断电源,由电工修理。

⑤在焊接过程中应保持焊接连续覆盖,以免焊剂中断,露出电弧。同时,焊接作业时应戴普通防护眼镜。

⑥灌装、清扫、回收焊剂应采取防尘措施,防止焊工吸入焊剂粉尘。如采用利用压缩空气的吸压式焊剂回收输送器。

⑦在调整送丝机构及焊机工作时,手不得触及送丝机构滚轮。

⑧在转胎上施焊的焊件应压紧、卡牢,防止松脱掉下砸伤人。

⑨焊接转胎及其他辅助设备和装置的机械传动部分,应加装防护罩。

⑩清除焊渣时要戴上平光护目镜。

六、等离子弧焊接与等离子弧切割安全技术

等离子弧焊接与切割安全技术除遵守焊条电弧焊、气体保护焊有关规定外,还应注意以下

几点：

①等离子弧焊接与切割用电源的空载电压较高，尤其是手工操作时有电击的危险。因此，电源在使用时必须可靠接地。其枪体用手触摸部分必须可靠绝缘。

②等离子弧较其他电弧的光辐射强度更大，操作时工人必须戴上良好的面罩、手套，颈部也要保护。面罩除具有黑色目镜外，应加上吸收紫外线的镜片。

③焊接、切割工作点应设有工作台，并采用有效的局部排烟和净化装置，或设水浴工作台等。

④等离子弧割炬应保持电极与喷嘴同心，要求供气、供水系统密封严、不漏气、不漏水。

⑤等离子弧易产生高强度、高频率的噪声，尤其是大功率等离子弧切割时，操作者必须戴耳塞。也可以采用水中切割法，利用水来吸收噪声。

⑥等离子弧焊接和切割采用高频引弧，要求接地可靠。转移弧引燃后，应立即可靠地切断高频振荡器电源。

七、燃料容器、管道检修焊补安全技术

燃料容器、管道是指盛装易燃易爆物质的容器和管道。燃料容器、管道的检修焊补工作往往任务紧急、且需在处于易燃、易爆、易中毒的情况下进行，有时还要在高温、高压下进行，稍有疏忽，极易发生火灾、爆炸、中毒死亡事故。燃料容器、管道焊补时发生爆炸火灾事故的原因有以下几个方面：焊接动火前对容器内的可燃物置换不彻底，取样化验和检测数据不准确，取样化验检测部位不适当等，造成在容器管道内或动火点的周围存在爆炸性混合物；在焊补操作过程中，动火条件发生了变化未引起及时注意；动火检修的容器未与生产系统隔绝，致使易燃气体蒸气互相串通，进入动火区段，或是一面动火，一面生产，互不联系，在放料排气时遇到火花；在尚具有燃烧和爆炸危险的车间、仓库等室内进行焊补检修；焊补未经安全处理或未开孔洞的密闭容器。

1. 燃料容器、管道的检修焊补方法

目前主要有置换焊补与带压不置换焊补两种方法。

置换焊补就是在焊接动火前实行严格的惰性介质置换，将原有的可燃物排出，使设备及管道内的可燃物含量达到安全要求，经确认不会形成爆炸性混合物后，才能动火焊补的方法。

带压不置换焊补主要用于可燃液体和可燃气体容器管道的焊补。此方法要求严格控制氧的含量，使工作场所不能形成达到爆炸极限范围的混合气，在燃料容器或管道处于正压条件下进行焊补。通过对含氧量的控制，使可燃气体含量大大超过爆炸极限，然后使它以稳定不变的速度，从设备或管道的裂缝处逸出，与周围空气形成一个燃烧系统。点燃可燃性气体，并以稳定的条件保持这个燃烧系统，在焊补时，控制气体在燃烧过程中不致发生爆炸危险。

2. 置换焊补安全措施

(1)可靠隔离

①设置盲板。燃料容器与管道停止工作后，通常采用盲板将与之联结的管路截断，使焊补的容器管道与生产的部分完全隔离。盲板除必须保证严密不漏气外，还应保证能耐管路的工作压力，避免盲板受压破裂。盲板厚度可按平封头计算。

$$S = 0.43 D_C \sqrt{\frac{p}{[\sigma_t]}}$$

式中 S——盲板厚度(mm)；

D_c——管路直径(mm)；

P ——系统对盲板的压力(MPa)；

$[\sigma_t]$——盲板材料在工作温度下的许用应力(MPa)。

此外，还可在盲板与阀门之间加设放空管或压力表，并派专人看守，否则应将管路拆卸一节。短时间的动火检修可用水封切断气源，但须设专人看守水封溢流管的溢流情况，防止水封失效。

②划定固定动火区。将可拆卸并有条件移动到固定动火区焊补的物体，必须移到固定动火区内进行焊补。固定动火区必须符合以下要求：

a. 无可燃物、管道和设备，并且距易燃易爆物和设备、管道 10m 以上。

b. 室内的固定动火区与防爆的生产现场要隔开，不能与门窗、地沟等串通。

c. 在正常放空或一旦发生事故时，可燃气体或蒸气不能扩散到固定动火区。

d. 常备足够数量的灭火工具及设备。

e. 固定动火区内禁止放置和使用各种易燃物质，如易挥发的清洗油、汽油等。

f. 周围要划定界线，并有"动火区"字样的安全标志。在未采取可靠的安全隔离措施之前，不得动火焊补检修。

(2)严格控制可燃物含量

焊补前，通常采用蒸气蒸煮并用置换介质吹净等方法，将容器内部的可燃物质和有毒物质置换排除。在置换过程中要不断取样分析，严格控制容器内的可燃物含量，以保证符合安全要求，这是置换焊补防爆的关键。容器内部的可燃物含量不得超过爆炸下限的 1/4～1/2；如果需进入容器内工作，除保证可燃物不超过上述含量外，由于置换后的容器内部是缺氧环境，所以还应保证含氧量(氧的体积分数)达到 18%～21%，毒物含量应符合"工业企业设计卫生标准"的规定。

常用的置换介质有氮气、二氧化碳、水蒸气或水等。当置换介质比被置换介质的密度大时，应由容器的最低点送进置换介质，由最高点向室外放散。以气体作为置换介质时，其需用量不能按经验以超过被置换介质容积的几倍来计算，因为某些被置换的可燃气体或蒸气具有滞留性质。在同置换气体密度相差不大时，还应注意到置换不彻底的可能性及两相间的互相混合现象。

某些情况下必须采用加热气体介质来置换，才能将潜存在容器内部的易燃易爆混合气赶出来。因此，置换作业必须以气体成分化验分析达到合格为准。容器内部的取样部位应是具有代表性的部位，并以动火前取得气体样品分析值是否合格为准。

以水作为置换介质时，将容器灌满即可。

未经置换处理，或虽已置换但尚未分析化验气体成分是否合格的燃料容器，均不得随意动火焊补，避免造成事故。

(3)严格清洗工作

有些易燃易爆介质被吸附在容器或管道内表面的积垢或外表面的保温材料中，由于温差和压力变化的影响，置换后也还能陆续散发出来，导致操作中气体成分发生变化，造成爆炸火灾事故发生。油类容器、管道的清洗，可以用 10%(重量百分数)的氢氧化钠(即火碱)水溶液洗数遍，也可以通入水蒸气进行蒸煮，然后再用清水洗涤。

配制碱液时，应先加冷水，然后才分批加入计算好的火碱碎块，以免碱液发热涌出而伤害焊工,切忌先加碱块后加水。

有些油类容器如汽油桶,因汽油较易挥发,故可直接用蒸汽流吹洗。

酸性容器壁上的污垢、黏稠物和残酸等,要用木质、铝质或含铜70%以下的黄铜工具手工清除。

为了提高工作效率和减轻劳动,可以采用水力机械、风动或电动机械以及喷丸等清洗除垢法。喷丸清理积垢,具有效率高、成本低等优点。但禁止用喷沙除垢。

在无法清洗的特殊情况下,在容器外焊补动火时应尽量多灌装清水,以缩小容器内可能形成爆炸性混合物的空间。容器顶部须留出与大气相通的孔口,以防止容器内压力的上升。在动火时应保证不间断地进行机械通风换气,以稀释可燃气体和空气的混合物。

(4)空气分析和监视

通过置换和清洗后,应从容器内外的不同部位取样进行化验,分析气体成分,必须合格后,才可以开始焊补工作。在焊补过程中,也应该用仪表监测并随时取样分析,以防焊补操作时,从保温材料中或桶底死角处,还有可能陆续散发出可燃气体而引起爆炸。开始焊补前,应把容器的入孔、手孔及放空管等打开,切忌在密闭、不通风的状态下进行焊补工作,以免出现危险。使用气焊焊补时,点燃及熄灭焊枪,均应在容器外部进行。

(5)安全组织措施

①在检修焊补前必须制定计划,应包括进行检修焊补作业的程序、安全措施和施工草图。施工前应与生产人员和救护人员联系并通知厂内消防人员作好准备。

②在工作地点10m内停止其他用火工作,电焊机二次回路线及气焊设备要远离易燃物,防止操作时因线路发生火花或乙炔漏气造成起火。

③检修动火前除应准备必要的材料、工具外,在黑暗处或夜间工作,应有足够的照明,使用具有防护罩的安全行灯和其他安全照明灯具。

3. 带压不置换焊补安全措施

燃料容器带压不置换焊补技术操作时,引起爆炸的危险要比置换焊补大。因此,要严格控制系统内含氧量和焊补点周围的可燃物,使之达到安全要求,并在保持正压的条件下作业。

(1)严格控制氧含量

带压动火焊补之前,必须进行容器内气体成分的分析,以保证氧含量不超过安全值。即氧的含量低于某一极限值时,不会形成达到爆炸极限的混合气,也就不会发生爆炸。

目前,有些部门规定,氢气、一氧化碳、乙炔等的极限氧含量以不超过1%作为安全值,这个数据具有一定的安全系数。

在动火前和整个焊补操作过程中,都要始终稳定控制系统中氧含量低于安全值,加强气体分析(可安装氧气自动分析仪),发现系统中氧气含量增高时,应尽快查出原因及时排除。氧含量超过安全值时应立即停止焊接。

(2)正压操作

在焊补操作全过程中,设备、管道必须连续保持稳定的正压,这是带压不置换焊补安全程度的关键。一旦出现负压,空气进入焊补的设备或管道,就难免发生爆炸。

压力大小的选择,一般以不猛烈喷火为宜。压力太大,气体流量、流速大,喷出的火焰猛烈,焊条熔滴易被气流冲走,给焊接造成困难。另外,穿孔部位的钢板在火焰高温下易产生变形或裂孔扩大,从而喷出更大的火焰,造成事故。压力太小,会使空气漏入设备或管道,形成爆炸性混合气。因此,在选择压力时,以喷火不猛烈为原则,具体选定压力大小。总之,对压力的要求就是应保持连续不断的低压稳定气流。穿孔裂纹越小,压力调节的范围越大,可使用的压力亦越高。反之,应考虑较小的压力。但在任何情况下禁止在负压情况下焊接。

（3）严格控制动火点周围可燃气含量

在进行容器带压不置换焊补时,还必须分析动火点周围滞留空间的可燃物含量,以小于爆炸下限的 $1/3 \sim 1/4$ 为合格。取样部位应考虑到可燃气的性质（如密度、挥发性）和厂房建筑的特点。注意检测数据的准确可靠性,确认安全可靠时再动火焊补。

（4）焊接操作的安全要求

①焊接前要引燃从裂缝逸出的可燃气体,形成一个稳定的燃烧系统。在引燃和动火操作时,工作人员不可正对动火点,以免出现压力突增,火焰急剧喷出烧伤工作人员。

②焊接电流大小要适当,特别是压力在 0.1MPa 以上和钢板较薄的设备,过大的焊接电流易将金属烧穿,在介质压力下会产生更大的孔。

③当动火条件发生变化,如系统内压力急剧下降到所规定的限度或含氧量超过允许值时,应立即停止动火,查明原因并采取相应措施后,方可继续进行焊补工作。

④焊接操作中如遇着火,应立即采取灭火措施。在火未熄灭前,不得切断可燃气来源,也不得降低或消除系统的压力、以防设备管道吸入空气形成爆炸性混合气。

⑤焊补前要先弄清待焊部位的情况,如穿孔裂纹的位置、形状、大小及补焊的范围等。采取相应措施,如较长裂纹采用打止裂孔的办法再补焊等。

（5）安全组织措施

除与置换焊补的安全组织措施相同外,应注意以下几点:

①防护器材的准备。现场要准备几套长管式防毒面具。由于带压焊接在可燃气体未点燃前,会有大量超过允许浓度的有害气体逸出,施工人员戴上防毒面具,是确保人身安全的重要措施。还应准备必要的灭火器材,最好是二氧化碳灭火器。

②做好严密的组织工作,要有专人统一指挥,各重要环节均应有专人负责。

③焊工要有较高的技术水平和丰富的焊接经验,焊接工艺参数、焊条选择要适当,操作时准确快速,不允许技术差、经验少的焊工带压焊接。

燃料容器的带压不置换焊补操作,需多部门紧密配合。在企业生产、安全、技术等部门未采取有效措施前,任何人不得擅自进行带压不置换焊补作业。

八、水下焊接与切割安全技术

水下焊接与切割的热源目前主要采用电弧热（如水下电弧焊、电弧熔割、电弧氧气切割等）和化学热（水下氧氢焰气割）。在水下特殊条件下,危险性更大。水下焊割作业存在爆炸、灼伤、电击、物体打击和风浪等引起溺水的不安全因素。

1. 水下焊割作业准备工作

①焊割炬在使用前应作绝缘、水密性和工艺性能的检查,氧气胶管使用前应用 1.5 倍工作压力的蒸气或水进行清洗,热切割的供气胶管和电缆每隔 0.5m 间距应捆扎牢固。

②水下焊割作业前应查明作业区的周围环境,了解作业水深、水文、气象和被割物的结构情况。禁止焊割工在悬浮状态下进行操作。

③潜水焊割工应配备通话设备,以便随时与水面上的支持人员取得联系。禁止在没有任何通信联络的情况下进行下水作业。

④潜水割焊工人下水后,在其作业点的水面上,半径相当于水探的区域内,禁止其他作业同时进行。

⑤水下焊工应当移去操作点周围的障碍物,将自身置于有利安全的位置上,然后报告支持人员,取得同意后方可开始工作。

⑥水下焊割作业点所处的水流速度超过 0.1~0.3m/s,水面风力超过 6 级时,禁止水下焊割作业。

2. 水下焊割作业预防爆炸的安全措施

①水下焊割工作前,必须清除被焊割结构内部的可燃易爆物质。进行密闭容器、贮油罐、油管、贮气罐等水下焊割工程时,必须预先按照燃料容器焊补的安全技术要求采取相应措施后,方可进行焊割作业。

②任何情况下都禁止利用油管、船体、缆索或海水等作为焊接回路。

3. 水下焊割作业预防灼烫的要求

水下焊割作业时有炽热熔化金属滴落,一旦落在潜水服折叠部位或供气软管上可能造成烧损。潜水焊割工应避免在自己头顶上方作业,以防坠落的金属熔滴烧坏潜水装具和灼烫。

4. 水下气割作业预防回火的安全措施

任何情况下都不准将割炬对准水下焊割工自身和潜水装具。非特殊许可外,潜水切割工不得携带点燃的切割炬下水,将点火器带人水下点火。以避免下潜过程中烧坏潜水服。

水下气割作业另一种危险是气割作业时发生回火。火焰返回割炬,造成回火。招致潜水服或供气管烧坏,还可能使潜水工烧伤或烫伤。造成因呼吸条件失常所引起的疲劳或呼吸困难而被迫出水的情况。此时焊割工如违反规则而快速上升出水,压力的骤变会引起血管栓塞;如按规则上升,又可能引起二氧化碳中毒窒息。

为防止因回火可能造成的伤害,除在供气总管处安装回火防止器外,还应在割炬柄与供气管之间安装防爆阀。此外,更换空瓶时,如不能保持压力不变,应将割炬熄灭,待换好后再点燃,避免发生回火。

5. 水下焊割作业预防触电的安全措施

①水下焊接设备和电源应具有良好的绝缘和防水性能,还应具有抗盐雾、大气腐蚀和海水腐蚀性能。壳体应有水密保护,所有触点和接头都应进行抗腐蚀处理,电焊机应有良好接地。

②水下焊接禁止使用交流电源设备。

③水下更换焊条是危险的操作,当电极熔化完需更换焊条时,必须先发出拉闸信号,确认电路已经切断,方可更换。

④电极应彻底绝缘和防水,以保证电接触仅仅在形成电弧的地方出现。

⑤潜水焊割工在进行水下作业时,必须戴干燥绝缘手套穿干式潜水服,电流一旦接通,切勿将自身置于工作点与接地点之间,而应面向接地点,避免潜水盔与金属用具受电解作用而同时又将电焊条或电焊把触及头盔。任何时候都不可使自身成为回路的一部分。

6. 水下焊割作业预防重物打击的安全措施

①水下焊割作业时,随时注意割件有无塌落的危险,并应给自己留出足够的避让位置,避免割件坠落或倒塌而压伤。

②装配焊时,经检查点固牢稳后方可通知水面松开安装吊索。

九、焊工高处作业安全技术

焊工高处作业安全技术除焊条电弧焊安全技术的相关规定还包括以下内容：

①在高处作业时，焊工首先要系上带弹簧钩的安全带，并把自身系在构架上。为了保护下面的人不致被落下的熔融金属滴和熔渣烧伤，或被偶然掉下来的金属物等砸伤，要在工作处的下方搭设平台，平台上应铺盖铁皮或石棉板。高出地面1.5m以上的脚手架和吊空平台的铺板须用不低于1m高的栅栏围住。

②在上层施工时，下面必须装上护栅以防火花、工具和零件及焊条等落下伤人。在施焊现场5m范围内的刨花、麻絮及其他可燃材料必须清除干净。

③在高处作业的焊工必须配用完好的焊钳、附带全套备用镜片的盔式面罩、锋利的錾子和手锤，不得用盾式面罩代替盔式面罩。焊接电缆要紧绑在固定处，严禁绕在身上或搭在背上工作。

④焊接用的工作平台，应保证焊工能灵活方便地焊接各种空间位置的焊缝。安装焊接设备时，其安装地点应使焊接设备发挥作用的半径越大越好。使用活动的电焊机在高处进行焊条电弧焊时，必须采用外套胶皮软管的电源线；活动式电焊机要放置平稳，并有完好的接地装置。

⑤在高处焊接作业时，不得使用高频引弧器，以防万一麻电、失足坠落。高处作业时应有监护人，密切注意焊工安全动态，电源开关应设在监护人近旁，遇到紧急情况立即切断电源。高处作业的焊工，当进行安装和拆卸工作时，一定要戴安全帽。

⑥遇到雨、雾、雪、阴冷天气和干冷时，应遵照特种规范进行焊接工作。焊工工作地点应加以防护，免受不良天气影响。

⑦焊工除掌握一般操作安全技术外，高处作业的焊工一定要经过专门的身体检查，通过有关高处作业安全技术规则考试才能上岗。

十、触电急救

1. 现场抢救要点

（1）迅速使触电者脱离电源

发现有触电者时切不可惊慌失措，应采取措施尽快使触电者脱离电源，这是减轻伤害和救护的关键。脱离1000V以下电源的方法有：切断电源、挑推开电源、拉开触电者、割断电源线。

切断电源即断开电源开关、拔出插头或按下停电按钮。挑开电源必须使用绝缘物（干燥的木棒、绳索等）挑开电线或电气设备，使之与触电者脱离。若触电者俯仰在漏电设备上，或电源线被压在触电者身下，抢救人员应穿上绝缘鞋，或站在干燥的木板上，用干燥的绳索套在触电者身上，使触电者被拉开，脱离电源。若触电现场远离电源开关、挑不开电线或触电者肌肉收缩紧握电线时，可用绝缘胶套的钳子剪断电线。

脱离1000V以上高压电源时，应立即通知有关部门停电；抢救者穿绝缘靴、戴绝缘手套，用符合电源电压等级的绝缘棒或绝缘钳，使触电者脱离电源；用安全的方法使线路短路，迫使保护器件动作，断开电源。

（2）准确及时实行救治

触电者脱离电源后，抢救人员必须在现场及时就地实施救治，千万不能停止救治措施而等待急救车或长途运送医院。抢救奏效的关键是迅速，而迅速的关键是必须准确地就地救治。救治实施人工呼吸或胸外心脏按压等方法，要坚持不断，不可轻率停止，即使在运送医院途中也不能中止。直到触电者自主呼吸和心跳后,即可停止人工呼吸或胸外心脏按压。

当触电者全部具有以下五个征象时,方可停止抢救;若其中有一个征象未出现,也应该努力抢救到底。五个征象是:心跳、呼吸停止;瞳孔散大;出现尸斑;尸僵;血管硬化或肛门松弛。

2. 现场救治方法

①对神志清醒、能回答问话,只感心慌、乏力、四肢发麻的轻症状触电者,就地休息 1~2h,并请医生现场诊断和观察。

②对神志不清或失去知觉,但呼吸正常的触电者,可抬到附近空气清新的干燥地方,解开衣服,暂不做人工呼吸,请医生尽快到现场急救。

③对无知觉、无呼吸,但有心脏跳动的触电者,要采用人工呼吸救治。采用口对口呼吸的效果为好,其操作要领如下:

a. 使触电者仰卧,清除口中血块和呕吐物后使其头部尽量后仰,鼻孔朝天,下腭尖部与胸大致保持同一水平线上。救护人员在触电者头部一侧,掐住触电者的鼻子,使其嘴巴张开,准备接受吹气。

b. 救护人做深呼吸后,紧贴触电者的口向内吹气,为时约 2s,并观察触电者的胸部是否膨胀,以确定吹气效果和适度是否得当,如图 10-2 所示。

c. 救护人吹气完毕换气时,其口应立即离开触电者嘴部,并放松掐紧的鼻子,让他自行呼吸,为时应 3s。按照上述反复循环进行。

图 10-2　掐鼻吹气·观察效果

④触电者心脏停止跳动,但呼吸未停,应当进行胸外挤压法救治。其操作要领如下:

a. 触电者仰卧在比较坚实的地面或木块上,姿势同人工呼吸法。

b. 救护人跪在触电者腰部一侧或骑跪在他身上,两手相叠,手掌根部放在两乳头之间略下一点。

c. 手掌根部用力向下挤压,压陷 3~4cm,压出心脏的血液,随后迅速放松,让触电者胸廓自动复原,血液充满心脏。按上述动作反复循环进行,每分钟挤压 60 次为宜。

⑤触电者心跳和呼吸匀已停止,则人工呼吸和胸外挤压交替进行。每次对口吹气 2~3 次,再进行心脏按压 10~15 次,照此反复循环进行。

第三节　焊工劳动保护

一、焊工劳动保护用品种类及要求

个人防护用品是保护工人在劳动过程中安全和健康所需要的、必不可少的预防性用品。焊接和切割作业时使用的防护用品较多,有防护面罩、头盔、防护眼镜、安全帽、防噪声耳塞、耳罩、工作服、手套、绝缘鞋、安全带、防尘口罩、防毒面具及披肩等。焊工防护用品均应达到国家相关标准技术性能的规定。GB15701—1995 规定焊工防护服,GB12624—2006 规定劳动保护手套,GB/T3609.1—1994 规定防护眼镜,面罩及护目镜,GB/T11651—2008 规定劳动防护用品的选用规则,GB12015—2003 规定焊工防护鞋的要求,GB9448—1999 规定焊接与切割安全。要求焊工在焊接操作时应穿戴好劳保用品,即合格的面罩和护目镜、耐火和有绝缘效果的电焊手套、焊工防护服及焊工防护鞋等。

1. 工作服

焊接用防护工作服一般应是白帆布工作服(不宜用化纤衣料制作),具有隔热、反射和吸收等屏蔽作用,耐磨、透气性好等优点。保护焊工免受弧光辐射及飞溅物等伤害。

仰焊或切割时,为了防止火星、熔渣溅到面部或额部造成灼伤,焊工可用石棉物的披肩、长袖套、围裙和鞋盖进行防护。

焊接、切割过程中的高温飞溅物如果落到卷袖、衣服、工作裤或裤卷口,会造成皮肤灼伤。因此,穿工作服时一定要把袖子和衣领扣扣好。工作服不应有口袋,并不应系在工作裤里边。工作服要有一定长度,一般应过腰长。工作服还不应有破损孔洞和缝隙。不允许粘有油脂或潮湿,重量应较轻。

2. 电焊手套、工作鞋和鞋盖

①电焊手套。焊接和切割作业时,焊工必须戴防护手套。手套要求耐磨、耐辐射热、不易燃和绝缘性能良好,最好采用牛(猪)绒面革制手套。在可能导电的场所工作时,所用手套应经耐电压 3000V 实验,合格后方能使用。电焊手套长度不得小于 300mm。

②工作鞋。焊接作业必须穿绝缘胶鞋,工作鞋要求耐热、不易燃、耐磨、防滑的高筒绝缘鞋,耐高压需在 5000V 时保持 2min 不击穿。一般可穿戴翻毛皮面、粘胶底或橡胶底的工作鞋。鞋底不得有鞋钉。在有积水的地面焊割作业时,焊工应穿经过 6000V 耐压实验合格的防水橡胶鞋。工作鞋鞋底耐热需在 200℃ 以上温度保持 15min。

③鞋盖。在飞溅强烈的场地,除穿工作鞋外,还应带有鞋盖,鞋盖最好用帆布或皮革制成,防止飞溅物对脚部的烫伤。

3. 安全带

焊工登高焊割作业时,必须带符合国家标准的防火高空作业安全带。使用安全带前,必须检查安全带各部分是否完好,救生绳挂钩应固定在牢靠的结构上。安全带系在腰部,绳的挂钩挂在带的同一水平位置;也可以将绳挂在高处,人在下面工作;注意安全带一定不能将绳挂在下面,人在高处工作,这样极不安全。

4. 安全帽

在多层交叉作业时,焊工应该戴好安全帽。安全帽要符合国家标准,并使用有合格证的产品,每次使用前要检查各部分是否完好,是否有坠落物撞击痕迹,是否有老化裂纹。调整好帽箍使之适合使用者头部,并且调整好帽衬与帽壳顶内面的垂直距离,保持在 25~50mm 之间。

二、电弧焊辐射防护措施

必须保护焊工的眼睛和皮肤免受弧光辐射作用。其防护措施如下:

①焊工进行焊接作业时,应按照劳动部门颁发的有关规定使用劳保用品、穿戴符合要求的工作服、鞋帽、手套、鞋盖等,以防电弧辐射和飞溅烫伤。常用的有白帆布工作服或铝膜防护服。

②焊工进行焊接作业时,必须使用镶有吸收式滤光镜片的面罩。滤光片应根据焊接方法和焊接电流强度,按照表 10-1 选择。如果焊接、切割中电流较大,身边没有遮光号大的滤光片,可将两片滤光号较小的滤光片叠起使用,效果相同。当把一片滤光片换成两片时,可根据

下式计算：

$$N=(n_1+n_2)-1$$

式中 N——一个滤光片的遮光号；

　　　n_1、n_2—— 两个滤光片各自的遮光号。

　　焊接工作累计 8h，一般要更换一次新的保护片。

表 10-1   护目镜遮光号的选择

焊接方法	焊条尺寸(mm)	焊接电流(A)	最低遮光号	推荐遮光号 *
焊条电弧焊	<2.5	<60	7	—
	2.5~4	60~160	8	10
	4~6.4	160~250	10	12
	>6.4	250~550	11	14
气体保护电弧焊及药芯焊丝电弧焊	—	<60	7	—
		60~160		11
		160~250	10	12
		250~500	10	14
钨极气体保护电弧焊	—	<50	8	10
		50~100	8	12
		150~500	10	14
空气碳弧切割	—	<500	10	12
		500~100	11	14
等离子弧焊接	—	<20	6	6~8
		20~100	8	10
		100~400	10	12
		400~800	11	14
等离子弧切割	—	<300	8	9
		300~400	9	12
		400~800	10	14
硬纤焊	—	—	—	3 或 4
软纤焊	—	—	—	2
碳弧焊	—	—	—	14
气焊	板厚(mm)			
	<3		—	4 或 5
	3~13			5 或 6
	>13			6 或 8
气割	板厚(mm)			
	<25		—	3 或 4
	25~150			4 或 5
	>150			5 或 6

　　注：*根据经验，开始使用太暗的镜片难以看清焊接区，因而建议使用可看清焊接区域的适宜镜片，但遮光号不要低于下限值。

　　使用的手持式和头盔式保护面罩应轻便、不易燃、不导电、不导热、不漏光。目前已采用了护目镜可启闭的 MS 型面罩，见图 10-3。MS 型手持式面罩护目镜启闭按钮在手柄上。头盔式面罩护目镜启闭开关设置在电焊钳绝缘手柄上。使引弧及敲渣时都不必移开面罩,使焊工操作方便,得到更好的防护。

③为保护焊接工地其他工作人员的眼睛,一般在小件焊接的固定场所应安装防护屏,防护屏采用石棉板、玻璃纤维板和铁板等不易燃烧的板材,并涂上灰色或黑色。屏高约 1.8m,屏底距地面应留 250～300mm 的间隙,以供流通空气。在工地焊接时,电焊工在引弧时应提请周围人员注意避开弧光,以免弧光伤眼。

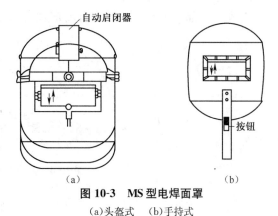

图 10-3　MS 型电焊面罩

(a)头盔式　(b)手持式

④在夜间工作时,焊接现场应有良好的照明,否则由于光线亮度反复剧烈变化,容易引起电焊工眼睛疲劳。

⑤一旦发生电光性眼炎,可到医院就医,也可用以下方法治疗:奶汁滴治法,用人奶或牛奶每隔 1～2min 向眼内滴一次,连续 4～5 次就可止泪;凉物敷盖法,用黄瓜片或土豆片盖在眼上,闭目休息 20min 即可减轻症状;凉水浸敷法,眼睛浸入凉水内,睁开几次,再用凉水浸湿毛巾,敷在眼睛上,8～10min 换一次,在短时间内可治愈。

三、焊接烟尘和有毒气体的防护措施

1. 焊接通风除尘

对焊接烟尘和有毒气体防护的主要措施是焊接通风除尘。在车间内、室内、罐体内、船舱内及各种结构局部空间内进行的手工电弧焊和气体保护焊,都应采用适宜的通风除尘方式。焊接通风除尘的排烟方式主要有:全面通风、局部通风两大类。一个完整的通风除尘系统,不应是简单地将车间内被污染的空气排出室外,而是将被污染的空气净化后再排出室外,这样才能有效地防止对车间外大气的环境污染。

(1)全面通风

全面机械通风是通过管道及风机等机械的通风系统进行全车间的通风换气的。设计时应按每个焊工通风量不小于 57m³/min 来考虑。当焊接作业室内净高度低于 3.5～4m 或每个焊工工作空间小于 200m³ 时,以及工作间(室、舱、柜)内部结构影响空气流动,且焊接作业点焊接烟尘浓度超过 6mg/m³,有毒气体浓度超过表 10-2 的规定时,应采取全面通风换气。

表 10-2　焊接有毒气体测量值

有害物质名称	现场测量值(mg/m³)	最高允许浓度(mg/m³)
臭氧(O_3)	0.13～0.26	0.3
氧化氮(换算成 NO_2)	0.1～1.11	5
一氧化碳(CO)	4.2～15[①]	30
二所氧化碳(CO_2)	—	9000[②]
氟化氢及氟化物(换算成 F)	16.75～51.2	1

注:①为船舱、锅炉、罐内等通风不良处测定值。

②为美、日、德规定值。

(2)局部通风

局部通风系统的结构如图 10-4 所示,局部通风系统由排烟罩、风管、风机、净化装置四个部分组成。局部通风系统的形式有固定式、移动式和随机式三种。

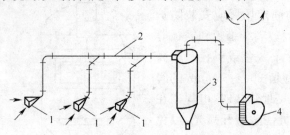

图 10-4　局部排风系统示意图

1. 局部排烟罩　2. 风管　3. 净化设备　4. 风机

①固定式排烟罩。如图 10-5 所示,固定式排烟罩有上抽式、下抽式和侧抽式三种,这类装置适于焊接操作地点固定,工件较小的情况下采用。其中下抽式排风方法使焊接操作方便,排风效果较好。此种通风装置排烟途径要合理,焊接烟气不得经过操作者的呼吸带。排出口的风速以 1~2m/s 为宜。排出管的出口必须高出作业厂房顶部 1~2m。

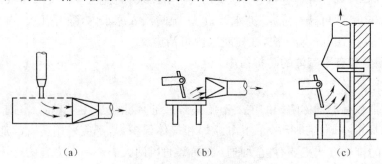

图 10-5　固定式排烟装置

(a)下抽式　(b)侧抽式　(c)上抽式

②活动式排烟罩。如图 10-6 和图 10-7 所示,其结构简单轻便,可根据需要随意移动。在密闭结构、化工容器和管道内施焊或在大厂房非定点施焊时效果良好。

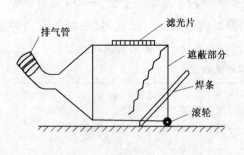

图 10-6　活动式排烟罩

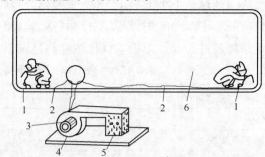

图 10-7　容器内排烟示意图

1. 排烟罩　2. 软管　3. 电动机　4. 风机　5. 过滤器　6. 容器

③随机式排烟罩。如图 10-8 所示,随机式排烟罩是被固定在自动焊机头上或附近位置。可分为近弧排烟罩和隐弧排烟罩,以隐弧排烟罩效果更好。使用隐弧式排烟罩时应严格控制风速和正压,以保证保护气体不被破坏,否则难以保证焊接质量。

2. 个人防护用品

在整体或局部通风不能使烟尘浓度降低到卫生标准以下的场所作业时,焊工必须佩戴合适的防尘口罩或防毒面具。

防尘口罩分为过滤式防尘口罩和隔离式两大类。每类又分自吸式和送风式两种。

过滤式防尘口罩是通过过滤介质,将粉尘过滤干净,国产过滤式防尘口罩的等级与使用范围见表10-3。

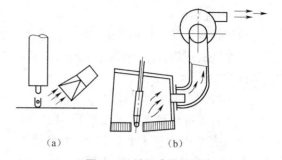

图 10-8　随机式排烟罩

(a)近弧排烟罩　(b)隐弧排烟罩

表 10-3　国产过滤式防尘口罩的等级与使用范围

级　别	阻尘率(%)	使用范围	
		粉尘含游离硅 w(Si)(%)	作业环境粉尘浓度 (mg/m³)
1	≥99	<200	>10
		>10	<1000
2	≥95	>10	<40
		<10	<200
3	≥90	<10	<100
4	≥85	<10	<70

隔离式防尘口罩是将人的呼吸道与作业环境隔离,通过导管或压缩空气将干净空气送入口鼻供人呼吸,防尘口罩要求阻尘效果好,呼吸畅通。送风口罩工作系统如图10-9所示。

防毒面具通常可采用送风焊工头盔采代替,焊接作业中,使用软管式呼吸器或过滤式防毒面具即可。

四、高频电磁场的防护措施

非熔化极氩弧焊和等离子弧焊接或等离子弧切割时,采用高频振荡器来激发引弧。为了减少焊接时高频电磁场对焊工的有害影响,焊接电缆应采用屏蔽线。即在焊枪的焊接电缆外面套上用软铜丝编织的软管进行屏蔽,将铜线软管一端接在焊枪上,另一

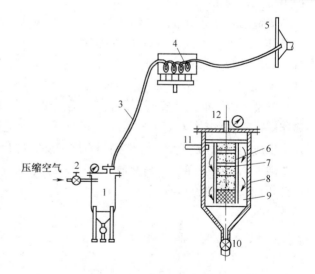

图 10-9　送风口罩工作系统

1. 空气过滤器　2. 调节阀　3. 塑料管　4. 空气加热器
5. 口罩　6. 压紧的棉花　7. 泡沫塑料
8. 焦炭粒　9. 瓷环　10 放水阀　11. 进气口　12. 出气口

端接地,并在外面用绝缘布包上。同时在操作台的地面上垫上绝缘橡胶板。目前,已广泛采用接触引弧或晶体管脉冲引弧取代高频引弧。

五、放射性防护措施

射线探伤等焊接无损检验时,应注意对放射性的防护。钨极氩弧焊使用的钍钨棒电极中的钍是天然的放射性元素,也应采取有效的防护措施,以防钍的放射性烟尘进入体内。放射线的防护措施有:

①采用高效率的排烟系统和净化装置,将烟尘排到室外。

②钍钨棒储存地点要固定在地下封闭箱内。大量存放时应藏于铁箱里,并安装排气管。

③应备有专用砂轮来磨钍钨棒,砂轮机要安装除尘设备,如图 10-10。砂轮机所处地面上的磨屑要经常作湿式扫除,并集中深埋处理。磨尖钍钨棒时应戴防尘口罩。

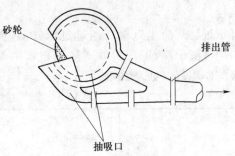

砂轮　　排出管

抽吸口

图 10-10　砂轮抽排装置

④手工焊接操作时,必须戴送风防护头盔或采取其他有效措施。采用密闭罩施焊时,在操作中不应打开罩体。

⑤接触钍钨棒后以流动水和肥皂洗手,并经常清洗工作服及手套等。

⑥尽量选用铈钨极。

六、噪声防护措施

焊接作业中噪声主要来源于等离子焊、等离子弧喷涂、风铲铲边及锤击钢板等。其防护措施首先是隔离噪声源,如将等离子弧焊及等离子喷涂隔离在专门的工作室内操作;其次是改进工艺,如用矫直机代替敲击校正板;第三是使用耳塞、耳罩及防噪声棉等,最常用的防噪声个人防护用品是耳塞和耳罩。

耳塞是插入外耳道最简便的护耳器。耳塞分大、中、小三种规格。耳塞的平均隔声值为15～25dB。耳塞的优点是防声作用大,体积小,携带方便,易于保存,价格便宜。佩戴各种耳塞时,要将塞帽部分轻轻推入外耳道内,使它与耳道贴合,但不要用力太猛或塞得太深,以感觉适度为止。

耳罩是一种以椭圆或腰圆形罩壳把耳朵全部罩起来的护耳器。耳罩对高频噪声有良好的隔离作用,平均隔声值为15～30dB。使用耳罩时,应先检查外壳有无裂纹和漏气,而后将弓架压在头顶适当位置,务必使耳壳软垫圈与周围皮肤贴合。

正确方法佩戴防噪声用品与防噪声效果好坏有密切关系。当佩戴一种护耳器效果不好时,可同时使用两种护耳器。